PRÉCIS ÉLÉMENTAIRE

DE

LA SAIGNÉE

ET DE LA VACCINE,

ET

PRÉCIS ÉLÉMENTAIRE

DE BOTANIQUE

MÉDICALE

ET

DE PHARMACOLOGIE.

PARIS. — IMPRIMERIE DE FÉLIX LOCQUIN,
16, RUE NOTRE-DAME-DES-VICTOIRES.

PRÉCIS ÉLÉMENTAIRE

DE

LA SAIGNÉE

ET DE LA VACCINE,

PAR H. DESCHAMPS,

Aide naturaliste au Muséum d'Histoire naturelle, Lauréat Monthyon, Interne à la Maternité, Membre de la Société des Sciences naturelles de France, etc.

ET

PRÉCIS ÉLÉMENTAIRE

DE BOTANIQUE

MÉDICALE

ET

DE PHARMACOLOGIE,

PAR P. J. E. DE SMYTTÈRE,

Docteur en Médecine, Professeur d'Histoire naturelle médicale, chargé de l'Enseignement de la Botanique et de la Pharmacologie à l'École d'Accouchement de Paris, etc.

A L'USAGE

DES SAGES-FEMMES ET DES OFFICIERS DE SANTÉ.

PARIS.

BÉCHET JEUNE,

LIBRAIRE DE LA FACULTÉ DE MÉDECINE DE PARIS,

4, PLACE DE L'ÉCOLE DE MÉDECINE.

1837.

A MONSIEUR ORFILA,

DOYEN ET PROFESSEUR DE LA FACULTÉ DE MÉDECINE DE PARIS,

Membre du Conseil royal de l'Instruction publique, de l'Académie de Médecine,
du Conseil-général des Hospices, du Conseil-général du Département de la Seine,
Officier de la Légion-d'Honneur, etc., etc.

MONSIEUR LE DOYEN,

Vous consacrez au bien public et à l'organisation médicale vos veilles, votre existence tout entière. Déjà des
monumens divers s'élèvent et témoignent plus que nos faibles
paroles en faveur de si grands bienfaits.

Confiée à votre haute surveillance, l'Ecole d'Accouchement revendiquait aussi une réforme salutaire. Vous êtes venu, vous avez vu, et bientôt cette Ecole, si utile, célèbre à tant de titres, a pris sous vos auspices un nouvel essor. L'impulsion récente imprimée aux études des élèves peut seule expliquer les résultats avantageux obtenus dans leur instruction, et leur assure dans le monde la considération méritée que vous leur avez promise en séance solennelle.

Que l'École d'Accouchement vous est donc redevable ! à vous, monsieur le Doyen, qui avez comblé une lacune bien grande dans les études médicales qui s'y font, en pressant la publication de ces *Précis élémentaires* dont le besoin était généralement senti; à vous, qui les avez soumis à l'adoption de messieurs les membres du Conseil-général des Hospices de Paris. Que ne doivent pas encore les élèves de cette maison à vos honorables collègues pour la sollicitude avec laquelle ils s'empressent de concourir à l'œuvre que vous poursuivez avec un si noble dévouement !

Quelle que soit la reconnaissance des élèves, elle ne saurait égaler la nôtre, et c'est à ce titre que nous espérons, monsieur le Doyen , que vous daignerez placer cet ouvrage sous votre égide tutélaire , et agréer les sentimens respectueux , avec lesquels nous avons l'honneur d'être ,

MONSIEUR LE DOYEN ,

Vos anciens disciples et tout dévoués serviteurs ,

DESCHAMPS.   DE SMYTTÈRE.

DE L'ANGIOTOMIE.

CONSIDÉRATIONS GÉNÉRALES.

De toutes les opérations chirurgicales, la saignée est la plus fréquente sans être toujours la plus facile comme on pourrait le supposer, eu égard à l'espèce de proscription dont elle est frappée dans la pratique des grands maîtres. Elle demande souvent une attention extrême, les connaissances anatomiques les plus précises et beaucoup d'habileté.

Synonymie. Le mot *saignée* est équivoque, et le double sens qu'il possède le rend vicieux; il signifie, tout à la fois, et l'opération et la quantité de sang retirée de la veine. L'ambiguité du terme a depuis long-temps éveillé l'attention des médecins judicieux qui tous le condamnent, et cependant le conservent et l'emploient, tant est grande la force de l'habitude ! Nul doute que le mot *angiotomie* qui signifie ouverture des vaisseaux, sans spécifier leur nature, ne soit bien préférable.

L'angiotomie reçoit d'importantes modifications, suivant le conduit sanguin ouvert par l'instrument chirurgical; ces modifications sont fondées sur des bases réelles, parce qu'elles reposent sur les différences des systèmes vasculaires eux-mêmes : ainsi, on nomme *phlébotomie* la piqûre des veines; *artériotomie* la section des artères. La phlébotomie et l'artériotomie sont des *saignées générales,* c'est-à-dire qu'elles agissent sur les deux grands systèmes veineux et artériel, composés de gros troncs sanguins ; tandis que la *saignée locale* ne porte son action directe et primitive que sur les capillaires sanguins des tissus cutanés et muqueux. Toutefois, dans ces trois genres d'émissions sanguines, on agit sur la masse du fluide en mouvement, qui forme un tout circulatoire continu : mais le mode d'action offre dans chaque genre des différences capitales que nous apprécierons plus tard.

Définition. L'angiotomie ou la saignée est une opération chirurgicale qui consiste à ouvrir un vaisseau sanguin à l'aide d'un instrument piquant et tranchant, pour retirer une quantité de sang déterminée.

L'issue du sang hors de ses canaux est le but unique de l'angiotomie : car les modifications qui surviennent dans l'organisme, par suite de cette opération, sont du domaine de la médecine.

Historique. L'origine primitive de ce puissant moyen thérapeutique remonte à l'antiquité la plus reculée, et devient en quelque sorte fabuleuse. Dans les premiers temps, les principes de la saignée n'étaient pas réunis en corps de doctrine, ils se concentraient dans certains lieux, chez certains hommes riches d'expérience et d'observation, qui transmettaient leurs préceptes à leurs élèves. L'Egypte, ce berceau des sciences et des arts, où les Grecs et les Latins vinrent tour à tour puiser les idées mères d'un grand peuple, possède l'usage de la saignée depuis un temps immémorial. La pratique de la saignée était familière à Hippocrate ; Galien employait aussi les émissions sanguines, et il attribue au hasard leur première origine. Il dit qu'une chèvre, sujette à une inflammation de l'œil, fut blessée un jour par une branche d'arbre, répandit beaucoup de sang, et obtint sa guérison par cette émission sanguine artificielle. Au rapport de Pline, quand l'hyppopotame se trouve dans un état pléthorique, il

entre dans le Nil pour se frotter le ventre contre les pointes
acérées des roseaux, et lorsqu'il juge la sortie du sang suffisante, il se vautre dans le limon pour couvrir ses blessures
avec la fange du fleuve, offrant ainsi aux hommes un exemple
naturel de la pratique de la saignée. Les nègres de Guinée,
lorsqu'ils croient avoir trop de sang, se font des incisions sur
le corps, lavent les plaies, et arrêtent l'hémorrhagie par
l'application de linges : pratique barbare, peu éloignée de
l'exemple donné par les animaux. Enfin, s'il faut en croire
le récit des voyageurs, lés peuplades barbares, aussi bien
que les nations policées, font usage de ce moyen chirurgical
énergique.

Lieu d'élection pour la saignée. Toutes les veines superficielles, capables d'être atteintes par la lancette, étaient ouvertes par les anciens. Chaque vaisseau avait, dans leur
opinion, son importance spéciale, et, suivant eux, bien déterminée (voyez *veine jugulaire*); on croyait alors que le
sang, toujours renfermé dans les mêmes canaux, ne possédait qu'un mouvement oscillatoire. Depuis la découverte
de la circulation par Harvey, la médecine rejette la plupart
des *divisions* admises par les anciens, et trouve dans le
mécanisme de la progression du sang des indications plus
larges et plus précises contre les irritations en général.
Toutefois elle ne saurait agir sur tous les points de ce grand
cercle ; car la circulation pulmonaire, en raison de sa situation profonde, se soustrait aux opérations chirurgicales. La
lancette même ne doit atteindre les vaisseaux sanguins de la
circulation générale, que dans ses embranchemens cépha-
liques, pelviens et thoraciques superficiels.

On n'ouvre pas avec une égale fréquence les vaisseaux
artériels, veineux, et les systèmes capillaires. L'artériotomie
devient de plus en plus rare, et le champ de la phlébotomie,
jadis si vaste, est de nos jours limité presque complètement
aux veines du bras et du pied.

De l'appareil. Les pièces constitutives de l'appareil nécessaire à l'opération de l'angiotomie peuvent se rapporter à quatre chefs principaux ; ce sont :

1°. L'instrument destiné à couper le vaisseau ;

2°. Un vase gradué, propre à contenir et à mesurer la quantité de sang retiré du vaisseau ouvert ;

3°. Des moyens propres à augmenter, ralentir ou suspendre complètement et à volonté la circulation sanguine dans le vaisseau d'élection ;

4°. Une vive lumière.

A. *De l'instrument chirurgical.*

Selon qu'il doit couper les artères, les veines ou les vaisseaux capillaires, pour donner une issue facile au sang, la conformation générale de l'instrument subit de notables modifications.

Le *phlébotome* est l'instrument destiné à pratiquer l'ouverture sur le système veineux. La forme du phlébotome n'est pas restée toujours la même, depuis son origine. Elle varia même beaucoup pour les médecins Arabes qui tour à tour employèrent des instrumens olivaires, myrtiformes ou cultellaires. Celse appela *scapellus* un petit couteau courbe dont il faisait usage, et qui plus tard prit le nom de *fossorium*. Le temps a fait justice de tous ces instrumens et de bien d'autres encore qui sont abandonnés en raison de leur emploi difficile, et les modernes ne se servent que de la lancette.

Cet instrument chirurgical, la *lancette*, nommée ainsi à cause de sa ressemblance avec une petite lance, a lui-même singulièrement changé. Il se compose d'une *lame* d'acier bien trempé, plus ou moins aiguë, acérée, à double tranchant, et d'un manche ou *châsse* formé par deux lames d'écaille, d'ivoire ou d'os, mobiles l'une sur l'autre, plus longues que la lame d'acier. Un pivot ou axe commun réunit la châsse et la lame, de sorte que de ce point central on fait décrire séparément à ces parties des cercles complets. Il résulte de cette mobilité dans l'articulation ou le *talon* de la lancette, que la lame peut, à la volonté du chirurgien, être recouverte ou se séparer de la châsse. La *pointe* qui sert à l'ouverture du vaisseau présente différentes formes qui lui valent des dénominations diverses. On reconnaît trois formes ou trois sortes de lancettes. La lame ne commence à perdre de sa largeur que vers la pointe dans la lancette à *grain d'orge*. La pointe est plus alongée, et la lame plus étroite dans la lancette à *grain d'avoine*. Enfin dans la lancette *pyramidale*, ou *langue de serpent*, la lame est très-étroite, très-fine, et la pointe très-effilée. On mettait encore en usage autrefois les lancettes à *petit fer*.

Toutes ces variétés dans la forme de l'instrument sont très-importantes à connaître pour les jeunes élèves qui, par timidité ou par oubli, ne pratiquent pas tous les temps de l'opération. Les commençans doivent toujours se servir de la lancette à grain d'orge, « parce qu'en la plongeant, dit « G. de La Faye, on fait avec elle une grande ouverture, « sans qu'on soit obligé de faire beaucoup d'élévation. » Tel est l'avantage de cette forme de lame que, sur un total de douze cents saignées et plus que j'ai fait pratiquer par les sages-femmes de la Maternité, c'est à peine si nous avons compté quelques accidens. Je ne balance donc pas à considérer, au moins comme inutiles, les autres formes de lancettes, qui, cependant, à la rigueur, peuvent toutes servir entre des mains expérimentées. Lorsque le vaisseau est volumineux et superficiel, il faut employer la lancette à grain d'orge, disent les auteurs ; c'est, au contraire, la lancette à grain d'avoine dont on doit faire usage, si la veine est située très-profondément sous la peau. Quelle que soit la position du vaisseau, superficielle ou profonde, toujours nous piquons avec la lancette à grain d'orge, et toujours aussi nous obtenons rapidement la quantité de sang exigée.

Un phlébotome d'une organisation très-complexe, différent de la lancette, analogue au fossorium des anciens, avec cette particularité qu'il a subi de nombreuses métamorphoses, est ajusté de manière que la lame est poussée dans la veine au moyen d'un ressort. Cet instrument porte le nom de *flamette Allemande*, et présente plusieurs inconvéniens graves. La lame d'acier mise en jeu par le ressort pénètre toujours à la même profondeur, de sorte que, si une artère se trouve dans le champ de son action, elle doit infailliblement être coupée. Quelquefois la pointe, ou bien n'arrive pas jusqu'au vaisseau éloigné de la peau par beaucoup de tissu adipeux; ou bien ne divise ses parois que dans une très-faible étendue, et le sang ne trouvant pas une issue facile, s'épanche et produit des accidens. La supériorité de la lancette sur cet instrument tout mécanique, encore en vogue en Allemagne, me paraît incontestable. La lancette, en effet, se prête et se plie à toutes les circonstances, et demeure toujours à la discrétion de l'opérateur.

L'artériotomie peut se pratiquer aussi avec la lancette; mais on préfère, en général, un *bistouri*, à lame convexe sur son tranchant.

La description des scarificateurs se trouvera placée au chapitre des saignées locales. J'abandonne même, dès ce moment, tout ce qui est relatif à l'histoire des opérations sur le système capillaire, pour ne m'occuper que des saignées générales.

B. *De la palette.*

La *palette* ou *poëlette* est un vase d'étain ou d'argent, semblable à une petite écuelle, destiné à recueillir et à mesurer le sang qui s'écoule du vaisseau sanguin divisé: elle contient quatre onces de sang. Le nombre des palettes est toujours subordonné à la quantité de sang qu'il faut tirer de la veine ou de l'artère. De nos jours, certains opérateurs placent plusieurs de ces vases sur un large plat, et l'aide qui tient ce petit appareil le fait tourner, à mesure que le sang tombe et remplit chaque palette. Dans les hôpitaux on met en usage un vase en étain assez grand pour contenir seize onces de liquide : à sa surface interne, des rainures circulaires pratiquées correspondent chacune à une poëlette.

C. *Des moyens propres à augmenter, ralentir ou suspendre le cours du sang dans les vaisseaux soumis à l'angiotomie.*

L'application des moyens capables de modifier avec prudence et habileté la circulation sanguine dans le vaisseau siége de l'angiotomie, me paraît, durant l'opération, susceptible de modifications relatives à trois temps bien distincts. Dans le premier temps, on a pour but de rendre le vaisseau très-apparent. Dans le second, on active la sortie du sang, après la piqûre. Enfin on doit suspendre tout-à-fait l'écoulement sanguin, dans le troisième.

Les vaisseaux peuvent être ouverts, à la rigueur, sans moyens auxiliaires pour les rendre plus apparens, comme nous en avons la preuve tous les jours dans les amphithéâtres : il vaut mieux, cependant, les faire gonfler. Cette plénitude sanguine est même nécessaire à obtenir, lorsque la situation profonde du vaisseau au-dessous d'une couche de tissu adipeux très-épaisse le dérobe, soit à la vue, soit au toucher. Il y a cinq manières différentes de rendre les veines plus apparentes.

1°. Etablir une compression temporaire sur le trajet de la veine, entre le cœur et le lieu d'élection pour la piqûre.

Cette compression temporaire se fait à l'aide d'une *liga-*

ture complète ou *incomplète*. L'examen du plan veineux superficiel, pour déterminer le vaisseau d'élection, devient en général plus facile et plus prompt, quand on comprime les veines d'une manière méthodique et progressive, à l'aide d'un simple tour de bande, dont les chefs sont croisés sans nœuds, et maintenus avec une main, tandis qu'on explore avec l'autre. Cette ligature *incomplète* met obstacle au retour du sang veineux, détermine le gonflement, et facilite l'étude comparative des vaisseaux sous le point de vue de leur volume et de leurs rapports avec les artères et les autres parties voisines. La ligature explorative demeure en permanence jusqu'à ce que le choix de la veine soit arrêté ; elle devient alors *ligature complète*, et reste même pendant toute la durée de la sortie du sang. Le mode d'application et la position de la bande qui sert à la ligature sont variables et en rapport avec chaque genre de phlébotomie.

La constriction exercée par la bande a le double effet de ralentir la circulation artérielle, comme l'exploration attentive du pouls, avant et après la ligature, le démontre, et surtout d'intercepter momentanément la circulation veineuse par la compression de la colonne de sang qui chemine vers le cœur. Cet obstacle au cours du sang veineux augmente le calibre, l'élasticité des veines, et devient très-favorable à l'opération, tant pour aider dans le choix du vaisseau que pour en faciliter l'ouverture.

La ligature bien faite suspend la circulation veineuse superficielle, permet aux artères de battre, et ne détruit pas complètement le cours du fluide sanguin dans les veines profondes. Si elle est trop forte, elle suspend la progression sanguine tout à la fois dans les artères et les veines ; il n'y a plus de pouls, la partie est pesante, froide, engourdie, comme paralysée ; la peau se colore en rouge par une injection considérable des capillaires cutanés ; une tuméfaction extrême survient comme à la suite des étranglemens organiques ;

et si l'on pique la veine dans ces circonstances, il se fait un premier jet sanguin qui bientôt s'arrête et reprend de suite son essor, si l'on relâche un peu la bande. Lorsque la ligature est trop faible, il n'y a pas de gonflement dans les veines, et le sang s'écoule en bavant après la piqûre : une légère constriction détruit cette laxité de la veine ; et aussitôt le jet sanguin se forme.

2° *Contractions musculaires.* La ligature seule suffit dans la grande majorité des cas pour obtenir le gonflement des veines et la projection du sang hors de leur cavité. On a coutume cependant d'employer simultanément la contraction des muscles. De cette contractilité musculaire résulte une compression sur les veines profondes, et le passage du sang dans les veines superficielles au moyen de leurs rameaux anastomotiques. De là, le gonflement plus considérable du plan veineux superficiel ; de là, l'activité sensiblement augmentée dans la force du jet sanguin.

3° *Bain.* L'eau chaude donne plus de souplesse aux tissus, dilate les tuniques des vaisseaux, stimule et active la circulation. Tels sont les deux avantages que l'on retire de l'emploi des bains pour augmenter l'afflux du sang en proportion de la dilatation des vaisseaux, et souvent pour hâter la sortie de ce liquide hors des veines après leur piqûre.

4° *Frictions.* On active le gonflement des veines et la force du jet sanguin à l'aide de frictions pratiquées au-dessous de la ligature et dans la direction naturelle du cours du sang.

5° *Pesanteur.* Enfin, on place la partie d'une manière déclive pour que le sang, soumis aux lois de la pesanteur, gonfle davantage les veines. La pesanteur, en effet, quoique plus facile à comprendre dans son application aux corps inorganiques, détermine cependant des effets marqués et très-puissans sur la progression du sang contenu dans les tubes organisés. On sait que la face rougit quand la tête est renversée. La main pâlit, au contraire, lorsqu'on élève fortement le membre supérieur. Ces effets opposés d'une même cause témoignent également en faveur de son action : car, dans le premier cas, la circulation artérielle est activée, et le retour du sang veineux très-difficile : de là, congestion ; et dans le second, c'est le retour qui devient rapide, tandis que l'ascension sanguine devient de plus en plus lente et difficile : de là, pâleur.

Le chirurgien puise encore dans les connexions réciproques qui enchaînent les grands appareils fonctionnels des moyens capables de hâter le gonflement des vaisseaux et la sortie du sang.

L'impulsion du cœur suffit seule, ainsi que l'élasticité des parois artérielles, pour produire la dilatation des artères et les rendre très-sensibles. Toutefois, on a coutume de fixer l'artère au-dessus du point choisi pour la piqûre ; de cette manière elle ne fuit pas devant l'instrument, et les battemens y deviennent plus prononcés.

Quoique les moyens hémostatiques soient très-variés, ils présentent tous dans la saignée ce caractère général qu'ils ont pour objet de fermer l'ouverture du vaisseau sanguin au moyen d'un bandage compressif permanent, placé sur la piqûre ou à distance. L'histoire complète du bandage destiné à rétablir le cours du sang et à favoriser la cicatrisation de la petite plaie produite par l'instrument se trouve à la fin de chaque procédé opératoire.

Muni d'un instrument en bon état, d'un vase gradué, des puissances capables de modifier la circulation, du bandage compressif, et ayant fait choix d'un lieu propice et bien éclairé, l'opérateur ne réunit pas encore toutes les conditions nécessaires à l'angiotomie. La connaissance exacte de l'organisation de la partie sur laquelle il doit agir, le manuel opératoire variable pour chaque genre de saignée, et toutes les ressources nécessaires pour parer aux différens accidens, doivent être sans cesse présens à sa mémoire.

L'enveloppe du corps doit être, pour ainsi dire, transparente toutes les fois qu'il s'agit de plonger le fer dans des tissus organisés. Il faut donc que l'étude anatomique précède l'opération chirurgicale, et l'angiotomie réclame aussi impérieusement la connaissance intime de la topographie de certaines régions qu'une foule d'opérations rares et plus difficiles dans leur exécution. Appuyé sur l'anatomie, l'opérateur se livre à un examen attentif de la partie soumise à l'action de l'instrument ; il juge les rapports des organes, marque ceux qu'il faut éviter par crainte de formidables accidens, et ne perd pas de vue les variétés multipliées dans la disposition générale des artères et des veines. Chaque opération nouvelle exige une exploration anatomique nouvelle, puisque dans l'espèce humaine, la loi de symétrie n'appartient pas au système circulatoire, qui rentre dans le domaine mobile des appareils de la vie organique.

Le procédé opératoire, considéré par rapport au système veineux, qui seul désormais nous occupera dans ces généralités, comprend trois points principaux : savoir, 1° la position de la malade ; 2° la situation et le rôle de l'opérateur ; 3° enfin, l'emploi méthodique des pièces de l'appareil.

On place la malade à une vive lumière, dans une situation commode et non loin d'un lit. Si elle est souffrante, affaiblie par la douleur, indocile, pusillanime, il est bien de la faire coucher : quand elle est simplement indisposée ou pléthorique, on la fait asseoir.

L'opérateur doit être ambidextre, c'est-à-dire qu'il doit pouvoir opérer également avec la main droite et avec la gauche, parce que sa position variable, comme chaque genre de phlébotomie, lui permet alors d'agir avec sûreté.

L'appareil disposé, l'opérateur place une ligature incomplète à deux ou trois pouces au-dessus du lieu d'élection ; examine les vaisseaux dans leur rapport et leur volume, fait choix de la veine éloignée de l'artère et sous laquelle il n'y a pas de battemens ; termine la ligature ; pose la partie dans une situation favorable à l'arrivée du sang en plus grande abondance pour obtenir le gonflement rapide du vaisseau ; ouvre sa lancette à angle obtus, et regarde avec soin si la pointe en est bien affilée ; met l'extrémité libre de la châsse entre ses dents incisives, de manière que la pointe de l'instrument soit toujours dirigée vers la veine à piquer ; marque la peau avec l'ongle si le vaisseau est profond ; assujétit la veine, principalement si elle est roulante, en plaçant le pouce sur son trajet, à une petite distance du lieu d'élection pour la piqûre : de sorte que le point de la veine soumis à l'action de l'instrument est borné en haut par la ligature, et en bas par le doigt ; les tégumens sont tendus, et le vaisseau solidement fixé. Cette compression exercée par le pouce présente encore un autre avantage, elle oblitère la veine, et, après la piqûre, il suffit de lever le doigt d'une manière progressive pour que le jet s'élève bien dirigé, et tombe dans la poëlette sans salir les vêtemens.

Ces dispositions étant prises, l'opérateur reprend sa lancette par le *talon* avec le doigt indicateur et le pouce, fortement fléchis sur la *lame* de l'instrument, tandis que les autres doigts trouvent un point d'appui solide sur le corps pour assurer la main ; il plonge vivement la lame dans une direction perpendiculaire au vaisseau, à l'aide du mouvement d'extension des doigts, et jusqu'à ce que des gouttelettes de sang apparaissent sur les parties latérales de la lame ; alors il relève la lancette, en agrandissant l'ouverture sans fléchir les doigts. Il résulte de cette piqûre combinée avec l'incision que, dans le premier temps, on fléchit les doigts, dans le deuxième, on fait la ponction avec la pointe et les deux tranchans, et que, dans le troisième, on agrandit l'ouverture du vaisseau et des tégumens avec le tranchant supérieur de la lancette.

Celse recommande de couper les veines en long pour éviter la lésion des artères et des nerfs, De La Faye et Boyer conseillent de pratiquer l'ouverture des veines dans trois directions ; les grosses veines, en long ; les petites et profondes, en travers, et les moyennes, obliquement. Cette division arbitraire ne satisfait pas l'esprit, et il vaut mieux, je pense, établir sur la disposition anatomique de la partie la direction de l'ouverture des vaisseaux veineux. Toutes les fois que la veine est recouverte par la peau et le tissu cellulaire souscutané, la piqûre oblique est préférable. Mais si une aponévrose ou un muscle recouvrent une veine, la ponction doit être alors perpendiculaire à la direction des fibres albuginées ou musculaires, afin de les diviser complétement en travers, et que, par la rétraction des unes et le déplacement des autres, la piqûre de la veine soit parallèle à la section des tégumens et le jet sanguin non arrêté dans sa projection. La pratique démontre que ces principes sur la piqûre des vaisseaux ne sont pas des subtilités chirurgicales.

La grandeur de l'ouverture, toujours proportionnée au calibre du vaisseau, doit être plutôt grande que petite, parce qu'elle expose moins aux accidens primitifs locaux et abrége la durée de l'écoulement sanguin. Toutefois, il y a des exceptions à cette règle générale.

Le sang jaillit aussitôt que la lancette est retirée de la veine, et tombe dans le vase gradué présenté par un aide pour le recevoir. Il s'élève sous forme d'une colonne courbe, continue, plus ou moins rougeâtre, sans battemens, et dont la force ascensionnelle est proportionnée à la réaction élastique des vaisseaux sanguins.

Quelquefois, chez certaines personnes pléthoriques, vers la fin de la saignée, le jet sanguin veineux paraît agité d'un léger battement isochrone au pouls et aux systoles du cœur :

plusieurs fois nous avons été témoin de cet important phénomène physiologique, qui pourrait en imposer aux commençans pour une lésion artérielle.

Toutefois, des difficultés nombreuses empêchent souvent le fluide sanguin d'être projeté à distance; i' s'écoule alors en bavant sur la peau, s'arrête et repart, ou se suspend tout-à-fait au dehors pour s'épancher dans les tiss us et produire divers accidens.

Dans les saignées heureuses, lorsque le vas e gradué renferme la quantité de sang prescrite, on lève la li gature, et tout aussitôt l'équilibre circulatoire se rétablit et le sang cesse de couler au dehors de la piqûre. S'il continue à s'échapper par la plaie, on tire légèrement la peau, de mar ère à détruire le parallélisme entre la piqûre du vaisseau et la section des tégumens; le pouce comprime aussitôt la vei e au-dessous de la plaie, pour empêcher toute infiltration de sang dans le tissu cellulaire voisin, et cette pression permet de laver et d'essuyer exactement la partie du corps sur laquelle on opère. L'observation attentive de ce précepte donne l'avantage d'obtenir la réunion immédiate ou par première intention. La compression temporaire est remplacée par l'application méthodique et spéciale pour chaque saignée du bandage compressif permanent, dont la durée, pour la position, est subordonnée à la parfaite cicatrisation de la petite plaie.

Des chirurgiens conseillent à tort de réunir simplement les bords de la petite plaie, au moyen de bandelettes agglutinatives ou de taffetas d'Angleterre, sans bandage compressif. Ces faibles moyens mécaniques opposés à l'issue du sang peuvent se déplacer, et des hémorrhagies graves être la suite de cette pratique peu rationnelle. L'emploi du diachylum ou du taffetas gommé ne dispensent jamais du bandage compressif permanent.

Lorsqu'une évacuation sanguine doit être renouvelée, il faut bien se garder de placer, à l'exemple de quelques médecins, un corps gras entre les lèvres de la plaie pour s'opposer à la cicatrisation. Ce corps étranger irrite, enflamme et peut déterminer les plus graves accidens. Pour obtenir une nouvelle saignée, il suffit presque toujours dans ces circonstances de serrer fortement la ligature pour gonfler les veines, et d'exercer une percussion légère et brusque au-dessous de la piqûre ; on rompt la cicatrice, et le sang s'échappe : s'il ne jaillit pas, il vaut mieux piquer de nouveau la même veine ou un autre vaisseau veineux.

La description générale de la saignée comprend encore toutes les imperfections, les difficultés et la série nombreuse des accidens qui peuvent survenir.

Des difficultés. Les principaux obstacles à vaincre peuvent se diviser en deux grandes classes. La région du corps sur laquelle on opère, si variable dans sa disposition vasculaire, peut encore être déformée : telle est la première classe de difficultés. Dans la seconde, il faut placer l'indocilité, les mouvemens involontaires et intempestifs de la malade ; la terreur des opérations sanglantes et cet état de spasme si fréquent aux personnes pusillanimes qui appréhendent la piqûre. Il suffit d'être averti de ces dernières difficultés pour les prévenir, en mettant beaucoup d'adresse dans l'opération et en ranimant la confiance de la malade.

La première classe de difficultés renferme deux genres d'obstacles bien distincts : le premier est relatif au choix du point sur lequel doit être faite la piqûre.

Outre la conformation vicieuse existant dès la naissance, ou survenue d'une façon accidentelle, la partie offre souvent de graves obstacles à vaincre dans la disposition vasculaire : de sorte que s'il y a des *vaisseaux d'élection*, il existe aussi des *vaisseaux de nécessité* dans l'angiotomie. Il faut donc bien connaître ces difficultés pour les vaincre. Procédons avec ordre.

La peau est parfois couverte de cicatrices qui résultent,

soit de saignées, soit de simples plaies, soit enfin de brûlures anciennes ; elle devient plus dense, plus résistante, nécessite l'emploi d'une lancette à lame plus solide, afin qu'elle ne soit pas brisée pour arriver à la veine à travers ce tissu fibreux dermoïde. Des éruptions boutonneuses, vésiculaires et pustuleuses, ne sont pas des motifs assez puissans pour arrêter le phlébotomiste, si des inflammations internes violentes réclament l'emploi des émissions sanguines. Cependant, il évitera autant que possible de piquer sur les pustules.

L'embonpoint des malades est presque toujours l'indice de veines profondes. Cet état de polysarcie est tel chez quelques sujets, spécialement chez les femmes, qu'il est impossible de découvrir des veines dans certaines régions, malgré tous les moyens capables de les rendre apparentes et sensibles aux organes de la vue et du toucher. Il faut alors changer le lieu de la phlébotomie, s'il est nécessaire ; piquer ailleurs de même que dans les cas où des tumeurs solides et fluides, logées dans la trame des mailles celluleuses, dérobent les veines à nos sens et aux instrumens.

Enfin, les veines roulantes, mobiles, très-profondes, insensibles au tact ou à la vue, dégénérées en cordons fibreux, ramifiées à l'infini en réseaux cutanés, situées sur le trajet des artères, nécessitent des modifications spéciales dans la pratique de l'opération.

Le deuxième genre d'obstacle, relatif à la difficulté ou à l'impossibilité de l'issue du sang hors de la piqûre, se lie d'une manière intime et se confond en quelque sorte avec les accidens locaux primitifs. Pour la *difficulté* comme pour l'*accident*, c'est le parallélisme entre la section de la peau et la piqûre de la veine qui se détruit ; c'est la ligature trop serrée qui met obstacle à l'issue rapide du sang, et facilite son épanchement dans les tissus ; enfin, c'est un peloton de tissu adipeux, qui présente une barrière insurmontable à l'élévation de la colonne sanguine.

Imperfections. L'habileté de l'opérateur n'est pas toujours étrangère à l'imperfection du résultat. Pour éviter un pareil genre d'inconvéniens, il faut s'habituer de bonne heure à pratiquer l'angiotomie.

Parfois on incise la peau et le tissu cellulaire sous-cutané, sans toucher à la veine qui se dessine au fond de la plaie comme un cordon bleuâtre. Il faut plonger une seconde fois l'instrument sur la veine.

Si le vaisseau a été légèrement piqué, le sang jaillit en filet très-délié, et au moindre mouvement, le parallélisme se détruit, et la sortie du sang est arrêtée. Il faut encore, dans ce cas, plonger sa lancette dans la même incision.

L'ouverture de la veine peut être assez grande et le sang s'élancer à distance tout d'abord, puis il diminue d'une manière progressive, parce que trop riche en partie fibrineuse, il se concrète, diminue la grandeur de l'ouverture des tégumens et du vaisseau, à tel point qu'il se ferme le passage. Des frictions dans la direction du cours du sang, de violentes contractions musculaires, des lotions sur la partie avec de l'eau tiède, suffisent presque toujours à rétablir le jet du fluide. Lorsque ces moyens restent infructueux, il faut encore replonger la lancette au fond de la petite plaie et dans la même direction que la première fois.

Enfin, si, à deux reprises différentes, on porte la lancette, et que deux petites piqûres fournissent deux jets très-déliés, que l'émission sanguine soit urgente, il est de rigueur de plonger une troisième fois la lancette avec plus de hardiesse, et de réunir, au moyen d'une ouverture suffisante, ces deux filets sanguins en une seule colonne. Tels sont les cas dans lesquels il est permis de replonger la lancette dans la même plaie. Cette opération secondaire commande une grande réserve.

Des imperfections peuvent aussi survenir en grand nombre dans la formation du jet sanguin, soit par le mode de piqûre trop oblique ou trop éloigné, soit par l'indocilité de la malade, etc. Ainsi, le jet de sang ne s'élève pas toujours en arcade; il sort et ruisselle le long de la partie voisine de la piqûre, ou bien il s'élance et se partage, dans le principe, en deux jets qui finissent par se réunir; ou bien encore l'un s'élève en courbe, et l'autre ruisselle en nappe. Si l'on ne portait pas une grande attention, dans ce dernier cas, une grande partie du fluide sanguin pourrait s'écouler à l'insu de la malade et de l'opérateur, et produire une hémorrhagie. Avant de décrire une courbe, le jet de sang forme quelquefois une lame à sa base; le moindre souffle sur cette lame la brise et rétablit la forme régulière de l'issue du fluide; on arrive au même résultat en frappant quelques petits coups auprès de la piqûre. Mais il est évident que s'il me fallait calculer toutes les chances possibles de toutes les imperfections de la phlébotomie, je tomberais dans des descriptions puériles et fastidieuses à la lecture.

Des accidens. Dans les écrits de la science, il règne une confusion telle pour les accidens de la saignée, qu'il faut déjà posséder assez bien l'art médical pour discerner les plus formidables de ceux qui ont une moindre importance. Je ferai mes efforts pour tracer dans un autre chapitre la classification et l'histoire des accidens de l'angiotomie.

RÈGLES GÉNÉRALES D'ANGIOTOMIE.

1°. Piquer sans s'être bien assuré de la présence du vaisseau, c'est agir tout à la fois contre la science et l'humanité, en raison des nombreux accidens qui peuvent survenir.

2°. Dans le cas même de cicatrices indiquant des saignées antérieures, la mobilité des tégumens qui recouvrent les veines, fait un devoir de s'assurer de leur existence et de leur position, soit par la vue, soit par le toucher, avant de plonger la lancette.

3°. L'exploration attentive de la position de la veine, par rapport aux vaisseaux artériels circonvoisins, est de rigueur.

4°. On ne doit jamais saigner une veine superposée à une artère, lorsque les rapports ne peuvent pas être modifiés, et qu'ils sont très-intimes.

5°. Il faut donc toujours poser le doigt sur la veine d'élection, afin de s'assurer s'il y a des battemens artériels au-dessous; circonstance qui obligerait à faire un autre choix.

6°. S'il y a du danger à ouvrir une veine au pli du bras, ou bien si l'on craint de la piquer sans obtenir le résultat désiré, on peut saigner les veines à l'avant-bras, au poignet ou à la main.

7°. S'il est possible d'imprimer à la partie un mouvement capable de détruire les rapports de superposition artério-veineuse, la veine déplacée pourra être ouverte sans crainte (1).

8°. Lorsque la veine est roulante, il est utile de la fixer en posant le pouce sur elle, tandis que l'on tire les tégumens avec les autres doigts.

9°. Il est permis de piquer le vaisseau reconnu par le tact, quand bien même il se déroberait à la vue.

10°. Le chirurgien doit être ambidextre, c'est-à-dire qu'il

______

(1) C'est ainsi que, dans un mouvement de pronation de l'avant-bras, le tendon du muscle biceps qui s'insère à la petite apophyse du radius, se cache et s'enfonce, et que l'artère brachiale, placée à son bord interne, se trouve refoulée en dedans, tandis que la veine médiane basilique, qui suit les tégumens, se trouve éloignée à tel point en dehors, qu'elle n'est plus en rapport ni avec l'artère ni avec le tendon.

doit saigner le côté droit avec la main droite et le côté gauche avec la main gauche.

11°. La lancette ne doit servir qu'à l'angiotomie : elle doit être très-propre et bien aiguisée ; car on n'est pas toujours maître d'un instrument défectueux.

12°. La lancette, dans tous les cas, sera dirigée perpendiculairement au vaisseau, et pénétrera d'à-plomb dans sa cavité (1).

13°. Les trois temps de la phlébotomie (*flexion, ponction, élévation*), bien pratiqués, indiquent un opérateur habile.

14°. Lorsque les veines d'un membre dégénèrent en plexus de vaisseaux capillaires, il faut choisir une veine sur un autre membre, après s'être assuré toutefois qu'au-dessous du plexus simplement cutané, il n'existe pas de grosse veine dans le tissu cellulaire.

15°. Si la veine n'est pas apparente à la vue, on met en usage les moyens capables de déterminer sa turgescence, tandis que la pulpe des doigts repose sur le trajet du vaisseau pour constater le gonflement (2).

(1) C'est à tort que les anciens conseillent de piquer horizontalement si la veine est sur le tendon, l'artère ou l'aponévrose. Outre que le parallélisme se détruit facilement dans une piqûre oblique et expose aux épanchemens sanguins, la lancette peut glisser sur les parois de la veine, et produire l'accident qu'ils voulaient éviter.

(2) Une veine profonde apparaît où se cache au tact, suivant que la ligature est ou n'est pas mise au-dessus d'elle : cette veine à son maximum de turgescence offre des nodosités valvulaires, tandis qu'un tendon, des fibres musculaires conservent toujours même volume, même disposition, malgré la présence ou l'absence de la ligature. Les veines profondes, en outre, se dessinent sous forme de cordons cylindriques, rénitens, sensibles au tact de la pulpe des doigts, placés sur le trajet naturel des veines, et offrent la sensation d'une colonne de liquide qui devient plus volumineuse à mesure que l'on ramène le sang des rameaux vers le

16°. Pendant la sortie du sang, l'opérateur doit sans cesse veiller au maintien du parallélisme entre la plaie des tégumens et l'incision du vaisseau.

17°. La quantité de sang qu'il faut obtenir varie selon l'âge, le sexe, la constitution, le nombre des émissions sanguines antécédentes, etc., etc. La mesure ordinaire est de deux poëlettes.

18°. Les saignées urgentes (*de nécessité*) dans les maladies se pratiquent à tous les instans du jour et de la nuit. Le temps d'opérer, pour les saignées prophylactiques ou d'*élection*, est, suivant certains auteurs, plus favorable dans les saisons d'été, d'automne, le matin ou le soir.

19°. L'existence actuelle des menstrues et l'ingestion des alimens dans l'estomac sont les contre-indications ordinaires des émissions sanguines. Dans les maladies graves, souvent la médecine passe outre, malgré l'existence des règles ou des phénomènes de la digestion; elle saigne, et guérit.

20°. La position de la ligature est toujours entre le cœur et le point d'élection pour la piqûre.

21°. Les lois de l'humanité et de la saine pratique médicale exigent que le *coup d'essai* se fasse toujours sur le cadavre.

ARTÈRE TEMPORALE.

A la hauteur du col du condyle de l'os maxillaire inférieur, un peu au-dessous de l'arcade zygomatique, la carotide externe se termine par deux grosses branches; l'une, volumineuse, est l'*artère maxillaire interne*; l'autre, continue, le trajet direct de la carotide, et se nomme *artère temporale*.

tronc veineux exploré. Une fois la présence du vaisseau constatée, on marque avec l'ongle sur la peau son trajet, les tégumens sont tendus, et l'on exécute les temps de la phlébotomie.

De ce point d'origine, *l'artère temporale* monte verticalement entre la branche de l'os maxillaire inférieur et le conduit auditif, derrière la glande parotide et le muscle antérieur de l'oreille, devient bientôt sous-cutanée, après avoir percé l'aponévrose du muscle temporal, et se divise sur la tempe en deux branches principales qui, à leur tour, se subdivisent en ramifications capillaires.

La *branche frontale* ou de terminaison antérieure de cette artère, plus ou moins flexueuse et courbe, se dirige vers le front et le sommet de la tête, et fournit une foule de ramuscules artériels, dirigés en tous sens pour se distribuer aux tégumens épicrâniens et dans les muscles sourciliers orbiculaires des paupières et frontal. Elle s'anastomose avec la branche du côté opposé et avec des petites artères *sourcilières frontales cutanées*, *sus-orbitaires*, branches émanées de l'artère ophthalmique.

La *branche occipitale* ou de terminaison postérieure de l'artère temporale se porte en serpentant en arrière et en haut vers l'occiput et le sommet de la tête. Les rameaux artériels très-multipliés qui en proviennent, forment un lacis vasculaire très-riche, qui s'étend aux tégumens épicrâniens, au périoste, à l'aponévrose du muscle temporal et aux muscles temporal, occipito-frontal et auriculaires. Cette branche s'anastomose avec la branche *frontale*, *l'artère occipitale*, *l'auriculaire postérieure*, etc.

Dans son trajet, l'artère temporale fournit des rameaux assez volumineux et importans à connaître. Aussitôt après sa naissance, elle donne l'artère *transversale de la face* qui passe sur le masseter dans la direction du conduit de Stenon, et dont toutes les divisions concourent à former avec les artères *faciale*, *buccale* et *sous-orbitaire*, les anastomoses multipliées qui couvrent les différens élémens musculaires et cutanés de la face. L'artère *temporale profonde* qui naît parfois de l'artère carotide externe, prend son origine à la tem-

porale, au niveau de l'arcade zygomatique, perce l'aponévrose temporale, et se ramifie dans les fibres charnues du
muscle de ce nom avec les branches temporales profondes de
l'artère maxillaire interne. Enfin, elle fournit l'artère *auriculaire antérieure* qui distribue ses ramuscules au pavillon
de l'oreille et au conduit auditif externe.

La branche temporo-faciale du nerf facial accompagne
l'artère temporale, et tous ses filets nerveux temporaux couvrent les divisions artérielles. Le nerf frontal externe, branche du nerf ophthalmique de Willis, sort par le trou orbi-
taire supérieur, et se ramifie au loin sur les artères temporales
qui reçoivent encore des filets temporaux du nerf maxillaire
inférieur.

L'artère temporale est recouverte par la peau, la trame
cellulo-graisseuse sous-cutanée, et en partie par les muscles de l'oreille et l'aponévrose temporale. Elle est côtoyée
par une veine satellite.

DE L'ARTÉRIOTOMIE.

Le choix du vaisseau dans l'artériotomie repose sur trois
conditions générales de la plus haute importance. 1° L'artère
doit être sous-cutanée, superficielle ; 2° d'un petit calibre ;
3° présenter au-dessous d'elle un point d'appui solide,
invariable, pour arrêter l'effusion de sang avec facilité à l'aide
du bandage compressif.

De toutes les artères du corps, celles qui rampent à la
surface du crâne sont les plus favorables à l'opération par
leur situation superficielle et le point d'appui solide et permanent offert par les os du crâne à la compression. C'est
aussi le lieu d'élection pour l'artériotomie. L'expérience
prouve que l'on peut ouvrir sans danger et avec quelque succès la branche frontale de l'artère temporale. La section de
plusieurs autres petites artères n'offrirait à la rigueur aucun

accident ; mais la chirurgie, en raison de la gravité de cette opération, s'est renfermée dans des limites étroites.

L'*appareil* nécessaire à cette opération se compose 1º d'un petit bistouri à lame convexe et pointue, ou d'une lancette à grain d'orge ; 2º d'une compresse carrée très-épaisse, et mieux d'une pyramide formée par des compresses graduées ; 3º de deux bandes semblables pour la longueur et la largeur à celles de la phlébotomie, ou bien, d'une seule bande longue de cinq à six aunes, sur deux travers de doigt de large, roulée à deux cylindres ou globes ; 4º le vase gradué, des alèzes, des compresses, de fines éponges, une carte pliée en gouttière, des bandelettes de diachylum gommé, des liqueurs spiritueuses, de l'eau tiède et froide, sont encore des accessoires indispensables pour compléter les préparatifs.

L'état de force ou de faiblesse de la malade indique la position qu'il faut lui donner ; tantôt elle reste couchée horizontalement dans son lit, ou assise sur son séant ; tantôt on la place sur une chaise, dans un fauteuil, et de telle sorte que les rayons lumineux viennent suffisamment éclairer la branche frontale de l'artère. Un aide intelligent maintient fixe, soit contre sa poitrine, soit sur l'oreiller, le côté de la tête opposé à l'opération, afin de prévenir tout mouvement brusque, spasmodique ou convulsif, qui pourrait, en faisant glisser l'instrument, donner lieu à une large plaie et même à la lésion de l'organe visuel.

L'opérateur, placé à la partie externe et correspondante à l'artère temporale, palpe la peau du front dans la direction de la *branche frontale*, dont les pulsations indiquent soit à la vue, soit au toucher, la situation exacte ; rase les cheveux, s'il est nécessaire ; marque obliquement, de l'ongle ou avec un simple trait d'encre, le trajet du vaisseau lorsqu'il est peu apparent, et couvre d'alèzes le lit et les vêtemens de la malade.

Dans un second temps, l'opérateur engage la malade à serrer fortement les dents, parce que la contraction du temporal, muscle élévateur de l'os maxillaire inférieur, fait saillie et rend le vaisseau plus appréciable. Puis il fixe l'artère, à deux ou trois lignes au-dessus du point à inciser, avec l'index de la main gauche, tandis que le pouce, par un mouvement d'opposition, tend la peau sans porter sur le vaisseau artériel dont il empêcherait les battemens, indices fidèles de la position de l'artère! Avec la main droite, il tient le bistouri comme une plume à écrire, et pratique, à un pouce environ au-dessus de l'arcade zygomatique, une incision de haut en bas et de dehors en dedans, de trois lignes et demie à quatre lignes d'étendue, et toujours proportionnée au volume et à la profondeur de l'artère. L'incision divise tout ensemble les tégumens et la branche artérielle. Le procédé opératoire s'exécute en sens inverse, quand on opère du côté gauche.

La section artérielle terminée, le sang rouge s'échappe par un jet saccadé, isochrone aux battemens du pouls et aux systoles du cœur. S'il ruisselle en nappe sur les tégumens, on doit abaisser fortement le bord inférieur de la plaie, afin de diriger le jet en dehors et changer ainsi la direction qui le force à se briser contre le bord supérieur de l'incision. S'il coule toujours en bavant, il faut le diriger dans la poëlette, au moyen de la gouttière en carton. Il peut se former encore un caillot volumineux qui mette obstacle au libre cours du jet artériel, on l'enlève aussitôt par des ablutions et abstersions d'eau tiède. Enfin, on favorise, dans tous les cas, l'issue du sang par la compression permanente exercée avec le doigt au-dessus de l'ouverture : cette compression maintient le parallélisme entre la plaie des tégumens et la section de la branche artérielle, et empêche le cours naturel du sang de se rétablir en partie vers les divisions du vaisseau.

La quantité de sang prescrite étant obtenue, l'index se

déplace, comprime l'artère au-dessous de la piqûre, établit de la sorte une barrière au cours du sang artériel qui arrive du cœur, et permet de laver et d'essuyer la région temporale et les parties voisines tachées par le sang. L'opérateur rapproche ensuite les lèvres de la plaie en les comprimant, et les maintient en contact à l'aide de deux petites bandelettes agglutinatives, croisées à angle aigu sur l'incision. Ensuite il place une grosse compresse carrée, et mieux, la pyramide de compresses, de manière que le sommet repose sur les bandelettes qui ferment l'incision, tandis que la base, libre au dehors, se trouve maintenue par un bandage compressif permanent.

Ces bandages sont de deux genres; le plus simple se fait avec les deux bandes séparées, dont l'une sert à former des circulaires horizontales autour de la tête, tandis que l'autre bande se déploie tour-à-tour sur le sommet de la tête, les tempes et le menton, par des circulaires verticales. On réunit au niveau de la pyramide de compresses les deux bandes croisées à angle droit, pour empêcher tout déplacement du bandage compressif.

L'application du bandage *solaire*, *étoilé* ou en *nœud d'emballeur*, est plus difficile, et la constriction douloureuse qu'il exerce l'a fait abandonner. Pour le mettre en usage, on place le milieu de la bande roulée à deux globes sur la base des compresses graduées : chaque main tient un cylindre et le déroule pour le conduire horizontalement sur la tempe opposée ; là, on croise les cylindres, en les changeant de main, pour les ramener sur la pyramide, où les jets de bande sont croisés de nouveau par un changement de main qui décrit en même temps un quart de cercle de manière à former un nœud. A l'aide de ce mouvement, un globe se déroule sur le sommet de la tête, tandis que l'autre contourne le menton pour aller se réunir avec le premier sur la tempe opposée à l'incision : on croise de nouveau pour reprendre la direction horizontale primitive, en faisant un nouveau nœud appuyé sur le premier, et l'on forme de la sorte plusieurs nœuds superposés. On termine par des circulaires serrées.

La compression sera maintenue huit à dix jours, temps nécessaire à l'oblitération de l'artère jusqu'à la première branche collatérale (voy. *Influence locale de la saignée*). Au bout de vingt-six heures, j'ai observé la suspension complète de l'écoulement sanguin et la cicatrisation de la peau du front chez une femme atteinte d'aliénation mentale. Il est préférable de laisser le bandage plus long-temps appliqué (8 à 10 jours) s'il n'apporte aucun sentiment de gêne ou de douleur; on prévient ainsi certains accidens, tels que les hémorrhagies consécutives, les anévrismes signalés par les auteurs.

. ANATOMIE DES VEINES DE L'EXTREMITE CEPHALIQUE.

Les veines destinées à ramener au cœur le sang noir de l'extrémité céphalique se divisent en deux plans généraux souvent réunis entre eux par de larges anastomoses. La couche veineuse profonde déroge, pour ses canaux d'origine, à la règle générale de distribution des vaisseaux de ce système : elle forme en effet dans une grande partie de son étendue une circulation spéciale nullement en rapport de contiguïté avec les canaux artériels. La couche veineuse superficielle présente une exception d'un autre genre; elle est accompagnée à son origine par beaucoup d'artères, divisions de la carotide externe. Toutes ces branches veineuses, profondes et superficielles, se réunissent en deux troncs principaux, volumineux, nommés jugulaires.

I. *Veine jugulaire interne.*

Les ramifications veineuses de l'intérieur du crâne, constituées par les veines cérébrales, les cérébelleuses, les choroïdiennes qui se réunissent en deux troncs pour former les veines de Galien, la veine ophthalmique, etc., viennent se décharger dans les sinus de la dure-mère, canaux fibreux adhérens aux os du crâne et séparés des artères. Ces sinus reçoivent donc le sang qui revient du cerveau, de l'œil, des os crâniens, d'une partie des fosses nasales, et vont tous aboutir au pressoir d'Hérophyle. Ce confluent des sinus se décharge, au moyen des sinus latéraux de l'occipital, dans le trou déchiré postérieur (hiatus occipito-pétreux), à un renflement veineux considérable, appelé golfe de la veine jugulaire. Cette ampoule est le point d'origine principal de la veine jugulaire interne. Ce tronc veineux, très-gros, descend à côté de l'artère carotide interne, derrière l'apophyse styloïde et ses muscles, reçoit la veine faciale et envoie une branche anastomotique volumineuse à la veine jugulaire externe, un peu avant de se trouver à la hauteur de la partie supérieure du larynx. Plusieurs autres branches, telles que les veines linguale, thyroïdienne supérieure, etc., viennent se joindre à cette grosse veine qui côtoie exactement, au col, la direction verticale de l'artère carotide primitive pour se dégorger dans la veine sous-clavière.

Tous les canaux veineux afférens à la veine jugulaire interne n'ont pas, pour notre objet, une égale importance, et la description anatomique doit être complète seulement pour les veines intéressées dans la phlébotomie.

Veines de la langue. Les veines *ranines* prennent leurs radicules primitives à la pointe de la langue, longent la face inférieure de cet organe, suivent le trajet des nerfs grands hypoglosses, entre les muscles mylo-hyoïdien et hyoglosse, et se réunissent à la veine faciale, non loin de l'embouchure des *veines sous-mentale* et *palatine inférieure.* Les ranines s'anastomosent en arrière avec le plexus veineux trèscompliqué de la base de la langue, lequel forme les branches d'origine de la *veine linguale*, tronc assez volumineux qui double souvent de grosseur par son union avec la *veine pha-*

ryngienne au moment de se jeter dans la veine jugulaire interne.

Les veines ranines, à la face inférieure de la langue, sont situées au-dessous de la membrane muqueuse. Elles sont en rapport avec les artères ranines, branches de terminaison des artères linguales, et avec les filets du nerf lingual.

Veine frontale ou préparate. Un réseau veineux très-riche occupe le sommet de la tête et se réunit souvent en un tronc veineux, vers lequel convergent une multitude de vaisseaux capillaires du front. Ce tronc assez volumineux, placé sous la peau, appelé veine frontale, descend en bas un peu obliquement sur le front, et va gagner la partie latérale de la racine du nez. Là, près du grand angle de l'œil, cette veine prend le nom de veine angulaire, reçoit de nombreux rameaux anastomotiques, des veines palpébrales, sourcilières, et communique avec des radicules de la veine ophthalmique. La veine angulaire est le point d'origine de la veine faciale, tronc vers lequel toutes les veines de la face vont se dégorger et qui se termine dans la jugulaire interne.

II. *Veine jugulaire externe.*

Toutes les ramifications de l'artère temporale, toutes les radicules de l'artère maxillaire interne, s'accompagnent de veinules qui portent le même nom que ces divisions artérielles. Telles sont les veines phtérygoïdienne, sphéno-palatine, alvéolaire, sous-orbitaire, temporale, etc., qui forment deux branches principales, appelées veine maxillaire interne et veine temporale superficielle, qui se réunissent bientôt en un tronc commun. Cette veine unique traverse la glande parotide, communique, à l'aide d'une grosse branche, avec la jugulaire interne, au-dessus du muscle digastrique, et reçoit la veine auriculaire postérieure. Telle est l'origine de la veine jugulaire externe.

Cette veine s'étend depuis la partie postérieure du col du condyle de l'os maxillaire jusqu'à la partie supérieure et externe de la veine sous-clavière. Elle se dirige donc de haut en bas, d'avant en arrière, à la partie latérale du col, le long du bord interne du muscle sterno-cleïdo-mastoïdien, dont elle croise, en bas, la direction pour se réunir à la partie supérieure de la veine sous-clavière, un peu au-dessous de la veine jugulaire interne. Ce tronc veineux, de plus en plus considérable, à mesure qu'il se rapproche de son embouchure à la veine sous-clavière, reçoit dans son trajet le sang des veines sous-cutanées cervicales et trachelo-scapulâires, dont le plexus veineux sous-hyoïdien fait partie.

La peau, le fascia cervicalis superficiel et le muscle peaucier, composent les tégumens généraux qui recouvrent la veine dans presque tout son trajet. Elle repose sur le muscle sterno-mastoïdien dans une grande étendue et croise la direction du muscle omoplat-hyoïdien.

La veine jugulaire externe est croisée dans son trajet par des filets nerveux du plexus cervical superficiel et des rameaux sus-claviculaires du plexus cervical profond. L'anse anastomotique du grand hypoglosse envoie souvent au-dessus du muscle omoplat-hyoïdien des filets qui sont en contact avec cette veine. Plusieurs fois j'ai vu l'artère cervicale transverse passer sous la veine jugulaire externe, au lieu d'occuper sa position profonde.

Anomalies. La veine jugulaire externe offre beaucoup de variétés relatives à ses branches d'origine, à ses anastomoses dans son trajet, à sa terminaison qui souvent est bifurquée pour se rendre à la veine sous-clavière. M. le professeur Marjolin a rencontré deux veines jugulaires de chaque côté du col.

PHLEBOTOMIE CEPHALIQUE.

Les veines de la tête étaient fréquemment ouvertes par les

anciens, dans l'idée que la saignée de chaque vaisseau possédait une importance spéciale. Pour les vertiges et l'apoplexie, il fallait ouvrir les veines nasales internes, suivant Hippocrate, Galien, Aretée; dans les blessures de la tête compliquées de commotion, il fallait couper les veines occipitales ; dans la céphalalgie, on piquait la veine auriculaire postérieure, et la veine auriculaire antérieure dans la surdité. On devait surtout inciser la veine *préparate* dans les phlegmasies du cerveau et des méninges, les *angulaires des yeux* dans l'angine, suivant Galien. « Toutes ces veines, dit avec raison de La Faye, portent le sang dans les jugulaires. Ainsi, en ouvrant la jugulaire, on produit le même effet qu'on produirait en ouvrant une de ces autres veines, et on le produit plus facilement et plus promptement, parce que les jugulaires sont plus grosses, et par conséquent fournissent, par l'ouverture qu'on y fait, une bien plus grande quantité de sang. C'est pourquoi on a abandonné la pratique des anciens (*Princip. de Chir.*, p. 484). » Cette remarque pratique, basée sur des principes de physiologie incontestables, sanctionnée par l'expérience des plus grands praticiens, n'est pas généralement admise, en tant que l'on considère, sous un point de vue médical, un tronc sanguin comme pouvant suppléer à toutes ses ramifications veineuses d'origine. Outre l'influence spéciale que la saignée capillaire exerce sur l'organisme, certains auteurs prétendent que les veinules voisines d'un foyer inflammatoire, par un mode d'action particulier, produisent aussi de plus grands effets lorsqu'elles sont ouvertes.

Il suffit que cette question soit jugée diversement, pour que je me croie obligé de tracer rapidement la description de quelques phlébotomies partielles, qu'il est possible de pratiquer sur les ramifications veineuses, faciales et épicrâniennes.

A. *De la phlébotomie linguale (saignée de la langue).*

On ouvrait autrefois les veines ranines dans l'esquinancie.

L'appareil nécessaire pour cette opération se compose d'une lancette, de deux gros bouchons en liége, d'un stylet mousse, d'un bourdonnet de charpie, de compresses et d'eau tiède.

Située devant une croisée bien éclairée, et assise sur une chaise, la malade ouvre la bouche, relève la pointe de la langue et avance le milieu de cet organe au niveau de l'ou—verture buccale, de façon que les veines puissent être com—primées en haut et en bas par les arcades dentaires, pour se présenter fortement gonflées à l'instrument. Si la malade est craintive, pusillanime, cette phlébotomie, quoique très-diffi—cile, peut encore être pratiquée, en agissant avec dextérité et d'une manière convenable. On fait ouvrir largement la bouche, et l'on glisse des bouchons de liége entre les grosses dents molaires. Un aide, placé en arrière, soutient la tête sur sa poitrine, et maintient fixé l'os maxillaire inférieur.

La bouche restant ouverte permet à l'opérateur de saisir la pointe de la langue avec le pouce et l'index de la main gauche, pour la relever et la tirer le plus possible au dehors, et de piquer la veine ranine avec la lancette, tenue de la main droite. Cette opération se fait avec célérité, et le chirurgien se place toujours à la partie latérale externe de la malade.

On sollicite la sortie du sang, soit en conseillant à la ma—lade d'opérer un mouvement de succion continuel, soit en lui faisant incliner sa tête en bas, soit encore en plaçant de l'eau chaude dans la bouche, espèce de bain local très-favo—rable. A mesure que la bouche se remplit de sang, on doit le faire rejeter au dehors.

Dès que la malade a relevé la tête et a cessé les mouve—mens de la langue, l'écoulement sanguin s'arrête de lui—

même : s'il continuait, un bourdonnet de charpie, placé entre la langue et la paroi inférieure de la bouche, suffirait pour suspendre la sortie du sang : s'il coulait toujours en grande abondance et sous forme hémorrhagique, on ferait rougir un stylet au feu, et l'on cautériserait légèrement les bords de l'incision.

B. *Phlébotomie frontale (saignée du front).*

Dans les douleurs occipitales, Hippocrate conseille d'ouvrir la veine préparate ou frontale.

La malade se place devant le jour, et ses vêtemens sont recouverts par une alèze. Après plusieurs efforts de grandes expirations, la veine se gonfle ; aussitôt l'opérateur comprime ce vaisseau avec l'indicateur gauche et avec l'instrument tenu de la main droite, incise immédiatement au-dessus de ce doigt qui reste en place pendant la sortie du sang. L'écoulement du fluide s'accélère lorsque la malade incline la tête en avant et fait de grands efforts d'expiration.

Dès que la fonction respiratoire a repris son rythme normal et que la tête se redresse, le sang ne sort plus de la veine. S'il coulait encore, on placerait une compresse sur la piqûre, et par-dessus, plusieurs circulaires de bande autour de la tête.

C. La phlébotomie de la veine angulaire de l'œil, employée souvent pour les maladies de l'œil, la saignée des veines temporales, nasales, etc., reposent sur les mêmes bases chirurgicales que la section de la veine préparate.

D. *Phlébotomie de la veine jugulaire (saignée du col).*

L'ouverture du tronc veineux jugulaire, souvent pratiquée par les anciens dans les maladies de la tête et de la gorge, est de nos jours tombée en désuétude, sans doute parce que la phlébotomie brachiale balance ou égale ses succès les mieux constatés, sans doute encore parce que l'introduction de l'air dans une veine si voisine du cœur, peut déterminer une mort subite comme les auteurs en citent des exemples.

Les pièces qui entrent dans la composition de l'appareil sont : 1° une bande roulée longue de trois à quatre aunes, large de deux pouces, pour former la ligature ou compression temporaire; 2° une autre bande, semblable pour sa longueur et sa largeur à la première, et destinée au bandage compressif permanent; 3° Un carré de diachylum gommé ou de taffetas d'Angleterre; 4° une pyramide de compresses graduées, ou, selon de La Faye, un petit tampon de papier brouillard mouillé et exprimé; 5° enfin, une alèze, des linges, des aides, de la lumière, une poëlette graduée, une carte, ou bien une lame d'argent pliée en gouttière, des lancettes à grains d'orge, de l'eau froide ou tiède et des liqueurs aromatiques.

Lorsque les préparatifs sont terminés, la malade se lève pour se placer dans un fauteuil ou sur une chaise, près de l'endroit le plus éclairé; ou bien, si elle est faible, indocile, pusillanime, l'opérateur l'oblige à rester couchée, et se met toujours à la partie latérale pour agir en toute liberté.

La ligature destinée à augmenter le volume des veines jugulaires a beaucoup exercé l'esprit des chirurgiens, et parmi les procédés nombreux pour obtenir rapidement l'augmentation de calibre du vaisseau sans gêner la respiration et la circulation cérébrale, la plupart sont défectueux et d'un emploi difficile.

D'abord tous les procédés dans lesquels on exerce une pression plus ou moins directement circulaire autour du col doivent être proscrits, car ils tendent à augmenter la congestion veineuse qu'on a pour objet de combattre.

Quelques chirurgiens, pour éviter la compression des

gros vaisseaux, jettent plusieurs circulaires lâches autour
du col, placent une compresse sur une veine jugulaire externe, font incliner la tête du malade du côté opposé à la
piqûre, et ordonnent à un aide de placer ses doigts entre les
circulaires et la peau, du côté opposé à la compresse, pour
appuyer fortement dessus, sans gêner les voies respiratoires
et les vaisseaux opposés à la compression. M. le professeur
Sanson pose sur la compresse le plein d'une bande déroulée
dont il conduit les deux chefs obliquement, l'un au devant,
l'autre à la partie postérieure de la poitrine. Un aide les saisit
sous l'aisselle du côté opposé, et tire sur les extrémités de la
bande d'une manière égale et régulière. Il est bon de réunir
les chefs par un nœud solide, pour empêcher le déplacement
de la ligature au moindre mouvement de la malade. L'application de cette ligature est rationnelle, il faut chercher seulement à la rendre moins mobile. A cet effet, on place le
sommet de la pyramide de compresses sur la veine jugulaire
externe, au-dessus de la clavicule, lorsqu'elle s'enfonce sous
cet os pour s'aboucher à la veine sous-clavière. Un des
chefs de la bande roulée est jeté sur l'épaule correspondante
à la pyramide, et se déploie sur sa base où il est aussitôt
assujéti par le pouce : puis on déroule obliquement la bande
à la face antérieure du thorax, sous l'aisselle du côté opposé,
à la face postérieure de la poitrine; et après deux ou trois
tours de bande, on ramène le second chef pour former
un double nœud sur l'épaule, qui est le point de départ.
Un aide peut augmenter la compression et la solidité de
la ligature, en tirant sur les circulaires placées sous l'aisselle. Mais l'aide se fatigue, et c'est à tort que des chirurgiens, par un procédé qui leur semble plus facile, le char-
gent seul de comprimer, soit avec ses doigts, soit à l'aide
d'une spatule garnie de linges ou d'une pelotte, la veine jugulaire, durant tout le temps de l'opération. En résumé, la
ligature *bi-latérale* comprime les gros vaisseaux du col et dé-

termine de graves accidens. La ligature *latérale* seule doit être mise en usage, et il faut la rendre assez complète et solide pour se passer de forces auxiliaires.

Lorsque le gonflement de la veine est assez considérable, un aide appuie sur l'oreiller ou contre sa poitrine la tête de la malade, du côté opposé à la veine d'élection. L'opérateur déploie une alèze sur les épaules et la face antérieure de la poitrine, ramène les extrémités ou coins de cette alèze en arrière et forme deux nœuds, l'un au niveau de la nuque, l'autre à la base du tronc; de telle sorte que les membres thoraciques de la malade sont maintenus contre un premier mouvement involontaire et que les vêtemens sont préservés de taches de sang. La lancette est alors ouverte, sa châsse placée entre les dents de l'opérateur, et sa pointe dirigée vers la veine à piquer. Après quelques frictions faites de haut en bas avec la partie dorsale des doigts, on tire la peau, et l'on assujétit la veine avec l'indicateur gauche au-dessus du point d'élection pour la piqûre, tandis que le pouce appuie sur la compresse pour comprimer davantage encore le vaisseau. Avec la main droite on pratique les trois temps de flexion, de ponction et d'élevation, décrits avec soin dans l'Angiotomie en général (p. 12).

Il faut que la piqûre soit toujours perpendiculaire à la direction des fibres musculaires du peaucier, et parallèle au trajet de la veine jugulaire. Le volume considérable de ce vaisseau oblige, ainsi que sa grande profondeur, à faire une large ouverture verticale.

Lorsque le muscle est divisé au-devant de la veine, ses fibres se rétractent à droite et à gauche, laissent béante l'ouverture, et le jet sanguin rapide ne produit pas d'infiltration; on termine bientôt la saignée. Si, au lieu de jaillir, le sang ruisselle le long du col, on place une carte pliée en gouttière, au-dessous de l'incision, pour conduire le sang dans le vase gradué. La malade accélère la sortie du sang, lorsqu'elle opère des mouvemens de mastication : mouvemens que le chirurgien doit encore provoquer pendant la saignée.

L'émission sanguine étant complète, on procède de suite au pansement. Le pouce droit est posé sur la piqûre, ou bien il saisit avec l'indicateur les bords de l'incision, tandis que la main gauche défait la ligature, lave avec de l'eau tiède, essuie la région cervicale, et place sur la plaie le petit carré de diachylum ou de taffetas d'Angleterre : il vaut mieux, je crois, réunir les lèvres de l'incision par deux bandelettes agglutinatives, croisées en angle aigu. On établit ensuite sur le diachylum le bandage compressif, comme on avait fait la ligature, et il reste en permanence jusqu'à la cicatrisation du vaisseau. Ce bandage doit être peu serré, surtout si, à l'exemple de certains chirurgiens, on jette quelques circulaires autour du col. La tête de la malade doit être élevée, parce que le sang tombe perpendiculairement, et suit avec plus de facilité la direction de la veine que la route artificielle latérale.

Le procédé opératoire reste le même, quand une tumeur, des veines peu apparentes, etc., obligent à inciser du côté gauche. L'opérateur qui est ambidextre change simplement de main pour comprimer et inciser la veine.

ANATOMIE DES VEINES DE L'EXTREMITE THORACIQUE.

Les veines destinées à ramener vers le cœur le sang éloigné du centre circulatoire et distribué au membre thoracique par les artères, se partagent, lorsqu'elles ont acquis un certain calibre, en deux plans généraux bien distincts, l'un profond, l'autre superficiel. Des anastomoses multipliées établissent de larges voies de communication entre ces canaux veineux : sur cette connexion réciproque des plans veineux, reposent des conséquences pratiques très-importantes pour l'angiotomie.

Au lieu de procéder dans cette description des troncs vers les branches, comme l'ont fait quelques chirurgiens, nous exposerons tour à tour l'origine, le trajet, la terminaison, etc., de ces vaisseaux. Cet ordre plus logique évite de grandes erreurs de la part des élèves, et rappelle sans confusion la disposition générale des veines.

Le *plan profond* des veines du membre supérieur correspond avec beaucoup d'exactitude à la distribution des artères. Toutefois, suivant une loi découverte par Haller, et relative au système veineux, la capacité de ces canaux à sang noir est double de celle que renferment les vaisseaux à sang rouge ou artériels. C'est pourquoi l'on trouve toujours deux veines satellites d'une artère. A son origine, cette couche veineuse profonde se compose donc de deux veines qui acompagnent les artères collatérales des doigts, les branches des arcades palmaires et les troncs de ces arcades. Toutes ces radicules veineuses se transforment en branches qui s'accroissent d'une manière proportionnelle avec les artères qu'elles côtoient. Ces branches sont les *veines radiales et cubitales* qui se réunissent deux à deux au niveau de l'articulation du pli du bras (*art.-huméro-cubitale*), pour constituer bientôt chacune un vaisseau moniliforme, volumineux, appelé *veine brachiale* ou *humérale*. Au nombre de deux, les veines brachiales viennent se terminer à la veine axillaire, non loin du tronc basilique.

Depuis son origine jusqu'à sa terminaison, cette couche veineuse profonde, adossée aux artères, envoie des canaux anastomotiques de deux espèces : les uns ouvrent de larges voies de communication entre toutes ces veines profondes ; les autres, en grand nombre, percent l'aponévrose d'enveloppe, soit avec les artères, soit seules, pour aller se réunir aux veines superficielles.

Les radicules primitives du *plan veineux superficiel*, se trouvent sur les doigts et sont très-irrégulières pour leur naissance. En général, elles forment, par de nombreuses anastomoses, une arcade sur le dos de la main (*arcade veineuse dorsale*), et un réseau très-fin sous-cutané à la face palmaire. Toutes ces veines carpo-métacarpiennes et métacarpo-phalangiennes se réunissent en trois gros troncs principaux.

L'un externe constitue la *veine radiale superficielle* ou *cutanée*. Toutes les radicules d'origine de cette veine forment un réseau qui couvre le pouce, l'index, le bord externe et une partie des faces dorsale et palmaire de la main. Ces radicules rassemblées forment un seul tronc (*veine céphalique du pouce*), qui se détourne de dehors en dedans sur les muscles du premier espace interosseux métacarpien. Ce tronc veineux, à mesure qu'il s'élève, devient de plus en plus volumineux, et prend le nom de *veine radiale* au niveau de l'apophyse styloïde du radius : il continue à monter le long du bord externe de l'avant-bras, s'anastomose souvent avec les veines voisines, reçoit des branches collatérales, et parvient jusqu'à la partie supérieure et externe du pli du coude, où il se termine dans le tronc céphalique et se réunit avec la veine médiane de ce nom.

Le tronc interne, appelé *veine cubitale*, provient de capillaires veineux, réunis en grand nombre et assez développés sur le petit doigt, l'annulaire, le bord interne et les faces palmaire et dorsale de la main. Toutes les divisions anastomotiques se réunissent et convergent à des hauteurs différentes vers une grosse branche veineuse située au bord interne et supérieur de la main, dans l'intervalle des deux derniers os métacarpiens. Cette branche principale (*veine salvatelle*) forme un tronc plus considérable à mesure qu'elle monte, prend le nom de *veine cubitale superficielle* ou *cutanée* au niveau de l'apophyse styloïde du cubitus, et arrive jusqu'à la partie interne et supérieure du pli du coude, pour recevoir la veine médiane basilique, et continuer sa direction primitive sous le nouveau nom de tronc basilique.

Enfin, un plexus veineux, tantôt palmaire, tantôt dorsal, médian, anastomosé en dehors avec les radicules d'origine de la veine radiale, et en dedans avec les veinules qui donnent naissance à la cubitale superficielle, remonte le long de la partie moyenne de la face antérieure de l'avant-bras, et forme bientôt une branche assez volumineuse qui arrive près du pli du coude. Cette *veine médiane*, pour sa position, s'appelle encore *médiane commune*, parce qu'elle sert de lien commun entre les veines cubitale et radiale superficielles. Au moment où elle se bifurque au pli du bras, elle reçoit une ou plusieurs branches anastomotiques des veines du plan profond, qui suivent la direction du muscle biceps derrière le muscle rond pronateur.

La *veine médiane céphalique*, branche externe de la médiane commune, remonte en dehors dans l'espace triangulaire formé par les muscles antérieurs de l'avant-bras, à côté du bord externe du tendon du muscle biceps, et, après un court trajet plus ou moins oblique, elle s'unit, soit à la radiale, soit au tronc céphalique, soit encore dans un point de jonction commun avec ces deux veines.

La branche interne de bifurcation de la médiane commune ou la *veine médiane basilique*, plus volumineuse, toujours plus apparente que l'externe, côtoie le bord interne du tendon du muscle biceps, et parvient jusqu'à la veine cubitale, ou bien se jette dans le tronc basilique, et souvent se réunit à ces deux veines principales.

Il résulte de la disposition anastomotique des veines radiale, médianes céphalique et basilique, cubitale, au pli du bras, qu'elles représentent exactement à l'état normal la forme de la lettre **M**.

La réunion des veines cubitale et médiane basilique, au pli du bras, détermine la formation d'un conduit plus volumineux qui remonte le long de la face interne du bras, au-devant du nerf cubital, devient peu-à-peu plus profond vers le bord interne et supérieur du muscle biceps, envoie des ramifications nombreuses au tronc céphalique, et reçoit des veines brachiales. Le *tronc basilique* qui forme ce conduit sanguin, se termine au creux de l'aisselle dans la veine axillaire, et plus souvent dans les veines brachiales.

La jonction des veines radiale et médiane céphalique, au pli du bras, donne naissance au *tronc céphalique*. Cette grosse veine s'élève d'une manière verticale et parallèle au bord externe du muscle biceps, à la partie antérieure externe du bras, passe dans la gouttière qui résulte de l'adossement des muscles deltoïde et grand pectoral (*rainure coraco-deltoïdienne*). A la hauteur de la clavicule, le tronc céphalique se partage en deux branches; l'une volumineuse, s'enfonce profondément, se recourbe en bas et en dedans, pour se continuer avec la veine axillaire, au niveau de la tête de l'humérus; l'autre branche, nommée *petite céphalique*, passe au-devant de la face supérieure de la clavicule, et va gagner la veine jugulaire externe pour s'y réunir.

Voici quelles sont les connexions des veines avec les parties voisines.

Le plan des veines superficielles ou cutanées, repose tout entier sur les muscles et leurs tendons. Les tégumens communs, tels que la peau et le tissu cellulaire sous-cutané, recouvrent toujours cette couche veineuse. L'aponévrose seule forme un tégument variable ; tantôt elle n'existe pas, comme à la face dorsale de la main ; tantôt elle s'établit en troisième lame au-dessous du tissu cellulaire et au-dessus des veines, à l'avant-bras et au bras; tantôt, enfin, elle dégénère en espèces de canaux assez denses, irréguliers, moins solides, cependant, que l'aponévrose elle-même, et forment des gaînes celluleuses aux veines du pli du bras et à l'embouchure des gros troncs basilique et céphalique.

La *veine médiane basilique* est toujours située au-dessus de l'artère brachiale et du nerf médian, dont elle suit assez bien la direction et qu'elle croise souvent à angle très-aigu. Une simple lame fibreuse assez large se détache du bord interne du muscle biceps, se dirige en dedans, au devant de l'artère brachiale, du nerf médian et du muscle rond pronateur, pour se confondre à l'aponévrose anti-brachiale. Ce prolongement fibreux et une lamelle très-fine de tissu cellulaire empêchent le contact immédiat de l'artère et du nerf avec la veine médiane basilique. Le rameau antérieur de la branche inférieure du nerf cubito-cutané croise encore la direction de cette veine. Le nerf brachial cutané interne (nerf cubito-cutané) descend sous l'aponévrose brachiale, à la partie interne du bras, et se place sur un des côtés du tronc basilique. Le nerf cubital s'éloigne de cette grosse veine à mesure qu'il descend pour arriver dans l'intervalle compris entre l'épitrochlée et l'olécrâne, où il traverse l'extrémité supérieure du muscle cubital antérieur. La *veine médiane céphalique* est en rapport avec le nerf musculo-cutané (nerf radio-cutané), qui se dégage au niveau du tendon du biceps et à son bord externe pour croiser la direction de cette veine, tantôt plus haut, tantôt plus bas, et descendre pour s'épanouir en filets divergens entre l'aponévrose et la peau. Les veines *radiale* et *cubitale* sont traversées dans leur trajet par des filets nerveux qui proviennent des nerfs radial et cubital.

Les variétés ou anomalies de nombre, de position, de volume, de distribution des veines sous-cutanées, sont telles, qu'il n'existe pas deux bras qui se ressemblent exactement pour le système circulatoire. Le nombre des veines se multiplie souvent, et forme un réseau capillaire cutané qui détruit toute classification. On peut établir, en règle générale, que les veines éprouvent des variations plus considérables depuis les doigts jusqu'au pli du coude, qu'à partir de cette articulation pour aller à la veine axillaire; en d'autres termes, que les radicules d'origine des veines sont extrêmement variables dans leur disposition générale, tandis que les gros troncs veineux sont plus constans. Cette loi me paraît applicable à tout le système veineux.

Lorsqu'il existe plusieurs veines cubitales, celle qui naît constamment sur le dos de la main est la veine *cubitale postérieure*; l'autre tire son origine de la région inférieure et interne de l'avant-bras et s'appelle veine *cubitale antérieure*. On trouve aussi des variétés de position et de nombre pour la veine radiale; l'une est antérieure, et l'autre postérieure.

L'absence des veines est partielle ou générale. Dans le premier cas, j'ai observé que l'absence des veines était plus fréquente pour l'embranchement céphalique que pour le tronc basilique et ses divisions d'origine. Il est remarquable que, dans ses écarts, la nature conserve de préférence les vaisseaux placés à la partie interne du membre. Le phlébotomiste peut dire que l'absence de veines est générale lorsque ces vaisseaux dégénèrent en capillaires d'une ténuité extrême.

PHLEBOTOMIE BRACHIALE.

L'ouverture des veines au pli du bras est d'une telle fréquence, que l'expression de pratiquer une saignée entraîne de suite pour le chirurgien l'idée d'une phlébotomie brachiale. Ce point limité, circonscrit, du grand cercle circulatoire, supplée, il est vrai, dans une foule de circonstances, à toutes les autres émissions sanguines générales ; car, agir sur ce point, c'est agir sur la masse tout entière avec autant de précision physiologique que si l'on pratiquait des ouvertures aux veines du col, de la tête et du pied. L'expérience médicale, cependant, est loin de s'accorder avec la physiologie, et les piqûres des veines aux extrémités céphalique et abdominale ont une influence sur certaines maladies et même sur les fonctions de l'organisme que l'on chercherait en vain à obtenir par la saignée du bras.

L'appareil nécessaire à cette opération doit contenir : 1° une bande de toile sans ourlets, large de deux pouces et longue d'une aune et demie, pour faire la ligature : des praticiens emploient une bande de laine rouge pour faire gonfler les veines, mais le sang qui imprègne cette bande après quelques piqûres, est un objet de dégoût par sa malpropreté ; 2° une autre bande, égale pour la longueur et la largeur à la première, roulée à un seul globe et destinée au bandage compressif permanent ; 3° un vase gradué ou palette ; 4° un étui garni de lancettes à grain d'orge : les lames d'acier doivent avoir différentes largeurs ; 5° une alèze ou plusieurs serviettes, pour que les vêtemens ou le lit de la malade ne soient pas gâtés par le premier jet de sang ; 6° une compresse triangulaire ; 7° un aide pour tenir le vase gradué. Quelquefois un autre aide devient nécessaire pour diriger la lumière s'il faut agir dans l'obscurité ; enfin, des compresses, une fine éponge, de l'eau tiède et froide, des liqueurs aromatiques seront encore disposées à l'avance.

La position de la malade, pendant la phlébotomie, est subordonnée à l'état de ses forces. On la fait asseoir sur une chaise, ou mieux, sur un fauteuil, quand il y a simple pléthore ou nécessité d'une émission sanguine prophylactique ; elle doit être alitée si elle est faible, indocile, pusillanime. Dans aucun cas il n'est permis de laisser debout la malade ; la puissance musculaire est alors tellement énergique pour maintenir la rectitude du corps dans la station verticale, que la débilité survenue dans l'économie par la déperdition sanguine cause des défaillances et même des syncopes chez les personnes les plus robustes.

L'opérateur se place à *la face interne ou externe* du membre. Dans la première position, comme il est ambidextre, il est situé au centre des mouvemens, et, par une légère inclinaison à droite ou à gauche, il se trouve à même de piquer l'un ou l'autre bras.

La position latérale interne n'est pas toujours applicable, et il faut en changer lorsque les malades sont alitées ou s'il survient de violens mouvemens convulsifs.

Dans la position que j'appelle *latérale externe*, l'opérateur, situé à la face externe du membre, domine la malade. Cette position chirurgicale est rationnelle, applicable à tous les cas et procure de grands avantages.

Placé à la face externe du membre thoracique droit, l'opérateur le soulève dans une position horizontale, le tourne en supination et le découvre bien au-dessus de l'insertion deltoïdienne, de telle sorte que les vêtemens roulés ne compriment pas assez pour former une contre-ligature. Il pose alors le plein de la bande à compression temporaire sur la saillie du muscle biceps, à deux ou trois pouces au-dessus de l'articulation huméro-cubitale, et en laisse pendre les chefs ; le chef interne plus grand, parce qu'il doit former le nœud coulant. Avec la pulpe des doigts de la main gauche, accolés comme dans le palper du pouls, il détermine la situation de l'artère humérale, dont les battemens se font sentir à la partie interne du tendon du muscle biceps, et les rapports de cette artère avec les veines. Aussitôt que la position de l'artère est déterminée, il fait choix de la veine, serre par degrés la ligature pour ralentir la circulation artérielle et augmenter le calibre du vaisseau d'élection, pose le doigt sur la veine qu'il veut piquer pour s'assurer encore de l'absence de systoles artérielles sous-jacentes, et termine la ligature définitive, ayant la précaution de ne pas pincer la peau lorsqu'il croise à la partie postérieure du bras les deux chefs qu'il ramène à la face externe du bras pour en former une seule rosette sans nœud, qui doit être tournée en haut et les chefs pendans en dehors : à cet effet, après le croisement des chefs derrière le muscle triceps brachial, l'externe doit être ramené sur le chef interne de la bande, qu'il contourne de façon à faire saillie en haut sous forme de rosette dans laquelle on passe un doigt pour serrer la ligature. On fait fléchir l'avant-bras sur le bras, et la malade conserve cette position.

La lancette est alors choisie et ouverte de manière que la lame forme un angle obtus avec la châsse. L'extrémité libre de la châsse est placée entre les dents incisives de l'opérateur, de telle sorte que la pointe soit dirigée vers le vaisseau à piquer, et le talon de l'instrument vers la main qui doit opérer.

La position de l'artère brachiale étant reconnue, la ligature posée, la veine déterminée et la lancette bien choisie, l'opérateur procéde à la piqûre du vaisseau. Il pose la main droite de la malade sous son aisselle droite; saisit la face postérieure de l'articulation huméro-cubitale avec la paume de la main gauche, et tend les tégumens sus-jacens à la veine en fléchissant les doigts qui appuient sur la peau de la jointure articulaire : il a soin d'allonger le pouce gauche pour comprimer la veine dilatée, quelques lignes au devant du lieu d'élection pour la piqûre, afin de fixer le vaisseau s'il est roulant, et de modérer l'impétuosité du premier jet sanguin. Il rapproche ensuite sa poitrine contre le membre de la malade portée dans l'extension forcée, pour empêcher tout retrait en arrière de l'articulation du bras qui ne va jamais au devant de l'instrument piquant.

Avec le pouce et l'index fléchis de la main droite, l'opérateur prend la lancette, à sept ou huit lignes de sa pointe, fait quelques frictions au-dessous de la ligature, dans le sens de la circulation veineuse, trouve sur l'avant-bras un point d'appui pour les trois autres doigts, et présente aussitôt l'instrument à la veine de manière que la lame soit tout à la fois perpendiculaire et un peu oblique; par un mouvement d'extension des doigts, il traverse d'un seul coup les tégumens et la veine; le défaut de résistance qu'éprouve la pointe de la lancette et les gouttelettes de sang qui apparaissent sur ses parties latérales, sont un indice non équivoque de la ponction du vaisseau : ensuite l'opérateur décrivant un arc de cercle avec le poignet, relève, en incisant de dedans en dehors avec le tranchant antérieur de la lame, les parois de la veine et les tégumens.

Aussitôt, le sang s'élance par un jet rouge noirâtre, proportionnel au degré d'énergie vitale du vaisseau et tombe par arcade continue dans le vase gradué que présente un aide pour le recevoir. La malade active l'issue du sang hors de la piqûre en roulant le lancettier placé à cet effet dans sa main droite, et l'opérateur soutient l'articulation huméro-cubitale avec la main gauche qui reste en place, ferme sa lancette avec la main droite, surveille avec attention le jet sanguin qui pourrait se détruire par le moindre défaut du parallélisme entre l'incision de la veine et celle des tégumens.

Lorsque l'émission sanguine est achevée, pour suspendre l'écoulement du fluide, l'opérateur, par un mouvement rapide et simultané, place le pouce de la main gauche quelques ligues au-dessous de l'incision, comprime, lève et fléchit le coude de la malade, et de la main droite tire sur le chef externe et défait ainsi la ligature.

On procède ensuite au *pansement*. Il faut laver le membre taché par le sang, l'essuyer , placer la compresse triangulaire sur l'incision sans la mouiller : car , en se desséchant, elle durcit, cause de la douleur , et peut occasioner des accidens locaux. Le pouce de la main gauche comprime à la fois la compresse et l'incision , tandis qu'avec la main droite, on prend la bande roulée dont on dirige le globe en haut, pour qu'elle se déroule en bas sur le bras. On laisse à la partie latérale externe de l'avant-bras le chef de la bande , pendre d'une longueur suffisante pour former un nœud ; puis on lève un instant le pouce pour passer obliquement sur la compresse , et aller contourner l'extrémité inférieure du bras, de manière à conduire le globe pour croiser en forme d'X au pli du bras, le premier trajet oblique, en levant le pouce, et le réappliquant de suite; on ramène ensuite la bande à la partie latérale interne postérieure et latérale externe de l'avant-bras, point de départ. On fait ainsi trois ou quatre tours de bande, en ayant toujours soin de bien comprimer avec le pouce à l'endroit de la piqûre; enfin on termine le bandage par un double nœud à l'avant-bras.

Le bandage compressif permanent bien appliqué, ressemble à un S de chiffre, permet les libres mouvemens de l'articulation huméro-cubitale, et comprime assez la plaie veineuse pour empêcher le sang de sortir. On s'aperçoit que la constriction est trop forte, au gonflement persistant des veines de l'avant-bras, souvent à la douleur qu'éprouve la malade; il suffit de lâcher un peu la bande pour rétablir la circulation dans le membre. L'avant-bras ensuite est fléchi sur le bras, et l'on recommande à la malade de conserver le plus long-temps possible cette position, et si le sang sortait et mouillait le bandage, de comprimer avec sa main au-dessous de la plaie, et de revenir se faire panser.

L'opérateur se place à la partie latérale externe gauche du membre thoracique du côté opposé, et le rôle de ses mains est complètement interverti : c'est avec la main gauche qu'il pique la veine, c'est avec la main droite qu'il soutient l'articulation.

PHLÉBOTOMIE CARPIENNE (*saignée du poignet*).

De La Faye invite à pratiquer la phlébotomie au poignet, toutes les fois que les veines du pli du bras n'ont pas un assez gros volume, et qu'il est impossible de les rendre sensibles. Il est rationnel aussi de préférer cette phlébotomie, lorsque la veine médiane basilique est sus-jacente à l'artère brachiale dans toute son étendue, et que seule elle est apparente à la vue et au toucher.

Le procédé opératoire ne diffère en rien de la piqûre des veines au pli du bras.

A mesure que l'opérateur s'éloigne de la veine médiane céphalique, il redouble d'attention pour éviter de graves accidens. Lorsque la phlébotomie carpienne lui paraît indiquée, il est indispensable qu'il sache bien que les veines du poignet sont très-roulantes, surtout lorsqu'elles sont gonflées. Il faut donc les fixer pendant l'opération pour prévenir le défaut de parallélisme entre la veine et les tégumens, les ecchymoses, les thrombus, accidens qui en sont les suites naturelles. Enfin l'opérateur doit toujours avoir présent à sa mémoire cette variété si remarquable dans le trajet de l'artère radiale qui, au milieu de l'avant-bras, chez certaines personnes, comme nous en avons vu plusieurs exemples, contourne le bord externe du radius pour arriver à la face postérieure de cet os, et descendre à côté de la veine radiale et céphalique du pouce, seulement recouverte par les tégumens communs. Quand cette anomalie existe, elle est facile à reconnaître par le battement de l'artère, et il faut saigner au pied.

PHLÉBOTOMIE MÉTACARPIENNE (*saignée de la main*).

Les anciens saignaient les veines dorsales des mains. La ligature était placée au poignet, un manuluve (*maniluvium*) était donné pour augmenter la pléthore locale sanguine. On peut ainsi ouvrir les veines *salvatelle, céphalique du pouce* et les autres gros troncs carpo-métacarpiens sous lesquels on ne sent pas de battemens artériels. David préconisait cette émission sanguine dans les phlegmasies viscérales de l'abdomen et des extrémités inférieures. Le temps a fait justice de cette influence spéciale, et les veines des mains ne sont plus ouvertes pour ne pas y laisser des traces indélébiles de cicatrices.

ANATOMIE DES VEINES DU MEMBRE PELVIEN.

Les veines du membre abdominal, tubes ou vaisseaux à parois très-résistantes, dans lesquels le sang noir, impropre à la nutrition des parties organiques, remonte vers le cœur, au moyen de la veine cave inférieure, tronc commun auquel tous ces vaisseaux aboutissent dans le ventre, se partagent, comme les veines de l'extrémité thoracique, en deux couches fréquemment anastomosées entre elles.

La *couche profonde* correspond avec la plus grande exactitude à la distribution des artères. Les conduits artériels des doigts, les artères dorsales ou plantaires, se trouvent accompagnés dans toutes leurs divisions par deux veines profondes qui empruntent leur nom à ces vaisseaux. Les veines tibiale antérieure, postérieure et péronière, branches assez volumineuses auxquelles toutes ces ramifications veineuses inférieures viennent aboutir, se réunissent en un seul tronc, à la hauteur de la bifurcation des muscles jumeaux pour former la veine poplitée. Cette grosse veine, située d'abord à la partie externe, recouvre bientôt l'artère de ce nom : elle remonte et prend le nom de *veine crurale* ou *fémorale*, en traversant l'anneau aponévrotique du muscle grand adducteur. Ce gros tronc veineux reçoit dans son trajet les veines fémorales profondes, les veines perforantes, etc., parvient sous l'arcade crurale avec l'artère de ce nom, pénètre dans l'abdomen sous le nom de veine iliaque externe, et se termine par un tronc commun avec la veine iliaque interne ou hypogastrique dans la veine cave inférieure.

A des hauteurs variables, dans ce plan veineux profond, viennent se dégorger beaucoup de veines sous-cutanées. Cette *couche* de *veines superficielles* commence par des radicules très-irrégulières sur les phalanges des orteils et sur le pied : elles sont assez multipliées pour former un réseau à mailles très-fines et serrées à la face plantaire, plus larges et volumineuses à la face dorsale, où elles constituent l'*arcade dorsale veineuse* du pied. Cette arcade veineuse reçoit les embouchures des rameaux veineux des orteils et toutes les veinules du pied.

Non loin de la malléole du péronée, les veinules anastomotiques dorsales et plantaires qui forment l'arcade veineuse, au côté externe du pied, se réunissent en un seul tronc commun, appelé *veine saphène externe* (veine péronéo–malléolaire). Cette veine, connue par les anciens sous le nom de veine sciatique, se bifurque vers la partie inférieure de la malléole ; une branche de la division passe au devant, et l'autre, plus volumineuse, longe le bord postérieur de cette éminence osseuse. Au-dessus de la malléole, elles se réunissent en une seule veine qui longe la partie postérieure et externe de la jambe en se rapprochant du tendon d'Achille, s'anastomose fréquemment avec la saphène interne, et se termine dans le creux du jarret de deux manières différentes ; tantôt elle s'enfonce sous l'aponévrose pour s'ouvrir dans la veine poplitée, à côté du nerf poplité interne ; tantôt elle s'incurve fortement de dehors en dedans, au pli du jarret, reste sous-cutanée et se réunit à la saphène interne ; quelquefois j'ai trouvé ces deux terminaisons sur un même sujet.

Les veinules primitives de la *saphène interne* (veine tibio-malléolaire) commencent sur le gros orteil ; elles se dirigent vers la partie interne de l'arcade dorsale veineuse, située près des articulations métatarso-phalangiennes, et communiquent ainsi avec les radicules d'origine de la saphène externe ; elles forment bientôt une grosse branche assez volumineuse (*veine pédieuse superficielle*), située dans l'intervalle des deux premiers orteils et qui reçoit un grand nombre de veines de l'articulation tibio-tarsienne. La branche veineuse monte devant cette articulation et la malléole interne ou tibiale, se place le long de la partie interne de la jambe et s'anastomose avec la saphène externe. D'abord verticale dans son trajet, la saphène interne suit bientôt une direction oblique en arrière, et parvient au creux du jarret où elle forme une légère courbure, à convexité en dehors, pour recevoir l'embouchure de la saphène externe : puis elle revient en dedans, passe au devant du condyle interne fémoral, s'élève presque verticalement à la face interne de la cuisse, tout en se dirigeant peu à peu en avant dans la direction du trajet du muscle couturier pour recevoir les branches anastomotiques superficielles de la région crurale postérieure qui toutes convergent dans cette direction. La saphène interne ne tarde pas à arriver jusqu'à un pouce au-dessous de l'arcade crurale, à la partie antérieure de la cuisse, et traverse ùn anneau fibreux formé par le fascia-lata et appelé orifice externe du canal crural ; là elle se réunit à la veine fémorale. Avant de s'ouvrir dans cette veine profonde, la saphène interne reçoit les *veines honteuses* externes et plusieurs veines *sous-cutanées abdominales*. La couche veineuse superficielle repose sur les aponévroses d'enveloppe du membre abdominal, sur les muscles et leurs tendons ; enfin, sur le périoste même, au niveau des malléoles. Les tégumens qui la recouvrent sont la peau et le tissu cellulaire sous-cutané qui forme une couche adipeuse d'autant plus épaisse, que l'on remonte vers le pli de l'aine.

Le nerf saphène interne (nerf tibio-cutané), rameau profond, le plus volumineux du nerf crural, n'est pas en contact dans toute son étendue avec la veine du même nom. Situé profondément derrière le muscle couturier, en dedans de l'artère crurale, ce nerf ne devient peu à peu sous-cutané que vers la partie inférieure de la cuisse où il se dégage entre les tendons des muscles grand adducteur et triceps fémoral, pour se joindre à la veine saphène interne dont il suit les ramifications jusqu'au gros orteil.

L'artère tibiale antérieure, située à la partie antérieure

de la jambe, descend entre les muscles long péronier latéral et jambier antérieur; elle se rapproche peu à peu du tibia, et passe sur lui en bas pour se glisser sous le ligament annulaire du tarse dans l'intervalle des muscles extenseur commun des orteils et extenseur propre du gros orteil : elle prend alors le nom d'artère pédieuse et se trouve placée sous la veine pédieuse superficielle. Si le tendon du muscle extenseur propre du gros orteil se déplace, l'artère devient sous-cutanée et en rapport immédiat avec la veine saphène interne. Cette artère fournit des branches malléolaires qui se trouvent en contact avec les branches veineuses de la saphène externe.

Le nerf poplité interne donne naissance, au-dessus du condyle fémoral, au nerf saphène externe qui descend le long de la partie postérieure de la jambe dans la rainure médiane des muscles gastrocnémiens. Il accompagne la veine saphène externe le long du bord du tendon d'Achille, et se contourne derrière la malléole du péronée pour se terminer au pied par beaucoup de filets nerveux.

Le volume, l'origine, le trajet, la terminaison et les rapports des veines saphènes présentent beaucoup de variétés. La saphène interne a une existence et une distribution plus constantes que la saphène externe.

PHLEBOTOMIE PEDIEUSE (*saignée du pied*).

La position superficielle des veines saphènes aux malléoles, le volume assez considérable de ces vaisseaux et la facilité avec laquelle on établit le bandage compressif pour arrêter l'écoulement sanguin, me paraissent les motifs puissans qui engagèrent les opérateurs à saigner au pied.

Les pièces qui entrent dans la composition de l'appareil sont : 1° une bande roulée à un seul globe et longue de 2 1/2 à 3 aunes, et destinée à établir le bandage compressif permanent; 2° deux bandes composées de tissu de fil, longues chacune d'une aune et demie et larges d'un à deux pouces; elles forment des ligatures bien supérieures aux bandes de soie qui se salissent et de drap qui se lâchent ou se rompent quand elles sont mouillées et lorsqu'on veut exercer une forte constriction; 3° un vase en grès, en fayence ou en bois, de la grandeur d'un seau ordinaire, pour donner un pédiluve à la malade; 4° des lancettes à grain d'orge, une compresse pliée en double, des linges pour laver et essuyer le membre, une alèze, un aide pour éclairer les veines si la chambre est obscure, tels sont les préparatifs qu'on ne doit pas omettre.

Dans ce genre de phlébotomie, il faut de toute rigueur que la personne soit assise sur une chaise, ou sur le bord de son lit, le dos maintenu, dans ce dernier cas, par un aide, afin que les jambes soient pendantes; l'articulation fémoro-tibiale est fléchie à angle droit ou légèrement obtus, et les pieds plongent dans de l'eau élevée à la température des bains ordinaires.

Placé en face de la malade, sur un siége peu élevé, le chirurgien, suivant le vaisseau qu'il veut piquer, s'incline un peu à droite ou à gauche, afin de ne pas se masquer le jour.

L'opération réclame l'emploi méthodique de toutes les pièces préparées à l'avance. Il faut d'abord placer sur chaque membre une ligature à 4 ou 5 pouces au-dessus des malléoles; quelques praticiens établissent la compression temporaire à la partie supérieure de la jambe. Silva avait adopté cette ligature *en jarretière*, qu'il considérait comme bien préférable pour le degré de constriction, observant qu'au-dessus des malléoles, le tibia, le péronée et le tendon d'Achille présentent une surface triangulaire qui empêche la compression des veines d'être aussi complète. La ligature ne suffit pas pour déterminer le gonflement des veines saphènes, il faut encore plonger les pieds dans l'eau chaude, de manière à ce que le liquide ne s'élève pas à plus de trois travers de doigt-au-dessus des malléoles. Après quelques minutes, on retire les pieds l'un après l'autre, en les posant sur les bords du vase qui renferme le liquide, et les veines devenues plus apparentes permettent déjà de juger celle des saphènes qu'il est possible d'ouvrir avec succès. La veine étant choisie sous le rapport du volume, on examine ses rapports. A cet effet, la ligature est levée et le doigt posé sur le vaisseau et à l'entour ; s'il n'y a pas de battemens artériels, on place de nouveau la ligature au même endroit, et les pieds sont replongés dans l'eau chaude. Il vaut mieux plonger les deux pieds dans le pédiluve qu'un seul, parce que le nombre des veines gonflées est double pour le choix et que cette méthode est souvent plus expéditive.

Tandis que les pieds sont immergés dans le bain, l'opérateur les soulève de temps en temps à la surface du liquide, pour observer la dilatation progressive du vaisseau dont il a fait choix. Lorsqu'il juge le gonflement de la veine assez considérable, il soulève le pied, l'essuie, l'enveloppe dans une alèze, espèce de nappe qu'il déploie sur ses genoux. Le pied gauche de la malade doit reposer par sa face plantaire sur le genou gauche du chirurgien, qui ouvre, d'après les règles établies (page 12), la saphène interne avec la main gauche et la saphène externe avec la main droite. Le pied droit de la malade doit appuyer sur le genou droit de l'opérateur, qui exécute les trois temps de la saignée sur la saphène interne avec sa main droite, et sur la saphène externe avec sa main gauche. La main qui ne doit pas faire la piqûre s'applique sur la face dorsale du pied pour le fixer solidement, l'empêcher d'obéir à ce mouvement d'inclinaison du membre, tendre la peau et assujettir la veine avec le pouce si elle est roulante.

Après l'incision de la veine, le sang parfois s'élève sous forme de jet, plein, continu, noirâtre, sans saccades, et pourrait être recueilli dans une poëlette ; ou bien, ce qui est plus fréquent, il jaillit avec force et ruissèle bientôt le long du pied ; quelquefois même, il sort de suite en bavant et ne s'élève pas en colonne. Pour faciliter l'issue du sang, on plonge le pied dans l'eau chaude.

Le sang coule librement dans certains cas, puis tout à coup il s'arrête. Cette circonstance peut tenir à plusieurs causes. Lorsque le vaisseau est d'un petit calibre, la pression de l'eau sur l'incision empêche le sang de sortir et facilite la formation d'un caillot entre les lèvres de la plaie ; il suffit dans ce cas de passer un linge sur l'ouverture et de mettre le pied à fleur d'eau pour rétablir le cours du sang. Chez les personnes qui ont le sang visqueux et très-épais, il se concrète avec facilité, bouche l'incision du vaisseau, de sorte que souvent il faut laver la piqûre et engager la malade à agiter ses orteils. Si la ligature est trop serrée, la circulation s'interrompt dans le pied, le jet sanguin s'arrête, et reparaît aussitôt que la bande est un peu relâchée.

La quantité de sang qui s'écoule se mesure de diverses manières. L'exploration du pouls, avant et pendant la saignée, sert parfois de régulateur ; mais c'est un régulateur incertain, difficile à employer comme terme de comparaison, et qui pourrait seulement acquérir quelque valeur par l'emploi du sphygmomètre, instrument destiné à régler les moindres variations dans l'impulsion sanguine. On a coutume de plonger un linge dans l'eau teinte par le sang, et de juger, eu égard au volume du liquide, par l'intensité de la coloration de l'eau et du linge, la quantité de sang écoulée ; mesure vicieuse, inapplicable à tous les cas, aux personnes pléthoriques comme aux malades anémiques ou frappés de chlorose. Le temps qui s'est écoulé depuis la ponction de la veine est un moyen infidèle, parce que la force du jet sanguin est très-variable et soumise à une foule de circonstances accidentelles qui peuvent l'augmenter, la diminuer ou l'anéantir. Employées simultanément, l'exploration du pouls, la coloration de l'eau et du linge immergé dans ce liquide, la force du jet comparée au temps écoulé depuis l'instant de la piqûre, suffisent dans les cas ordinaires aux médecins exercés pour juger la quantité de sang évacué. La pesée du liquide me paraît de rigueur lorsque la maladie est grave. Les commençans même doivent toujours peser le vase rempli d'eau avant et après la saignée : la différence en plus du poids donne assez exactement la quantité de sang sorti de la veine ; car il faut tenir compte des déperditions de fluide survenues pendant l'opération.

Pour arrêter la saignée, l'opérateur soulève le pied hors de l'eau, le pose sur les bords du vase, défait la ligature, applique le pouce sur la piqûre et procède au *pansement* après avoir bien essuyé toute la partie du membre plongée dans le liquide. Une compresse pliée en double ou triple est mise sur la plaie et maintenue par le pouce. Il prend alors la bande roulée, dirige un des chefs en haut, au-dessus de la piqûre, et ce chef reste libre ; puis il applique le plein de la bande sur la compresse, en levant le pouce et le réappliquant de suite, et déroule la bande obliquement au-dessus du coudepied, sur la partie latérale, la face plantaire, pour revenir sur la partie dorsale du pied, afin de croiser le premier jet à angle aigu, en forme d'X, et le ramener ainsi au-dessus de la malléole du côté opposé à la piqûre : il contourne l'extrémité inférieure de la jambe deux fois en passant sur la compresse, et continue ensuite les circulaires sur le pied et au-dessus des malléoles, pour épuiser la bande, dont il ramène le chef terminal au niveau du chef libre, et les réunit ensemble par un double nœud. Tel est le bandage compressif permanent de l'*étrier*.

 DE L'ANGIOTOMIE.

ACCIDENS DE LA SAIGNÉE.

Tout phénomène insolite survenu dans l'économie à l'occasion d'une saignée générale ou locale, et assez considérable pour déterminer un trouble dans l'état régulier des tissus et des appareils organiques, constitue un accident.

La classification des accidens, si importante pour les élèves, est peut-être la partie la plus négligée par les auteurs. Elle est partout vague et arbitraire, chez les anciens comme dans les ouvrages modernes. Lafaye divise en trois sections les accidens : les légers, les médiocres et les graves. Boyer n'admet que les accidens légers et graves. Enfin, M. Murat et la plupart des auteurs les énumèrent en grand nombre sans les coordonner. Une bonne classification doit donc combler un jour cette véritable lacune scientifique. Il me semble que l'on pourrait renfermer les accidens de l'angiotomie dans un cadre anatomico-physiologique, dont l'avantage serait tout à la fois de faciliter l'étude des faits en les offrant sous un point de vue général, et de soulager l'intelligence dans le souvenir d'accidens si variés.

TABLEAU DES ACCIDENS DE LA SAIGNÉE.

1er ORDRE.	1er GENRE.	1re ESPÈCE.
Accidens primitifs....	Généraux........	Légers.
	Locaux..........	Graves.

2e ORDRE.	2e GENRE.	2e ESPÈCE.
Accidens consécutifs...	Locaux..........	Légers.
	Généraux.......	Graves.

Les tableaux ci-annexés donneront une connaissance plus

approfondie de la méthode qui me semble préférable dans le classement des accidens.

ORDRE 1.

ACCIDENS PRIMITIFS.

	Siége des Accidens.	*Nature des Accidens.*

<table>
<tr><td rowspan="6">Ier GENRE.
—
A. LOCAUX.</td><td>Peau..............</td><td>Saignée blanche.</td></tr>
<tr><td>Tissu cellulaire sous-cutané.........</td><td>Flocon adipeux qui fait hernie dans l'incision,
Laxité et défaut de parallélisme.</td></tr>
<tr><td>Veines...........</td><td>Ecchymose,
Thrombus,
Hémorrhagie,
Introduction de l'air dans la veine.</td></tr>
<tr><td>Artères..........</td><td>Hémorrhagie,
Lésion incomplète des parois.</td></tr>
<tr><td>Nerfs............</td><td>Piqûre,
Douleur,
Engourdissement,
Tétanos.</td></tr>
</table>

	Siége des accidens.	*Nature des accidens.*

<table>
<tr><td rowspan="6">Ier GENRE.
—
A. GÉNÉRAUX.</td><td>Appareil nerveux...</td><td>Troubles et altérations du mouvement, du sentiment et de l'intelligence, tels que perte des sens, éblouissemens, vertiges, convulsions.</td></tr>
<tr><td>App. circulatoire...</td><td>Lypothymies ou défaillances,
Syncope,
Palpitations.</td></tr>
<tr><td>App. respiratoire...</td><td>Dyspnée, ou difficulté de respirer.</td></tr>
<tr><td>App. musculaire....</td><td>Prostration musculaire,
Tremblement général ou local.</td></tr>
<tr><td>App. digestif......</td><td>Indigestion, nausées, vomissemens; coliques; déjections alvines involontaires.</td></tr>
<tr><td>App. urinaire......</td><td>Excrétion involontaire des urines.</td></tr>
</table>

ORDRE II.

ACCIDENS CONSÉCUTIFS.

	Siége des accidens.	Nature des accidens.
	Peau	Erysipèle (trois degrés) ; Ulcère.
	Tissu cell. sous-cut.	Phlegmon, Abcès, Fistule.
IIe GENRE.	Veines	Phlébite, Hémorrhagie.
—	Artères	Artérite, Hémorrhagie, Anévrisme.
A. LOCAUX.	Nerfs	Névrite, Engourdissement, Paralysie.
	Vaisseaux lymphatiques	Tumeur, Absorption de virus.
	Tendons, aponévroses et périoste, ou tissu fibreux	Contracture, Inflammation.

	Siége des accidens.	Nature des accidens.
IIe GENRE.	Appareil nerveux ...	Convulsions ; cécité et surdité passagère.
—	App. digestif	Indigestion ; perversion des fonctions de l'estomac par atonie.
A. GÉNÉRAUX.		Les autres appareils sont altérés ou simplement troublés dans leur jeu, comme dans les accidens généraux primitifs.

Considérer comme des accidens généraux les modifications imprimées aux appareils fonctionnels, par suite de l'angiotomie, serait une erreur ; ces modifications caractérisent les effets des émissions sanguines et fournissent un levier puissant à l'art de guérir, pour abattre les phlegmasies aiguës en général, et changer même profondément tout l'ensemble de l'organisme. (Voyez *Effets des émissions san-guines.*)

DE LA SAIGNÉE BLANCHE.

Faire une saignée blanche, c'est ne pas ouvrir, en pratiquant l'opération de l'angiotomie, le vaisseau dont on veut tirer du sang.

Cet accident très-léger détermine presque toujours un mouvement de frayeur au malade et parmi les assistans ; et quoique sans conséquences fâcheuses, il peut compromettre la réputation du chirurgien. Il faut donc toujours, dans les cas suivans, prévenir que l'opération est très-difficile, pour n'être point taxé d'impéritie.

1º Lorsque le vaisseau est très-profond et à peine perceptible, soit à la vue, soit au toucher.

2º Si les vaisseaux sont très-roulans et les tégumens susjacens lâches et très-mobiles.

3º S'il y a un grand nombre de cicatrices qui diminuent le calibre de la veine.

Pour éviter cet accident, il convient, lorsque le vaisseau est très-profond, de plonger bien avant la lancette dans les tissus ; s'il est roulant, de le fixer avec le pouce, tendre la peau et piquer le vaisseau bien perpendiculairement.

La saignée blanche arrive souvent, parce que la lancette a été portée trop obliquement, et a passé légèrement sur la veine ; et plus souvent encore elle résulte du défaut d'attention et du peu d'habileté du chirurgien, de son instrument défectueux et des mouvemens inconsidérés de la malade qui retire brusquement le membre dès qu'elle se sent à peine effleurée par la lancette. Si les tégumens seuls sont coupés, la veine apparaît sous forme d'une corde bleuâtre au fond de la plaie, il suffit de plonger l'instrument avec plus de hardiesse et dans la même direction, pour obtenir un jet sanguin.

Dans une ligature trop serrée, le membre se gonfle, rougit par l'injection des capillaires, et se trouve sillonné dans divers points par des lignes dures qui donnent souvent une fausse sensation de corde veineuse fortement gonflée et profonde. Dans ce cas, la piqûre demeure évidemment sans succès. L'étude approfondie de la région, à l'aide de la ligature, pour faire tour à tour gonfler et désemplir la veine, indiquera, soit à la vue, soit plutôt au toucher, l'existence ou la non-existence du vaisseau, et fera éviter cette méprise.

Différentes circonstances, la piqûre de la veine étant complète, peuvent faire croire une saignée blanche. Ainsi, une veine est incisée, l'ouverture est libre et béante, et cependant il s'écoule à peine quelques gouttes de sang. Ce phénomène prend sa source dans un état syncopal qu'il faut immédiatement faire cesser : ou bien la ligature du membre est trop serrée, et cette constriction suspend tout mouvement circulatoire dans la partie ; on desserre un peu la bande, et tout aussitôt le jet sanguin s'élève. Dans le chapitre suivant, nous dirons encore comment le fluide sanguin, au lieu de former une colonne au dehors, s'épanche dans le tissu cellulaire, et produit divers accidens sensibles pour le médecin, au moment de leur formation, et que le vulgaire nomme *saignée blanche*, parce qu'il ne s'écoule pas de sang entre les lèvres de la plaie.

DE L'ECCHYMOSE ET DU THROMBUS.

L'infiltration de sang dans les mailles du tissu cellulaire sous-cutané forme un accident local primitif dont la gravité est toujours relative à la quantité plus ou moins grande du fluide épanché aux environs de la veine.

Lorsque le sang est disséminé dans le tissu cellulaire, il

constitue l'*ecchymose* : s'il est réuni sous forme d'une tumeur, il s'appelle *thrombus*. Ces dénominations différentes caractérisent les deux degrés de cet accident.

Les causes efficientes se rapportent toutes à un obstacle que le sang éprouve pour franchir les tégumens divisés et jaillir au dehors : tantôt c'est le défaut de parallélisme entre l'incision de la peau et la piqûre de la veine; tantôt c'est un peloton adipeux qui gêne l'issue du sang; tantôt, enfin, la veine est piquée de part en part, suivant de la Faye.

Les frictions trop fortes, les ligatures et bandages compressifs trop long-temps serrés, déterminent encore les infiltrations de sang.

L'*ecchymose* se caractérise par l'absence de l'écoulement sanguin au dehors et une chaleur insolite dans le membre, lorsque la sortie du fluide est très-considérable. La douleur que les malades éprouvent quelquefois se rapporte à la lésion de filets nerveux. Si la peau est fine, elle prend une teinte violacée avec des nuances différentes, selon les amas plus ou moins considérables de sang. Dans la grande majorité des cas, la peau conserve sa teinte naturelle pendant l'infiltration sanguine, et ce n'est que plusieurs heures et même trois à quatre jours après l'accident qu'elle commence à présenter une tache irrégulière, rougeâtre, bleuâtre. L'ecchymose tend sans cesse à s'étendre; elle envahit les tissus au loin, et, au bout de quelques heures, elle se change insensiblement en une couleur verdâtre et jaunâtre, dont la nuance se confond d'une manière insensible avec la couleur normale des parties voisines. Le résorption du fluide sanguin s'opère peu à peu, et, au bout de trois semaines un mois, fait disparaître les traces de l'accident.

Lorsque l'infiltration sanguine est considérable, elle distend outre mesure les tégumens, de sorte que le membre ou la partie augmente de volume. Le sang traverse les aponévroses d'enveloppe, en suivant les gaînes cellulaires qui accompagnent les anastomoses des vaisseaux superficiels avec les vaisseaux profonds, et il pénètre dans tous les interstices cellulaires qui séparent les muscles, il s'épanche ainsi au loin, et exerce de tels ravages par sa présence que des douleurs très-vives surviennent par la compression des nerfs au milieu de tissus fortement gonflés. Tous les tissus, altérés dans leur organisation par le fluide dont ils sont imprégnés, s'enflamment et tombent en gangrène, ou bien forment une sorte de détritus organique, comme nous en avons été témoins chez la nommée Lacarrière, saignée au bras quelques jours avant mon entrée à l'hospice de la Maternité.

Thrombus. Le second degré de l'épanchement de sang, après l'angiotomie ou le thrombus, s'annonce par une tumeur dont le volume augmente sensiblement à la vue pendant l'opération, et acquiert parfois des dimensions énormes, si le vaisseau est volumineux et largement ouvert avec défaut de parallélisme. La peau est teinte en rouge noirâtre ; souvent elle reste incolore, et ne devient bleuâtre que plusieurs jours après l'accident. La compression que l'on établit sur la tumeur dissémine le sang dans les aréoles du tissu cellulaire, et le thrombus se transforme en ecchymose dont il suit toutes les phases jusqu'à sa disparition complète.

Dans les thrombus considérables, une irritation vive s'empare des tissus, siéges de l'extravasation, et il se développe des phénomènes sympathiques vers les appareils circulatoires et digestifs. La quantité considérable de sang épanché détermine la formation d'un abcès dont l'ouverture spontanée ou provoquée par l'art donne issue à une matière purulente, mélangée à des caillots sanguins rougeâtres, noirs ou grisâtres, et à des lambeaux fibrineux d'un blanc sale, formés par le tissu cellulaire gangréné : quelquefois même la mortification frappe la peau qui se décolle dans une grande étendue. Après la sortie du pus hors de la tumeur, la fièvre naguère assez intense se dissipe, l'irritation locale disparaît peu à peu, et des bourgeons charnus surviennent au fond de la plaie, pour la combler et la transformer en cicatrice.

Traitement. La connaissance de la cause de l'accident, lorsqu'elle peut être acquise, sert de base au traitement, et le rend plus rationnel. Ainsi, une incision trop petite oblige à replonger la lancette pour agrandir l'ouverture de la veine et des tégumens : ainsi, le défaut de parallélisme doit être immédiatement corrigé. Lorsque la cause échappe, et que l'infiltration sanguine va toujours croissant, il est sage de lever la ligature, d'appliquer le bandage compressif, et de faire choix d'une autre veine.

Pour obtenir la résorption du sang épanché, on emploie les émolliens combinés aux résolutifs. S'il survient des symptômes inflammatoires et des foyers purulens, on se comporte selon les règles établies pour le traitement du phlegmon et des abcès.

Perte du parallélisme entre les tégumens et la veine.

Une des causes les plus fréquentes de l'arrêt du sang, surtout chez les personnes âgées, se trouve dans la flaccidité des parties, la laxité du tissu cellulaire ambiant et la grande mobilité de la peau. Le parallélisme entre la section de la veine et l'incision des tégumens se perd avec la plus grande facilité, et le sang s'arrête ou s'épanche pour donner lieu à des accidens plus ou moins graves. Durant la sortie de la colonne sanguine, l'opérateur doit donc surveiller sans cesse la piqûre, rétablir le parallélisme entre les tégumens et la veine, s'il tend à se détruire, et maintenir la partie dans la même position qu'au moment de l'incision.

Hernie du tissu adipeux.

Lors de la ponction du vaisseau chez les personnes pourvues d'un grand embonpoint, et surtout chez les femmes, il survient fréquemment un flocon adipeux qui empêche le jet sanguin de s'élever, et qui finit quelquefois par oblitérer complètement le vaisseau ; de sorte que la saignée s'arrête au bout d'un temps plus ou moins court. Ce tissu adipeux s'avance entre les lèvres de la plaie pressée par la main qui soutient le membre, et fait en quelque sorte hernie.

On peut prévenir cet accident au moment de l'opération, par une incision plus grande que de coutume. L'introduction réitérée de la lancette ou d'un corps étranger, et surtout la section du tissu adipeux sous-cutané, donnent très-souvent lieu à un phlegmon : c'est pourquoi si une belle veine a été négligée, je préfère abandonner le vaisseau dont l'ouverture est fermée par la graisse et piquer de nouveau une autre veine.

De l'hémorrhagie veineuse.

Les causes des hémorrhagies veineuses *primitives* sont de différens genres : tantôt elles tiennent à l'impéritie de l'opérateur qui laisse écouler une trop grande quantité de sang ; tantôt elles sont le résultat d'une contre-ligature formée par les vêtemens roulés au-dessus de la piqûre du vaisseau ; tantôt enfin elles proviennent d'un trouble survenu dans la circulation pulmonaire. Pendant la saignée, certaines personnes pusillanimes retiennent leur respiration et l'écoulement veineux augmente de force et d'abondance ; phénomène principalement observé après les grandes opérations. Ce trouble circulatoire, dont le siége est aux poumons, se propage de proche en proche, et gagne le vaisseau incisé, à tel point que rapidement on obtient une grande quantité de sang. Après quelques grandes inspirations, qu'il faut solliciter, l'écoulement sanguin diminue de force, et devient même facile à suspendre.

L'hémorrhagie veineuse *consécutive* reconnaît aussi plusieurs de ces causes, et, de plus, l'application mal faite du bandage compressif, les mouvemens intempestifs de la malade, qui empêchent la cicatrisation de la veine ; des compressions au - dessus de la piqûre restées permanentes, l'état d'extension du membre qui favorise l'écartement des lèvres de la plaie.

La connaissance de la cause conduit de suite à l'indication qu'il faut remplir. Ainsi, on détruit une contre-ligature formée par les vêtemens, ou une bande trop serrée au - dessus de la piqûre pour faciliter la libre circulation dans le vaisseau et le retour vers le cœur ; on applique plus fortement une bande qui s'était relâchée ; on place le membre dans la flexion, si l'extension est cause de l'hémorrhagie. Enfin, quelle que soit l'hémorrhagie, primitive ou consécutive, il est de règle, 1° de suspendre immédiatement l'issue du sang ; 2° de défaire le bandage compressif s'il est placé, pour mieux s'enquérir de la cause de l'écoulement du fluide. Le chirurgien, lorsqu'il remonte à la source de l'hémorrhagie, doit se livrer à une recherche attentive et scrupuleuse pour s'assurer si l'artère n'est pas lésée. Si un pareil malheur était la cause de la sortie du sang, il faudrait agir promptement suivant les préceptes établis (*Voy.* pag. 72). La cause de l'hémorrhagie étant enlevée on place un nouveau bandage compressif permanent.

Introduction de l'air dans la veine.

L'introduction de l'air dans la veine est un accident qui pourrait survenir au moment de la piqûre. Ce grave accident observé dans des phlébotomies jugulaires chez les animaux s'annonce par un sifflement prolongé, comme si l'air rentrait sous le récipient de la machine pneumatique, et aussitôt l'individu tombe dans un état de syncope, puis il meurt. On préviendra cette issue funeste de la saignée aux veines jugulaires, en fermant l'ouverture avec du diachylum avant de lever la compression. Si l'air pénétrait dans la veine, il n'y aurait d'autre ressource pour sauver la malade, que d'introduire une sonde dans le vaisseau lésé et d'aspirer avec la bouche ou une seringue le fluide gazeux qui dilate sans cesse le cœur, suspend ses contractions ainsi que le mouvement circulatoire.

PIQURE D'UN NERF.

Organe conducteur des sensations et des volitions, le nerf, aussitôt qu'il est piqué, dans l'angiotomie, détermine une douleur vive qui se propage jusque dans ses dernières ramifications, et produit souvent une contraction brusque des muscles de la partie aux fonctions de laquelle il préside.

Quand le nerf est coupé en entier, la douleur est extrêmement vive dans l'instant même, et suivie de l'engourdissement et même de la paralysie de la région à laquelle il distribue ses rameaux. Mais comme les bouts d'un nerf divisé transversalement ne se rétractent pas de même que les lèvres des plaies des autres tissus, la cicatrisation s'opère rapidement au moyen d'une lymphe coagulable, intermédiaire; et le nerf redevient propre à remplir ses fonctions. L'engourdissement, le sentiment de froid, de pesanteur et la paralysie, se guérissent ainsi après un temps variable par les seuls efforts de la nature. L'issue de cet accident peut être funeste. Bosquillon rapporte avoir vu dans des phlébotomies de la veine jugulaire le *tetanos* et la *mort*, après la lésion avec la pointe d'une lancette du rameau de la branche antérieure de la troisième paire cervicale qui s'anastomose avec la branche descendante du nerf grand hypoglosse.

La *névrite* est souvent la triste conséquence de la piqûre ou de la section des cordons nerveux. Cette irritation inflammatoire établit son siége, soit dans la gaîne névrilématique, soit dans la pulpe nerveuse.

Si la pulpe nerveuse est altérée, la paralysie du mouvement et du sentiment existera dans tout le trajet du nerf, siége de l'inflammation.

Si l'irritation porte sur le névrilème, une douleur continue se manifeste dans le trajet du nerf; cette douleur, variable pour l'intensité, conserve un caractère uniforme et s'exaspère à la moindre pression, au point d'arracher des cris à la malade. La chaleur de la peau est vive à l'endroit de la piqûre, et souvent il survient un léger érythème et même un érysipèle, qui dessine et traduit à l'extérieur le trajet du nerf dont le volume augmenté est parfois appréciable au toucher. Cette augmentation de volume tient à l'injection vasculaire des gaînes névrilématiques et à une légère infiltration de sérosité citrine dans leur intervalle. A ces symptômes locaux, si l'irritation est violente, se joignent des désordres sympathiques vers les grands appareils fonctionnels.

Traitement. Cet accident qu'il est impossible de prévoir et d'éviter, parce que rien ne traduit au plus habile chirurgien le rapport du nerf avec la veine, est devenu célèbre en phlébotomie par la piqûre d'un nerf du bras de Charles IX, roi de France, et plus célèbre encore par la méthode incendiaire employée par Ambroise Paré pour triompher de la lésion qui souvent se borne à une simple douleur. Lorsque le filet nerveux piqué est petit, et fait naître des phénomènes spasmodiques, on peut introduire la lancette et agrandir l'incision dans l'espoir de couper le nerf en entier.

La méthode antiphlogistique doit être employée avec vigueur au début de la névrite, et il faut rejeter, comme des remèdes dangereux, l'huile de térébenthine chaude, la teinture de myrrhe et tous les irritans préconisés par A. Paré, Dionis et Heister.

PLAIE DES ARTÈRES.

Le plus formidable accident de la phlébotomie peut survenir quand la veine que l'on pique est située au-dessus d'une artère.

· Dans la production de ce grave accident, les parois artérielles sont divisées en partie ou en totalité, et donnent naissance, par leur lésion, à des phénomènes primitifs et consécutifs. (Voy. *Anévrysmes.*)

La section de toutes les tuniques de l'artère, assez grande pour déterminer une hémorrhagie primitive, se caractérise avec facilité. Le jet sanguin sort de la plaie avec une violence extrême, avec une impétuosité insolite ; il est saccadé, et les battemens qu'il présente sont isochrones au pouls et aux contractions du cœur ; la couleur du fluide est rouge vermeille, et sa nature, plus consistante que le sang veineux, lui permet de se coaguler promptement au fond du vase destiné à le recevoir. Mais le sang sort parfois de la piqûre par bonds ; il est même riche de coloration rouge, et il appartient cependant à une veine située sur une artère qui transmet au jet sanguin les battemens isochrones au pouls. L'opérateur, afin de ne pas émettre une opinion erronée et funeste à la malade, puise dans la physiologie des preuves péremptoires sur l'existence de la lésion traumatique de l'artère. Il sait que le sang, dans le système artériel, circule de l'aorte vers les dernières ramifications ; or, si une artère, dans un point de cette étendue, se trouve lésée, il est de toute évidence qu'une compression exercée entre le cœur, point d'origine de l'aorte, et la piqûre, doit arrêter le jet sanguin, pourvu que cette compression soit assez forte pour mettre les parois du vaisseau en contact. Il est bien aussi de graduer la pression au-dessus de la piqûre et sur le trajet du tronc artériel que l'on suppose blessé, pour observer le ralentissement progressif dans la force du jet sanguin. La compression au-dessous de la plaie arrête le jet du sang, s'il est veineux, en raison du cours de ce fluide dans la direction inverse à celle des artères, et fait au contraire redoubler d'énergie et de violence la colonne sanguine saccadée, lorsque l'artère est ouverte.

Ce moyen d'investigation, qui donne les signes positifs et différentiels sur la lésion des vaisseaux, quant à leur nature, sert encore de diagnostic dans les fâcheuses circonstances de *piqûre tout à la fois artérielle et veineuse.*

La double lésion de l'artère et de la veine se caractérise presque toujours par un double jet sanguin séparé et distinct, l'un rouge, saccadé, l'autre noir, continu et uniforme. Cette séparation dans les deux colonnes n'empêche pas d'avoir recours à la double compression au-dessus et au-dessous de la piqûre, et surtout lorsque, dans ces hémorrhagies simultanées, le jet sanguin ne forme qu'un seul faisceau.

Abandonnée à elle-même, l'hémorrhagie artérielle entraînerait rapidement la malade au tombeau. Il pourrait arriver que le parallélisme entre la plaie de l'artère et celle des tégumens se détruisît par des mouvemens musculaires brusques et en sens divers. Le sang, au lieu de jaillir au-dehors, s'épancherait dans le tissu cellulaire sous-cutané, sous forme d'une tumeur anévrysmale, et l'hémorrhagie se trouverait ainsi suspendue. Au lieu de former une tumeur, le sang pourrait continuer à s'infiltrer dans la trame cellulaire de la partie, et, par son abondante issue, épuiser rapidement la malade, ou bien devenir cause de gangrène des tissus, après la vive réaction inflammatoire qu'il développerait.

La rapidité de la sortie du sang artériel ne tarde pas à s'accompagner de tous les signes des grandes hémorrhagies, tels que pâleur extrême de la membrane muqueuse des lèvres et de toute la face, éblouissemens, vertiges, perte des sens, lipothymies, refroidissement des extrémités ; sueur froide, absence de pouls, état syncopal, et mort rapide, à moins que tout à la fois on ne rétablisse promptement le cercle circulatoire, et que l'on ne ferme l'ouverture faite à l'artère.

Traitement. Lorsque, par malheur, on a piqué une artère, il est important de conserver sa présence d'esprit et de se faire violence pour dérober à la malade et aux assistans la gravité du danger. Il faut même laisser écouler, avec une sorte de sécurité, la quantité de sang prescrite, et, en modérant l'impétuosité de son cours, ordonner les préparatifs pour une compression permanente, et envoyer chercher un médecin.

La chirurgie possède plusieurs moyens capables de suspendre le cours du sang, et de maintenir cette interruption d'une manière permanente dans une artère lésée par la lancette.

Ces puissans moyens sont la compression, la ligature et la torsion.

Le but principal de la *compression* est d'appliquer les parois de l'artère l'une contre l'autre, et d'obtenir l'oblitération du vaisseau. Cette compression est *directe*, lorsqu'on place le bandage sur la piqûre même ; elle devient compression *indirecte* ou *à distance*, si l'on établit, entre la piqûre et le cœur, la compression nécessaire à la suspension du sang.

Compression directe. Pour ne pas comprimer aussi fortement que l'artère tous les gros troncs nerveux et vasculaires du membre, on place le sommet d'une pyramide de compresses sur l'artère brachiale, à l'endroit même de la piqûre, et l'on maintient ces compresses graduées par un bandage bien serré, commencé sur les doigts et terminé au pli du bras, afin de prévenir l'infiltration du membre. Genga, pour surmonter la difficulté de l'infiltration œdémateuse qui force bientôt à abandonner la compression, plaçait sur la piqûre un tampon de linge fin, une plaque de plomb et des compresses longuettes imbibées de liqueurs astringentes. Ce petit appareil était assujetti par quelques tours de bande croisés au pli du bras ; ensuite il mettait un petit cylindre de bois, épais d'un pouce et entouré d'un linge, sur le trajet du vaisseau, depuis le condyle interne de l'humérus jusqu'à l'aisselle, et établissait une compression serrée depuis les doigts jusqu'à l'aisselle. La malade devait alors fléchir l'avant-bras sur le bras. Theden suivait cette pratique. Desault conseille de placer tantôt un coussin de crin dur et épais, comme point d'appui, à la partie interne de l'articulation du coude, tantôt une gouttière en fer-blanc ou en bois, garnie d'un coussin, et tellement disposée, que le sommet et les côtés du coude se trouvent complètement embrassés par un demi-canal. Il applique sur la blessure de l'artère des compresses graduées qu'il assujettit à l'aide d'un bandage en huit de chiffre. Scarpa combine ces deux procédés : tandis qu'un aide comprime l'artère axillaire au-dessous de la clavicule, il pose le bandage de Genga depuis les doigts jusqu'au pli du bras, met la gouttière de Desault, le petit cylindre sur l'artère, et affermit l'appareil avec la bande confiée à un aide, puis il fait remonter les doloires jusqu'à l'aisselle.

Tous ces appareils, de même que la machine de Foubert, sont tombés en désuétude, tant par la difficulté de les obtenir dans toutes les circonstances, qu'en raison de leur complication et de l'effroi qu'ils inspirent aux malades. On comprime de la manière suivante, dit M. Boyer : on place sur la plaie, dans l'enfoncement qui a été produit par la pression du doigt, un tampon de papier brouillard mâché et exprimé de la grosseur d'une noisette, ou bien un morceau d'agaric ou d'amadou ; on applique ensuite une compresse de la longueur de l'ongle du pouce, et, sur cette compresse, d'autres compresses graduées et autant qu'il en faut pour dépasser le bras; on fait le bandage ordinaire de la saignée, mais avec une bande beaucoup plus longue; on met au bras, sur le trajet des vaisseaux, une compresse longuette, étroite et épaisse, qu'on soutient avec une bande dont on serre les tours qui sont voisins de la plaie un peu plus que ceux qui en sont éloignés. Pendant qu'on applique cet appareil, l'avant-bras doit être un peu fléchi, afin que l'aponévrose du muscle biceps soit telâchée, et que la compression de l'artère que couvre cette aponévrose soit plus exacte.... » L'appareil appliqué, on recommande à la malade de tenir le membre immobile. Cette compression directe suspend très-bien l'hémorrhagie, mais elle arrête souvent la circulation dans le membre, détermine de vives douleurs, du gonflement, et oblige à y renoncer; car si on desserre le bandage, il survient bientôt une tumeur anévrysmale. La compression indirecte ou à distance soulage un peu la malade, mais ce n'est qu'un moyen palliatif en attendant la ligature de l'artère.

Le moyen qui me paraît le plus convenable en pareille circonstance consiste à faire comprimer l'artère brachiale par un aide à la partie supérieure et interne de l'humérus, pour lier de suite et séparément chaque bout de l'artère divisée au pli du bras. Il me semble que les conditions seraient bien plus favorables que lorsque déjà la malade est épuisée par les hémorrhagies, et qu'une infiltration sanguine environne la plaie et dérobe l'artère à toute investigation permise au chirurgien. On préviendrait ainsi l'œdème du membre, les vives douleurs de la compression; la suspension du cours du sang serait, tout d'abord, aussi complète que possible. C'est seulement lorsque la compression est intolérable et détermine de graves accidens, que Boyer a recours à cette *ligature directe*. On risque alors à causer beaucoup de souffrances à la malade, et à se voir contraint de faire la *ligature indirecte*, c'est-à-dire à lier le vaisseau dans un point au-dessus de l'endroit où il se fourvoie dans le sang épanché. Après la ligature au-dessus de la piqûre de l'artère, les branches collatérales peuvent ramener en abondance le sang dans le bout inférieur du tronc artériel divisé, et reproduire l'hémorrhagie, ce qui obligerait encore à jeter une ligature sur ce bout inférieur.

Quand la solution de continuité de l'artère est complète, M. Amussat saisit chaque bout artériel divisé, le tord sur lui-même. En vertu de cette torsion, les tuniques interne et moyenne se brisent, la tunique externe ou celluleuse seule résiste, et il en résulte une espèce de bouchon membraneux au bout de l'artère qui suspend l'hémorrhagie. Cette opération demande de l'habileté, et ne doit pas être appliquée à tous les cas. Elle convient principalement pour suspendre l'écoulement sanguin qui devient trop abondant après l'opération de l'artériotomie.

Enfin il existe un *liquide hémostatique* analogue, pour l'odeur, à l'huile empyreumatique. Son effet principal est de former un *bouchon imperméable* au sang, comme j'ai été à même de l'expérimenter à l'Hôtel-Dieu, d'après les avis de M. Sanson, dans un cas d'amputation de la cuisse faite avec succès par cet habile praticien.

Cette liqueur, immédiatement appliquée, aurait l'avantage de prévenir toute extravasation de sang, et, par une compression méthodique, pourrait favoriser l'oblitération du vaisseau jusqu'à la première branche collatérale, et éviter une opération sanglante.

SYNCOPE.

La syncope se caractérise par la suspension rapide et momentanée du sentiment, des mouvemens volontaires, et le ralentissement extrême de la circulation et de la respiration.

Symptômes. Le premier degré de l'état syncopal, ou la *lipothymie,* arrive par nuances sensibles et faciles à saisir. La personne que l'on saigne éprouve un sentiment général de malaise et d'anxiété ; des douleurs vagues à l'épigastre et à la région précordiale, de fréquentes nausées ; elle se *pâme,* elle se *trouve mal,* selon les expressions du vulgaire. Cette défaillance s'accompagne d'un nuage qui obscurcit la vue, de tintemens, de bourdonnemens d'oreilles, ou d'un bruit sourd et confus ; le visage se décolore ; les lèvres blanches, légèrement jaunâtres vers les commissures, sont tremblantes et articulent avec peine des mots inintelligibles ; toute la face est parfois agitée de convulsions assez fortes. Dès lors, la pensée s'évanouit, le sentiment s'éteint, les jointures articulaires sont dans l'impossibilité de recevoir le poids du corps, qui tombe comme une masse inerte, privé de mouvement et de sentiment. Tous les signes de la vie s'effacent ainsi à des degrés divers, et cette perte de connaissance entraîne le ralentissement extrême des mouvemens circulatoires et respiratoires.

La syncope ou le deuxième degré de cette affection succède parfois directement à cette série de phénomènes. Quand elle arrive d'emblée, la malade est privée tout à coup de mouvement et de sentiment ; le pouls diminue de force et de fréquence, et ne tarde pas à disparaître ; la fonction respiratoire, accélérée d'abord, diminue de vitesse et se ralentit à tel point qu'elle n'est plus sensible et paraît complètement enrayée ; une pâleur cadavérique se répand sur tout le corps qui devient froid, et se couvre souvent d'une sueur froide très-abondante, surtout au visage. Les extrémités sont flasques et molles, et à mesure que la syncope augmente, il survient de légers mouvemens convulsifs locaux ou généraux. Les convulsions faciales, très-fréquentes dans le principe, deviennent de plus en plus rares, et finissent par disparaître. L'expansion vésiculaire pulmonaire demeure parfois imperceptible, même à l'aide de l'auscultation, comme j'ai été à même de l'observer. Cette scène se termine rapidement par la mort, si des moyens énergiques ne sont mis en usage pour la détruire.

Abandonnée à elle-même, la lipothymie ne se transforme pas toujours en syncope, et la syncope en mort certaine. La malade *revient à elle* rapidement ; elle revient du sommeil syncopal aussitôt que la fonction circulatoire se rétablit. Le sang qui circule porte dans tous les organes la chaleur et la vie à mesure qu'il y arrive. On voit alors les facultés intellectuelles et morales se rétablir., les mouvemens réguliers et volontaires s'exécuter avec facilité, la voix reprendre son timbre naturel, et les malades sortir de cet état léthargique sans se plaindre d'aucune souffrance. Revenues de l'état syncopal comme d'un profond sommeil, des personnes éprouvèrent, selon les auteurs, des sensations délicieuses.

Lorsque les lipothymies et les syncopes résultent d'un trouble direct dans le mouvement progressif et circulatoire du sang, elles sont idiopathiques. Il faut, au contraire, considérer comme lipothymies sympathiques ces pertes de connaissance subites qui surviennent avant ou au début de l'angiotomie chez certaines personnes étrangères aux accès d'hystérie ou à d'autres affections nerveuses. Quant aux lipothymies symptomatiques, épiphénomènes de plusieurs maladies graves, elles ne sont pas de notre objèt.

La syncope est rare après la saignée. Les lipothymies forment au contraire un accident d'une telle fréquence, que l'on ne saurait soustraire du sang avec abondance sans déterminer des défaillances à des degrés divers.

Les *causes directes* qui produisent les lipothymies sont la soustraction du sang après la saignée, et il n'est pas nécessaire que le fluide sorti de la veine soit en grande quantité; toutes les puissances capables d'éteindre l'action nerveuse du cœur et de suspendre ou diminuer les battemens; les concrétions polipiformes du cœur apportent un obstacle à la circulation, et, après les émissions sanguines, les malades éprouvent presque toujours un sentiment de constriction à la région précordiale qui est le prodrome d'une défaillance.

Parmi les *causes indirectes*, il faut placer en première ligne l'influence du système nerveux cérébro-spinal sur les contractions du cœur. Si le sang va nourrir et vivifier le système nerveux central, ce système, à son tour, réagit sur l'appareil circulatoire pour entretenir son mécanisme. De cette double influence il résulte que la suspension d'action du cœur entraîne un arrêt dans le jeu des fonctions cérébro-rachidiennes ou une syncope; et que l'abolition des facultés sensoriales et intellectuelles, déterminée par les passions, les violentes émotions morales, occasionne la cessation des mouvemens du cœur, et par conséquent une syncope sympathique.

Traitement. Puisque les phénomènes les plus saillans de l'état syncopal, tels que l'extrême ralentissement des contractions du cœur et la disparition des battemens artériels, sont aussi les plus graves, il faut mettre en usage des moyens prompts et énergiques pour rétablir le mouvement circulatoire. On place la malade dans un courant d'air frais; ses vêtemens sont desserrés s'ils exercent même une légère constriction capable de gêner la circulation. On jette de l'eau froide à la figure et sur la partie antérieure du thorax. Des odeurs alcooliques pénétrantes, l'ammoniaque, le vinaigre, l'eau de cologne, etc., sont placées sous le nez, afin d'exciter la membrane muqueuse nasale, et de réveiller les sens abolis par la syncope. On frictionne la région précordiale, tandis que l'on imprime de légères secousses à tout le tronc. Pour hâter la terminaison de cet état alarmant, il est rationnel de placer la tête plus bas que le reste du corps, pour faciliter l'arrivée du sang vers le cerveau. Cet organe est plutôt excité, et le retour des fonctions se traduit par le réveil progressif des sens et des facultés intellectuelles. Les premières réponses aux questions empressées que l'on adresse à la malade, sont les premiers indices du rétablissement des fonctions circulatoires. La seconde indication à remplir est de combattre directement la cause de la suspension d'action du cœur. Les lipothymies sont très-fréquentes dans les angiotomies lorsque la malade se trouve placée dans une situation verticale; il suffit très-souvent de la mettre sur un plan horizontal pour détruire l'accident sans autres moyens auxiliaires. Les personnes faibles supportent avec plus de facilité une copieuse saignée lorsqu'elles sont couchées, parce que, dans cet état de repos, la circulation cérébrale est plus facile.

La syncope étant un trouble dans le mouvement circulatoire du fluide sanguin, après la mort par cet accident sans complication, on ne trouve aucune lésion cadavérique.

DE L'ÉRYSIPÈLE TRAUMATIQUE.

L'inflammation de la peau se nomme érysipèle, et pour beaucoup d'auteurs, rougeurs, efflorescences cutanées, cutite, etc., etc.

L'érythème, rougeur morbide d'Hippocrate, exanthème cutané de Willan et Bateman, est une phlegmasie très-légère de la peau qui se caractérise par de la rougeur, de la chaleur, du prurit ou démangeaison porté jusqu'au point de devenir une douleur plus ou moins vive de cuisson. Les bords de la piqûre offrent toujours une légère rougeur qui ne prend le nom d'inflammation que lorsqu'elle se propage dans une certaine étendue. Cette irritation superficielle cutanée se termine promptement par délitescence ou par résolution. L'épiderme de la partie s'exfolie et tombe en petites lamelles furfuracées.

L'érysipèle vrai ou légitime des auteurs est l'inflammation au deuxième degré. La rougeur de la peau est plus foncée, depuis le rose vif jusqu'au rouge livide ; elle est irrégulièrement disséminée, et toujours plus intense au pourtour de la plaie, dont les lèvres suppurent et ne se réunissent pas. Le caractère pathognomonique de cette rougeur est de disparaître sous la pression du doigt, pour reparaître promptement aussitôt qu'on le retire. Un sentiment de chaleur âcre, brûlante ; de la sécheresse, du gonflement et une démangeaison insupportable surviennent les quatre premiers jours environ, s'accompagnent de symptômes généraux sympathiques plus ou moins g aves suivant l'état de la malade, et déterminent toujours un mouvement fébrile.

La phlegmasie fait des progrès et de petites phlyctènes s'élèvent au-dessus de toute la surface enflammée. Ces ampoules, ces vésicules remplies de sérosité citrine, résultent du soulèvement de l'épiderme, comme après l'application du vésicatoire ; toutes ces pustules sont fort irrégulières, pour le nombre, la forme, le volume, ce qui a fait créer la dénomination d'*érysipèle miliaire*, *phlycténoïde*, *bulleux*, *vésiculeux*. Ces ampoules se rompent souvent après leur apparition, ou persistent plus long-temps. Le liquide qu'elles renferment se dessèche, et constitue ces croûtes dures, flavescentes, qui restent peu de temps sur la peau.

L'érysipèle se termine par délitescence, par résolution ; s'il change de place et qu'il attaque une autre partie de la peau, on le nomme *érysipèle ambulant erratique*. S'il disparaît tout-à-coup pour se porter sur les organes internes, il constitue un grave accident par la phlegmasie du viscère ; on l'appelle alors *érysipèle métastatique*.

Lorsque l'inflammation de la peau se propage au tissu cellulaire, elle forme l'*érysipèle phlegmoneux* qui se caractérise par les symptômes suivans : la peau est luisante, tendue ; la rougeur est plus animée, elle disparaît avec peine ou persiste après la pression du doigt. Une chaleur brûlante s'accompagne de tuméfaction et de souffrances aiguës. La douleur est pongitive, les ganglions lymphatiques voisins s'enflamment. Lorsque l'on comprime, il survient une exaspération très-vive dans les douleurs. La malade condamne la partie au repos, tout mouvement occasionne des souffrances horribles.

Aussitôt que l'irritation cesse, la douleur devient pulsative et annonce la suppuration qui s'établit. La peau soulevée par une tumeur large, dure, profonde, est molle et présente tous les signes d'une collection purulente. La fluctuation est suivie d'un amendement notable dans tous les symptômes. L'exfoliation de l'épiderme arrive, et en même temps la peau s'amincit, donne même du pus soit par une ouverture spontanée, soit par des incisions pratiquées avec méthode. Lorsque le foyer est profond, le pus dissèque les muscles en glissant dans les mailles du tissu cellulaire où existe la grangrène. (Voyez *Abcès*.) La peau, le tissu cellulaire, les aponévroses, le périoste, peuvent être frappés de mort par cette inflammation, l'os même parfois se nécrose.

Ces graves altérations locales entraînent de vives réactions dans les appareils organiques. La gastrite, l'entérite, l'encéphalite, la méningite, qui surviennent, conduisent la malade au tombeau par l'épuisement, les vomissemens, les diarrhées, souvent noires et fétides, le délire taciturne, le coma, etc.; enfin par tous les phénomènes de l'inflammation des viscères internes.

Il s'opère quelquefois une secrétion abondante de sérosité dans la trame celluleuse située au-dessous de la peau enflammée. Cet *érysipèle œdémateux*, loin de présenter la tension de l'érysipèle phlegmoneux, offre la faible résistance de l'œdème, retient l'impression du doigt assez long-temps, et ne revient que d'une manière lente et progressive au niveau de la tuméfaction générale de la partie.

Le siége précis de l'érysipèle serait dans les capillaires veineux et artériels, suivant **M. Ribes**. Des recherches me portent à penser, avec certains auteurs, que les vaisseaux lymphatiques sont également altérés. Considéré sous ce point de vue, l'érysipèle serait tout ensemble une phlébite, une artérite et une lymphite.

Causes. Une lancette malpropre, rouillée ou chargée de

virus, ainsi que la suppuration des lèvres de la plaie et les compressions exercées sur la piqûre, peuvent donner naissance à l'inflammation de la peau. Un fait bien digne de remarque, c'est que, à certaines époques, sous l'influence d'une constitution médicale complètement inconnue, toutes les opérations, même celle de la saignée, s'accompagnent d'érysipèle. Cette cause générale, dont nous avons été témoin, entrave toujours la guérison des piqûres.

Traitement. Le traitement local se compose d'épithèmes émolliens et parfois légèrement narcotiques, d'embrocation, de lotions avec l'eau de mélilot, de sureau, de guimauve, de têtes de pavots, des bains émolliens, etc., etc. Les saignées générales sont rationnelles chez les individus fortement pléthoriques. Les sangsues produisent un effet plus avantageux. On les applique aux environs de la surface enflammée, et mieux encore à une certaine distance de l'érysipèle, sur le trajet des vaisseaux et des ganglions lymphatiques. Si l'érysipèle pâlit, devient erratique, on place un vésicatoire à son centre. Dupuytren a souvent retiré un grand avantage de l'application d'un cautère actuel, d'un vésicatoire, d'un moxa, au centre d'un érysipèle phlegmoneux qui tendait à porter au loin ses ravages.

Dès le début de l'érysipèle, Desault administrait l'émétique pour déterminer une dérivation sur la muqueuse intestinale, lorsqu'elle n'était pas enflammée. Ce moyen salutaire demande une grande habitude d'observation en médecine pour sa juste application.

L'érysipèle phlegmoneux le plus grave de tous exige de larges, de nombreuses et de profondes incisions, pour faciliter le dégorgement inflammatoire, et faire cesser l'étranglement dans les parties où le tissu cellulaire est bridé par des aponévroses. M. Velpeau dit avoir employé avec succès une compression méthodique de tout un membre lorsqu'il était frappé d'érysipèle phlegmoneux, pour en arrêter les progrès.

DU PHLEGMON.

Causes. Le phlegmon ou l'inflammation du tissu cellulaire survient avec une facilité extrême après l'angiotomie et se développe sous l'influence de causes tellement légères et fugaces, que le plus souvent elles nous échappent. Cet accident local consécutif est une suite nécessaire de la malpropreté de l'instrument, de la section du tissu adipeux qui fait hernie entre les lèvres de la plaie, des attouchemens répétés d'un bandage compressif mal posé qui présente des plis durs et inégalement serrés, les frottemens de la compresse sur l'incision, etc., etc.

Symptômes, marche. Quoique l'angiotomie se fasse toujours sur les gros vaisseaux superficiels et sous-cutanés, le phlegmon n'a pas toujours son siége sous la peau : l'irritation inflammatoire suit parfois les gaînes celluleuses d'enveloppe des vaisseaux qui percent les aponévroses, et une phlegmasie sous-aponévrotique survient ; ou bien l'irritation se dirige vers la peau et détermine des érysipèles.

Le phlegmon du *tissu cellulaire sous-cutané* le plus commun se caractérise par une tuméfaction plus considérable, dure, élastique, à base large, sessile et assez bien circonscrite. La douleur plus ou moins intense s'accompagne d'élancemens et plus tard de pulsations. La peau chaude au toucher devient rouge, et la rougeur, plus vive au centre de la tumeur, ne disparaît pas sous la pression du doigt comme dans l'érysipèle : la couleur rouge se propage du centre vers la circonférence pour se perdre par des nuances insensibles avec l'enveloppe générale cutanée. Lorsque la phlegmasie a peu d'étendue, le désordre reste local ; elle parcourt toutes ses phases par degrés sans développer de mouvement fébrile. Si l'irritation est négligée, elle ne reste pas ainsi circonscrite ; ses ravages peuvent s'étendre au loin (phlegmon érysipélateux), et développer des symptômes généraux vers le cœur, l'estomac et le cerveau.

Dans le phlegmon du *tissu cellulaire sous-aponévrotique,* la tuméfaction est souvent peu considérable en raison de la résistance qu'apportent les aponévroses à son extension. La peau est chaude, sans traces de rougeur, à moins que l'irritation ne s'y propage ou que le pus formé ne tende à sortir. Les douleurs sont profondes et s'accompagnent d'élancemens et de pulsations très-fortes ; tout mouvement imprimé à la partie exaspère ces douleurs, et la malade la condamne au repos. Une fièvre vive s'allume et s'annonce par le pouls dur et fréquent, la peau chaude et sèche. L'anorexie, la douleur à l'épigastre, des nausées et même des vomissemens, surviennent et s'accompagnent de défaillance, de céphalalgie violente et quelquefois de délire.

Terminaisons. La *résolution* est rare après cette phlegmasie : l'*induration,* lorsqu'elle arrive, persiste assez long-temps : le sphacèle ou la *gangrène* de la partie phlogosée peut survenir : la terminaison par *suppuration,* la plus fréquente de toutes, s'annonce par des frissons irréguliers, des horripilations, par un amendement notable des symptômes généraux, en même temps que par la mollesse dans la tumeur qui devient saillante, acuminée, et augmente de volume à mesure que le pus se rassemble en foyer. (Voyez *abcès.*) Un empâtement local dévoile assez ordinairement la présence du pus des phlegmons profonds, car il n'est pas toujours facile de sentir la fluctuation, parce que le pus glisse dans les aréoles celluleuses quand on le presse. Une terminaison du phlegmon, assez fréquente chez les scrophuleux, les syphilitiques et les malades plongés dans un état d'anémie, est de voir persister long-temps la suppuration qui s'est fait jour au dehors. La peau offre une ouverture irrégulière, bosselée, souvent calleuse, un *véritable ulcère* qui est sans cesse abreuvé de pus. Ces plaies chroniques, entretenues par une *fistule cutanée* qui sécrète de la matière purulente, sans douleurs vives, restent long-temps stationnaires et sont difficiles à guérir.

Traitement. La méthode antiphlogistique employée avec énergie au début de l'accident peut *juguler l'inflammation* et amener une prompte résolution. Les saignées locales, générales, les émolliens appliqués en cataplasmes, en lotions, les boissons délayantes et rafraîchissantes, la diète, le repos, sont les moyens ordinairement mis en usage pour ralentir, troubler et abattre l'irritation pendant sa marche. S'il survient un abcès, on se comporte suivant les préceptes établis. (Voyez *Abcès*.)

Les anti-serophuleux et anti-syphilitiques seront mis en usage contre ces maladies spéciales.

ABCÈS. (*Dépôts, Apostèmes.*)

Toute collection de pus dans un espace ou une cavité accidentelle au milieu des tissus organiques forme un abcès.

Lorsque le pus reste fixé au lieu enflammé qui l'a fait naître, il constitue l'*abcès idiopathique.*

Si des émigrations purulentes surviennent, ce déplacement de pus s'opère de proche en proche à travers les mailles celluleuses de nos tissus pour former l'*abcès symptomatique,* ou *par congestion :* ou bien ce transport se fait d'une manière insensible et détermine rapidement, sans signes préliminaires, un *abcès métastatique* dans des organes éloignés du centre d'irritation inflammatoire.

L'agrégation de pus avec la coïncidence de phlegmasies éloignées, leur développement presque simultané, constituent des *abcès sympathiques.*

Enfin, si la collection de pus arrive après une fièvre grave et produit un amendement sensible, c'est l'*abcès critique* des anciens.

De toutes ces formes différentes que les collections de pus peuvent revêtir, deux seulement sont du domaine de l'angiotomie, ce sont les *abcès idiopathique et-symptomatique*.

De l'abcès idiopathique. La collection de pus qui a son siége dans le tissu cellulaire sous-cutané en proie à l'irritation inflammatoire, constitue l'*abcès idiopathique superficiel* dont l'origine se trouve dans la seconde periode du phlegmon. Après les divers prodromes et le développement régulier des symptômes phlegmasiques, succède une rémission dans la tension, la rougeur et la chaleur de la partie : la douleur change de caractère, elle devient gravative avec des paroxismes irréguliers et incertains; elle n'est jamais plus vive qu'à cette *période de coction* des anciens. La tuméfaction s'élève bientôt en pointe, devient de plus en plus molle et indolente du centre vers la circonférence. Si avec un ou plusieurs doigts sur deux points opposés de la tumeur, par un mouvement alternatif on imprime un petit choc, on sent de la *fluctuation* ou une ondulation de pus dans un foyer. La sensation de fluctuation peut se confondre avec la répulsion que l'on éprouve par le gonflement élastique du tissu cellulaire, très-lâche et infiltré de sérosité. Dupuytren excellait dans ce genre de diagnostic. Toutefois, une inflammation ulcérative survient dans la tumeur, elle amincit la peau qui s'éraille, blanchit après avoir rougi, se couvre de phlyctènes, et s'ouvre pour donner issue au pus à l'extérieur ; ou bien le liquide est résorbé sans ouverture cutanée, et s'il est abondant, il se développe des frissons irréguliers qui traduisent la résorption. L'abcès superficiel très-étendu provoque toujours des désordres fonctionnels sympathiques vers le tube gastro-intestinal, le cœur, le cerveau.

Les symptômes locaux et généraux doublent d'énergie

lorsque l'abcès devient *sous - aponévrotique* ou profond. Le pus, alors, se répand en vastes fusées purulentes à travers les mailles du tissu cellulaire, dissèque les muscles, suit les gaînes vasculaires pour s'épancher au loin, former des abcès multiples, et se soustraire ainsi à la compression des aponévroses, membranes peu extensibles qu'il soulève. Une douleur profonde avec une tuméfaction considérable du membre, l'immobilité de la partie, en raison des souffrances vives qui s'exaspèrent au moindre mouvement, l'absence de rougeur à la peau, l'empâtement œdémateux du membre, l'étranglement formé par les aponévroses constituent le cortége des signes locaux. Un appareil fébrile très-intense, des frissons, des horripilations et des troubles dans les grands appareils, se trouvent toujours en rapport avec le degré d'énergie inflammatoire et la réaction vitale de la malade. Cette marche profonde de l'abcès est insidieuse. Le pus est déjà formé, que la fluctuation reste insensible : pour mieux s'assurer de la présence de la collection, il faut exercer une pression brusque, subite et perpendiculaire, à l'aide des doigts placés sur la tuméfaction et sans jamais l'abandonner. Le choc en retour du pus annonce la fluctuation.

De l'*Abcès symptomatique*. Le pus ne reste pas toujours placé sous l'aponévrose; il se glisse dans les intervalles des muscles, entre le périoste et l'os ; souvent il échappe en fusées qui obéissent à la pesanteur, et se portent vers les parties déclives en se frayant une route à travers les tissus ; ou bien suivant les gaînes celluleuses qui entourent les vaisseaux profonds, qui, par leurs branches anastomotiques percent les aponévroses, il vient former des abcès sous - cutanés multiples, dont l'ouverture peut long - temps rester fistuleuse par le décollement de la peau et les callosités qui s'élèvent de la plaie : ou bien encore, après avoir décollé le périoste, il arrive dans les articulations et détermine une inflammation qui attaque, détruit les cartilages diarthrodiaux et amène la nécrose. Enfin, le pus se propage le long des gaines tendineuses et détermine l'exfoliation des tendons. Il est facile de voir que cet abcès tend sans cesse à s'agrandir à mesure qu'il se propage; il détermine des inflammations ulcératives pour faciliter la sortie du pus au moyen de ces ouvertures spontanées.

Il est rare que l'abcès phlegmoneux ou chaud, idiopathique ou symptomatique, se termine par résolution. Dans l'abcès froid, au contraire, la collection naît, croît et se dissipe sous l'influence d'une phlegmasie sourde, lente, presque indolente, comme on l'observe chez les scrophuleux.

Traitement. Dans l'abcès phlegmoneux la chirurgie doit intervenir de bonne heure pour livrer passage, à l'aide de l'instrument tranchant, au pus qui tend sans cesse à s'accumuler, à se propager, et dont la présence détermine de vives souffrances. Ce secours prompt et méthodique est préférable dans tous les cas aux moyens lents et si fréquemment imparfaits de la nature.

Le traitement antiphlogistique doit être mis en usage s'il reste de l'irritation qui favorise et entretienne la production du pus.

Le succès de l'opération pour l'ouverture des abcès exige les conditions suivantes :

1° La *fluctuation* doit être très-sensible, la collection de pus bien formée, et l'on ne doit employer le bistouri qu'à l'époque de la maturité de l'abcès (1).

____

(1) Le pus ne subit pas de modifications de métamorphoses, sa composition est toujours identique à elle-même, et quand on parle de la *maturité d'un abcès*, on veut dire que la collection est plus abondante. — Le pus est un fluide morbide, qui résulte d'une sécrétion particulière des parties irritées, qui transforment le sang en pus. Dans les abcès anciens, il se développe une concrétion couenneuse qui s'organise en *membrane pyogénique*, et cette membrane est l'organe sécréteur qui engendre sans cesse des matières purulentes qui remplissent le foyer : il faut la détruire pour tarir la source du pus.

2º Il faut plonger l'instrument en un seul temps dans la cavité de l'abcès, ou bien inciser les parties molles sus-jacentes au foyer de dehors en dedans, et couche par couche.

3º Examiner avec grande attention s'il n'y a pas de battemens artériels sous la tumeur.

4º L'ouverture doit toujours être placée vers le point le plus déclive ou le plus fluctuant que l'on peut incliner d'une manière favorable à l'issue du pus.

5º La direction de l'incision souvent parallèle à l'axe du corps est toujours telle dans chaque région, qu'on ne soit pas exposé à couper les vaisseaux, les nerfs et les muscles en travers.

Après l'ouverture, on ne détruira pas, à l'exemple des anciens, les prétendues brides des cavités des abcès ; car ce sont des pédicules cellulo-vasculaires qui entretiennent la vitalité de la peau.

PHLEBITE.

L'irritation inflammatoire des veines, ou la phlébite, est un accident grave, consécutif.

Causes. L'inflammation des veines développée sous l'influence de causes internes ou générales, comme J.-P. Franck en cite des exemples, comme nous en avons été témoin dans les fièvres puerpérales, ne doit pas faire l'objet de cette description.

La phlébite survenue à la suite de l'angiotomie, seule, nous occupe. Long-temps les ravages terribles qu'elle détermine dans l'économie furent attribués aux lésions des nerfs, des aponévroses et des tendons. Boyer, considérait la lésion des nerfs comme un accident plus formidable que la phlébite, tandis qu'Abernethy et J. Hunter ont établi clairement la plus grande fréquence et la gravité plus grande de cette maladie, dont ils ont tracé les effets en habiles observateurs.

Les veines s'enflamment après la saignée parce que beaucoup de gens inexpérimentés saignent et vaccinent avec la même lancette. Le virus, principe très-énergique, est alors la cause de l'irritation inflammatoire. Hunter établit comme une cause principale de la phlébite, les obstacles divers qui s'opposent à la réunion de la plaie par première intention, et la pratique confirme la justesse de cette remarque.

Lorsque la réunion des lèvres de la petite plaie est tardive, la peau suppure, et les irritans agissent sans cesse et parviennent jusqu'au vaisseau. Le voisinage seul de tissus irrités suffit pour produire cet accident grave. Dans un érysipèle phlegmoneux d'un membre, **M.** Marjolin a trouvé les veines enflammées et pleines de pus : c'est un exemple de phlébite par contiguïté de tissus.

Une prédisposition si grande du système veineux à s'enflammer doit faire redoubler d'attention pour ne jamais employer de lancettes malpropres ou défectueuses. L'oubli de ce principe a précipité dans la tombe un médecin distingué, M. Maréchal. Telle est encore la fâcheuse influence d'un virus sur la veine, qu'un autre docteur, jeune encore, après une très-légère piqûre avec une épingle chargée d'un principe délétère, mourut d'une phlébite.

Symptômes, Marche. Les phénomènes qui caractérisent cette maladie sont locaux ou généraux.

Après la phlébotomie, au bout de quelques heures, la malade éprouve un léger picottement, un prurit désagréable qui dégénère bientôt en douleur, dans l'endroit même de la piqûre : cette douleur s'exaspère par la pression et le moindre mouvement de la partie. Les lèvres de la petite plaie s'écartent, suppurent, durcissent, et il s'écoule du sang vicié, sanio-purulent ; la tuméfaction augmente vers les parties circonvoisines et la douleur se propage dans tout le trajet de la veine piquée, à tel point qu'on détermine une sensation très-pénible au moindre contact dans toute son étendue. Le tissu cellulaire, autour de la piqûre, s'enflamme, se gonfle de proche en proche et communique l'état d'irritation à tout le membre qui augmente fortement de volume, de chaleur et de douleur. On reconnaît le trajet du vaisseau par une ligne rouge érysipélateuse qui sillonne le membre dans la direction de la veine. Ce réseau rouge dégénère souvent en érysipèle complet du membre, et il repose sur un cordon, offrant des nodosités sensibles d'espace en espace, dur, rénitent, très-douloureux au toucher.

L'inflammation est donc rarement bornée au voisinage de la piqûre; elle se propage dans la veine plutôt vers le cœur que vers les extrémités, suivant la direction naturelle du cours du sang, et confirme cette observation pratique « que l'irritation se propage presque toujours dans les canaux de l'économie, suivant la direction du corps qui naturellement les parcourt. » Cette progression inflammatoire offre de grandes irrégularités, « J'ai vu, dit M. Breschet, la phlegmasie aller dans une direction opposée à celle de la circulation sanguine des veines; » et il est de remarque pratique que, dans ce mouvement rétrograde, les accidens sont toujours plus graves.

Phénomènes généraux. L'affection locale retentit dans les grands appareils organiques avec une force proportionnelle à l'irritation inflammatoire, à l'âge, à la constitution de la malade, etc., etc.

Un mouvement fébrile, caractérisé par la rougeur du visage, la dureté, la plénitude et la grande fréquence du pouls, la chaleur extrême à la peau, s'accompagne d'une soif vive, de céphalalgie et même de délire ou de prostration musculaire, de sécheresse à la langue, de fuliginosités à sa surface et aux arcades dentaires. L'intensité de ces désordres sympathiques est donc toujours en rapport avec la violence et l'étendue de la phlébite, et sa tendance vers telle ou telle terminaison.

Terminaison. La veine reprend ses fonctions, et il y a

résolution. Mais la *suppuration*, l'*ulcération*, la *rupture*, l'*oblitération* par une inflammation adhésive des parois, terminent habituellement la scène des altérations phlegmasiques des veines.

Diagnostic. L'inflammation des veines superficielles intéressées dans la phlébotomie n'offre pas de grandes difficultés pour le diagnostic différentiel.

Si le nerf est coupé, la douleur est très-vive au moment de la piqûre, et diminue ensuite ; s'il est enflammé, l'irritation a plus de tendance à s'emparer de l'extrémité terminale du nerf.

Dans l'irritation des vaisseaux lymphatiques, la douleur et la rougeur de la peau remontent bien dans la direction du cours du sang, mais il n'y a pas de grosse corde veineuse, dure, tendue, rénitente; et, de plus, les ganglions deviennent le siége d'un engorgement inflammatoire. L'artérite, facile à reconnaître à l'auscultation par le bruit du souffle que l'on entend dans le tube artériel, se propage dans la direction opposée à la phlébite.

Traitement. On conseille d'appliquer sur la piqûre, dès le début, lorsque l'affection est encore locale, des fomentations, des lotions d'eau froide, et même de la glace. L'effet sédatif qui résulte de la déperdition de calorique par le froid long-temps continué ; enraye le principe d'irritation. Lorsque la maladie fait des progrès, les sangsues largement appliquées sur le trajet de la veine, les épithèmes émolliens et narcotiques, les embrocations de même nature, et, plus tard, l'eau blanche, les opiacés, ont été mis en usage. Les bains de plantes mucilagineuses long-temps prolongés sont très-favorables. Des moyens plus énergiques ont été préconisés par les grands maîtres. Hunter établit une compression au-dessus de la piqûre, comme une digue opposée au pus qui rentre dans le sang et propage l'irritation ; mais il n'est pas facile d'obtenir l'adhésion des parois et la compression est très-douloureuse. On propose encore de couper la veine en travers ; mais il n'est pas possible de tracer les limites précises de la phlegmasie.

Pendant la marche de la maladie, on surveille les organes respiratoires et circulatoires , car s'il survenait une dyspnée vive, des syncopes, l'irritation se serait propagée vers le cœur , il y aurait angiocardite ou des abcès métastatiques dans les poumons, et l'avis d'un médecin serait de rigueur pour continuer le traitement.

LÉSION TRAUMATIQUE DU PERIOSTE.

La phlébotomie des veines saphènes, des cubitale et radicale au poignet, la section de l'artère temporale , peuvent donner naissance à cet accident.

On reconnaît la piqûre du périoste à la résistance que l'on sent pendant l'opération vers la pointe de l'instrument qui s'en trouve émoussé.

La douleur n'est pas vive au moment de l'accident, comme le disent les anciens ; elle ne survient, avec un caractère d'acuité , que plusieurs jours après l'angiotomie, lorsque l'inflammation s'empare du périoste.

La phlegmasie aiguë du périoste, ou la *périostite,* se présente sous la forme d'une tumeur d'un volume variable , à contours irréguliers, intimement adhérente et superposée à l'os. Cette tumeur, très-sensible à la moindre pression, s'accompagne d'une rénitence et d'une élasticité spéciales , et s'irradie bientôt au tissu cellulaire voisin qui s'enflamme et devient phlegmoneux. Dans ces circonstances graves, elle peut se propager au périoste tout entier jusqu'aux extrémités des os longs et sur toute la surface des os larges, allumer des sympathies réactives très-intenses des principales fonctions viscérales. La périostite aiguë localisée se termine rapidement dans l'espace de 15 à 20 jours par la résolution. Si l'inflammation a été très-vive, du pus se forme entre le périoste et l'os, les sépare l'un de l'autre et détermine la nécrose dans toute l'étendue de ce décollement.

Traitement. Les moyens antiphlogistiques doivent être employés avec vigueur au début de la périostite. S'il survient un abcès, malgré les émissions sanguines, les émolliens narcotiques, etc., etc., l'ouverture en sera faite promptement, pour limiter la dénudation et la nécrose de l'os, et l'on pansera ensuite la plaie méthodiquement.

Lésion traumatique des aponévroses et des tendons.

Depuis que les fonctions purement mécaniques du tissu fibreux sont bien déterminées, il n'est plus permis d'admettre avec les anciens que la lésion des fibres albuginées détermine, en raison de leur prétendue sensibilité qu'ils comparaient à l'influence nerveuse, les accidens formidables qui surviennent après certaines angiotomies.

Les inflammations de ce tissu sont même très-rares, et le conseil donné par certains auteurs de couper le tendon piqué me paraît d'autant plus fautif, que par cette section le tendon se trouve dans l'impossibilité de transmettre aux os les efforts musculaires, et qu'il en résulte une paralysie locale par défaut de puissance pour soulever le levier.

Quoique le tissu fibreux ne soit doué que de faibles propriétés vitales, il s'enflamme, et l'irritation, propagée aux parties voisines, ne peut déterminer une suffisante tuméfaction en raison de la constriction des aponévroses. Cet effet antagoniste au développement et à la turgescence inflammatoire détermine souvent le sphacèle des parties comprimées, ou bien l'inflammation passe à l'état chronique, la malade n'ose pas remuer la partie pour ne pas éveiller de douleurs, et il reste une *contracture permanente,* soit par adhésion des

surfaces articulaires qui se sont enkylosées , soit encore par
la raideur des ligamens d'une articulation restée très-long-
temps immobile. On imprime de légers mouvemens à la
jointure articulaire pour vaincre progressivement cette contracture ; elle est de temps en temps plongée dans les bains
émolliens , et reçoit des douches thermales. Cette contracture s'observe principalement à l'articulation huméro-cubitale , après la piqûre du tendon du muscle biceps. Au début
de l'affection , on a recours aux antiphlogistiques.

Tumeur et fistule lymphatiques.

Telle est la richesse du réseau lymphatique qui couvre et
accompagne les vaisseaux sanguins , qu'il n'est guère possible de saigner sans diviser aussi ces canaux d'une ténuité
extrême. Lorsque l'extravasation de lymphe est peu abondante , elle s'unit à la matière organisante indispensable à la
cicatrisation. Si les vaisseaux lymphatiques fournissent beaucoup de fluide, et que la peau seule se cicatrise, il survient
une tumeur, toujours d'un petit volume, luisante et indolente, facilement dépressible, et qui ne change pas la couleur
de la peau. Le fluide extravasé, réuni en petit foyer lymphatique, disparaît par une légère compression sur la tumeur,
et se trouve alors repris par les voies de l'absorption.

« Dans quelques saignées, il arrive souvent que l'on coupe
ou que l'on blesse les lymphatiques, et cela rend alors la cicatrice plus difficile à se fermer, parce qu'il se fait un épanchement séreux proportionné en général à la capacité du
vaisseau qu'on a coupé ou blessé. » (Desgenettes.) Il arrive
en effet que la cicatrice de la peau, après certaines saignées,
ne peut se fermer, et que la tumeur se vide au-dehors sous
forme d'une plaie fistuleuse presque imperceptible. Cette
fistule lymphatique-cutanée laisse suinter une quantité va-

riable de fluide séreux qui mouille sans cesse la chemise et incommode beaucoup la malade.

Traitement. Une légère compression continuée quelque temps suffit pour tarir cette source lymphatique, et favoriser la cicatrisation de la peau. Si l'écoulement du fluide était assez abondant pour empêcher la réunion des lèvres de la plaie irritées et couvertes de callosités, il faudrait, à l'exemple de Ledran, cautériser légèrement, et appliquer le bandage compressif avec une compresse imbibée de liqueur résolutive et placée sur le point fistuleux lui-même.

DE L'ARTÉRITE.

L'artérite résulte de l'irritation inflammatoire des parois artérielles, surtout de la membrane interne.

Les auteurs se taisent sur son existence après l'angiotomie; elle semble avoir échappé à leur investigation.

Causes. La piqûre ou la section d'une artère, le voisinage d'un foyer inflammatoire violent après une phlébotomie, sont les deux causes directe et indirecte de cette affection.

Symptômes, marche. L'artérite déterminé par irradiation inflammatoire des parties contiguës au vaisseau présente des signes assez obscurs, faciles à confondre avec les phlegmasies des tissus voisins. Ce serait en effet une grave erreur que de considérer comme un signe certain d'artérite les dilatations et les battemens très-considérables que les artères présentent quelquefois quand ils se distribuent dans des organes ou des parties enflammées. La turgescence inflammatoire détermine un obstacle au cours du sang, et ce redoublement d'énergie dans les diastoles artérielles est un effet purement mécanique, pour que le sang puisse vaincre la résistance opposée à son cours.

Toutefois l'inflammation de l'artère s'annonce par un sentiment de douleur profonde, par de la difficulté à mouvoir la partie qui reste comme engourdie et très-pesante, une chaleur vive, un gonflement considérable des tissus environnans : les diastoles artérielles augmentent de force et s'accompagnent d'un bruit de souffle perceptible par l'auscultation ; mais ce bruit de souffle ou de frottement du sang contre les parois de l'artère est un phénomène qui est loin d'être pathognomonique, lorsqu'il reste local ; car ce bruit survient presque toujours dans les tubes artériels, lorsque le cours du sang s'y trouve ralenti par la compression (1). Mais si le bruit insolite se propage au loin dans les gros troncs artériels, d'une manière graduée, successive, il indiquera l'extension de l'irritation inflammatoire et l'existence d'une grave affection. L'artérite exige, dès le début, un traitement antiphlogistique énergique. .

ANEVRISMES TRAUMATIQUES ARTERIELS.

Le nom d'anévrisme est un terme générique, réservé tour à tour, en médecine, aux dilatations des tuniques artérielles et des parois du cœur (*anévrismes spontanés* ou *vrais*) ; aux tumeurs formées par la sortie du sang échappé des vaisseaux blessés par les agens vulnérans (*anévrismes traumatiques* ou *faux*) ; enfin, aux tumeurs qui résultent du passage du sang dans une veine, après leur lésion commune et simultanée (*anévrismes variqueux* ou *varice anévrismale*).

L'anévrisme artériel traumatique survient, après la phlébotomie, par la piqûre d'une artère sous-jacente à une veine. La lancette enfoncée dans les tissus peut intéresser les

____

(1) Appliquez légèrement le stéthoscope au pli de l'aine, sur le trajet de l'artère crurale, et vous entendrez le simple bruit de la diastole artérielle ; comprimez un peu avec l'instrument et tout aussitôt vous percevrez un bruit de souffle ou de frottement qui pourrait en imposer pour une artérite.

parois du vaisseau de deux manières différentes; ou bien elle pénètre dans sa cavité en divisant toute l'épaisseur des tuniques artérielles, et détermine, si la plaie est large, une violente hémorrhagie (voyez *Plaie des artères*); si elle est petite, une extravasation de sang qui forme les *anévrismes faux primitifs* et *consécutifs*; ou bien elle divise la tunique externe celluleuse, et laisse intactes les deux autres tuniques qui retiennent le sang artériel.

Cette faible cloison se laisse sans cesse dilater par l'impulsion de l'ondée sanguine, et la tumeur anévrismale qui en résulte se confond exactement, pour ses signes et sa terminaison, avec les anévrismes spontanés. On distingue deux périodes à la poche anévrismale de ce genre qu'il faut appeler *anévrisme mixte interne traumatique*; l'une de dilatation, l'autre de rupture complète du vaisseau. Cette lésion existe, ou a existé, sans nul doute; mais comme elle n'est pas relatée dans les écrits de la science, autant que je sache, comme provenant d'une phlébotomie, je dois la passer sous silence. Deux professeurs, à jamais célèbres, MM. Ant. Dubois et Dupuytren, ont présenté à la Faculté de Médecine un anévrisme mixte interne spontané existant sur la crosse de l'aorte. Depuis il s'est offert encore des exemples de cette espèce de tumeur, dont les signes et le traitement se confondent avec les anévrismes spontanés ordinaires.

Lorsque la tumeur qui résulte de la sortie du sang artériel se forme avec rapidité dans le tissu cellulaire ambiant, c'est l'*anévrisme faux primitif* ou *diffus*. Cette *tumeur hémorrhagiale non circonscrite* est molle, indolente, sans changement de couleur à la peau, au début de l'infiltration, dans la gaine celluleuse de l'artère. Mais, à mesure que le sang fait irruption dans le tissu cellulaire sous-aponévrotique, entre les muscles et le périoste, lorsqu'il se propage au loin dans le membre, la tuméfaction augmente, la peau prend une teinte marbrée, et il est quelquefois possible d'y sentir des pulsations obscures.

Au moment de la piqûre, il s'écoule parfois au dehors de la plaie du sang artériel pur ou mélangé avec du sang veineux ; s'il y a deux jets sanguins formés, le fluide rouge artériel sera saccadé, isochrone aux battemens du pouls et aux systoles du cœur. Mais la blessure oblique, profonde, de l'artère, et la perte du parallélisme déterminée par les moindres mouvemens de la malade ou la compression exercée par le chirurgien qui s'aperçoit de l'accident, arrêtent promptement la formation de la colonne sanguine, et favorisent l'infiltration qui s'opère surtout dans la direction du vaisseau blessé.

Lorsque la piqûre de l'artère est étroite, oblique, profonde, l'accident ne fournit aucun signe de son existence, pendant l'opération ; mais plusieurs jours après la phlébotomie, il survient une tumeur insolite ou bien des hémorrhagies consécutives ; ces phénomènes, lors de la période inflammatoire, éveillent des soupçons sur la lésion artérielle, qui devient assez difficile à bien caractériser. Toutefois la compression exercée au-dessus de la tumeur suspend les battemens dont elle est agitée en tous sens. La main appliquée sur la peau éprouve un mouvement de répulsion général, uniforme, une sorte d'expansion de la tumeur. Si l'on comprime fortement au-dessous de la piqûre, sur le trajet de l'artère, l'infiltration du sang augmente sans cesse, et le gonflement de la partie acquiert avec rapidité des dimensions plus grandes.

L'épanchement sanguin considérable détermine dans la région une tuméfaction extrême, et des signes d'étranglement aponévrotique ne tardent pas à survenir. La partie, gonflée outre mesure, perd sa sensibilité, ses mouvemens, sa chaleur, ne peut exécuter aucune de ses fonctions, et souvent se couvre de phlyctènes, ampoules séreuses formées par des soulèvemens de l'épiderme, et qui sont les avant-coureurs de la gangrène. Le sang ne s'infiltre pas toujours ainsi d'une manière rapide ; il sort par fractions, épuise la malade par ces hémorrhagies successives ; ou bien encore, infiltré en grande abondance, il s'altère, se putréfie, détermine des phénomènes inflammatoires qui dégénèrent bientôt en raison de leur intensité par le sphacèle et la nécrose des élémens constitutifs de la région anatomique.

Les terminaisons de l'anévrisme faux primitif sont quelquefois heureuses et spontanées , lorsqu'un caillot fibrineux ferme la plaie artérielle, et que le sang infiltré est repris par les voies d'absorption ; lorsque l'artère comprimée par le sang contenu dans la gaîne celluleuse, ou par les secours chirurgicaux, s'oblitère jusqu'à la première branche collatérale ; lorsque des abcès sanguins et gangréneux détruisent l'étranglement, en se faisant jour au dehors, tandis que l'art favorise l'oblitération du vaisseau.

Traitement. La compression à distance ou indirecte est seule applicable pour l'anévrisme faux primitif. On l'établit , entre la piqûre et le cœur, sur un point où l'artère est le plus superficielle et repose sur un os. Il est souvent utile, pour prévenir les infiltrations séreuses ou l'œdème de la partie, d'exercer une compression modérée sur toute la longueur de l'artère. Dans aucun cas, il n'est convenable de recourir à la compression directe ou immédiate, comme méthode curative, parce qu'elle détermine de vives douleurs , souvent une inflammation intense et même la gangrène.

Ce moyen seul, la compression , est souvent inefficace, et il faut avoir recours à la ligature des deux bouts artériels divisés , pour éviter les hémorrhagies consécutives , ainsi qu'on en a vu des exemples , dans des cas où le bout cardiaque seul avait été fermé par les fils , et où la circulation collatérale avait ramené le sang dans le bout inférieur, près de la plaie.

Si l'épanchement sanguin s'opère avec lenteur de façon à se créer à lui-même une enveloppe solide et distincte, un kyste, aux dépens du tissu cellulaire, il forme l'*anévrisme faux, consécutif* ou *circonscrit.* Cette tumeur hémorrhagiale, enkystée, circonscrite, placée sur le trajet de l'artère, communique avec ce vaisseau par une ouverture petite, étroite, lisse d'abord et bientôt légèrement chagrinée à son contour : elle se forme d'une manière graduelle, et son volume primitif est très petit, parce que le sang infiltré dans la gaîne celluleuse de l'artère donne naissance à un caillot ou à une couche couenneuse qui oblitèrent la plaie. Sous l'influence d'un effort même léger, d'impulsion de l'ondée sanguine ou par des mouvemens musculaires de la partie, le caillot fibrineux qui agglutinait les lèvres de la plaie faite à l'artère se déplace tout à coup, et une hémorrhagie semblable à la première, souvent plus considérable, survient, et le sang infiltré dans le tissu cellulaire forme une tumeur plus volumineuse. La nature seule ou aidée de l'art peut favoriser la production de *bouchons plastiques couenneux* qui suspendent à divers intervalles les infiltrations sanguines. Il arrive une époque où la tumeur se double de parois résistantes aux dépens des muscles, des tendons qui s'atrophient en lames celluleuses très denses et résiste pendant longues années à l'impétuosité du flot sanguin.

Le mode progressif de développement de l'anévrisme faux consécutif l'a fait souvent confondre avec l'anévrisme spontané qui résulte de la dilatation progressive des parois artérielles. Entre ces deux tumeurs, il y a, cependant, plusieurs traits différentiels puisés dans, 1° les circonstances commémoratives ; 2° les signes de l'affection ; 3° l'anatomie pathologique.

Après une phlébotomie, lorsqu'il se développe, au bout d'un temps variable, un mois, une ou plusieurs années après la blessure, une tumeur agitée de battemens isochrones aux diastoles du pouls et aux systoles du cœur ; une tumeur ayant un mouvement d'expansion en tout sens, dont le volume croît d'une manière saccadée et qui permet d'entendre au moyen de l'auscultation et de percevoir par le palper de la poche anévrismale un bruit de *susurrus* particulier, spécial, qui résulte du passage du sang par la petite ouverture de l'artère dans le kyste, on est à peu près certain qu'il existe un anévrisme faux consécutif. Ce diagnostic est très-important à établir ; car dans l'anévrisme spontané l'anatomie pathologique démontre que l'artère a ses parois altérées, souvent dans une étendue fort éloignée de la crevasse arté ielle, qui est irrégulière, assez large, chagrinée, de sorte que le chirurgien ne peut jeter sans danger une ligature sur les deux bouts de l'artère, au-dessus et au-dessous de sa rupture ; tandis que dans l'anévrisme faux consécutif les parois artérielles sont saines, l'ouverture du vaisseau régulière, circulaire ou ovale, et permettent de faire la ligature immédiate des deux extrémités du tube artériel, à peu de distance de la lésion traumatique, cette dernière considération indique que l'anévrisme enkystée est une affection moins grave, plus facile à traiter et à guérir que l'anévrisme spontané.

Traitement. Les brillans succès obtenus par là compression obligent à tenter ce moyen. chirurgical toutes les fois qu'il est possible de l'établir. Cette compression directe reçoit quelquefois pour auxiliaire l'emploi des réfrigérans ; la méthode de Valsalva, qui consiste à diminuer progressivement la masse du sang (voyez *spoliation*), exige de hautes connaissances, expose à de graves accidens, et doit être confiée à un habile médecin.

La *varice anévrismale* est formée par une tumeur ou dilatation qui permet le passage du sang d'une artère dans une veine après leur lésion commune.

Lors de la phlébotomie brachiale, il peut arriver que la lancette traverse d'outre en outre la veine médiane basilique et vienne piquer l'artère brachiale sous-jacente à ce gros tronc veineux. Si la plaie des tégumens et la piqûre de la veine correspondante se cicatrisent, il arrivera que l'incision de la partie postérieure de la veine et celle de l'artère resteront ouvertes et faciliteront le passage du sang artériel dans le canal veineux. Cette varice anévrismale prendra de suite ou bien au bout de quelques jours une extension plus ou moins grande et se présentera sous la forme d'une tumeur en général peu volumineuse, circonscrite, molle, agitée de battemens isochrones aux diastoles artérielles. Ce mouvement ondulatoire, à mesure que la maladie augmente, se propage dans toutes les veines voisines collatérales, et il existe pour ainsi dire un *pouls veineux* aux environs de la tumeur. L'auscultation avec l'oreille seule ou armée du stéthoscope fait entendre un bruissement, un sifflement continuel et caractéristique de la varice anévrismale. Ce bruit particulier s'irradie souvent dans les veines collatérales très développées. La main appliquée sur la tumeur perçoit un frémissement insolite, spécial, et fait disparaître complétement la veine et les pulsations si elle comprime avec une force modérée et progressive. La tuméfaction et les battemens reparaissent aussitôt qu'on lève la compression.

Le même phénomène survient quand on intercepte tout à la fois la circulation au-dessus ou au-dessous de la tumeur; elle diminue peu-à-peu de volume, s'affaisse, n'offre plus de pulsations durant la compression, et reprend son développement et ses contractions avec force aussitôt que le mouvement progressif du sang se rétablit.

L'artère se dilate au-dessus de la varice, et ses diastoles sont plus fortes par suite des progrès de la maladie; elle devient plus petite au-dessous de la tumeur, et cette diminution de calibre se prolonge jusqu'aux dernières branches artérielles. La veine se développe fortement au-dessous de la dilatation qu'elle forme, et se gorge de sang ainsi que toutes les veines collatérales fortement dilatées.

Dans la position déclive de la partie, le système veineux sous-anévrismal augmente sensiblement de volume par la difficulté de la circulation du sang. Ce trouble circulatoire explique bien le sentiment d'engourdissement, la pesanteur insolite, et même les douleurs que les malades éprouvent à la partie sous-jacente à la tumeur anévrismale.

La tuméfaction n'est pas un signe constant. Dupuytren a fait voir un malade affecté de varice anévrismale sans tumeur ; mais le point lésé présentait un bruissement très-considérable. L'absence de tumeur est un exemple fort curieux. Il se peut en effet que la lésion, dans ce cas, soit méconnue et guérie par la compression méthodique employée contre les hémorrhagies veineuses. Dans une phlébotomie ultérieure, quel serait l'étonnement du chirurgien à l'aspect de deux jets sanguins, l'un artériel, l'autre veineux, après une piqûre très-superficielle ! Quand il y a varice anévrismale, la tumeur existe presque toujours ; elle est ordinairement stationnaire, et il faut bien se garder de piquer la veine dont les parois sont dilatées, si l'on veut éviter de graves accidens.

Traitement. La compression est le moyen chirurgical qu'il faut mettre en usage. Elle compte des succès, et doit être faite avec précaution, afin de ne pas détruire les rapports de la veine et de l'artère, car il surviendrait un anévrisme faux consécutif, et la piqûre de la veine se cicatriserait. L'hémorrhagie artérielle étant plus grave que le passage du sang artériel dans la veine, on engage la malade à condamner le membre au repos le plus long-temps possible, et lorsque la tumeur est formée et la cicatrisation bien établie, on lui conseille de s'exercer à des travaux faciles, dans lesquels la position de la partie blessée et les mouvemens habituels se combinent pour favoriser et activer la circulation.

Lorsque la cicatrisation entre la veine et l'artère devient incomplète par les mouvemens intempestifs de la malade, l'application mal faite du bandage compressif, ou par les diastoles artérielles trop fortes qui déterminent la rupture de la cicatrice de l'artère et de la veine, le sang aussitôt s'épanche et constitue un anévrisme faux consécutif accolé à la varice anévrismale. Cette fâcheuse complication se nomme *anévrisme variqueux* et se traduit à l'extérieur par des signes mixtes des deux affections. Un médecin habile doit être aussitôt appelé pour pratiquer la ligature de l'artère.

L'ANGIOTOMIE CAPILLAIRE.

(SAIGNÉE LOCALE.)

CONSIDÉRATIONS GÉNÉRALES.

Jetons un coup d'œil rapide sur l'histoire anatomique et sur la physiologie des capillaires sanguins, vaisseaux toujours intéressés dans l'angiotomie locale. Ces vaisseaux, d'une ténuité extrême, se dérobèrent aux investigations primitives, et les anatomistes imaginèrent aux limites des artères et des veines appréciables par leur calibre, un tissu particulier, un *parenchyme intermédiaire* dont l'usage principal était de conserver un liquide épanché et séparé du sang. La découverte de la circulation par *Harvey* imprima pour ainsi dire une première impulsion à ce liquide que l'on croyait en stagnation dans les tissus : mais la gloire de démontrer la continuité directe des artères et des veines était réservée à *Leuwenhock*. Dès lors, la progression circulaire du sang dans des tubes organiques continus, à travers toute l'économie, fut évidente, et ces habiles recherches anéantirent l'existence hypothétique du *tomentum* ou parenchyme spongieux dans lequel le sang artériel s'épanchait pour être repris par les veines. Cette continuité vasculaire artérioso-veineuse fut confirmée par les Hook, les Bernouilli, les Cowper, les Haller. Dans ses préparations inimitables sur la structure des organes, le célèbre Ruysch fit voir le passage direct des artères dans les veines et sans épanchement des matières à injection.

Telle était la beauté de ces communications vasculaires, que ce grand anatomiste considérait la structure intime de tous les rouages organiques comme un assemblage de vaisseaux. Tout n'est point vasculaire, cependant, chez les êtres animés ; car, les vaisseaux sanguins ont des parois, et ces mêmes parois ne peuvent être des vaisseaux.

La physiologie expérimentale est venue jeter un nouvel éclat sur la découverte des continuités vasculeuses des systèmes capillaires. Spallanzani observa, à l'aide du microscope, sur des êtres vivans, le passage direct du sang des artères dans les veines. Malpighi a constaté le même phénomène sur les nageoires et les branchies des poissons, des têtards, sur le mésentère des grenouilles. Les connexions des capillaires sanguins furent positivement établies, d'une part, avec les artères dont ils sont les terminaisons ramifiées à l'infini, d'autre part avec les radicules primitives des troncs veineux.

Les capillaires, de même que tous les vaisseaux sanguins en général, sont destinés à recevoir et à transmettre le sang de proche en proche, et à l'empêcher de s'épancher dans les mailles des tissus organiques : cependant la grande chaîne circulatoire tend à se briser dans les systèmes capillaires. Certaines fractions de la masse totale du sang s'échappent, en effet, par les orifices béans des canaux sécréteurs dans les organes glanduleux, comme le prouvent les expériences physiologiques. Albinus a fait sortir par les conduits lacrymaux, salivaires et pancréatiques, différentes liqueurs injectées dans les artères de ces glandes. Vieussens et Cowper ont vu du mercure et du lait arriver dans les conduits galactaphores en injectant les artères mammaires. J'ai moi-même observé, sous la direction du savant professeur Flourens, que les substances à injection revenaient dans les conduits excréteurs des reins et dans les veines émulgentes lorsqu'elles étaient poussées avec habileté par l'artère rénale. Pendant la vie, certains troubles pathologiques détruisent l'action vitale en vertu de laquelle s'opère la métamorphose du sang en liqueur excrémentitielle, et le sang traverse en nature des voies insolites; telles sont les hématuries signalées par les auteurs et dont je possède des exemples. Il existe même parfois des déviations hémorrhagiques à l'appui de ces continuités vasculaires avec les canaux sécréteurs. A. Paré rapporte qu'une femme d'un marchand avait ses règles par les mamelles, et sous nos yeux, à la Maternité, un semblable phénomène s'est montré. Nul doute qu'il n'y ait aux organes glanduleux une légère interruption à la marche circulaire du sang,

Parvenus aux systèmes capillaires, les vaisseaux artériels éprouvent encore des changemens essentiels, tantôt appréciables et faciles à constater dans leurs connexions avec les radicules bronchiques des poumons et les vaisseaux capillaires blancs, tantôt ces changemens se soustraient à toutes nos investigations anatomiques et physiologiques les plus minutieuses.

Sans nous arrêter aux hypothèses de vaisseaux propres, *exhalans, absorbans et nutriciers*, ainsi qu'aux connexions peu connues entre les vaisseaux lymphatiques et les capillaires sanguins; sans nous arrêter à l'existence de pores latéraux artériels et veineux de Mascagni; « aux pores inorganiques qui sont, d'après Lassus, les orifices des vaisseaux exhalans », questions insolubles et toujours pendantes au tribunal sévère de l'anatomie, nous rappellerons en quelques mots les circonstances de l'organisation facile à constater sur le cadavre.

Une expérience simple démontre la continuité directe, peu connue dans sa structure intime, il est vrai, entre les ramuscules bronchiques et les capillaires sanguins des poumons. Haller injecte des liqueurs par la trachée, et trouve les artères, les veines pulmonaires et les rameaux bronchiques gorgés de la même substance. Reproduite en sens inverse par les vaisseaux pulmonaires, l'injection, comme je l'ai constaté avec un habile physiologiste, conduit aux mêmes résultats.

L'artère se termine encore en capillaires d'une ténuité plus grande, incolores, et qui donnent passage à la partie séreuse et aux globules sanguins non colorés. On constate l'existence de ces *capillaires blancs* et leur continuité avec les veines, par les injections et dans les organes frappés de congestion sanguine ou d'inflammation.

En résumé, les capillaires sanguins ont des connexions intimes avec les artères, les veines, les canaux sécréteurs, les ramuscules bronchiques ; ils dégénèrent en capillaires blancs, tubes tellement fins qu'ils ne peuvent plus admettre que les globules incolores du sang.

D'après ces considérations générales d'anatomie physiologique, l'*utilité* de la circulation du sang se trouve évidemment dans les systèmes capillaires, eu égard aux changemens que le fluide sanguin fait éprouver à l'économie animale par son mouvement et ses transformations successives.

Le *but* de la circulation, qu'il ne faut pas confondre avec l'utilité de la fonction, repose sur l'existence d'un appareil pulmonaire circonscrit et la nécessité de faire passer le sang dans ces organes aérifères pour retremper la masse fluide veineuse. De là ces belles lois de l'organisation animale, appuyées sur les faits de l'anatomie comparée, que tout organe respiratoire, limité dans un point du corps, entraîne l'existence du mouvement circulaire du sang, et réciproquement que toute fonction circulatoire indique un appareil spécial de respiration. Dès que les organes aériens se trouvent répartis sur toute la périphérie du corps, la respiration est *disséminée*, l'hématose s'opère partout au point de contact des pores ou des trachées, et il n'y a plus de circulation. Ici, en d'autres termes, dans les classes inférieures de l'échelle zoologique, l'air va trouver le sang ; là, chez les animaux supérieurs, au contraire, le sang circule pour trouver l'air dans les poumons.

Le *système capillaire* des poumons provient de l'artère pulmonaire et se soustrait par sa position profonde à l'action des moyens chirurgicaux : on ne peut même retirer du sang au système capillaire général, terminaison dernière de l'aorte, que dans le vaste réseau vasculaire étendu sur la peau, et la membrane muqueuse des ouvertures naturelles.

Les sangsues et les ventouses scarifiées sont les deux agens mis en usage pour retirer du sang des vaisseaux capillaires.

Avant l'opération de l'angiotomie locale, il est tantôt indispensable de modifier la circulation des systèmes capillaires pour obtenir une congestion sanguine plus considérable, et un écoulement sanguin plus copieux ; tantôt ces soins deviendraient inutiles avant l'ouverture des vaisseaux, et l'on active seulement la progression du sang pour hâter sa sortie des capillaires divisés.

Le sang qui s'écoule des surfaces cutanée ou muqueuse, après l'ouverture des vaisseaux, est tout à la fois artériel et veineux. Sa teinte est rouge noirâtre. La sortie du fluide est ordinairement régulière, uniforme et en nappe ; elle s'accompagne de faibles battemens chez certaines personnes très-pléthoriques, et parfois donne naissance à un petit jet de sang artériel rouge, saccadé, dont les battemens sont isochrones au pouls. L'écoulement sanguin ne s'arrête pas avec autant de facilité dans les saignées locales que dans les émissions sanguines générales ; il faut avoir recours à des moyens mécaniques, médicamenteux ou chirurgicaux, pour le suspendre.

Les agens physiques ou chimiques mis en usage pour arrêter les hémorrhagies sanguines trop considérables, remplacent les bandages compressifs permanens des saignées générales.

HISTOIRE NATURELLE ET MÉDICALE DE LA SANGSUE.

Quoique la simplicité de l'organisation de la sangsue oblige les anatomistes à la reléguer aux confins de l'échelle zoologique, elle occupe cependant en médecine, à cause des services immenses et journaliers qu'elle rend pour les émissions sanguines locales, une place très-élevée dans les travaux des naturalistes et des médecins. Elle intéresse l'art médical à un tel point, qu'il n'est plus permis d'ignorer l'histoire naturelle de cet annelide.

La sangsue médicinale (*hirudo officinalis* de Linnée), type d'un genre qui se subdivise en espèces, toutes aquatiques à divers degrés, ne se trouve pas mentionnée pour son existence et ses usages dans les ouvrages d'Aristote sur le règne animal, et dans les écrits d'Hippocrate. Thémison, chef de la secte des méthodiques, paraît être le premier médecin, selon la meilleure chronique, qui ait appliqué les sangsues pour obtenir une émission sanguine locale ou capillaire. Parmi les naturalistes les plus célèbres, depuis Pline, qui se sont occupés de ces espèces animales, G. Cuvier a décrit et classé les sangsues dans les *annelides abranches sans soies*, et M. le professeur Duméril les a classées parmi ses *endobranches*. Je puiserai à ces excellentes sources dans les avis précieux de deux savans professeurs, MM. Orfila et Flourens, et, dans mes propres recherches, les détails exacts sur la structure et l'histoire naturelle des sangsues.

Organisation externe de la sangsue. La sangsue médicinale, comme toutes les espèces du même genre, se distingue par un corps oblong, aplati, très-contractile, sans squelette intérieur, articulé par des cercles transversaux séparés et très-distincts, n'ayant aucun vestige d'appendices locomoteurs et d'organes respiratoires saillans à sa périphérie.

La *face dorsale* de la sangsue est légèrement convexe, noirâtre, verdâtre, rayée et piquetée de taches jaunâtres.

La *face ventrale*, presque plane, présente sur un fond jaunâtre une foule de petits points noirs et deux séries de pores très-déliés qui paraissent les orifices de cavités membraneuses internes, considérées tour à tour comme des organes de la respiration et des poches sécrétoires d'un liquide muqueux et visqueux.

L'extrémité antér. La *bouche* ou mieux le *suçoir antérieur*, plus pointu que le suçoir postérieur, est triangulaire ou demi-circulaire et entouré d'une lèvre partagée en trois mamelons épais formés par des replis de la peau, et destinés à faire la ventouse pour se fixer aux objets environnans. Chaque mamelon labial est muni d'une mâchoire armée de deux rangées de denticules acérées et assez dures pour piquer la peau de l'homme et de certains animaux.

Au-dessus du suçoir, on trouve dix petits points que des anatomistes considèrent comme cinq paires de faux yeux.

L'extrémité post. ou le *suçoir postérieur*, est disposé sous forme d'une lame circulaire, en forme de disque charnu aplati, capable, en faisant le vide, de fixer solidement le corps de la sangsue pour servir de point d'appui à ses mouvemens.

Sur les *parties latérales*, on aperçoit les articulations des segmens du corps qui sont très-mobiles et très-contractiles surtout dans le sens du grand axe de l'animal.

La peau de la sangsue, sans cesse lubrifiée par une humeur muqueuse, paraît lisse et douce au toucher. Mais si on enlève la liqueur visqueuse qui la recouvre, on sent les aspérités miliaires qui hérissent le corps de l'annelide. La coloration de la peau a permis de distinguer dans les sangsues médicinales trois variétés, les *sangsues vertes*, les *sangsues grises* du commerce, qui sont plus jaunâtres; enfin les *sangsues noires* que le vulgaire nomme les sangsues des chevaux. Cette dernière espèce, selon les recherches de mon père qui s'est occupé avec un grand soin de l'histoire naturelle des sangsues, est inoffensive, complètement noire, ou sur un fond verdâtre très-obscur ; elle offre des stries longitudinales larges et très-noires. Dépourvue de mâchoires denticulées, elle est incapable de faire des morsures aux autres animaux : elle suce les larves d'insectes et certains mollusques.

Organisation intérieure. La sangsue n'a pas de squelette intérieur. Son *canal intestinal* est droit et présente sur les parties latérales des renflemens semblables aux diverticulums intestinaux des animaux vertébrés. Ces dilatations étranglées d'espace en espace se terminent par deux cœcums très-volumineux. Le rectum aboutit à une ouverture anale sur le dos, près de l'origine de la ventouse caudale. Ce tube intestinal sert de réceptacle au sang que l'annelide avale pour sa nourriture.

L'axe nerveux central se compose d'une série de renflemens nerveux, unis par des filets de communication.

Le *système vasculaire* est double, fort irrégulier, et renferme un fluide rouge sanguin.

Les sangsues sont hermaphrodites. Elles pondent des œufs à des époques variables dans l'année : ces œufs sont contenus dans un cocon ovalaire composé de filamens fibreux et revêtus par une seconde couche spongieuse et albumineuse, douce au toucher. Elles ont coutume d'abriter le cocon dans des trous de forme conique qu'elles creusent souvent elles-mêmes sur les bords des marécages ou sur les rives des ruisseaux qu'elles habitent. Le cocon renferme dans son intérieur des œufs plongés dans une sorte de mucus, et souvent de petites sangsues écloses. Lorsqu'elles sont formées, ces petites annelides se frayent elles-mêmes un passage par le petit bout du cocon fibreux, serpentent dans les villosités spongieuses, et s'échappent sur tous les points de la surface de cette capsule protectrice.

Les sangsues vivent en groupes plus ou moins nombreux dans l'eau des étangs, des marais et des ruisseaux qui les ont vues naître. Elles nagent ou rampent sur les plantes aquatiques et immergées pendant les temps chauds : elles s'enfoncent et se cachent dans le limon des marécages, ou dans les fissures pierreuses des bords de l'eau, pour rester engourdies et comme paralysées pendant l'hiver. Tourmentées par la faim, elles piquent la peau et sucent le sang des animaux vertébrés et invertébrés; souvent même, après plusieurs mois de jeûne qu'elles supportent plus facilement en hiver que dans les autres saisons, si elles ne trouvent pas de nourriture dans les larves des insectes et chez les autres animaux, elles se sucent les unes aux autres: exemple de voracité rare parmi les espèces animales, et fréquent pour la sangsue médicinale.

La progression des sangsues dans l'eau se fait par un mouvement vermiculaire de la ventouse anale vers la ventouse orale. Dans ce mouvement tantôt oblique, tantôt perpendiculaire, rarement latéral, tous les segmens du corps sont déployés, et la taille de l'animal, facile à mesurer, paraît varier de cinq à six pouces. Lorsqu'elle veut ramper sur la terre ou sur un plan solide, le mécanisme du mouvement change; elle fixe le suçoir postérieur, et, de ce point d'appui, elle s'allonge, déploie ses anneaux pour s'attacher le plus loin possible, en faisant la ventouse avec sa bouche: elle rapproche alors rapidement près du suçoir antérieur l'extrémité caudale qu'elle fixe de nouveau pour reporter encore en avant le suçoir buccal. C'est par une série de mouvemens semblables, très-rapides pendant le jour, et lorsqu'elles fuient un danger qui les menace, que s'opère la locomotion de ces annelides. La sensibilité générale des sangsues est très-développée: au moindre contact d'objets insolites, le corps se contracte, revient sur lui-même sous forme d'une petite masse oblongue, olivaire. Le système nerveux ganglionnaire paraît inégalement réparti dans cette frêle organisation ; car, lorsque la sangsue est coupée en travers, le tronçon antérieur est long-temps agité de mouvemens après l'immobilité du tronçon caudal.

De la récolte des sangsues. Nous n'examinerons, relativement à la récolte des sangsues, que les points qui peuvent se rattacher à la conservation de ces animaux pour l'usage médicinal.

La récolte se fait dans toutes les saisons, excepté en hiver lorsque les eaux sont gelées. Les pêcheurs entrent les jambes nues dans les eaux habitées par ces annelides pour les saisir sur les plantes aquatiques où elles rampent, ou bien tandis qu'elles nagent, ou bien encore lorsqu'elles viennent se fixer à leur peau pour les piquer. A mesure qu'elles sont prises, les sangsues sont placées dans un vase en grès, ou dans un sac de tissu de fil écru à mailles très-serrées. Pour éviter les piqûres aux jambes, certains pêcheurs jettent dans l'eau, comme appât, des cadavres d'animaux sur lesquels ils saisissent toutes les sangsues qui viennent s'y fixer. Prises ainsi, elles perdent leurs qualités essentielles, l'agilité et la voracité. Enfin, lorsqu'elles abondent dans un marécage, il est préférable de les pêcher avec un filet unique, à mailles serrées, que l'on place au bout d'une longue tige en bois.

Le *Transport* des sangsues vers un lieu très-éloigné se fait de diverses manières. Dans le département du Cher on place dans des tonneaux des couches alternatives de sangsues et de terre argileuse humide, et elles peuvent ainsi être expédiées jusqu'en Angleterre. Des collecteurs de sangsues se contentent de mettre le fruit de leur pêche avec de la mousse humide dans des gros sacs : et pendant la route ils veillent sans cesse à entretenir l'humidité de la toile et de la mousse. Un vase en grès rempli de mousse et quelque peu de terre argileuse est un abri agréable aux sangsues qui peuvent ainsi voyager à de grandes distances.

Conservation. Arrivées chez les droguistes et les pharmaciens qui s'adonnent à cette branche d'industrie, les sangsues sont mises en liberté dans des réservoirs creusés dans les jardins et au milieu de petits marais artificiels. Elles y vivent, croissent et se multiplient en assez grande quantité pour offrir de grands avantages. De là elles sortent par fraction pour être versées dans le commerce.

On conserve pour l'ordinaire les sangsues en petit nombre dans des vases en grès non vernis. Ces vases sont remplis d'eau jusque vers le milieu de leur hauteur, recouverts d'une grosse toile que l'on ficèle avec soin. L'eau de rivière est préférable à l'eau de puits ; elle est moins crue et convient mieux à cet usage. Dès que l'eau est fortement altérée par les déjections muqueuses des sangsues, ou bien corrompue par celles qui meurent épuisées par le jeûne, ou bien rougie par celles qui se font des piqûres, on doit la remplacer par une eau nouvelle, égale pour la température, et séparer de la masse les sangsues mortes. On change l'eau, en général, toutes les vingt-quatre ou quarante-huit heures. Le vase est alors bien nettoyé pour recevoir les autres sangsues, et l'on a soin de le placer dans un endroit où la chaleur ne s'élève pas à plus de 15 à 20°. Le froid est moins nuisible que les grandes chaleurs. On cite des exemples de sangsues sorties d'eau gelée qui, d'abord engourdies et comme paralysées, devinrent assez voraces pour piquer la peau et sucer le sang humain.

Il faut écarter de l'endroit où le vase est placé toutes les substances odorantes.

Art. I. DE L'ANGIOTOMIE CAPILLAIRE PAR LES SANGSUES.

La saignée locale à l'aide des sangsues est parfois une opération très-longue et très-difficile, elle met à chaque instant la patience du chirurgien à l'épreuve par les soins minutieux qu'elle exige pour être complète et salutaire.

De l'Appareil. On prépare avant de poser des sangsues 1° une alèze; 2° des compresses; 3° de fines éponges; 4° deux vases, l'un rempli d'eau tiède pour faire des lotions sur les piqûres, l'autre dans lequel on verse du vinaigre ou une poignée de gros sel, destiné à placer les sangsues après leur chute; 5° des liqueurs spiritueuses et aromatiques; 6° du nitrate d'argent et un stylet mousse; 7° des poudres inertes et impalpables; 8° un grand carré de taffetas ciré; enfin dans certains cas particuliers on dispose un bandage de corps avec des scapulaires et les élémens nécessaires pour former rapidement un bain local ou général, des cataplasmes émolliens, des embrocations et des lotions de même nature.

Choix des sangsues. Les sangsues prises dans une eau limpide agitée par un courant rapide sont vives et très-estimées dans la pratique, à cause de leur voracité : celles qui proviennent des eaux stagnantes se meuvent lentement et sont peu disposées à piquer. Il faut choisir en général les sangsues de taille moyenne qui s'attachent rapidement à la peau; celles qui forment bien l'*olive* par leur contraction brusque dans la main qui les presse. On trouve les plus agiles et de bonne qualité au pourtour du vase; elles sont rarement plongées dans l'eau.

Les sangsues accumulées en grand nombre dans un même bocal se fatiguent, se nuisent et s'entrepiquent, de sorte que, gorgées de sang, elles mordent à peine la peau qu'elles sont de suite rassasiées.

Il en est de même des sangsues qui ont déjà servi sur l'homme et que l'on a fait dégorger. Des praticiens distingués ont constaté que les réapplications de sangsues après un certain temps étaient sans danger, même lorsque les annelides s'étaient gorgées de sang chez des malades rachitiques, à constitution détériorée.

Du lieu d'élection chirurgical. La nature du tissu et la

forme de la région apportent des modifications importantes dans le mode d'application des sangsues. Les paupières, et en général toutes les parties du corps riches en tissu cellulaire, lamineux et lâche, sont exposées, après les piqûres des annelides, à des infiltrations sanguines. On prévient ces ecchymoses en éloignant autant que possible l'application des sangsues de ces tissus très-mobiles. Chez les femmes et les enfans, il faut éviter de placer les sangsues sur le trajet des nerfs volumineux et des gros vaisseaux qui peuvent être atteints par les piqûres, et déterminer de graves accidens.

La peau est le siége de prédilection des saignées capillaires. Les sangsues prennent avec plus d'avidité sur une peau fine et délicate qui leur présente moins de résistance, surtout si la région est riche en vaisseaux capillaires.

La finesse du tissu et la richesse du réseau capillaire sanguin sont les motifs chirurgicaux qui engagent à placer de préférence dans certains cas les sangsues à l'anus, à la vulve, à la conjonctive, aux lèvres. Toutes les fois que l'on applique ainsi les sangsues au pourtour des orifices naturels et sur les membranes muqueuses, il faut redoubler d'attention pour que ces annelides ne pénètrent pas dans les cavités profondes des viscères.

La douleur, ce cri des organes souffrans, indique dans la grande majorité des cas le *lieu d'élection médical* de l'application des sangsues; quelquefois cependant la médecine fait une loi de les poser loin des tissus malades, irrités ou enflammés. (Voyez *Effets des émiss. sang.*)

Position de la malade. La situation de la malade est toujours subordonnée au lieu d'élection. La lenteur extrême de cette opération oblige, dans tous les cas, à donner une position commode et que l'on puisse supporter long-temps sans se fatiguer. Le décubitus horizontal dans un lit est toujours préférable lorsqu'il faut poser les sangsues aux parois abdominales, thoraciques et crâniennes.

Application des sangsues.

La région choisie pour être le siége d'une saignée locale, sera rasée si elle est couverte de poils ; nettoyée avec de l'eau de savon, puis avec de l'eau ordinaire, lorsque des médications grasses, huileuses et emplastiques, la salissent ; frictionnée pour activer la circulation capillaire et développer une légère rougeur ; lavée, dans tous les cas, avec le plus grand soin pour enlever les matières susceptibles, par leur présence et l'odeur qu'elles exhalent, d'éloigner les sangsues.

Placées sur les tégumens, diverses substances, telles que le lait, le sang de jeunes animaux, l'eau sucrée, sont des liqueurs signalées comme étant agréables à ces annelides pour exciter leur appétit et les faire mordre avec avidité. Certains auteurs, pour favoriser là prompte piqûre des sangsues, les posent à sec dans un vase, douze ou vingt-quatre heures avant l'application. L'expérience a démontré l'inutilité de ce jeûne.

Les préparatifs terminés, le chirurgien place une alèze et un carré de taffetas gommé pour préserver de taches de sang le lit et les vêtemens de la malade, et fait choix du *mode d'application* qui lui paraît le plus convenable.

Premier mode. Pour placer les sangsues, des auteurs conseillent de les saisir avec un linge, une à une, par le milieu du corps ou l'extrémité caudale, et de les présenter aux tégumens. Ainsi pressées entre les doigts, elles tendent plutôt à s'échapper qu'à mordre, et l'opération devient d'une longueur excessive.

Deuxième mode. Un moyen plus simple et plus rapide consiste à renfermer les sangsues dans un petit verre que l'on renverse ensuite sur la région du corps pour les faire prendre. Ce verre est fortement appliqué pour empêcher les sangsues de fuir. Lorsqu'elles sont prises, on décolle avec précaution le disque charnu qui s'est fixé en formant le vide sur les parois du vase. Il arrive souvent que ce décollement de l'extrémité caudale hâte la chute des sangsues.

Troisième mode. Un auteur a proposé de remplacer le verre par une petite grille ayant la forme d'un vase. Cette grille facilite l'écoulement du sang des piqûres, après la chute des sangsues, sans déplacer celles qui se gorgent encore, et peut être maintenue en place tout le temps de l'opération.

Quatrième mode. Le procédé le plus rapide et celui qu'on doit préférer consiste à placer les sangsues dans le milieu d'une compresse repliée sur elle-même, et de les appliquer immédiatement sur la région du corps. Maintenues en contact avec les tégumens; circonscrites de toutes parts avec la main et les doigts disposés en forme de voûte, et qui exercent une légère compression; soumises à une douce température, elles prennent avec beaucoup de promptitude. Comme elles ne mordent pas toutes avec la même ardeur, il est convenable, pour hâter l'opération, d'en prendre quelques-unes de plus que le nombre indiqué.

Ces différens moyens pour appliquer et contenir les sangsues, à part le premier, ne peuvent être employés que pour les régions qui présentent de grandes surfaces. Mais lorsqu'il est indiqué de faire mordre la sangsue dans un petit espace, situé près d'organes importans qu'elle pourrait blesser par sa piqûre, il convient de mettre en usage un autre procédé d'application.

Cinquième mode. Lœfler, pour ces cas spéciaux, employait un étui fendu dans le sens longitudinal, terminé par une culasse à une extrémité, et ouvert à l'autre bout. La sangsue, renfermée dans cet étui, cherchait à fuir par la seule ouverture libre, et, la trouvant fermée par le tégument, piquait à l'endroit même d'élection.

Sixième mode. Schwilgué mettait la sangsue dans une

carte roulée, et la présentait à la région par le suçoir antérieur lancéolé.

Septième mode. On place encore l'annelide dans un tuyau de plume, et, lorsqu'elle est fixée, on le retire doucement pour qu'elle puisse se gorger de sang.

Huitième mode. Le tube en verre et le piston qu'on y adapte pour faire avancer la sangsue jusqu'aux tégumens est encore un moyen mis en pratique. Quelquefois la sangsue se retourne, et il faut alors changer l'extrémité du tube en verre, de la carte roulée, ou du tuyau de plume, et placer de l'autre bout le piston qui n'est autre qu'un stylet à gros bouton.

Neuvième mode. Le spéculum est encore un instrument dont on se sert pour frayer une route aux sangsues dans les profondeurs des parties organiques.

Dixième mode. Osborn de Dublin conseille de traverser d'un fil la ventouse anale lorsque la sangsue doit agir sur une membrane muqueuse, pour la retenir et l'empêcher de pénétrer dans les cavités des organes.

Onzième mode. Enfin il y a encore un mode d'application pour les membres. On pose dans un vase rempli d'eau, un certain nombre de sangsues, et on plonge la partie dans ce bain, ayant soin de mettre une bande roulée sur les points qu'il faut préserver des piqûres.

En Chine, les sangsues sont mises dans un bambou que l'on applique sur les tégumens.

Application des sangsues à la peau. L'enveloppe tégumentaire externe est le siège ordinaire des émissions sanguines locales. Certaines régions sont toujours choisies de préférence. Telles sont les tempes, les apophyses mastoïdes, l'angle de la mâchoire inférieure, la partie postérieure des oreilles, pour l'extrémité céphalique : les espaces sus et sous-claviculaires, le pourtour des mamelles, la région précordiale, pour la poitrine ; l'épigastre et les hypocondres, la région ombilicale et les flancs, l'épigastre et les régions iliaques pour l'abdomen.

Avant d'appliquer les sangsues à la *marge de l'anus*, il convient de faire prendre un lavement d'eau émolliente, et aussitôt qu'il est rendu de laver et d'essuyer la région anale. Le nombre des sangsues doit être exactement compté, parce qu'il y en a qui pourraient vaincre la résistance du sphincter, aller piquer la muqueuse du rectum à l'insu du chirurgien, et déterminer des accidens. La position la plus convenable pour la malade est le décubitus latéral droit, le membre abdominal droit alongé, et le membre pelvien gauche fléchi à angle droit sur le bassin.

Application des sangsues à la membrane muqueuse. C'est pour tirer du sang de ces membranes, aux ouvertures naturelles qu'elles tapissent, que les derniers modes d'application ont été préconisés. Ici, la surface est toujours limitée, parfois très - profonde, et la sangsue ne saurait piquer à côté du lieu d'élection sans causer quelquefois de graves accidens.

La conjonctive palpébrale, la membrane pituitaire ou interne des fosses nasales, les lèvres, les gencives, la langue, la voûte palatine, les piliers du voile du palais, la muqueuse du pourtour de l'anus lorsqu'il n'y a pas d'hémorrhoïdes gonflées et volumineuses, la surface interne de la vulve, le vagin, et même le col de l'utérus, sont les seules parties de la membrane tégumentaire interne soumises aux émissions sanguines locales, et qu'il soit possible d'atteindre.

Pour appliquer les sangsues *au col de l'utérus*, il faut placer la malade sur le bord de son lit, comme dans les versions et les applications du forceps ; se mettre entre les membres abdominaux fléchis, écartés et maintenus par des aides ; séparer avec l'index et l'annulaire de la main gauche les nymphes et les grandes lèvres, et déprimer la fourchette avec le doigt médian ; saisir le spéculum avec la main droite et le présenter verticalement à l'orifice vulvaire, appuyant l'extrémité libre de cet instrument sur le doigt médian gauche pour déprimer la fourchette et agrandir l'orifice vaginal. Aussitôt que l'opérateur juge la dilatation de l'orifice assez grande, il incline en bas et fait décrire un demi-arc de cercle au spéculum, mouvement qui place cet instrument dans le sens de l'axe inférieur du détroit abdominal ; puis, arrivé à une certaine profondeur, il imprime un léger mouvement de bascule en pesant sur le manche de l'instrument qui est tourné en haut sur le mont de Vénus. Dans ce dernier temps, l'orifice du spéculum va chercher le col utérin, situé dans une direction médiane par rapport au détroit supérieur du bassin. Mais la position de la matrice est très-variable ; elle est sans cesse déplacée par la plénitude des réservoirs naturels voisins : c'est pourquoi il est utile de vider la vessie par le cathétérisme et le rectum au moyen d'un lavement simple, avant l'opération. Cette mobilité de l'organe utérin cause de la difficulté à trouver de prime-abord le museau de tanche et l'on doit procéder avec de grandes précautions à cette recherche toujours pénible, douloureuse et que les malades supportent avec une répugnance extrême.

Lorsque le museau de tanche fait saillie au bout du spéculum, on pose les sangsues dans la cavité de cet instrument, et à l'aide de compresses réunies en bouchon on les pousse jusqu'au col de l'utérus. Le spéculum reste en place tout le temps de l'opération. Lors de la chute des sangsues on fait des injections de liqueurs émollientes sur les piqûres à l'aide d'une seringue en arrosoir.

Pendant l'application des sangsues aux membranes tégumentaires, il faut veiller à ce qu'elles ne dépassent pas les limites fixées, et abattre celles qui, erratiques et très-tardives à piquer, empêchent leurs voisines de mordre avec avidité.

Une fois que les sangsues sont adhérentes, elles se gorgent

de sang et tombent d'elles-mêmes. Pendant leur succion on écarte toutes les causes capables de les troubler et de leur faire lâcher prise. La durée de la succion varie de trois quarts d'heure à deux et trois heures. Certaines circonstances obligent à hâter le temps de l'application ; 1° lorsque les sangsues gorgées de sang outre mesure ne peuvent plus sucer le tégument auquel elles adhèrent ; 2° lorsqu'elles prennent à divers endroits sans se fixer ; 3° si elles causent de très-vives douleurs. On favorise alors la chute de ces animaux en les saupoudrant de quelque peu de tabac ou de sel (*hydrochlorate de soude*).

Lorsque la médecine a intérêt à entretenir l'écoulement du sang, il y a plusieurs moyens de prolonger l'action des sangsues. Des auteurs disent qu'il faut les couper en travers. Cette opération les fait tomber, et elles ne continuent pas à sucer comme ils le pensent sans doute *à priori*. Pour entretenir l'écoulement du sang des piqûres, on lave plusieurs fois la région avec de l'eau tiède, dans le but de dissoudre les caillots sanguins qui tendent à oblitérer l'ouverture des capillaires ; si le lieu le permet, on dirige vers les petites morsures la vapeur d'eau, ou bien on place la malade dans un bain. On a coutume de poser un cataplasme émollient sur la région qui est le siége de l'émission sanguine ; la sortie du sang continue doucement, et l'indication thérapeutique est mieux remplie. L'application de ventouses sur les piqûres pour augmenter l'évacuation sanguine est un excellent moyen mis en pratique autrefois par les disciples de Thémison, et trop négligé de nos jours.

Il n'est pas facile d'apprécier au juste la quantité de sang retirée des vaisseaux capillaires. Il convient cependant, pour agir avec le plus de précision possible, de peser les sangsues avant et après leur application. La différence du poids donne, il est vrai, la somme de liquide qu'elles ont avalée, mais il ne saurait en être de même de tout le fluide qui sort des morsures et qui se perd dans l'eau, les linges, les compresses et les bandages.

L'écoulement sanguin s'arrête presque toujours par les simples forces de la nature, et n'exige pas les secours de l'art. Chaque petite plaie dont la forme est triangulaire se trouve fermée par un caillot sanguin. La suspension du cours du sang par les piqûres n'est pas toujours naturelle, elle se transforme en hémorrhagie à divers degrés.

Accidens propres aux sangsues.

De l'hémorrhagie. L'émission sanguine locale au moyen des sangsues se changerait avec une facilité extrême en hémorrhagie, si l'on n'était pas attentif à surveiller la suspension complète du sang aux petites plaies, lorsque la quantité jugée convenable a été évacuée. Il n'est pas rare, en effet, après la chute de ces annelides, d'observer quelques piqûres qui fournissent sans cesse du sang. On a trouvé des malades baignées dans leur sang, épuisées et même mortes par la négligence de certaines matrones qui les avaient abandonnées, considérant comme peu inquiétans ces simples écoulemens sanguins. Lors donc que l'évacuation de sang après la chute des sangsues devient trop considérable, il faut fermer les petites plaies restées béantes. Les moyens capables de fermer le passage au fluide sont de trois espèces, relativement à leur mode d'action.

Moyens mécaniques. Pour arrêter l'écoulement sanguin qui persiste depuis plusieurs heures, on recouvre chaque piqûre d'un morceau d'agaric de chêne préparé, que l'on soutient avec le doigt jusqu'à ce qu'un caillot solide soit formé, puis on ajoute par dessus des compresses et un bandage contentif. L'agaric se remplace par des toiles d'araignée, du linge brûlé, de la charpie, de petits carrés de diachylum, une pyramide de compresses, etc.

Moyens chimiques. Dans cette espèce d'anti-hémorrhagique je place toutes les poudres absorbantes qui font une pâte avec le sang et ferment l'ouverture du capillaire ; telles sont les poudres de réglisse, de colophane, d'iris, de sang-dragon, etc.

Il faut y joindre certains astringens, comme la poudre de quinquina, de quassiamara, et certaines liqueurs tombées à juste titre en désuétude, en raison de leurs qualités irritantes. L'acide nitrique, le sulfate de cuivre, l'eau de Rabel, ne sont plus en effet mis en usage.

Moyens chirurgicaux. Lorsque l'écoulement est opiniâtre, on a recours au nitrate d'argent et au fer incandescent. Pour cautériser, il faut pincer la peau près de la piqûre de la sangsue, essuyer la petite plaie et la frotter de nitrate d'argent, et si l'escharre formée se détache rapidement, si le suintement ou le jet sanguin capillaire continue, on fait rougir le stylet au feu pour le placer légèrement dans chaque piqûre. Dans les hémorrhagies opiniâtres, Lowenald traverse avec un fil les bords de la piqûre qu'il réunit par première intention. Il est de règle pratique de ne jamais quitter la malade avant la suspension complète du sang.

Introduction des sangsues dans les cavités naturelles. Une ou plusieurs sangsues peuvent pénétrer par les orifices naturels des membranes muqueuses dans les cavités des organes, se fixer aux parois des viscères et déterminer des hémorrhagies très-graves. Cet accident, rare dans les applications ordinaires de sangsues, arrive quelquefois aux personnes qui boivent l'eau des sources, dans les mares et sur le bord des ruisseaux. Si l'animal est apparent, il faut le saisir avec les doigts ou des pinces et le retirer ; s'il est entré profondément dans les voies digestives, il convient de faire boire une liqueur saline (*sel marin*), du vinaigre, une légère décoction de tabac.

Ces différens liquides seront injectés dans le vagin, dans

le conduit auditif externe, administrés en lavement si la sangsue pénètre par ces différentes voies.

La laryngotomie deviendrait nécessaire si les sangsues se glissaient dans le larynx. Avant de pratiquer cette grave opération, si la suffocation n'était pas imminente, il serait convenable de tenter de légères fumigations de chlore pour exciter la toux et faciliter le rejet de l'annelide.

Des tubercules. Les cicatrices des piqûres restent longtemps apparentes. « Ces cicatrices, dit Boyer, se convertissent quelquefois en des tubercules larges, aplatis, qui subsistent pendant toute la vie si l'on ne les détruit pas avec la pierre infernale. »

Les morsures de sangsues s'accompagnent quelquefois d'inflammation érysipélateuse et phlegmoneuse ; elles dégénèrent en petites plaies qui suppurent et se transforment en petits ulcères qu'il faut panser avec du cérat.

Art. II. DE L'ANGIOTOMIE CAPILLAIRE AU MOYEN DES VENTOUSES.

Les ventouses sont de petits vases en verre, de forme globuleuse, dans lesquels on fait le vide à l'aide de la succion, du feu, ou d'une pompe aspirante, et que l'on applique promptement sur la peau afin d'obtenir une forte tuméfaction des tégumens et l'injection des vaisseaux capillaires.

Considérées par rapport à leur mode d'application et relativement aux effets qu'elles produisent, les ventouses se divisent en deux classes différentes ; les unes, *ventouses sèches,* ont pour but de déterminer une aspiration qui amène le gonflement de la partie et la rubéfaction de la peau ; les autres, *ventouses scarifiées,* dans lesquelles la peau rougie et tuméfiée est soumise à des sections, à l'aide de divers scarificateurs, pour obtenir une saignée locale ou capillaire.

L'invention de ce moyen chirurgical se perd dans la nuit des temps.

Les vases destinés à ventouser ont subi à diverses époques de notables modifications. Au temps de Celse il y avait deux sortes de ventouses; les unes, sous forme de coupe de cuivre, se plaçaient sur la peau à l'aide de la charpie allumée, et les autres étaient faites avec la corne d'un animal. Depuis long-temps les Égyptiens se servaient aussi d'une corne de bœuf, percée d'un trou à son extrémité pour faciliter la formation du vide par la succion de l'air avec la bouche. Lorsque la ventouse était fixée à la peau, on fermait l'ouverture avec de la cire. De nos jours, la construction des ventouses repose sur des effets physiques combinés et calculés à l'avance, et les cornes ou les vases employés par les anciens sont complètement abandonnés. Cette structure du vase repose sur trois considérations importantes. 1° La ventouse est faite avec une substance diaphane, translucide, afin de permettre à l'opérateur d'observer les phénomènes qui résultent de son application; 2° la substance de la cloche a le moins de capacité possible pour le calorique, afin de ne pas déterminer la brûlure de la région du corps; 3° la forme et la grandeur du vase permettent la raréfaction rapide de l'air, et se plient en quelque sorte au lieu du corps qu'il convient de ventouser.

Le verre et le cristal sont les substances qui se prêtent le mieux à la fabrication des ventouses, et maintenant on rejette les vases d'argent, d'or, de cuivre ou de tout autre métal, parce qu'ils ont l'inconvénient par leur opacité de masquer l'effet de la ventouse sur les tégumens, et par leur grande capacité pour le calorique de s'échauffer très-promptement et de brûler les tissus après des applications multipliées et successives.

Une ventouse construite en verre ou en cristal peut se diviser en trois parties : la *circonférence* ou le cercle de l'ouverture que l'on applique sur la peau ; le *corps* ou la partie moyenne et renflée du vase; enfin, le *dôme* ou la voûte de la cloche. La circonférence, le corps et le dôme de la ventouse ont été modifiés de diverses manières.

Les ventouses ordinaires, ayant la capacité de quatre onces de liquide, sont renflées dans le corps, et terminées vers le dôme par une boule en verre solide qui permet de les tenir pour les appliquer. Chez le plus grand nombre, à l'intérieur du corps de la ventouse, existe une sorte de galerie circulaire favorable pour empêcher l'objet en combustion de tomber sur la peau et de la brûler. La circonférence, très-variable pour la grandeur, est tantôt circulaire, tantôt elliptique; son diamètre plus petit que le corps et plus grand que le dôme de la cloche se trouve toujours disposé de manière à s'adapter aux différentes surfaces de la peau. Le rétrécissement de la circonférence, la convexité de la ventouse ne sont pas de rigueur absolue, et dans les cas urgens un verre de table remplit le même office avec autant d'avantage.

Il existe encore des ventouses très-compliquées. On en trouve qui ont le dôme très-ouvert, et surmonté d'une tubulure en cuivre, dans laquelle un robinet mobile, percé d'outre en outre dans un seul sens, permet à volonté de régler la communication entre l'air de la ventouse et l'air atmosphérique ambiant, selon que l'on établit ou que l'on détruit le parallélisme entre l'ouverture du robinet et l'ouverture du dôme. A cette tubulure en cuivre s'adapte, au moyen de plusieurs pas de vis, un corps de pompe aspirante dont nous expliquerons plus tard l'usage. Enfin, M. Sarlandière a fait connaître un appareil très-compliqué, dans lequel il a pour but tout à la fois d'opérer la succion à l'aide d'une ventouse à pompe, de pratiquer des scarifications à la peau par des lames renfermées dans la cloche, et de favoriser la sortie du sang lorsqu'il s'accumule en trop grande abondance, au moyen d'une tubulure inférieure, latérale, à laquelle on adapte un robinet. M. Demours a fondé une ventouse sur ce même principe. Plus tard nous parlerons de ces instrumens appelés *bdellomètres*.

L'*application des ventouses* est une opération chirurgicale des moins difficiles, et se fait sur toutes les parties du corps qui peuvent recevoir par leur forme et leur situation la circonférence du vase modifiée pour se prêter aux circonstances d'organisation.

La peau doit être rasée lorsqu'elle est couverte de poils, nettoyée si elle est salie par des médications emplastiques, et la malade placée dans une situation commode pour qu'elle puisse y rester long-temps sans être obligée de changer d'attitude.

L'opérateur placé à la partie latérale de la malade, étant bien éclairé par le jour ou par la flamme d'une bougie s'il est obligé d'agir dans un endroit obscur, choisit un des trois procédés opératoires suivans.

Le *vide* par la *succion*, procédé le plus ancien mis en usage, est généralement tombé en désuétude. Certains praticiens emploient encore cette espèce de ventouse pour tirer le lait des mamelles. Dans ce cas spécial, le vase a sa circonférence très-étroite et prolongée sous forme d'un rebord large et concave qui s'adapte exactement autour du mamelon ; le dôme de cette ventouse se termine par un long bec recourbé que l'on place dans sa bouche pour faire le vide au moyen de la succion.

La succion fut abandonnée dès que la chirurgie arriva par la raréfaction de l'air au moyen de la chaleur a produire le même résultat. Le procédé de la *raréfaction de l'air par la chaleur*, plus rapide et moins fatigant que le premier, facile à mettre en pratique, est de nos jours encore le seul dont se servent beaucoup d'opérateurs. Il suffit, en effet, de soumettre à la combustion, dans l'intérieur de la ventouse, un peu de charpie, d'étoupe, de coton sec ou imbibé d'alcool , de papier découpé en fragmens ; ou bien d'exposer le vase pendant quelques instans au-dessus de la flamme d'une bougie, d'une chandelle ou d'une lampe ; ou bien encore de mettre une très-petite lampe et, selon certains auteurs , des petites bougies sur un disque de carton, plaçant ce petit appareil sur la partie, et d'appliquer très-promptement et exactement sur la peau la ventouse ainsi préparée, pour voir les tégumens s'élever dans son intérieur sous forme d'une surface convexe qui augmente de plus en plus de volume et de rougeur par l'afflux du sang et des autres fluides. Cette turgescence de la partie se produit à mesure que l'air raréfié se condense par le refroidissement ; condensation en vertu de laquelle il se forme un vide dans la ventouse que les tégumens cherchent à combler. Si la partie cutanée soumise à l'action de la ventouse, et par conséquent soustraite à la pression de l'air, tend à monter et à fixer solidement le vase ; toute la peau d'alentour est toujours fortement comprimée par la pesanteur de l'air et cherche sans cesse à échapper à ce poids et à pénétrer dans l'instrument. Il résulte de cette pression de l'air sur la ventouse et la peau environnante, et de la masse des tégumens élevés et très-adhérens dans l'intérieur du vase, qu'il est impossible de détacher perpendiculairement le vase de la surface du corps sans causer de vives douleurs et sans s'exposer à le briser. Lorsque le gonflement de la peau est jugé suffisant, on détache le vase, soit en l'inclinant avec force d'une main, et en favorisant, avec un doigt ou une spatule tenue de l'autre main, la rentrée de l'air sous la cloche en pressant sur la peau voisine dans un des points de la circonférence de la ventouse ; soit encore, si l'on a pris une cloche à tubulure, ce qui est toujours préférable, en ouvrant le robinet pour laisser entrer l'air qui fait entendre un léger bruit, a mesure de la disparition du vide. La rougeur et parfois l'ecchymose, effets principaux et immédiats de cette application, se dissipent au bout de quelques jours.

Depuis la découverte de la machine pneumatique, on fait, par un procédé nouveau, le vide dans la ventouse à l'aide d'une pompe aspirante que l'on visse à la tubulure, tandis que l'on fait jouer le piston sans secousses, d'une manière uniforme, et après avoir ouvert le robinet pour chasser l'air de l'intérieur de cette petite cloche. La région du corps soustraite à la pression du fluide aérien s'élève de plus en plus dans la ventouse sous forme d'une tumeur recouverte d'une peau rouge et comme ecchymosée. Le vide est aussi complet que possible lorsque la ventouse est fortement attachée à la partie, et il n'est plus utile de pomper. Alors on ferme le robinet pour intercepter la communication entre la cloche et le corps de pompe. Au bout de deux ou trois minutes, la ventouse produit son principal effet; on la retire parce que son application prolongée n'ajoute rien à la tuméfaction et pourrait déterminer l'extravasation des fluides qui gorgent outre mesure les vaisseaux capillaires. Pour détacher la cloche on sait qu'il suffit de tourner le robinet ou de presser sur la peau d'alentour, afin de permettre à l'air de pénétrer dans son intérieur. Telle est l'opération des ventouses sèches.

L'application se complique pour les *ventouses scarifiées*. Le chirurgien doit se procurer un bistouri à lame courbe selon Hippocrate, ou une grosse lancette, ou bien des scarificateurs; des compresses, de l'eau froide, une alèze pour ne pas tacher le lit et les vêtemens de la malade avec le sang qui s'écoule des incisions.

Il commence par poser une ventouse sèche pour faire gonfler la peau et déterminer un afflux considérable de sang dans les vaisseaux capillaires: aussitôt que la partie est chaude et bien rouge, il détache la cloche, fait à la peau des incisions superficielles qui se croisent sous des angles variés et forment autant de petites figures en carré et mieux en losange ; puis réapplique la ventouse dans le même endroit. Le sang sort des incisions avec plus ou moins de force, et dès qu'il se coagule, la ventouse cesse d'attirer le fluide. Alors on enlève la cloche, ayant soin de la renverser pour recevoir tout le sang et le mesurer dans une poëlette. On lave les incisions avec de l'eau tiède, et si l'émission sanguine est insuffisante, on réapplique de nouveau la ventouse. Après l'opération, une compresse imbibée de liqueur émolliente ou bien un cataplasme sont posés sur les incisions. A l'Hôtel-Dieu, j'ai vu un ancien militaire couvert de cicatrices, tomber dans un état convulsif toutes les fois qu'il fallait lui appliquer des ventouses scarifiées sur la région épinière affectée de rachialgie chronique ; cet état violent se trouvait presque subitement calmé par l'application sur les coupures de linges trempés dans l'eau froide.

La plaie faite aux tégumens résulte de l'action chirurgicale des aiguilles, des lancettes, du bistouri ou bien d'un scarificateur, et prend les noms d'acupuncture, de moucheture et de scarification.

Le bdellomètre, instrument inventé pour simplifier l'application des ventouses scarifiées, est formé par une ventouse à pompe qui porte des aiguilles susceptibles de s'élever et de s'abaisser a volonté, pour piquer la peau, dans l'idée que les lésions de la peau sont moins douloureuses dans le vide qu'à l'air libre ; ce qui est loin d'être démontré. Telle est l'*acupuncture* avec ventouse pour la saignée locale.

Les *mouchetures* peuvent se faire dans le vide avec une ventouse qui renfermerait des lames de lancette. Mais on se sert habituellement d'une seule lame d'acier pour cette petite opération, et l'on fait à l'air libre autant de piqûres que la partie gorgée de vaisseaux distendus par le sang est susceptible d'en supporter, puis on réapplique la ventouse pour hâter l'écoulement sanguin. Les mouchetures mises le plus en usage dans la pratique ont leur siége à la langue, aux gencives, aux conjonctives dans les cas d'inflammations aiguës ou chroniques, et elles sont principalement dirigées sur les vaisseaux capillaires les plus volumineux de la région phlogosée. Comme la cloche est inapplicable dans ces cas spéciaux, on la remplace par des épithèmes émolliens et par l'exposition de la partie à la vapeur de l'eau chaude pour favoriser la sortie du sang.

Dans les infiltrations passives des membres abdominaux et des grandes lèvres, on pratique aussi des mouchetures pour évacuer la sérosité contenue dans les aréoles du tissu cellulaire. Les piqûres doivent être rares et éloignées, par ce que dans cette distension extrême la vitalité de la peau est tellement affaiblie, qu'elle ne tarde pas à tomber en gangrène lorsque les mouchetures sont trop multipliées sur un seul point.

Les *scarifications* faites dans l'intention de provoquer des saignées locales sont des incisions plus étendues, plus profondes que les mouchetures, quoique superficielles et qui ne doivent pas aller au-delà du derme de la peau. Hippocrate conseille avec raison de faire de larges incisions à toute l'épaisseur de la peau et de ne pas se borner à l'effleurer avec le bistouri.

Il faut raser et nettoyer la partie soumise aux scarifications; placer la ventouse que l'on retire aussitôt que son effet est produit. Alors on tend la peau avec l'index et le pouce d'une main, tandis que l'on saisit la lancette ou le bistouri droit, à tranchant convexe, de l'autre main qui le tient comme une plume à écrire: on passe avec rapidité le tranchant de l'instrument à la surface de la peau pour former des incisions parallèles, profondes, d'un quart de ligne environ. Ces premières sections opérées, on change rapidement la direction de la lame tranchante pour couper la peau sous forme de lignes, qui croisent à angle aigu ou obtus les premières incisions. Il résulte de ces coupures en sens différens un espace divisé en petits carrés ou en losanges.

Les mouvemens inconsidérés de la malade, la difficulté de faire des scarifications régulières en profondeur et en longueur, ont conduit à imaginer un instrument capable par son mécanisme d'éviter les longues souffrances déterminées par cette longue opération. Le scarificateur est l'instrument par excellence qui remplit toutes les conditions exigées, telles que rapidité de l'opération, coupures nombreuses et régulières.

Cet instrument, le scarificateur, est composé de plusieurs pièces renfermées dans une petite boîte carrée et en cuivre. Quand on veut faire usage du scarificateur, il faut l'armer en poussant le levier d'une crémaillère, jusqu'à ce qu'on ait entendu un bruit de claquement qui indique le passage des lances de gauche à droite. On place ensuite sur la partie du corps la face de la boîte percée d'ouvertures longitudinales, et l'on presse sur la gachette; la crémaillère n'est plus retenue, elle obéit à l'action d'un ressort et fait mouvoir les lances qui passent avec rapidité de droite à gauche, à travers les ouvertures de la boîte pour diviser la peau, dans un temps tellement prompt qu'il échappe à la vue. Cet instrument est perfectionné de telle sorte, qu'il est possible de rapprocher ou d'éloigner les lances pour déterminer des incisions plus superficielles ou très-profondes.

Le bdellomètre de M. Sarlandière réunit, comme on sait, la ventouse et le scarificateur, de telle sorte que, sans changer d'instrument et dans un espace de temps très-court, on rend la peau tuméfiée, rouge, chaude; le scarificateur caché la divise et le sang trouve encore une issue par un robinet inférieur à mesure que l'on donne de l'air par le dôme. Ce robinet est une addition infructueuse; car aussitôt l'entrée de l'air, la ventouse se détache, et il vaut mieux l'enlever tout-à-fait pour nettoyer la peau et mesurer la quantité de sang évacuée.

On favorise en général l'écoulement du sang par l'immersion des parties incisées dans l'eau tiède, par des lotions chaudes réitérées, enfin par l'application de ventouses. L'évacuation est parfois plus abondante en exposant la partie à la vapeur de l'eau chaude.

Les scarifications terminées, on lave la peau tachée par le sang, soit avec de fines éponges, soit avec des compresses : on essuie, et sur les petites plaies on applique un morceau de diachylum gommé pour réunir par première intention. La suppuration des coupures survient lorsqu'elles ont été trop profondes ; elle est rare, et l'application de compresses imbibées de liqueurs émollientes et résolutives suffit dans la grande majorité des cas pour déterminer la réunion immédiate de ces petites plaies.

INFLUENCE DE LA SAIGNÉE

SUR

L'ORGANISATION HUMAINE.

Considérée sous un point de vue médical, la saignée fournit un agent thérapeutique si puissant dans ses effets sur l'organisme, favorise tellement certains systèmes et certaines pratiques tour à tour dominans ou dominés, que, dès l'origine de l'art de guérir, les médecins, fidèles à la voix de l'observation clinique, s'évertuèrent à poser une digue à l'impétuosité des systèmes ou de l'empirisme, et cherchèrent à tracer les limites véritables dans lesquelles il est utile de pratiquer l'angiotomie.

L'histoire des effets de la saignée sur l'économie renferme trois grandes époques : l'une, ancienne ou hippocratique ; l'autre, moderne ou de Harvey ; la troisième, ou l'époque actuelle, caractérisée par l'abandon des vaines théories et l'application à la médecine de notions plus exactes d'anatomie et de physiologie.

La pratique de l'angiotomie au temps d'Hippocrate n'était fondée que sur le système de la dérivation et de la révulsion. L'expérience de plusieurs siècles sembla confirmer l'idée que le père de la médecine s'était formée du mode d'action des émissions sanguines, et les succès des grands maîtres, élevés à son école ou selon ses principes, servirent de règle aux jeunes praticiens. Quesnay a donc porté un jugement trop sévère sur l'antiquité, lorsqu'il considère les règles de l'angiotomie, avant la découverte de la circulation, comme des conjectures séduisantes. Toutefois le respect général professé pour les travaux des anciens fit long-temps adopter leurs idées et leurs préceptes sur les effets des émissions sanguines ; car, si l'explication physiologique était fautive ou erronée, le fait pratique était souvent incontestable.

Harvey parut enfin : ce grand physiologiste trouva la route que le sang se fraye à travers les organes, anéantit une foule d'explications vicieuses et créa une ère nouvelle. L'angiotomie surtout puisa dans la découverte de la circulation de puissans auxiliaires ; mais cet agent thérapeutique placé sous la dépendance de la médecine subit avec elle le joug des théories et des sciences accessoires. Dans un temps où la physique était cultivée avec ardeur, on chercha à expliquer les effets des émissions sanguines par l'application des lois de l'hydrostatique à la circulation des fluides dans les corps organisés. De là un tissu d'erreurs et d'inconséquences inséparables d'anciens préjugés ; de là ces illusions d'esprit, acceptées comme des systèmes solides dans l'application immédiate de la physique à une sorte *d'hydraulique animée, vivante.*

Cette époque moderne, qui date de la grande découverte de la circulation, range en quatre classes les effets de la saignée sur l'économie. J'exposerai d'une manière laconique ces diverses influences évacuatives, dérivatives, révulsives et spoliatives, parce qu'elles sont l'expression des faits ; mais elles seront dégagées de toutes les opinions fautives, hypothétiques ou erronées.

De l'évacuation ou *déplétion.* Le premier effet de toute angiotomie est de faciliter l'issue d'une certaine quantité de sang hors de ses canaux. Cet effet se nomme évacuation, et se rattache plusieurs effets secondaires, tels que la spoliation, la dérivation, la révulsion et la dimotion.

Les émissions sanguines évacuatives sont mises en usage toutes les fois qu'il s'agit de diminuer la quantité du sang dans les maladies, ou de triompher d'un état pléthorique. L'issue du sang hors de ses canaux favorise la liberté de la circulation, excite une sécrétion plus abondante vers les émonctoirs naturels, rétablit l'exercice régulier des fonctions.

Cette évacuation de liquide, ne se fait pas d'une manière uniforme. Les variétés du pouls témoignent en faveur des variétés du jet sanguin, et prouvent que l'uniformité du mouvement dans le cercle circulatoire ne peut exister chez les corps organisés, sans cesse modifiés par les passions, les agens physiques et les maladies.

De la dérivation. Les anciens appelaient dérivation toute évacuation sanguine qui se fait de la partie malade par l'ouverture de la veine qui en revient.

La dérivation attire une plus grande quantité de sang dans la partie, siége de la saignée, parce que, selon les lois de l'hydrostatique, les fluides tendent à s'échapper par l'endroit qui leur présente moins de résistance.

Or, l'ouverture faite à un vaisseau offrant moins de résistance au fluide que le vaisseau qu'il parcourt, il s'échappe plus facilement et produit le phénomène de la dérivation.

La saignée dérivative qui détermine vers une région le passage d'une plus grande quantité de sang qu'à l'état normal était mise en usage pour rappeler un flux hémorrhagique supprimé, et en général toutes les fois qu'il était nécessaire d'augmenter l'abondance du sang vers un endroit du corps. L'ouverture de la veine, dans cet endroit même, facilitait l'issue du fluide qui s'y précipitait avec plus d'activité.

De la révulsion. Appuyé sur des faits pratiques, souvent invoqués de nos jours, Hippocrate conseille « de tirer le sang en haut quand le mal est en bas. *Lib. de Humoribus.* » Galien adopte le principe du père de la médecine et comprend la révulsion de quatre manières : de haut en bas et de bas en haut; de gauche à droite et *vice versâ*; d'avant en arrière et réciproquement; enfin, de dedans en dehors ou de dehors en dedans. *Method. Medendi, lib.* 5, *cap.* 3. Cette pratique médicale, basée sur des faits en partie vrais et en partie faux, resta long-temps en vigueur.

Après la décadence de l'Empire Romain, les Arabes, seuls dépositaires de la saine médecine, provoquaient à l'instar des Grecs et des Latins les émissions sanguines dans un point éloigné de la partie affectée d'inflammation. Dans les phlegmasies, ils saignaient tout d'abord comme révulsion, et ensuite ils employaient la dérivation. Brissot de Paris, vers le seizième siècle, condamna la révulsion primitive au principe des inflammations, et préconisa avec force la dérivation.

Lorsque parurent les grandes lois de la circulation et les beaux travaux des Bellini, des Bianchi, des Lafaye, des Sylva, des Chirac, des Quesnay, etc., on se rendit mieux compte des effets révulsifs, qui, cependant, pour leur interprétation, furent encore embrouillés par les théories de l'hydrostatique.

Dans la révulsion, on a pour but de détourner le sang qui afflue en trop grande abondance vers certaines régions. L'effet de ce genre d'émission sanguine reposerait donc sur le transport du sang d'un point éloigné vers celui où l'on pique la veine. Silva observe à juste titre que, dans les saignées de pied, si avantageuses pour combattre les maladies encéphaliques, on ne *tire pas le sang du cerveau*, mais que la saignée révulsive empêche seulement le fluide de couler trop abondamment vers les parties supérieures. Selon ces principes, dans les maladies sus-diaphragmatiques, on doit saigner en bas ; tandis que dans les affections sous-diaphragmatiques c'est en haut qu'il faudrait tirer du sang.

De la spoliation. La spoliation diminue la quantité proportionnelle de la partie rouge et fibrineuse du sang. Les angiotomies fréquentes produisent cet effet sur la masse sanguine.

Quesnay considérait l'effet des évacuations sanguines qu'il nomma spoliation, comme une diminution de quelques-unes des humeurs qui, par la saignée, sont retirées en plus grande proportion que les autres. Cette opinion me paraît doublement erronée. Le sang est un fluide complexe qui s'écoule par la section du vaisseau, sans aucune distinction de ses élémens constitutifs. On sait ensuite que toutes les molécules intégrantes de ce fluide ne se réparent pas avec la même énergie et avec la même rapidité ; c'est pourquoi il en résulte un changement sensible dans la composition du sang : effet qui n'existait pas avant la phlébotomie. Tous les fluides blancs (*serum*) se réparent avec la plus grande promptitude par les voies d'absorption, tandis que l'hématine et la fibrine ne se forment qu'avec une grande lenteur par la résorption moléculaire que le mouvement nutritif opère sans cesse dans les organes.

D'après cette explication , il est facile de concevoir qu'on puisse parvenir, à l'aide de saignées répétées, à changer la consistance et la plasticité de la masse sanguine, et la spoliation est un effet d'angiotomie bien observé et mal interprété par Quesnay comme effet primitif ; car elle est, de toute évidence, consécutive en action.

De la dimotion. Les humoristes appelaient dimotion un déplacement spécial d'humeurs mélangées au sang. Cet effet rentre dans ceux dont nous venons de tracer l'histoire très-abrégée.

Instruits des effets variés des émissions sanguines, les anciens et les modernes avaient pour but, dans leur pratique, d'opposer une influence d'angiotomie au siége des affections pathologiques. Cette pratique est positive dans une foule de circonstances, et c'est à tort que, sans égard pour les observations médicales sanctionnées par tant de siècles, Quesnay, fondé sur les phénomènes de la circulation, se croyait autorisé à dire que toutes les saignées sont susceptibles de produire le même effet, quel que soit le siége de la maladie.

Variable comme tout agent thérapeutique , la saignée, en raison de ses effets inconstans, a déterminé une grande confusion dans le langage médical? Combien de fois, au lit du malade , les théories de la dérivation et de la révulsion ne se sont-elles pas trouvées défectueuses !

Riches des travaux d'Hippocrate et d'Harvey, riches de leur propre fonds, les médecins de l'époque actuelle, l'esprit dégagé de toute hypothèse gratuite et fidèles à la voix de la nature, respectent l'expérience des siècles passés et s'attachent à bien déterminer l'influence matérielle des déperditions de sang sur l'organisme. Cette influence devient plus marquée sur la marche des affections et sur les fonctions de l'économie animale, suivant la nature du vaisseau ouvert par l'angiotomie.

Effets de la phlébotomie. Une douleur locale plus ou moins vive accompagne toujours la section des tégumens et de la veine. Quoique légère, cette douleur devient le centre d'un petit mouvement fluxionnaire, caractérisé par l'arrivée plus considérable des fluides dans les capillaires circonvoisins de la petite plaie.

La piqûre de la saignée intéresse des élémens hétérogènes qui se réunissent d'une manière propre à chacun d'eux, pour combler la solution de continuité. Après la période d'inflammation locale, il s'opère une sécrétion d'une liqueur appelée *organisante*, qui n'est produite que dans un état pathologique des tissus. Elle agglutine les bords de l'incision de *la peau*, et plus tard forme une ligne blanche ; cicatrice indélébile ayant sa vitalité propre.

Élément primordial de toute organisation, le *tissu cellulaire* divisé se cicatrise avec la plus grande rapidité sans laisser de traces : il peut même se régénérer en cas de destruction assez étendue.

La matière organisante s'épanche dans l'intervalle des fibres nerveuses et musculaires divisées quelquefois lors de l'opération. Elle forme un tissu fibreux assez dense et comble l'espace déterminé par la rétraction des fibres musculaires. Les deux bouts du nerf, au contraire, à peine éloignés se réunissent et ses fonctions se rétablissent. La reproduction des fibres albuginées, tendineuses ou aponévrotiques survient avec une lenteur extrême.

Enfin, les bords de l'incision de la *veine* se réunissent au moyen de la lymphe plastique coagulable, de sorte que le canal veineux redevient libre pour le cours du sang. Si la veine a été coupée complétement, il se fait un dépôt de matière organisante plus considérable, et une inflammation adhésive concourt à oblitérer chaque bout divisé du canal vasculaire.

Après la cicatrisation, tous ces élémens cutanés, cellulaires, veineux, ne sont plus en rapport à cause de leur mobilité extrême. Il en résulte que la cicatrice d'une saignée ne saurait servir de guide pour une autre phlébotomie.

Les phénomènes généraux des saignées veineuses se traduisent à nos sens par un trouble fonctionnel plus ou moins marqué dans les appareils organiques. Le système circulatoire éprouve, selon la quantité de l'émission sanguine, de notables modifications. L'étendue, la puissance, le rhythme des battemens du cœur changent, diminuent souvent avec une rapidité extrême. Le pouls répète fidèlement la diminution de la force impulsive de cet organe, de sorte que, en général, après la soustraction du sang à la masse renfermée dans l'économie, la diastole artérielle est moins fréquente, moins résistante, facilement dépressible, et le calibre du vaisseau semble revenir et se resserrer sur lui-même. La solidarité d'action entre le cœur et les poumons rend compte des troubles qui ne tardent pas à survenir dans les organes respiratoires. L'ondée sanguine qui traverse le parenchyme pulmonaire étant moins abondante détermine des inspirations plus rares et plus profondes. Cette soustraction d'une partie des forces circulatoires et respiratoires entraîne rapidement, si l'évacuation sanguine est abondante, un sentiment de froid vers les extrémités, de la pâleur au visage, la sécheresse de la bouche, une soif ardente, produit une impression de débilité sur les muscles de la vie de relation et sur le tube gastro-intestinal ; parfois l'excrétion involontaire des urines, des gaz intestinaux et des matières stercorales ; provoque plus souvent des nausées, des hoquets, des pandiculations et des vomissemens ; enfin cette soustraction sanguine enlève cette agitation pulsative qui déterminait la céphalalgie.

La phlébotomie en rapport avec le tempérament, le genre de maladie et l'âge de la malade, modère la puissance et la fréquence de l'impulsion du cœur, rend plus active la circulation capillaire et l'absorption, remplace la sécheresse de la peau par une douce moiteur, rétablit le cours des sécrétions muqueuses et urinaires, et produit une débilité favorable et momentanée dans tout l'organisme (*évacuation, déplétion des anciens*) ; elle détermine des effets consécutifs terribles lorsque la science ne la renferme pas dans ses limites.

Les phlébotomies souvent renouvelées détériorent la masse sanguine et sont la cause d'un trouble considérable qui se fait ressentir dans toute l'économie animale. A la suite des pertes de sang trop abondantes, la peau et les membranes muqueuses se décolorent, les conjonctives deviennent blafardes ; une infiltration passive de sérosité survient dans les mailles du tissu cellulaire, surtout vers les extrémités pelviennes ; les sécrétions en général se ralentissent, et quelques-unes disparaissent presque en totalité ; l'extrême fréquence du pouls indique l'activité nécessaire de la circulation pour aller plus souvent porter aux organes leur stimulant dépourvu en grande partie de ses propriétés nutritives. L'accélération du mouvement circulatoire ne saurait suppléer aux éléméns viciés de la masse sanguine. Aussi voit-on tous les grands appareils fonctionnels frappés d'une débilité extrême. Cet état d'anémie est surtout plus marqué vers les voies digestives et le système locomoteur : ces fonctions languissent et rendent les convalescences très-pénibles. La faiblesse générale gagne les organes des sens qui s'émoussent et se pervertissent. L'axe nerveux central est tellement ébranlé que les moindres secousses déterminent des lipothymies fréquentes, et même des syncopes mortelles. Le sang coule pâle et séreux comme après les grandes hémorrhagies, et le vulgaire dit que le *sang se tourne en eau*, par suite des hydropisies qui ne tardent pas à survenir. Valsalva avait érigé en méthode de traitement pour la cure des anévrismes cette influence débilitante des émissions sanguines répétées aussi loin que possible (*saignées spoliatives*).

Les effets consécutifs des saignées générales veineuses présentent encore des particularités relatives au siége du vaisseau qui est piqué dans la phlébotomie. On sait que l'issue du sang des veines saphènes et jugulaires fait pâlir rapidement le visage, détermine un sentiment de débilité générale et conduit plus rapidement à la syncope que les phlébotomies brachiales. Les anciens connaissaient cette influence spéciale des différentes saignées sous le nom de *dérivation* et de *révulsion*.

Effets de l'artériotomie. Le sang rouge artériel, qui bondit en jets saccadés hors de son canal, donne lieu par sa déperdition à un effet plus prompt, plus énergique, de débilité sur l'économie que le sang veineux dépourvu de plasticité aussi grande et de qualités stimulantes et nutritives. L'influence de l'artériotomie est telle, qu'avec rapidité elle pourrait se transformer en accident formidable.

Après l'artériotomie il survient des phénomènes locaux de douleur et de disposition fluxionnaire, analogues aux phénomènes locaux de la phlébotomie pour la cicatrisation des tégumens. Mais les ressources employées par la nature pour réparer la solution de continuité de l'artère se fait sur un tout autre plan. Les vivisections sur les animaux qui tendent à démontrer le mode particulier de cicatrisation des plaies artérielles sont d'une application vicieuse pour l'espèce humaine. La nature du sang moins plastique, moins coagulable de notre espèce, et plusieurs autres influences, m'obligent à rejeter, comme applicables en pratique, les expériences physiologiques faites sous ce point de vue. J. L. Petit, pour avoir une juste idée des phénomènes, a fait une dissection attentive des plaies artérielles ; il affirme que les piqûres peuvent se guérir par la formation d'un caillot (sorte de *bouchon*) très-petit situé entre les bords de la plaie, et la formation d'un autre caillot à l'extérieur, appelé *couvercle*, plus étendu que l'autre et sur lequel il est nécessaire d'établir une compression. Ce mode de cicatrisation est fort rare ; le sang cherche sans cesse à sortir avec d'autant plus de violence que l'artère est plus divisée, et la chirurgie est obligée d'intervenir pour oblitérer le vaisseau. Il résulte de l'oblitération des artères après l'opération, que le sang ne circule plus dans le tronc artériel depuis la solution de continuité jusqu'à la première branche collatérale ; que si les anastomoses des capillaires viennent rétablir l'équilibre de la circulation, cet équilibre finirait par disparaître si l'on oblitérait tour à tour les troncs artériels qui distribuent le sang à une partie : privée de ses élémens nutritifs et de son calorique, la partie ne tarderait pas à tomber en gangrène. Cette raison physiologique est peut-être tout aussi importante à considérer dans l'abandon de l'artériotomie en général que les motifs exposés au chapitre de cette opération.

Limitée a une seule branche de l'artère temporale, cette saignée n'a été bien étudiée que relativement aux maladies de l'encéphale. Ses effets sont d'autant plus sensibles sur la circulation cérébrale, que la temporale a de nombreuses anastomoses avec les vaisseaux oculaires, auriculaires et intra-crâniens, et que sa proximité du centre d'impulsion rend encore la soustraction du sang plus rapide et plus favorable. Privés de leur fluide irritant et nutritif, les organes encéphaliques éprouvent par ce trouble circulatoire une action débilitante très-énergique. Plusieurs fois dans les services des Hôpitaux j'ai vu des ophthalmies rebelles pencher vers la guérison, des manies aiguës se ralentir dans leurs paroxysmes et des congestions cérébrales rapidement comprimées.

Les émissions sanguines artérielles déterminent une débilité plus considérable et plus rapide que les hémorrhagies veineuses ; et si la pratique n'a pas plus souvent recours à ce moyen, il faut en accuser toutes les difficultés de l'opération et les accidens consécutifs.

INFLUENCE DES SAIGNÉES LOCALES SUR L'ORGANISME.

Effets de l'angiotomie capillaire par les sangsues. L'application des sangsues donne naissance à des phénomènes locaux et généraux.

L'irritation causée par les piqûres occasionne une douleur plus ou moins vive selon le degré de susceptibilité des malades, et le sentiment douloureux, parfois très-violent, s'irradie dans la direction des filets nerveux de la partie. Cette douleur lancinante et le mouvement continuel de succion des sangsues appellent une plus grande quantité de sang dans les vaisseaux capillaires de la région. Cet afflux sanguin se dessine en auréole rouge, variable en diamètre, qui circonscrit le suçoir buccal. Après la chute de l'annelide il survient un écoulement de sang qui diminue la tension, la chaleur, et souvent même la rougeur de la surface organique, siége de l'angiotomie locale.

Dès que les vaisseaux ont fourni une certaine quantité de sang, il se forme un caillot au centre de chaque morsure, qui oblitère l'ouverture des capillaires sanguins et suspend l'hémorrhagie. Les tégumens qui environnent les piqûres se tuméfient et prennent une teinte violette comme ecchymosée, puis une couleur jaunâtre qui s'efface petit à petit et disparaît au bout d'un temps variable. Il se développe le lendemain de l'application une rougeur inflammatoire des lèvres de la plaie qui sont parfois très-douloureuses au toucher; le caillot devient sec et dur, et les frottemens du linge ou la vive démangeaison qui porte les malades à se gratter le font détacher. Cette petite coagulation de sang tombe ordinairement d'elle-même et laisse à sa place une cicatrice triangulaire qui persiste pendant de longues années. Ces effets locaux ont peu d'importance sous le point de vue pathologique. Toutefois, s'ils ne réagissent pas dans les cas ordinaires sur la circulation générale, ils n'en sont pas moins, lorsque les morsures sont multipliées, un moyen révulsif puissant qui persiste jusqu'à la parfaite cicatrisation des morsures.

L'effet local des émissions de ce genre retentit dans tous les grands appareils fonctionnels, et produit des phénomènes généraux analogues à ceux que l'on observe dans les saignées des gros vaisseaux, lorsque les sangsues sont nombreuses et les applications très-multipliées. Des praticiens considèrent même l'évacuation sanguine locale, à quantité égale de sang, comme plus débilitante que dans les phlébotomies, parce que le sang des vaisseaux capillaires est plus riche que le sang veineux. En résumé, l'effet de ce genre d'angiotomie est très-puissant; il produit une déplétion sanguine et une forte révulsion, que l'irritation et l'afflux sanguin des piqûres augmentent encore.

Effets de l'angiotomie capillaire par les ventouses. Le premier effet de la ventouse sèche est de soustraire le tégument à la pression de l'air atmosphérique. La peau s'élève dans l'intérieur du vase sous forme d'une tumeur à surface convexe, rouge et chaude. La rubéfaction et la chaleur de la partie augmentent à mesure que l'action de la ventouse devient plus énergique, et si la cloche reste long-temps appliquée, la turgescence ou la fluxion sanguine des capillaires devient telle, que ces vaisseaux se rompent et produisent des ecchymoses plus ou moins larges et profondes. L'afflux des liquides peut être si grand selon des auteurs, que l'épiderme se soulève ou se déchire en faisant explosion. Ce phénomène local doit être très-rare, car Boyer n'en parle pas, et pense au contraire qu'au bout de quelques minutes la ventouse a produit tout son effet.

La puissance de la ventouse sèche élevée au plus haut degré est encore inférieure à l'écoulement sanguin provoqué par les ventouses scarifiées. Celle-ci, outre la rougeur, la chaleur et le boursoufflement de la peau et des tégumens sous-jacens, phénomènes déterminés par l'afflux des divers fluides sanguins et séreux, procure rapidement, par l'issue du sang, le dégorgement des capillaires, et agit tout à-la-fois comme moyen dérivatif et révulsif.

L'écoulement sanguin est moins abondant après la scarification des tégumens qu'après les saignées provoquées par les piqûres des sangsues. Mais la fluxion sanguine et l'irritation locale sont plus considérables après les ventouses scarifiées.

DE LA SAIGNEE

COMME AGENT THÉRAPEUTIQUE.

L'organisme fortement ébranlé sous l'influence des saignées générales éprouve aussi, comme je viens de le démontrer, d'importantes modifications dans les saignées locales. La connaissance exacte et approfondie de ces divers effets des émissions sanguines conduit à l'application juste et utile de ce puissant moyen thérapeutique. Fred. Hoffmann s'exprime en ces termes pleins de vérité pratique sur l'usage de la saignée. « C'est tomber dans l'excès que d'attribuer toutes les maladies à la plénitude du sang, et par conséquent de saigner à outrance. On doit donc se défier de ces gens qui saignent toujours et ne savent rien de plus. » *De veno sectionis abusu.* T. V. 340. De nos jours, on pourrait remplacer ces mots *plénitude* du sang par cette expression célèbre, l'irritation organique, souvent mal comprise et alors si fâcheuse dans ses résultats.

USAGES DES SAIGNÉES GÉNÉRALES EN MÉDECINE.

Les évacuations sanguines générales déterminent avec rapidité la déplétion des organes et un abattement rapide des forces.

Pour mettre en usage les saignées générales qui modifient toute l'organisation en quelques instans, il convient d'interroger avec soin l'état physiologique et pathologique de la malade.

Dès la naissance on retire du sang des gros troncs vasculaires. Il suffit de laisser béante l'ouverture des vaisseaux ombilicaux après la section du cordon, pour obtenir une saignée générale. Cette évacuation sanguine rappelle à la vie les enfans qui naissent dans un état apoplectiforme. Aussitôt que les signes de la congestion cérébrale disparaissent, on jette une ligature sur le cordon pour arrêter l'hémorrhagie. Dans ces derniers temps, quelques praticiens ont préconisé les succès des saignées générales chez les très-jeunes enfans. Les faits sont trop rares et l'influence des pertes sanguines trop fâcheuse dans la première enfance pour engager à suivre cette pratique.

Les adultes supportent avec une facilité très-grande les déplétions sanguines. L'état d'hypérémie générale des femmes pendant la gestation détermine divers troubles fonctionnels vers le cerveau, les poumons, les viscères abdominaux et les membres pelviens, que les saignées générales détruisent avec rapidité. Dans un de ses aphorismes, Hippocrate considère les femmes enceintes soumises à la phlébotomie comme vouées à l'avortement. La pratique de la Maternité nous démontre tous les jours le contraire. Lorsque les femmes sont affectées de maladies aiguës, la méthode antiphlogistique est toujours employée avec énergie sans égard pour la grossesse, et cependant les avortemens sont très-rares. Toutefois, il est juste de se rapprocher des préceptes du père de la médecine dans les premiers mois de la gestation. Le moindre choc extérieur, la moindre commotion morale suffisent chez certaines personnes pour déterminer l'accouchement prématuré, et je ne balance pas à regarder comme pernicieuses les émissions sanguines très-abondantes au début de la grossesse, par l'ébranlement qu'elles communiquent à tout le corps; pernicieuses non-seulement pour l'enfant, mais encore pour la mère. Le terme (7 mois) auquel les femmes sont admises dans cet Hospice, les petites saignées prophylactiques qui sont pratiquées, expliquent sans doute l'utilité et le bien-être qu'elles éprouvent des évacuations sanguines pour détruire les pléthores locales qui entravent l'exercice régulier des fonctions. Les céphalalgies s'écoulent en quelque sorte avec le jet sanguin: la dyspnée se dissipe avec promptitude, et les déplétions sanguines générales favorisent encore la résorption des infiltrations séreuses des membres abdominaux.

Il faut être avare des émissions sanguines générales chez les nouvelles accouchées. L'état de prostration qui suit l'accouchement se prolonge long-temps après, et l'on observe, surtout dans les mouvemens épidémiques, après chaque saignée, un brisement plus considérable des forces et un pouls misérable qui sans cesse diminue de force, augmente de fréquence, et s'évanouit sans jamais se relever. Toutefois la saignée générale produit de bons résultats chez les personnes douées d'un tempérament robuste et sanguin. L'observation clinique en apprendra l'utile application dans les fièvres puerpérales.

Les femmes parvenues à l'âge critique exigent des soins spéciaux. Il faut éloigner autant que possible de l'utérus toutes les émissions sanguines qui pourraient agir comme dérivatives et déterminer la pléthore de l'organe. La phlébotomie brachiale produit un effet révulsif très-puissant sur les viscères abdominaux, et détruit cet état de pesanteur et de malaise insolite dont elles se plaignent.

Certaines personnes dès leur jeunesse ont coutume de recourir à la phlébotomie pour enlever le sang *qui les gêne*. Tous les ans à la même époque elles reviennent à ce moyen énergique, et le tempérament sanguin dont elles sont douées pour la plupart s'habitue à ces hémorrhagies artificielles, à tel point, qu'aux approches de l'époque de la saignée il survient un état d'hypérémie très-violent qui détermine des congestions locales assez fortes pour troubler le jeu régulier des organes. On pique la veine, le sang coule et la santé se rétablit en apparence. Lorsque ce *tempérament factice* réclame des secours, il faut employer des moyens débilitans généraux, et autant que possible éloigner les époques de ces *saignées prophylactiques* qui ont pour effet de favoriser le trouble périodique de l'économie, et souvent d'enlever à la médecine un moyen énergique pour triompher des inflammations.

Lorsque les constitutions nerveuse, lymphatique ou bilieuse prédominent, on doit bien se garder de pratiquer souvent des saignées générales. Les évacuations sanguines abondantes déterminent chez les femmes douées de ces tempéramens des spasmes, des convulsions, ou des infiltrations passives, la chlorose, l'anémie, ou bien un anéantissement physique et moral plus ou moins rapide. Il faut encore recourir aux débilitans généraux pour combattre les signes d'oppression des femmes d'un grand embonpoint : car la polysarcie, ou l'obésité augmente sous l'influence des déplétions sanguines.

A ces considérations physiologiques se joignent des indications de pathologie pour déterminer l'usage des émissions sanguines. La saignée générale, employée comme agent thérapeutique dans les maladies, est tantôt *exploratrice*, tantôt *palliative*, tantôt enfin *curative*.

La nature des affections qui à toutes les époques de l'art médical a exercé une si grande influence sur l'usage des saignées générales se dérobe tellement à nos investigations dans certaines circonstances, que des médecins, dans l'espoir de lui imprimer un caractère sensible, ouvrent la veine comme moyen d'essai. Mais cette saignée générale exploratrice ne peut servir à localiser les maladies, qui, à nos yeux, se traduisent en troubles fonctionnels qu'il faut interroger. Les caractères du sang, il est vrai, peuvent déceler une irritation sub-aiguë, latente, et indiquer la marche du traitement. (Voyez *sang*.)

Les individus atteints d'affections incurables telles que le cancer, la phthisie pulmonaire, et les maladies chroniques des organes membraneux et parenchymateux, éprouvent un soulagement très-marqué à la suite d'évacuations sanguines légères. Ces saignées palliatives seront employées avec réserve : car si elles calment les douleurs et facilitent le jeu des organes, il ne faut pas oublier que chaque évacuation de sang affaiblit toujours un peu la malade, et demeure insuffisante pour arrêter les progrès de la maladie.

Les saignées générales curatives sont largement mises en usage, soit au début, soit dans le cours des inflammations aiguës, accompagnées de réaction générale très-vive.

Cette soustraction rapide de sang au système vasculaire des organes rend leur fonction plus facile en leur enlevant le fluide qui stimule et alimente la phlegmasie. Dans les pneumonies et les inflammations des organes parenchymateux, la saignée générale employée avec vigueur *jugule* l'irritation. L'effet curatif est surtout rapide et bien marqué dans les congestions viscérales ou dans les simples pléthores locales. Les succès des saignées générales se ralentissent dans la résolution des maladies aiguës des enveloppes tégumentaires, telles que la peau et les membranes muqueuses et séreuses. Tant que la période inflammatoire des maladies aiguës se prolonge, il faut avoir recours aux émissions sanguines, et mesurer, toutefois, l'abondance de la saignée à la constitution, à l'âge et aux forces de la malade. Ainsi mises en usage, les saignées générales enrayent les symptômes inflammatoires, et l'on n'a plus à craindre le boursoufflement des tissus, les étranglemens, et la gangrène des parties tuméfiées. Dès que la nature fait de visibles efforts (*phase critique des anciens*) pour amener la résolution de la phlegmasie ; dès que l'irritation des tissus passe à l'état chronique ou détermine la formation de collections purulentes, la saignée devient un agent thérapeutique plus funeste que salutaire.

L'examen approfondi du jeu des grands appareils circulatoires, sécrétoires et respiratoires, ainsi que de la calorification, est de rigueur lorsqu'il faut employer la saignée. Le pouls, fidèle interprète des fonctions du cœur et de l'état général des appareils organiques, sert de guide en ce cas. Lorsque ses diastoles sont larges, dures, fréquentes, et s'accompagnent de chaleur et de sécheresse à la peau, de difficulté à respirer, d'anxiété, de soif vive, et que la langue est rouge, à papilles érigées et dures, l'indication de la saignée générale est précise. Le pouls petit, faible, filiforme, chez une personne chlorotique ou d'une constitution détériorée, est, au contraire, une contre-indication des émissions sanguines. A certaines périodes des phlegmasies, les forces des malades, brisées et comme anéanties, ne permettent au pouls de battre qu'avec faiblesse et une lenteur extrême. On saigne ; l'état de concentration, d'oppression des forces, se dissipe, le pouls se relève, prend de la plénitude et de la dureté, et oblige à revenir à la saignée générale.

L'émission de sang jugée utile, le choix de la saignée générale se présente.

Phlébotomie brachiale. Quelle que soit la veine du bras que l'on ouvre, on agit sur tout le système circulatoire. « D'où il suit que le choix que les anciens faisaient des différentes veines du bras dans les embarras des divers viscères du bas-ventre est absolument chimérique. » (*Silva*, t. 1, p. 89.) De nos jours, la phlébotomie brachiale a tellement pris faveur en raison de la facilité et de la promptitude de

l'opération, qu'elle supplée à toutes les espèces d'angiotomie.

S'il est vrai que retirer du sang dans un point d'un
cercle, c'est agir sur toute la masse sanguine en mouvement
dans ce cercle, on ne saurait nier certaines influences spéciales attachées aux autres saignées générales, et qu'il serait
parfois utile d'opposer aux maladies.

Pour augmenter l'effet de ce genre d'émission sanguine,
« il faut tremper le bras dans l'eau chaude, comme on a
coutume d'en user dans la saignée du pied. »

Phlébotomie des membres pelviens. Dans la saignée du
pied, les affections de l'encéphale, et surtout les congestions
cérébrales, éprouvent une amélioration très-sensible, et l'é-
conomie tout entière est agitée par un bouleversement tel, que
très-rapidement la malade tombe en syncope. Pour expliquer ce fait pratique, on peut dire que la veine-cave inférieure ramenant moins de sang vers l'organe central circulatoire par suite de l'évacuation sanguine qu'elle fournit,
la veine-cave supérieure verse avec plus d'abondance et
d'activité dans l'oreillette droite le sang qu'elle reçoit des
veines jugulaires. Cet ébranlement de la circulation encé-
phalique et de tout le système veineux rend un compte assez
fidèle de la perte des sens et du sentiment de débilité générale ressenti d'un pôle de la machine animale à l'autre pôle.

Un auteur qui a recherché avec soin les effets de la saignée du pied, Silva, admet que ce genre d'émission sanguine est dérivative pour les organes sous-diaphragmatiques,
par suite de l'accélération du cours du sang artériel aortique,
et révulsive pour la circulation cérébrale. Aussi recom-
mande-t-il de ne pas saigner au pied « dans les cas où
quelqu'une des parties qui reçoivent le sang de l'aorte inférieure se trouve affectée. » (T. 1, p. 96.) Elle lui paraît indiquée quand il faut hâter le cours du sang vers les viscères
abdominaux, pour rappeler ou provoquer le flux périodique

des femmes (*voy.* page 159). Cet effet de *fluxion* dans les organes sous-diaphragmatiques, et en particulier vers l'utérus, n'est que momentané, et pas assez puissant pour déterminer l'avortement, comme on avait lieu de le craindre.

Phlébotomie jugulaire. Les nombreuses anastomoses des veines jugulaires externes avec les vaisseaux de la tête ont fait préférer la section de ce tronc veineux pour combattre les maladies intra et extra-crâniennes.

On l'employait autrefois avec quelque avantage dans les ophthalmies rebelles, dans l'érysipèle de la face et du cuir chevelu, dans les diverses angines trachéales ou gutturales, et dans les maladies encéphaliques. Fabrice de Hilden a combattu avec succès, par cette saignée, des arachnitis aiguës. La dérivation de cette émission sanguine sur la circulation cérébrale détermine rapidement un état de lipothymie ou de syncope. S'il fallait la mettre en pratique, la veine jugulaire externe gauche devrait être choisie, parce qu'elle est plus éloignée de l'oreillette droite; et pour rendre l'effet plus puissant, à l'exemple de Sydenham, on tiendrait élevée la tête de la malade.

De l'Artériotomie. L'issue du sang artériel a été considérée comme efficace dans l'apoplexie, les céphalalgies opiniâtres, la phrénésie, les commotions du cerveau, la manie aiguë, la démence, l'otite, les ophthalmies graves, l'amaurose, l'érysipèle de la face, l'encéphalite, etc., etc.

Depuis la découverte de la circulation, on a recherché dans les anastomoses artérielles des indications plus précises pour employer l'artériotomie. Elle est à la vérité très-utile dans les congestions et les maladies aiguës cérébrales, dans les ophthalmies, etc., etc., en raison des nombreuses communications des branches artérielles; mais la difficulté de l'opération et les accidens consécutifs, la grande rétractilité des bouts de l'artère, si on la divise transversalement, la plasticité très-grande du sang artériel qui se coagule très-facilement et peut, après quelques gouttes de liquide épanché dans la gaîne cellulaire, oblitérer l'ouverture du vaisseau et suspendre l'écoulement sanguin, sont les motifs qui contribuent à faire abandonner cette énergique émission sanguine.

Il faudrait la retirer d'un injuste oubli, en se rappelant les bons effets qu'elle a produits ou qu'elle a pu produire, et surtout ne pas toujours la mettre en pratique dans les cas désespérés.

Le choix du côté du corps pour pratiquer les saignées générales a été l'objet de vives controverses. On les croyait dérivatives du côté malade, et révulsives du côté sain. La saine pratique n'a pas justifié cette distinction, et il est tout-à-fait indifférent de saigner le côté gauche ou droit. Appuyé sur un fait positif en physiologie, l'action croisée des hémisphères cérébraux, Valsalva conseille de saigner de préférence le côté opposé à la paralysie et à l'apoplexie cérébrale. A Bicêtre, j'ai observé de bons effets des saignées locales pratiquées selon ce précepte ; mais les saignées générales, quel que soit le côté, produisaient également un trouble sur la circulation cérébrale, et l'influence signalée par Valsalva ne se confirmait pas. Frédéric Hoffmann, dans le but de produire un effet double, ouvrait à la fois la veine d'un pied et celle du bras opposé. Cette expérience médicale des saignées croisées sur les maladies n'a pas offert à l'Hôtel-Dieu de grands résultats, et elles sont abandonnées.

Le sang qui sort à pleins vaisseaux est toujours préférable à ces subtilités chirurgicales et triomphe plus facilement d'une inflammation que lorsqu'il coule goutte à goutte, ou qu'il s'échappe avec difficulté de deux veines ouvertes. Privée subitement d'une grosse colonne de sang qui alimentait sa violence, la phlegmasie diminue ou disparaît. Les anciens, plus hardis que nous, saignaient jusqu'à défaillance complète, et cette pratique était souvent couronnée de succès. Elle est trop dangereuse pour être établie en règle générale; mais on conçoit en physiologie que de telles saignées produisent une débilité très-grande et très-favorable dans certains cas, et enlèvent en quelque sorte les matériaux inflammatoires.

La violence de la phlegmasie, l'état des forces de la malade, les caractères du sang, l'âge, le tempérament et même la constitution médicale régnante, devront toujours être consultés pour augmenter ou diminuer le nombre des saignées générales.

USAGE SDES SAIGNÉES LOCALES EN MÉDECINE.

La saignée des vaissaux capillaires produit une évacuation de sang lente, progressive, déprime la sur-activité vitale de la région soumise à la piqûre des sangsues et à l'action des ventouses, et n'affaiblit pas l'économie. L'effet reste local, et cette angiotomie est plutôt une médication révulsive ou dérivative que débilitante.

Usage des sangsues. On se servait autrefois de la lancette et des ventouses pour retirer le sang de la partie malade. L'application des sangsues nous procure à présent d'immenses ressources médicales. Cette saignée locale a même été considérée comme ayant une supériorité bien marquée sur les autres genres d'évacuations sanguines, depuis l'établissement en France de la doctrine physiologique. Appliquées en petit nombre, les sangsues produisent une irritation fluxionnaire, un écoulement de sang de la région, et augmentent l'effet révulsif par l'inflammation locale qu'elles déterminent. Employées en grande quantité, lorsqu'on désire diminuer la masse du sang et suppléer à la saignée générale, elles modifient et la région, siège de leurs applications, et l'économie tout entière. La facilité de leur application a fait abandonner la section des veinules voisines du foyer inflammatoire, et trop négliger l'emploi des ventouses sèches et scarifiées.

Les sangsues n'agissent pas de la même manière aux différens âges de la vie, sur les différens sexes et les diverses constitutions. Quelques jours après sa naissance, l'enfant est souvent en proie à des ophthalmies violentes et à des convulsions. Une ou plusieurs sangsues, placées aux régions mastoïdiennes ou temporales, suffisent au début pour arrêter les progrès de l'irritation inflammatoire de la conjonctive, rétablir la circulation cérébrale troublée et les fonctions du système nerveux. A cette première époque de la vie, les sangsues piquent avec rapidité et laissent après leur chute des morsures qui fournissent une évacuation sanguine assez abondante pour que l'on soit obligé quelquefois de suspendre l'hémorrhagie à l'aide de moyens chirurgicaux énergiques.

A l'époque de la puberté chez les femmes, il se présente des indications à remplir. Silva préconise la saignée du pied pour hâter l'apparition du flux menstruel. De nos jours, on attribue à la phlébotomie brachiale les mêmes avantages. S'il n'existe pas un état pléthorique bien marqué chez les jeunes filles, il vaut mieux avoir recours à la saignée locale, dont l'effet dérivatif est plus certain, et aux autres moyens mis en usage pour faciliter la congestion sanguine et l'apparition de l'hémorrhagie périodique.

Les sangsues mordent avec plus d'avidité les femmes que les hommes. Elles sont long-temps avant de se fixer à la peau des vieillards.

Le lieu d'application des saignées locales, relativement à l'organe malade, est un point de pratique des plus importans.

Saignée locale au foyer inflammatoire. Toute phlegmasie locale exempte de vive réaction dans les grands appareils se modifie avec rapidité par la saignée pratiquée à l'endroit même de l'altération organique. Cet effet dérivatif, bien employé, amène le dégorgement des vaisseaux capillaires qui se trouvent dans un état de congestion locale opiniâtre. Une faible saignée capillaire, lorsque l'irritation locale est très-intense, augmente la fluxion sanguine et la turgescence de la partie, par l'arrivée des fluides qui déterminent, en se dirigeant vers un seul point, de la chaleur et une douleur plus ou moins aiguë. Pratiquée largement, la saignée locale retentit dans tout le système circulatoire, affaiblit la malade et enlève à la phlegmasie l'élément qui la soutient et la sollicite. Dans ces cas favorables, le tissu enflammé pâlit, perd son excès de sensibilité et tend à revenir à l'état physiologique. L'habitude clinique seule indiquera l'abondance de l'évacuation sanguine à mettre en usage, eu égard à la violence de la maladie, au tempérament, à l'âge, au sexe.

La saignée agit encore comme moyen révulsif pour rappeler différens flux hémorrhagiques naturels, supprimés ou déplacés par métastase sur les organes éloignés. Des sangsues posées à l'anus font couler des hémorrhoïdes exsangues en quelque sorte et détruisent chez les personnes d'un tempérament bilieux, ces congestions hépatiques si douloureuses, déterminées par un déplacement hémorrhagique. Le cours des règles étant dévié se rétablit au moyen de saignées locales, aux grandes lèvres, à la partie interne et supérieure des cuisses.

Saignée locale loin du foyer inflammatoire. Les viscères renfermés dans les cavités splanchniques se dérobent par leur situation profonde à une application immédiate de sangsues ou de ventouses. Il est possible, cependant, d'agir sur leur système circulatoire et de produire des saignées locales, presque directes, de ces organes cachés à notre vue. L'anatomie, ce guide fidèle du chirurgien, indiquera toutes les communications vasculaires externes avec les vaisseaux des viscères, et il faudra choisir la région du corps la plus riche en capillaires pour obtenir un dégorgement sanguin, rapide et abondant.

Faut-il pratiquer une saignée locale au foie, au tube gastro-intestinal, ou à la rate engorgée ; des sangsues appliquées à l'anus agiront plus directement sur les phlegmasies de ces organes que si on les plaçait sur les parois abdominales. Les veines hémorrhoïdales inférieures et moyennes, branches d'origine de la veine hypogastrique, s'anastomosent, en effet, avec les veines hémorrhoïdales supérieures qui constituent la veine mésaraïque, gros vaisseau veineux qui avec l'autre mésaraïque et la veine splénique concourt à former le tronc de la veine-porte, qui se distribue au foie. A l'anus on est donc plus près de l'organe hépatique qu'à la région de l'hypocondre droit. Faut-il agir sur la circulation cérébrale au moyen des saignées capillaires, on se rappellera les principaux canaux veineux et artériels des tégumens épicrâniens qui traversent la boîte osseuse, par des trous constans, pour se dégorger dans les vaisseaux encéphaliques. Ainsi on appliquera des sangsues à la région occipitale, parce que souvent une grosse veine de cette région se rend dans le sinus latéral, ou bien on les posera au niveau de l'articulation occipito-atloïdienne, parce que les veines superficielles ont de nombreuses communications avec les veines cervicales et celles-ci avec les spinales ; ou bien encore on saignera la région des trous pariétaux qui laissent passer les veines de Santorini pour s'aboucher dans le sinus longitudinal supérieur ; ou bien, enfin, chez les jeunes gens et dans l'enfance on appliquera des sangsues le long de la suture sagittale, criblée de petits vaisseaux anastomotiques entre le sinus longitudinal supérieur et les tégumens du crâne.

Saignée locale près du foyer inflammatoire et par contiguïté de tissu. L'évacuation du sang des radicules veineuses et artérielles circonvoisines de la piqûre étend au loin son action sur les autres capillaires profonds et détruit des phlegmasies profondes. C'est ainsi que les péritonites, les pleurésies, les méningites, les phlegmasies articulaires se trouvent modifiées ou guéries par des saignées locales sur la peau contiguë d'une manière médiate avec ces membranes séreuses.

Les saignées locales aux parois thoraciques, abdominales et du crâne sont aussi un puissant moyen *révulsif* et dérivatif des inflammations profondes, soit aiguës, soit chroniques des viscères ; mais il est difficile de comprendre les rapports si intimes qui lient les parois des cavités aux organes qu'elles renferment. L'anatomie ne montre pas de vaisseaux directs qui puissent rendre compte de cet effet thérapeutique. On croit que cette action capillaire se fait de proche en proche pour gagner et influencer les gros vaisseaux qui se rendent à l'organe enflammé. Si l'explication est difficile à donner, tous les jours on est à même de constater dans la pratique l'amendement notable des symptômes d'un organe enflammé après une saignée locale pratiquée sur ses parois correspondantes.

Dans les affections érysipélateuses, et lorsque les congestions deviennent abondantes, des praticiens conseillent de circonscrire la région enflammée par des sangsues, et mieux encore de les poser sur le trajet des gros vaisseaux, ou bien au niveau des ganglions lymphatiques.

Saignée locale près du foyer inflammatoire par continuité de tissu. Lorsque l'on dirige les attaques des sangsues aux orifices naturels, l'évacuation de sang des capillaires cutanés produit un dégorgement de fluide des capillaires des membranes muqueuses. C'est ainsi que l'on pose des sangsues au pourtour des paupières pour agir sur la conjonctive enflammée : que l'on place des sangsues aux ailes du nez pour opérer une déplétion de la membrane pituitaire ; que l'on met des sangsues dans le conduit auditif externe pour produire un effet révulsif sur la membrane du tympan et sur celle qui tapisse l'oreille moyenne.

La saignée locale précède souvent, comme moyen exploratif, la saignée générale, dans cet état de concentration et d'oppression des forces qui rend le pouls rare, petit et fréquent. Cette déplétion sanguine détermine une réaction favorable sur l'organisme en diminuant la violence de l'irritation inflammatoire; le pouls se relève, se développe et devient assez large et plein pour conduire aux émissions sanguines générales.

Dans les affections chroniques, invétérées, les saignées générales épuisent la malade tandis que les déplétions sanguines qui agissent directement ou indirectement sur l'organe altéré en amènent parfois la guérison. Les saignées générales souvent répétées et peu abondantes ne remplacent pas, comme on pourrait le croire, les saignées capillaires : elles ne produisent que l'effet évacuatif et non pas la révulsion énergique des émissions sanguines locales.

La sortie du sang des capillaires détermine encore un phénomène très-important dans la pratique. Ce sang artériel et veineux n'a pas encore subi ses métamorphoses; il est encore riche de molécules vivifiantes, et affaiblit bien plus par ses hémorrhagies que le sang veineux sorti en égale quantité. La prostration considérable, un trouble dans les organes des sens et même des mouvemens convulsifs sont des phénomènes qui ne sont pas très-rares après les saignées locales. On doit donc être très-réservé dans l'application de nombreuses sangsues pour suppléer aux saignées générales. Cette substitution expose a de graves dangers et ne fait pas connaître la nature et la quantité du sang retiré du système circulatoire.

Usage des ventouses. Les ventouses ont un avantage sur les sangsues pour les saignées locales. La sangsue ne pique pas toujours dans la région où on la pose, et il est impossible de calculer la quantité de sang qui s'écoule par les piqûres. L'application des ventouses s'opère toujours au lieu d'élection, et il est facile de mesurer et d'obtenir une quantité de sang déterminée. Mais un grand inconvénient s'attache à ce genre d'angiotomie capillaire. Certaines régions, par leur forme et leur situation, ne peuvent recevoir la cloche, et privent de ce moyen chirurgical.

Hippocrate mettait en usage les ventouses aux mamelles, dans l'intention d'arrêter les hémorrhagies utérines ; elles ne sont pas assez puissantes pour suspendre les écoulemens sanguins après ou pendant l'accouchement, et ne peuvent agir, en raison de la sympathie des mamelles et de l'utérus, que d'une faible manière révulsive. Les ventouses sont employées pour déplacer une irritation ou la combattre directement à l'aide d'une fluxion rapide et d'un dégorgement sanguin favorable ; enfin, pour exciter l'irritation physiologique des parties. Elles sont utiles lorsqu'il convient de réprimer les hémorrhagies, les phlegmasies aiguës ou chroniques.

On fait usage des ventouses pour hâter l'écoulement du sang après les applications de sangsues. Elles servent encore à vider certains abcès ; et, selon des auteurs, elles peuvent être employées pour absorber les virus et les venins aussitôt leur inoculation.

L'application des ventouses est un moyen révulsif, lorsqu'elle s'éloigne du siége de la maladie. C'est un puissant dérivatif par le dégorgement sanguin qu'elle procure à l'endroit malade.

DU SANG HUMAIN.

Le sang, cette *chair coulante*, selon l'heureuse expression de Bordeu, est l'élément fondamental des êtres animés. La composition et les propriétés de ce fluide, véritable sève

animale, sont exposées ailleurs avec un rare talent, par un savant professeur qui s'exprime en ces termes : « Le sang est
» un fluide composé, chez l'homme, d'eau, d'albumine, **de**
» **fibrine**, d'une matière grasse analogue à celle qui existe
» dans le cerveau, d'un principe colorant et de différens sels.
» La matière grasse du sang paraît formée d'oxygène, d'hy-
» drogène, de carbone, d'azote et de *phosphore*, composi-
» tion qui la fait différer notablement des autres matières
» grasses. D'après Vauquelin, le principe *colorant du sang*
» (*hématine*) serait solide, inodore, insipide, d'un rouge
» pourpre et même violacé lorsqu'il est récemment séparé
» du sang, noir comme du jayet, quand il est sec. Distillé, il
» fournirait, entre autres produits, du sous-carbonate d'am-
» moniaque et une *huile rouge pourpre*. Il serait inaltérable
» à l'air et insoluble dans l'eau ; mais délayé dans ce liquide,
» il lui communiquerait une couleur vineuse ; les acides et
» les alcalis deviendraient pourpres en le dissolvant ; l'acide
» gallique ni l'hydrocyanate ferruré de potasse ne préci-
» piteraient aucune de ses dissolutions.

» *Propriétés physiques du sang humain*. Elles varient
» suivant que le sang est veineux ou artériel. Le premier
» est d'un rouge brun, d'une odeur faible et moins coagu-
» lable que l'autre ; sa température est de 31° R. ; sa capa-
» cité pour le calorique 852 (celle de l'eau étant 1000), et
» son poids spécifique 1051. Le sang artériel est d'un rouge
» vermeil, d'une odeur forte et très coagulable ; sa tempé-
» rature est presque de 32° R. ; sa capacité pour le calori-
» que 839, et son poids spécifique 1049.

Propriétés chimiques du sang. « Lorsqu'on chauffe le
» sang, il se coagule ; le coagulum, d'un brun violet,
» donne par la calcination un charbon volumineux difficile
» à incinérer. Abandonné à lui-même, le sang se sépare
» en deux parties ; l'une liquide constitue le *sérum* ; l'autre
» solide porte le nom de *caillot*, de *cruor*, d'*insula*, etc.

» Cette coagulation a lieu sans que la température s'élève,
» comme le prouvent les expériences de *Hunter* et de
» J. Davy. Quelle peut en être la cause? On l'avait attri-
» buée au refroidissement du sang, au contact de l'air et
» au défaut de mouvement; mais l'expérience prouve
» qu'elle ne dépend d'aucune de ces causes ; elle paraît tenir
» à ce que le sang qui est hors de la veine n'est plus doué
» de la vie. Voici, du reste, ce qui paraît se passer pendant
» cette coagulation : les sacs membraneux, colorés en
» rouge, se séparent d'un certain nombre de globules blancs
» ou de corpuscules de fibrine qu'ils enveloppaient ; ces
» divers corpuscules, devenus libres, se réunissent et forment
» un réseau entre les mailles duquel sont retenus les sacs
» colorés dont nous venons de parler, des globules entiers
» non encore séparés de leurs sacs membraneux et du
» sérum : à mesure que le rapprochement des globules
» devient plus considérable, le sérum se sépare et le caillot
» se trouve formé.

» Si on agite avec du gaz *oxygène* ou avec de l'*air* atmo-
» sphérique du sang *veineux* battu et dépouillé d'une cer-
» taine quantité de fibrine, il devient d'un rouge écarlate ;
» avec l'oxygène pur, il n'y a pas d'absorption sensible,
» d'après Davy, tandis qu'avec l'air il se formerait un vo-
» lume d'acide carbonique égal à celui de l'oxygène ab-
» sorbé. Le gaz azote n'altère point la couleur du sang
» veineux. Le gaz bioxyde d'azote le rend pourpre foncé,
» et il y a absorption de 0,125 du gaz. Le protoxyde d'a-
» zote le fait passer au pourpre plus vif, et le gaz est en par-
» tie absorbé. Avec l'acide carbonique, il devient rouge-
» brunâtre et il y a une légère absorption. L'hydrogène
» bi-carboné lui communique une couleur rouge d'une
» nuance plus foncée que celle que lui fait prendre l'oxy-
» gène ; il y a absorption d'une petite portion du gaz. Le
» chlore lui donne une couleur foncée presque noire.

» Le *sang artériel*, placé dans le vide, acquiert la cou-
» leur du sang veineux. Il en est de même avec le gaz oxy-
» gène, et, dans cet état, il ne reprend plus la couleur
» écarlate par l'action ultérieure de l'oxygène. Avec le gaz
» azote et l'acide carbonique, mais surtout avec le gaz hy-
» drogène, il devient de couleur foncée comme celle du
» sang veineux. (*Priestley, Girtanner, Hassenfratz, Four-*
» *croy.*)

» Presque tous les acides un peu forts précipitent le sang
» en s'unissant à l'albumine qu'il renferme. M. Barruel a
» remarqué qu'en agitant le sang de diverses espèces d'ani-
» maux avec de l'acide sulfurique concentré, il se dégageait
» une odeur différente pour chacun d'eux, et parfaitement
» analogue à celle que répand l'animal lui-même. . . . . .

» La plupart des sels des cinq dernières classes précipi-
» tent le sang. La potasse et la soude exercent une action
» contraire, le rendent plus fluide et empêchent sa coagu-
» lation en dissolvant la fibrine qui tend à se précipiter.
» L'alcool s'empare de l'eau qu'il contient et en précipite
» l'albumine, la fibrine, la matière colorante et plusieurs
» sels. » (M. Orfila, *Dict. de Méd.*, et les *Élémens de
Chimie*, 6ᵉ édit., art. *Sang.*)

Modifications du sang à l'état physiologique. Le serum est
en plus grande proportion chez la femme que chez l'homme,
et rend sa fibre blanche, plus molle et plus *humide*, selon les
anciens. Le sexe et l'âge modifient sensiblement la fibrine,
l'albumine et la matière colorante, principes générateurs du
sang, tenus en suspension dans le serum qui leur sert de
véhicule.

Modifications du sang à l'état pathologique. La nature de
la maladie, la constitution du sujet, et une infinité de circonstances naturelles ou accidentelles, impriment aux propriétés physiques et chimiques du sang de nombreuses modifications.

Dans la pléthore ou l'hypérémie sténique, le sang veineux. est noirâtre, très plastique, et ses élémens se séparent au bout de quelques instans de la sortie de la veine en caillot fibrineux très dense, et en serum qui est en petite quantité. Le sang est riche, et rougit fortement au contact de l'air.

La couleur du sang, dans les fièvres inflammatoires, est claire et vermeille en sortant du vaisseau. Il acquiert, chez les malades à tempérament sanguin, beaucoup de plasticité et une grande consistance. Exposé à l'air, il se recouvre d'une *couenne inflammatoire*, qui est le résultat de la disparition de la matière colorante dans les couches supérieures du caillot (1). Cette croûte, d'un blanc jaunâtre, plus ou moins épaisse, concave, a ses bords d'autant plus relevés que la phlegmasie est plus vive et le sujet plus robuste. Un auteur affirme que la température agit sur la consistance du caillot, qui serait plus dense en hiver que dans les autres saisons. Lorsque la couenne se forme, le sang paraît conserver plus long-temps sa fluidité; et la fluidité, c'est la vie du sang. La syncope paraît être, lorsque l'écoulement sanguin continue, un obstacle à la formation de la couenne. L'écume qui surmonte le caillot tient à des circonstances extérieures : ces bulles persistent sur le sang des personnes pléthoriques, et après les premières saignées. Le serum acquiert beaucoup de pesanteur et de viscosité dans les irritations inflammatoires; il est moins abondant dans les affections sténiques. Lorsqu'on décante le serum, il se forme quelquefois à sa surface une cou-

(1) « La nature des principes qui constitue la couenne nous paraît varier singulièrement. Deyeux et Parmentier en ont trouvé qui offrait tous les caractères de la fibrine. Fourcroy, Vauquelin, M. Thénard en ont analysé qui était formé de fibrine et surtout d'albumine concrète ; nous l'avons vue quelquefois renfermer une assez grande quantité de gélatine. Enfin, M. Berzelius pense qu'elle peut contenir tous les principes qui constituent le caillot. » (M. Orfila, *Élém.*, *Chim.*, p. 416.)

che légère de couenne inflammatoire. Sur le sang des femmes enceintes, à moins d'un cas pathologique, il n'y a pas de couenne, comme certains médecins le pensent. Après l'accouchement, ce phénomène n'est pas rare à observer.

La fluidité et la petitesse du caillot sanguin surviennent après les saignées chez les sujets pâles, décolorés, avec prédominance du système lymphatique. Dans toutes les affections asthéniques et putrides, le sang conserve cette perte de consistance qu'il faut attribuer à une nutrition vicieuse, ou bien à un état d'anémie et de cachexie générale, ou bien encore, après de nombreuses hémorrhagies, à la perte des élémens solides. La quantité de sérum dans les cas d'asthénie est toujours très-considérable.

Après les grandes hémorrhagies, le sang coule pâle et séreux et reste fluide long-temps, ou se concrète par fragmens sous forme d'une marmelade.

Le sang est noir et très-foncé en couleur dans le choléra; il renferme moins de véhicule aqueux; plus d'albumine et de sels. Dans les affections putrides et dans les fièvres de mauvais caractère, le sang est noir et laisse déposer au fond du vase un sédiment fin, pulvérulent, qui est la matière colorante du sang dissociée de la masse. Fréd. Hoffmann a observé ces phénomènes, et il a de plus constaté, dans certaines cachexies, la lividité du serum, troublé par un léger énéorème qui vient former une pellicule à la surface du liquide.

Presque tous les observateurs attentifs ont été témoins d'aberrations fort singulières dans la composition du fluide sanguin retiré des vaisseaux. Dans une phlébotomie pratiquée pour prévenir les effets d'une vive frayeur, Zimmermann rapporte que le jet sanguin se partagea en deux colonnes; l'une, de fluide rouge; l'autre, de fluide blanc. Le serum a été vu teint en jaune dans certains cas d'ictère; limpide, très-abondant ou de couleur légèrement citrine dans le diabètes; ou bien d'un blanc laiteux. Plusieurs fois chez les nouvelles accouchées et dans des maladies du cœur, j'ai observé cette coloration blanche. La saveur du sang des femmes syphilitiques serait saline selon Lauer : son odeur serait nauséabonde dans le scorbut et dans les fièvres putrides malignes.

L'innervation est capable de troubler l'hématose et de fournir un sang vicié, selon les belles recherches de Dupuytren sur les fonctions des nerfs pneumo-gastriques. Telle est même aux yeux de Lobstein l'influence du gaz nerveux dont il admet l'existence, qu'il s'échappe avec le sang de la veine une certaine quantité de fluide nerveux. Cette soustraction de gaz vital amène la guérison des maladies inflammatoires qui sont, suivant cet auteur, un excès de l'innervation du sang. On peut, il est vrai, constater les propriétés électriques du sang, mais la théorie de Lobstein sur les inflammations est loin d'être admise comme une vérité médicale. D'après cet auteur, le gaz nerveux s'échappe des vaisseaux ouverts avec autant de force que si l'on avait pratiqué la saignée sur le nerf lui-même.

FIN DE L'ANGIOTOMIE.

DE LA VACCINE.

CONSIDÉRATIONS GÉNÉRALES.

La Circassie, province d'Asie, célèbre par la beauté de ses habitans, chercha la première dans l'inoculation de la petite vérole une égide tutélaire contre la violence de la variole elle-même : le succès répondit à ses plus chères espérances. Les traces de la petite vérole inoculée ou artificielle, moins profondes et moins cruelles que lorsqu'elle est épidémique, engagèrent en 1721 lady Montague, femme de l'ambassadeur Anglais à Constantinople, à imiter pour un de ses enfans cette pratique déjà en vigueur dans le pays. Le résultat favorable de cette épreuve fut bientôt connu en Angleterre, et la princesse de Galles, frappée d'une telle découverte, fit inoculer la variole à quatre condamnés à mort, et les sauva tout à la fois de la potence et des atteintes funestes d'une éruption spontanée.

La petite vérole inoculée laissait des stygmates sur la peau, et, quoique bénigne, comptait beaucoup de réfractaires, lorsque, dans le comté de Glocester, un habile médecin, aux prises avec une épidémie qui décimait cette contrée, trouva plusieurs personnes affranchies d'un impôt qui pèse et se grave sur tous les humains. La cause d'un fait si extraordinaire ne pouvait échapper au talent observateur de Jenner, et bientôt il apprit que cette immunité du fléau ne tenait pas à une idiosyncrasie ou organisation spéciale et privilégiée, mais à l'inoculation spontanée du cow-pox ou picote des vaches, aux personnes chargées dans les fermes de soigner ces animaux.

Un tel phénomène devint pour Jenner l'objet des plus pénibles recherches et d'ingénieuses expériences. Pour mieux constater la vertu préservative de la picote des vaches, il tenta d'inoculer la variole à des individus qui avaient été affectés du cow-pox, et le virus variolique demeura tout-à-fait impuissant. Il prit ensuite de la liqueur contenue dans les boutons du cow-pox, vaccina plusieurs personnes qui étaient vierges des atteintes de la variole, vit se développer tous les phénomènes d'une vaccine régulière, et cherchant après la chute des croûtes vaccinales à inoculer le virus varioleux, il constata de nouveau sa neutralisation.

Mais la gloire porte ombrage et il fallut la persévérance de Jenner pour résister à toutes les attaques lancées contre la *chimère* qu'il poursuivait avec tant d'ardeur. Comme les effets observés n'étaient pas constans, on lui démontra que toutes les personnes vaccinées n'étaient pas préservées de la petite vérole; mais il expliqua l'inefficacité préservative du cow-pox par la non identité des pustules qui se développaient au pis des vaches et dont le virus était pris sans avoir égard à cette distinction importante. La seconde objection était plus solide; il s'agissait d'expliquer comment le même virus employé sur des personnes différentes préserve les unes et n'agit pas sur les autres. Il répondit avec raison que tous les virus varioleux n'ont pas la même énergie, et qu'il en est de même pour le virus vaccin. Après des expériences nombreuses et variées, Jenner acquit la certitude de la puissance préservative du cow-pox, et publia, en 1798, ses *recherches sur les causes et les effets de la variole vaccinale.*

L'éclat d'une telle découverte agita tous les esprits , et la gloire et la vie de ce bienfaiteur de l'humanité furent soumises aux plus rudes épreuves. On se souvint en France que Pew, ami de Jenner, étant à Montpellier en 1781, apprit d'un Français, Rabaut Pommier, qu'il serait peut-être utile d'inoculer la picote des vaches parce qu'elle ne produisait pas d'accidens. Pew promit d'en parler à son ami lors de sa·rentrée en Angleterre. Cette communication est un point d'amour-propre national d'un ordre trop élevé pour jamais avoir été divulguée.

S'il faut en croire le passage d'un ouvrage sanscrit (*Sancteya Grantham*), la vaccine serait connue dès la plus haute antiquité dans les Indes-Orientales. Dans une lettre écrite à M. W. Erskine de Bombay, M. Bruce, consul à Bushir, affirme de son côté que la vaccination est très-usitée et depuis un temps immémorial dans la tribu des Eliaats en Perse. Le Nouveau-Monde réclame a l'ancien continent, par la voix de M. de Humbold, la priorité de cette précieuse découverte. Depuis des siècles, la pratique de la vaccine se transmet de génération en génération parmi les habitans de la Cordilière des Andes.

Au milieu de toutes ces vicissitudes, Jenner sera toujours proclamé le premier propagateur de la vaccine en Europe.

Soumise aux épreuves les plus rudes et les plus partiales chez toutes les nations, la vaccine est sortie victorieuse par ses qualités prophylactiques. On doit, en France, l'importation du virus vaccinal aux soins éclairés de M. le duc de Larochefoucauld - Liancourt, et sa prompte extension jusqu'aux plus humbles chaumières à l'intelligence du peuple et à la vigilance des médecins. Tous les gouvernemens rivalisèrent de zèle pour faire participer les nations à une si grande découverte. Le roi d'Espagne envoya parcourir ses états maritimes pour faire jouir ces contrées lointaines des avantages immenses de la vaccine. A Manille, une de ses possessions, depuis l'arrivée du vaccin il n'y a plus d'épidémie de variole, et la reconnaissance publique, en souvenir d'un si grand bienfait, a élevé une statue de bronze au roi Charles IV. Quel spectacle plus admirable et plus consolant pour l'humanité que de voir la variole reculer et disparaître partout où la vaccine arrive et prend droit de domicile !

Art. 1er. Du cow-pox et du virus vaccinal.

Le cow-pox est une maladie éruptive qui se rencontre chez les vaches. « Cette maladie, selon Jenner, se manifeste » sur les mamelles de l'animal sous la forme de pustules ir- » régulières, qui, dès leur première apparition, sont d'un » bleu pâle ou plutôt un peu livide, et environnées d'une » inflammation érysipélateuse. » L'origine primitive de cette affection se perd dans les faits les plus contradictoires. Jenner croyait que la picote des vaches était transmise à ces animaux par le transport et le contact aux mamelles de la matière qui suinte des talons des chevaux affectés des *eaux aux jambes* (*the grease*). Cette opinion est hypothétique, et, comme il l'avoue lui-même, totalement dépourvue de preuves expérimentales. Woodville, pour s'assurer du fait, a tenté d'inoculer les *eaux aux jambes*, et ses essais, plusieurs fois répétés par lui et par d'autres médecins, sont demeurés infructueux. Un auteur assure avoir déterminé avec cette liqueur une éruption pustuleuse aux mamelles d'une vache. Ce témoignage aurait la plus grande valeur si le virus des boutons avait été greffé chez l'espèce humaine. Mais cette expérience est nulle pour la science, parce que les trayons des vaches sont affectés de diverses éruptions pustuleuses qui ne sont pas le cow-pox. Enfin, le fait tant vanté de ce palefrenier qui présentait des pustules vaccinales régulières après une inoculation spontanée des eaux aux jambes d'un cheval dont il avait soin serait une preuve irréfragable, s'il était prouvé que cet homme n'avait pas eu de contact avec le virus-vaccin.

La cause primitive du cow-pox nous échappe donc, comme en général toutes les causes premières. Il n'en est pas de même de ses effets sur l'espèce humaine. Lorsque les eaux aux jambes des chevaux ont subi, selon Jenner, *une certaine transformation* chez la vache, la matière renfermée dans les pustules des mamelles, inoculée à l'homme, donne naissance au bouton vaccinal.

Cette pustule développée sur le corps humain renferme dans ses aréoles un fluide spécial ou virus, dont il faut étudier les propriétés.

Propriétés physiques du virus. Le vaccin ou le virus vaccinal est un fluide incolore, limpide, transparent, inodore, visqueux et gluant, d'une consistance sirupeuse, d'une saveur âcre et légèrement salée. Quand on pique une pustule, il sort avec une lenteur extrême, sous forme d'une gouttelette globuleuse. La viscosité du bon vaccin est telle que ce fluide ne se mêle pas au sang. Il adhère après les doigts, la lancette et les différens objets, comme une solution gommeuse rapprochée. Exposé au contact de l'air, il se dessèche avec rapidité et se réduit, à la moindre pression, en petites écailles de couleur vitrée ou argentée, ou quelquefois d'aspect jaune très-léger. Sacco, à l'aide de recherches microscopiques, a cru apercevoir dans le virus des petits corps oblongs, agités de mouvemens vermiculaires.

Propriétés chimiques du virus. Si le contact de l'air se prolonge, le virus s'empare de l'oxygène et se décompose avec plus de promptitude dans les saisons chaudes. Soumis à l'action directe du feu, ses élémens se volatilisent et se décomposent encore. Mélangé avec l'eau, il se dissout sans s'altérer, et, loin de s'affaiblir, il communique au véhicule ses propriétés. Phénomène digne de remarque, et qui permet

de faire un grand nombre de vaccinations avec une gouttelette de virus étendue d'eau! L'analyse chimique a démontré
que l'eau et l'albumine en proportions très-variables étaient
les élémens constitutifs de ce virus.

Propriétés spécifiques du vaccin. L'élément le plus subtil
du virus échappe à nos investigations et contient le secret
de toutes les merveilles qu'il fait naître. Ce virus exige,
pour entrer en action, qu'il soit inoculé sous l'épiderme,
abrité du contact de l'air et en rapport immédiat avec les
voies d'absorption. Le virus variolique, bien plus subtil
que le vaccin, se combine à l'air ambiant et pénètre dans
l'économie par les pores si déliés des surfaces tégumentaires.

La pustule commence à peine à paraître que déjà le virus
contenu dans son intérieur possède la propriété reproductible. On a coutume de piquer le bouton, vers le huitième
ou neuvième jour; à cette époque de l'éruption il renferme une plus grande quantité de virus. Plus on s'éloigne
du jour de l'inoculation et moins le virus possède d'énergie,
parce que sans doute il se fait continuellement une absorption
ou une combinaison de tout l'organisme avec le principe actif du virus. C'est pourquoi le jeune vaccin a plus d'énergie, comme le prouve l'expérience journalière. Le développement du bouton doit guider plus encore pour choisir le
vaccin que l'espace de temps compris depuis le jour de la
piqûre, parce que la marche de la vaccine se trouve singulièrement influencée par les vicissitudes atmosphériques,
l'âge et les diverses constitutions.

Pendant la marche de la vaccine, le virus ne conserve
pas sa limpidité, comme le croyait Jenner, mais il est loin de
s'altérer complètement puisque la propriété préservative se
retrouve encore dans les croûtes vaccinales. Les modifications
que la pustule éprouve sont principalement des changemens
physiques.

Le vaccin reste toujours *pur* et *identique* depuis le moment de l'inoculation jusqu'à la chute des croûtes vaccinales. S'il pouvait se *détériorer* ou *s'altérer* pendant la marche de la vaccine, il ne serait plus assez puissant pour résister aux réactions organiques et il existerait des virus altérés, viciés, malsains.

Cette dégénérescence du virus n'existe pas et ne saurait exister. La théorie se joint à la pratique pour anéantir une telle opinion, capable de verser une défaveur injuste sur un agent prophylactique qui se lie à nos plus chers intérêts.

Le vaccin est un virus et les virus sont des spécifiques très-puissans. Introduits dans l'économie, ils déterminent des effets invariables. Or, si une cause produit toujours le même effet dans des conditions nombreuses et variées, elle doit être assez énergique pour conserver sa nature primitive au milieu des mutations que subissent les êtres organisés. Telle est la puissance du vaccin. C'est pourquoi le virus est en quelque sorte comparable à la graine des végétaux. Tel on voit le germe du végétal confié à la terre, naître, croître, mourir et laisser un autre germe capable de reproduire une même série d'effets merveilleux et incompréhensibles ; tel le virus vaccinal, fixé sur l'organisation, naît, croît et produit un vaccin toujours identique dans sa nature, puisqu'il donne toujours naissance à un même ordre de phénomènes. Outre ces raisons qui militent en faveur d'un vaccin pur et identique, il faut ajouter encore tous les faits cliniques observés par les plus habiles praticiens. Ces faits prouvent que le virus pris sur un sujet syphilitique, teigneux, dartreux, ne fournit jamais que la vaccine régulière, sans transmettre les germes de ces maladies.

Si le virus vaccinal est doué d'une puissance assez grande pour modifier notre organisation sans être lui-même modifié dans sa nature, il ne saurait dégénérer et se détériorer. Admettre même que depuis Jenner le vaccin a diminué d'énergie, c'est admettre, contradictoirement aux faits, qu'il

y a dans les inoculations successives une réaction de l'organisation humaine assez forte pour détériorer le principe actif
du virus : c'est admettre l'existence des vaccins détériorés
et malsains. On pourrait ajouter une preuve à tant de faits
cliniques, pour démontrer la stabilité de l'action énergique
primitive du virus conservée jusqu'à nos jours ; elle se ren-
contrerait dans ses facultés préservative et reproductible
ou de germination.

Si le virus vaccinal a perdu son énergie première, le virus
varioleux a dégénéré dans les mêmes proportions, disent
quelques praticiens, et, par conséquent, la variole et la vaccine se trouvent aujourd'hui dans les mêmes rapports qu'au
temps de Jenner. Cette raison spécieuse, favorable aux par-
tisans de la vaccine, est un sophisme et non pas une vérité
pratique. Si les épidémies varioliques deviennent moins fréquentes et plus bénignes, on le doit à la propagation de la
vaccine chez tous les peuples et à la vertu puissante de cet
agent prophylactique qui étouffe le virus varioleux à son berceau. En effet, dès que certaines contrées deviennent réfractaires à la vaccine, on sait avec quelle fureur la variole les
attaque et les décime encore. En résumé, le vaccin, transmis
chez tous les peuples, de génération en génération, conserve
à travers toute cette longue série d'épreuves sa vertu énergique primitive.

Fondé sur l'énergie décroissante du virus vaccinal depuis
le moment de l'inoculation jusqu'à la chute des pustules,
des médecins prétendent que, durant la marche de la vaccine la plus légitime, le virus conserve ses propriétés dans
les premiers jours et se détériore et s'altère à mesure que
l'on approche de la période de dessiccation. Je ne saurais
considérer comme une altération les changemens physiques
survenus dans la composition de la pustule, lors de la formation des croûtes vaccinales. Ce serait admettre que le vac-

cin dégénère en totalité et peut recevoir une influence de réaction des constitutions détériorées par des affections constitutionnelles : opinion contraire aux faits. Tous les jours on constate le développement régulier de la vaccine après l'inoculation des croûtes vaccinales. Quand cette opération reste impuissante, il faut en attribuer la cause à l'*absence de virus* par suite des phénomènes de l'absorption, et non pas à une *altération* du vaccin dans la croûte vaccinale, constituée alors par les débris des aréoles multiloculaires, affaissées, revenues sur elles-mêmes et sans traces de virus dans le bourrelet excentrique.

La marche décroissante de la propriété reproductible du vaccin, à mesure que l'on s'éloigne du jour de l'inoculation, considérée même suivant sa véritable cause, l'absorption graduelle du virus est fort importante et forme un caractère particulier qui rapproche la fièvre vaccinale des autres fièvres éruptives telles que la variole, la scarlatine et la rougeole. Cette faculté de pouvoir engendrer une maladie identique à elle-même se retrouve dans toutes les affections communiquées par les virus. Il n'est pas de notre objet d'établir un parallèle entre les effets divers des différens virus ; cependant il est bon de savoir que tous les virus ont une action spéciale par leur nature et les effets qu'ils produisent. Ainsi, la syphilis a une marche complètement inverse à la vaccine. Loin de diminuer d'énergie locale, le virus syphilitique ne fait qu'augmenter de violence. L'irritation locale est un foyer d'où s'irradient sans cesse vers les organes les influences les plus pernicieuses, et qui toujours conserve sa reproductibilité, comme le jour même de l'infection.

Un atome des virus vaccinal, rabifique, syphilitique, et de tout virus, en général, suffit pour infecter l'économie entière, et donner naissance à l'affection organique susceptible à son tour de le produire. Le virus agit donc par ses qualités, tandis que les poisons et les venins agissent en raison de la quantité introduite dans l'économie. C'est donc une grave erreur que de considérer comme une sorte d'empoisonnement l'action du vaccin sur les organes. Le venin, le poison, sont des agens délétères, tandis que le virus vaccinal dont l'action spécifique favorable est reconnue de tous les savans du monde est un des plus grands bienfaits pour nous préserver d'un horrible fléau.

Sources du vaccin. Les pustules du cow-pox sont, comme on le sait, l'origine primitive du virus, et c'est à cette source qu'il faudrait remonter, si jamais ses propriétés spécifiques venaient à se perdre ou seulement à se détériorer. La picote des vaches ou le cow-pox est une affection rare en France, et qui paraît régner vers le printemps dans certaines contrées. Des communications ont été plusieurs fois adressées à l'Académie de médecine; et, soit en raison de l'endroit éloigné de la maladie, qui ne permettait pas d'arriver à temps pour bien constater ce fait important, soit que ce fait lui-même ne parût pas suffisamment démontré, ces communications sont presque toujours passées inaperçues. Quoique le cow-pox soit très-difficile à trouver, on peut cependant, par des investigations longues et minutieuses, arriver dans quelque étable à rencontrer cette éruption aux mamelles des vaches. Tout le monde savant a été mis en émoi, il y a peu de temps, par la découverte d'une inoculation spontanée du cow-pox, sur une femme qui habitait un petit village voisin de Paris. Il faut être doué de persévérance dans une telle recherche, parce que le hasard seul peut faire tomber sur le cow-pox.

La greffe du vaccin d'une espèce animale sur une autre espèce échoue dans un grand nombre de circonstances. Des expériences même tentées dans le but de développer une picote artificielle chez les vaches, avec le virus vaccinal de l'homme, sont demeurées infructueuses. Des auteurs dignes de foi assurent cependant qu'au moyen d'expériences répétées ils sont parvenus à vacciner des vaches, des ânesses, des moutons, des chiens, des chèvres, de sorte que, à la rigueur, ces animaux pourraient fournir du vaccin doué de toutes ses qualités, et propre à être inoculé à l'espèce humaine.

Le virus qui sert en Europe à vacciner des millions de personnes provient, à son origine primitive, de l'Angleterre sa patrie. Il se conserve et se transmet avec sa vertu première, lorsqu'on le puise dans le bourrelet argenté de la pustule et dans les croûtes vaccinales.

Depuis le moment d'apparition de la pustule jusqu'au huitième jour, le fluide vaccin jouit de son plus haut degré d'énergie. C'est aussi dans cet intervalle de temps qu'il convient de le recueillir. A mesure que la période de dessiccation arrive, le virus devient moins énergique sans doute, parce qu'il épuise toute son influence dans l'organisation ; aussi ne doit-on rechercher les croûtes vaccinales, son dernier refuge, que dans les cas où il n'est plus possible de l'obtenir à l'état fluide.

Le fluide pris dans les premiers jours de l'éruption, et chez un jeune enfant, est sans contredit le vaccin le plus actif. Telle n'est pas, cependant, l'opinion générale des vaccinateurs sur le moment favorable de recueillir le virus de la pustule, sans nuire à la marche régulière et aux bienfaits de la vaccine. Des praticiens considèrent la vaccine comme une affection toute locale, qui finit par devenir générale vers le neuvième ou dixième jour, lorsque la fièvre de résorption ou le transport du virus dans le torrent circulatoire se caractérise par une irritation inflammatoire plus vive à la pustule et le développement d'un appareil fébrile. Mais les symptômes généraux qui apparaissent vers les principaux organes, à cette époque, sont évidemment des effets sympathiques de l'inflammation de la pustule, et non pas un signe d'infection générale.

Les expériences sont nombreuses en faveur de l'action rapide, spontanée, et non pas lente et progressive d'une parcelle de vaccin sur l'économie pour la rendre insensible au virus variolique. La vaccine même, d'après les recherches les plus authentiques, imprime au corps humain toutes ses propriétés spécifiques, vers le cinquième jour après l'inoculation. C'est à ce moment que le subtil virus de la variole est neutralisé; c'est à ce moment, comme nous le conseillons, qu'il convient et qu'il est permis de puiser du virus dans le bouton, sans porter atteinte aux avantages de la vaccine. Au cinquième jour de la vaccination, le virus est doué d'une très-grande énergie, mais il est en petite quantité; et c'est pourquoi, dans la pratique ordinaire, on a coutume de puiser dans l'auréole argentée, vers le huitième ou dixième jour. Un autre motif engage encore des opérateurs à ne toucher à la pustule qu'à cette époque : dans la science il y a des faits qui tendent à démontrer le développement de la variole spontanée et non plus inoculée, comme dans les expériences, vers le septième ou huitième jour chez des vaccinés. C'est pourquoi l'ancien comité central de vaccine considérait l'effet préservatif assuré, seulement après la formation complète de l'auréole, et c'est à cette époque qu'il conseillait de puiser du vaccin dans les pustules, soit pour vacciner de bras à bras, soit pour le conserver.

CONSERVATION DU VACCIN.

S'il fallait recourir à la pustule vaccinale toutes les fois qu'il est nécessaire d'inoculer le virus, ce moyen prophylactique serait bientôt menacé d'anéantissement, à cause des dépenses et des difficultés de ce mode de propagation. La conservation du vaccin a donc été l'objet de sérieuses recherches, et c'est encore Jenner, qui, le premier, a conservé et facilité le transport de ce virus à de grandes distances.

La mobilité des élémens constitutifs du virus vaccinal exige des conditions particulières pour conserver à ce fluide ses principales propriétés. Ces conditions, assez nombreuses et variées, ont pour objet, 1° d'abriter le vaccin du contact de l'air; car on sait que l'oxigène détruit sa vertu préservative; 2° de placer le virus à la surface ou dans l'intérieur des corps qu'il ne peut attaquer, détruire, ou corroder en se décomposant, et surtout avoir égard au temps du contact avec ces substances; 3° de le priver de l'influence du froid, de l'humidité, et principalement de la grande chaleur. L'excès de la température le détériore et l'anéantit avec une telle rapidité, que, dans les contrées méridionales, il est très-difficile, et souvent même impossible de pouvoir conserver le vaccin. On a proposé, tour-à-tour, divers procédés pour sa conservation.

I. Les *plaques* en verre sont employées depuis l'origine de la découverte de la vaccine. Jenner mettait en usage deux petites plaques, égales pour la grandeur; l'une présentait une petite excavation dans son milieu, et cette fossette était creusée assez grande pour renfermer tout le virus d'un bouton ordinaire; l'autre plaque, lisse et unie, s'appliquait sur a première de façon à recouvrir le vaccin. Les bords de ce petit appareil étaient maintenus en contact, soit avec de la cire à cacheter, soit avec de la bougie.

Dans la petite fossette de la plaque en cristal, on a proposé de mettre des fils ou des petits morceaux de laine ou de coton imbibés de virus, et de placer l'autre plaque de cristal sur l'excavation remplie de vaccin, et de luter hermétiquement les bords. Afin que ce procédé soit avantageux et puisse réussir, on doit humecter avec de l'eau distillée ces diverses substances, les exprimer; elles reçoivent ainsi préparées une plus grande quantité de virus. Sans cette précaution, le virus, en vertu de sa viscosité, forme une couche plus ou moins épaisse au pourtour du coton, et ne pénètre pas exactement toute cette petite masse.

En France, on a recours à un procédé très-expéditif et facile à mettre en usage. On présente d'une manière alternative, à la surface de la gouttelette de virus, deux petites plaques carrées, de huit, dix ou douze lignes de diamètre. Lorsque la surface de chaque plaque est chargée de vaccin, on les agglutine ensemble par une application immédiate. Il suffit de luter les bords des plaques avec de la cire ou de la bougie, pour préserver le vaccin du contact de l'air. Les Anglais se contentent d'envelopper dans une feuille de plomb ou d'étain les petites plaques réunies par leurs surfaces humectées. Ce moyen est plus simple, plus court et tout aussi avantageux que les autres genres de luter ces petits appareils.

II. Dans les premiers temps de la vaccine, on imbibait de virus-vaccin des fils de chanvre ou de coton. Ce virus, lorsqu'il était desséché, permettait d'envoyer par la poste, des lettres qui renfermaient ces fils imprégnés de virus. Ainsi voyageait ce puissant agent anti-variolique dans toutes les contrées civilisées et avides d'expérimenter ses effets salutaires. Ce mode de transport est très-rapide; mais il n'est plus employé, parce que le vaccin se trouve soumis à toutes les causes de destruction des agens physiques.

Ces fils réunis en grand nombre, sous forme de plumasseaux, étaient placés dans des petits tubes en verre, hermétiquement fermés. Comme ces tubes sont très-fragiles, on les mettait dans de petits étuis en bois ou en ivoire, garnis de son ou d'un poudre inerte, propre à s'opposer à des chocs assez forts pour les briser.

III. Avec la pointe d'une *lancette* pyramidale, on enlève une parcelle de la gouttelette qui survient après la piqûre sur le bourrelet argenté de la pustule. Afin que le virus ne s'attache pas aux châsses, on roule une petite bandelette de papier autour de la base de la lame, avant de fermer la lancette. Pour éviter le frottement de la lame contre les châsses, les Anglais ont fait construire des lancettes fermées, à leur extrémité libre, par un morceau d'écaille qui tient les châsses écartées d'une manière permanente, de sorte que la lame se trouve située dans l'intervalle qui les sépare.

Ce moyen de transport et de conservation, pour être avantageux, exige que l'inoculation se fasse dix-huit à vingt-quatre heures après la récolte du virus. Le contact du vaccin sur l'acier le plus fin et le mieux poli, lorsqu'il est prolongé au-delà de ce temps, finit en effet par corroder l'instrument qui s'oxide aux dépens du vaccin décomposé.

Dans l'intention de parer à l'oxidation de la lame, des vaccinateurs conseillent de la faire dorer ou argenter, ou bien, de substituer à ces métaux dispendieux, des pointes d'ivoire, d'écaille ou d'os; ou bien encore, d'employer des pointes de plumes taillées en cure-dent.

IV. Dans l'idée de soustraire le vaccin au contact de l'air atmosphérique et pour le conserver en grande abondance, on a recours à l'emploi des tubes capillaires.

Ces tubes, d'une ténuité extrême, sont légèrement renflés vers leur milieu, et terminés par deux extrémités très-fines. Chaque tube possède une longueur de huit à dix lignes. A l'abri du contact de l'air et de la chaleur, le vaccin se conserve dix, douze et même quinze mois dans ces tubes et sans se détériorer.

Pour remplir un tube capillaire de virus, on pique le bourrelet nacré de la pustule en plusieurs endroits. Il survient des petites gouttelettes, et à chacune d'elles on présente l'extrémité déliée du tube dans une direction horizontale, jusqu'à ce qu'il soit complétement rempli. Le virus monte de lui-même dans le tube en vertu de la loi de capillarité, force qui sollicite les fluides dans le sens inverse des lois de la pesanteur. Il arrive quelquefois une solidification du virus dans l'extrémité du tube, qui empêche le vaccin de remplir l'ampoule médiane ; on casse le verre jusqu'à la concrétion, et tout aussitôt, à l'approche de l'extrémité du tube sur la gouttelette, le phénomène de capillarité recommence. Dans cette petite opération, il faut avoir soin de ne pas présenter alternativement au fluide vaccinal l'une ou l'autre extrémité du tube, parce que l'air renfermé dans la cavité médiane, comprimé entre les deux colonnes de virus qui marchent à leur rencontre, ne peut s'échapper, empêche la dilatation de se remplir et altère promptement le virus qui avait déjà pénétré. Lorsque la viscosité du vaccin s'oppose au libre exercice des phénomènes de la capillarité, on mélange au virus un peu d'eau qui n'en altère pas les propriétés. Étendu dans le fluide aqueux, le vaccin devient moins compacte, moins concret, et son ascension ne tarde pas à reparaître. Lorsque le tube est rempli, on présente tour-à-tour ses extrémités à la flamme de la lampe de l'émailleur ou d'une bougie, et l'on ferme ainsi, par la fusion du verre, tout accès à l'air ambiant.

Le vide n'est jamais bien complet, et le peu d'air renfermé dans le tube suffit au bout d'un long espace de temps pour déterminer une fermentation putride, qui altère ou détruit complètement les propriétés de cette liqueur animale.

Pour préserver ces petits tubes fusiformes des chocs qui pourraient les briser en raison de leur extrême fragilité, et afin de soustraire le vaccin aux agens physiques qui le décomposent, on les place sur une éponge imbibée d'eau, et une autre éponge les recouvre. Quand il est nécessaire de les envoyer à distance, on les renferme dans des tubes plus larges, à parois plus solides, et qui renferment du son, des poudres inertes de charbon, de colophane ou de réglisse ; ou bien encore, on les enveloppe de coton avant de les placer dans l'étui en ivoire ou en bois.

V. Puisque la soustraction du contact de l'air est une condition essentielle pour conserver le vaccin, on a imaginé

de remplir un flacon avec un gaz sans action sur le virus,
comme l'azote (1) ou l'hydrogène, et d'adapter à ce vase un
long bouchon solide et creusé à son extrémité d'une petite
concavité. C'est dans cette fossette qu'il convient de placer
le virus. Ce bouchon ferme ensuite hermétiquement et pé—
nètre jusqu'au fond du vase en cristal ou en verre. Il suffit
de recouvrir d'un papier noir le flacon pour éviter l'action
des rayons lumineux, et de le placer dans un endroit dont
la température est modérée, pour conserver long-temps du
vaccin. Ce procédé paraît le plus rationnel en théorie ; il est,
à cause des soins minutieux qu'il exige, rarement mis en
usage.

Les *croûtes vaccinales*, dernier asile du virus, peuvent être recueillies avec avantage, quand on néglige de
prendre le vaccin à l'état fluide et dans toute son activité.
Celles qui tombent d'elles-mêmes, sans perdre leur forme,
leur épaisseur, conservent du virus en assez grande proportion pour être employées à des vaccinations ultérieures. Il
vaut mieux conserver soi-même l'intégrité des pustules desséchées en prévenant leur chute. Elles me paraissent, quand
elles sont habilement recueillies, avoir plus de puissance que
lorsqu'elles tombent d'elles-mêmes.

Les croûtes vaccinales favorables à l'inoculation ont une
couleur brune, demi-transparente, conservent la forme de
la pustule, et ne sont par conséquent ni éraillées, ni dé—
chirées à leur circonférence. C'est au pourtour de ces croûtes, dans le bourrelet argenté desséché, que le virus existe
toujours ; le centre est formé par une matière purulente qu'il

(1) *Préparation du gaz azote.* — « On peut obtenir du gaz azote
très-pur en faisant réagir du chlore sur de l'ammoniaque liquide
(l'ammoniaque est formée d'azote et d'hydrogène) : le chlore s'empare de l'hydrogène, forme de l'acide chlorhydrique qui s'unit avec
une portion d'ammoniaque, et l'azote est mis à nu. » M. Orfila. *Elé-
mens de Chimie.* T. I. page 165, 6ᵉ édit.

faut enlever, parce que, mélangée avec le virus, elle pourrait en modifier la puissance et anéantir complétement ses propriétés.

Jenner conseille, pour la conservation des croûtes vaccinales, de les placer dans un flacon qui ne contient pas d'oxigène. On remplacerait avec avantage l'air du vase par les gaz hydrogène (1) et azote. Les vaccinateurs placent ordinairement ces boutons desséchés dans un petit morceau de papier qu'ils renferment dans un étui ou dans un flacon bouché à l'émeri.

Art. II. DE LA VACCINATION.

L'inoculation du vaccin ou la manière d'introduire ce virus dans l'organisme, est une opération chirurgicale que l'on nomme vaccination.

De l'appareil. Pour vacciner, il faut avoir un instrument piquant et du virus vaccinal sec ou fluide.

Les arsenaux de chirurgie renferment un grand nombre d'instrumens destinés à soulever l'épiderme pour inoculer le virus. On y rencontre des lancettes à lame d'or, d'argent, d'ivoire, d'écaille ou d'os; des aiguilles très-pointues ou bien légèrement aplaties vers leur pointe, ou bien cannelées et plus volumineuses; des lancettes plus compliquées et à

(1) *Préparation du gaz hydrogène.* — « 1° On peut obtenir du gaz hydrogène très-pur en décomposant l'eau par la pile électrique. 2° Le procédé suivant est beaucoup plus employé: on introduit dans une petite fiole de la tournure de zinc ou de fer, et de l'acide sulfurique ou chlorhydrique, étendus de 4 à 5 fois leur poids d'eau : on y adapte un bouchon percé pour donner passage à un tube de verre qui se rend sous l'eau ; dans le même instant, on remarque une vive effervescence due au dégagement du gaz hydrogène; on ne recueille pas les premières portions qui sont mêlées d'air. A la fin de l'expérience, on trouve du proto-sulfate de fer ou de zinc dans la fiole. » (*Élémens de Chimie* de M. Orfila. Page 157.)

dard. Tous ces instrumens sont à peu près abandonnés : ce n'est pas qu'ils soient vicieux, à la rigueur ils sont tous excellens, parce que, en raison de leur pointe, ils peuvent attaquer la peau et glisser le virus à sa surface; mais la lancette pyramidale ou à langue de serpent, légèrement cannelée jusque vers la pointe, possède le même avantage et n'offre aucun inconvénient. C'est elle que nous mettons en usage de préférence. Sa forme pyramidale empêche de la confondre, dans l'étui qui les renferme toutes, avec les lancettes à grain d'orge ou à grain d'avoine employées dans la phlébotomie, et cette distinction facile évite les accidens graves qui surviennent après l'inoculation de quelque peu de virus, lors de la section des vaisseaux sanguins. (*Voyez* PHLÉBITE.)

Le vaccin est toujours employé à l'état fluide pour charger la lancette. Si l'on vaccine de bras à bras, il suffit, pour obtenir le virus, de percer la pustule dans le bourrelet argenté et de briser, par un mouvement d'oscillation latéral et vertical de la pointe, les aréoles qui le retiennent. Il sort lentement à cause de sa viscosité, et forme une gouttelette à la surface du bourrelet nacré, dans laquelle on puise avec l'instrument avant de piquer la peau.

Le virus conservé exige quelques soins pour le rendre capable de servir à l'inoculation. Il doit toujours être ramené à l'état fluide. S'il est renfermé entre deux plaques, on enlève la cire, la bougie, ou bien les lames d'étain qui les maintiennent en contact. L'adhésion est tellement forte et intime lorsque le vaccin conservé est sec et ancien, que les plaques se réduisent quelquefois en éclats. Une ou deux gouttes d'eau épanchées sur le virus desséché, suffisent pour le ramener à l'état fluide. La rapidité avec laquelle la chaleur décompose le vaccin, me fait rejeter le moyen de le liquéfier par une exposition à la vapeur d'eau chaude.

Lorsque le vaccin placé sur la lame de la lancette s'est desséché pendant le transport, avant de piquer, il faut avoir la précaution de l'humecter dans une goutte d'eau froide.

Le moyen d'extraire le virus des tubes au moment de l'employer, consiste à briser les deux extrémités capillaires : on adapte l'une d'elles dans un chalumeau de paille, et l'autre est placée au-dessus d'une petite lame de verre : on souffle dans cette paille pour chasser le virus et pour vider complètement la petite dilatation du tube capillaire. L'haleine fétide de certaines personnes est capable, suivant l'opinion de quelques vaccinateurs, d'affaiblir ou d'altérer les propriétés du virus ; c'est pourquoi ils donnent le conseil de ne pas chasser par l'insufflation tout le vaccin du tube. Dans ce cas, on pourrait avec le diamant dont se servent les vitriers, couper circulairement l'ampoule au-dessus d'une petite plaque en verre pour ne pas perdre de fluide, et l'on obtiendrait deux petits godets remplis chacun de virus.

Au moment de se servir des croûtes vaccinales, on enlève l'épiderme de leur superficie, on broie et l'on délaie dans une goutte d'eau froide le bourrelet ou la circonférence qui est, à cette époque, un mélange de virus et de poudre inerte. Plus les boutons sont volumineux, les croûtes épaisses, et plus on a de chances favorables pour réussir dans la vaccination. Il est rare d'obtenir une vaccine légitime avec des croûtes plates, très-minces. Dans ce cas, le virus a été absorbé ou s'est rapidement décomposé au contact de l'air.

En résumé, quel que soit le mode de conservation, le moment de l'inoculation étant arrivé, il convient, si le virus est conservé ou sec, de l'agiter pendant quelques minutes avec un peu d'eau froide jusqu'à ce que l'on obtienne une liqueur gommeuse et bien homogène.

Toutefois, les croûtes vaccinale, les écailles formées par le virus desséché sur les plaques, sur le coton et les fils, sont quelquefois pulvérisées, et la poudre est inoculée au lieu du fluide. Le procédé opératoire mis en usage pour ce genre de vaccination est plus difficile, plus minutieux; et comme le virus ne saurait agir sur l'économie s'il restait solide, il vaut bien mieux le dissoudre soi-même que de confier cette opération préliminaire à la nature.

Lors des premières inoculations, la chirurgie subissait encore l'influence d'anciens préjugés, et avant de pratiquer cette faible piqûre de l'épiderme, on préparait les personnes comme avant les grandes opérations, au moyen des saignées, des purgatifs, des émétiques, des fortifians, selon qu'elles étaient pléthoriques, bilieuses ou faibles, et d'une constitution anémique. Les progrès du temps et de la science ont fait justice de toutes ces précautions inutiles.

Du lieu d'élection pour la piqûre. On a coutume de vacciner à la partie supérieure et externe du bras, parce que les enfans y portent moins facilement les doigts, quoique, à la rigueur, toutes les autres régions du corps puissent après l'inoculation déterminer la formation d'une vaccine régulière et légitime. Il est d'observation pratique que les boutons développés à la face dorsale des mains, sont plus volumineux, acquièrent une couleur bleuâtre, semblable aux pustules observées par Jenner après l'inoculation primitive du cow-pox.

Depuis que l'empreinte de la vaccine est une condition pour être admis dans les écoles primaires et dans les grands établissemens publics, il est plus convenable qu'à aucune autre époque de choisir le bras pour l'endroit d'élection de la vaccine. Cette région facile à découvrir, n'expose pas les femmes à montrer des cicatrices indélébiles et désagréables si elles étaient placées sur l'avant-bras, la main, la poitrine, et surtout au cou.

Des praticiens distingués ont quelquefois vacciné au cou, à la poitrine, sur les épaules, aux jambes, afin que le virus servît tout à la fois à préserver de la variole et à résoudre un engorgement, ou à sécher une dartre ou bien à guérir un ulcère. L'influence du virus sur ces différentes affections n'est pas encore bien constatée et mérite de sérieuses recherches.

Les maladies de nos jours ne sont pas des *contre-indications* de la vaccine, et lorsqu'une épidémie variolique menace une contrée, il est du devoir des chirurgiens de vacciner de suite les personnes confiées à leurs soins, qu'elles soient fortes ou faibles, pléthoriques ou anémiques. L'état de gestation, les dartres pustuleuses, squammeuses, en un mot toutes les affections des membranes ou des organes parenchymateux, quel que soient leur intensité, leur ancienneté, leur siége et leur étendue, ne sauraient affranchir de ce puissant moyen prophylactique devant une épidémie. Dans les temps ordinaires, il est fort inutile d'ajouter à l'appareil fébrile intense qui accompagne les irritations violentes, le cortége des symptômes locaux et généraux de la vaccine.

Jenner avait cru remarquer un effet particulier de la vaccine sur les phénomènes de la dentition, et il engageait surtout à inoculer le virus pendant les dentitions orageuses pour les calmer.

OPÉRATION.

L'incision et la piqûre sont les deux procédés mis en pratique pour inoculer le vaccin. Avant de tracer leur histoire, je dirai quelques mots de la méthode endermique appliquée à la vaccination.

Procédé par la méthode endermique. Osiander plaçait un petit vésicatoire; et, aussitôt que l'épiderme était soulevé, il évacuait le liquide et confiait à la petite surface du derme, l'absorption de la poudre ou du fluide vaccinal. Dans un grand nombre de circonstances, la médecine retire un grand avantage de ce moyen thérapeutique, pour introduire dans l'économie des substances médicamenteuses très-actives, et il n'en résulte aucun inconvénient. Cette méthode, appliquée à l'inoculation du virus, produit des résultats fâcheux, tant par son infidélité que par la vive irritation inflammatoire et les ulcérations qu'elle détermine : aussi est-elle généralement abandonnée.

Procédé par incision. Dans l'Amérique septentrionale, on vaccine encore par le procédé de l'incision. L'opérateur découvre le bras de l'enfant et le saisit avec la main gauche, de façon à tendre les tégumens à la face externe et supérieure de ce membre, lieu d'élection le plus favorable : il prend ensuite la lancette avec la main droite, la charge de virus et perce la peau dans une étendue de deux lignes environ. Afin que l'opération soit plus complète, à l'origine de ce procédé, les vaccinateurs plaçaient dans la petite incision un morceau de fil imbibé de virus ou de la poudre des croûtes vaccinales.

On applique sur la solution de continuité de la peau, qui souvent se borne à une égratignure, du taffetas gommé, un morceau de diachylum, et par-dessus une compresse. Ce petit appareil est assujetti par des tours de bande et levé au bout de trois à quatre jours, dès les premiers vestiges d'apparition de la pustule vaccinale. Ces soins secondaires pour maintenir en contact le vaccin et les lèvres de la petite plaie sont complètement superflus. Aussitôt que le virus est porté sous l'épiderme divisé par la pointe de la lancette, les phénomènes d'absorption commencent et suppléent à tant de précautions inutiles.

Le *procédé par piqûre*, le plus simple et le plus facile à mettre en pratique, est adopté en France et en Angleterre. Le vaccinateur, au moment de l'opération, découvre chaque bras de l'enfant de manière que les vêtemens ne puissent tomber sur la partie supérieure du membre et gêner les mouvemens de la lame chargée de virus ; il ouvre ensuite sa lancette, met la lame sur la même ligne que la châsse, et charge de fluide vaccinal l'instrument, en plongeant sa pointe sur la gouttelette du bourrelet argenté quand il vaccine de bras à bras, ou bien dans le virus délayé à l'aide d'une goutte d'eau quelques minutes avant l'opération, lorsqu'il est conservé.

Avec la main gauche, il tend alors les tégumens qu'il saisit à la partie interne et supérieure du bras, tandis que de la main droite, il tient la lancette comme une plume à écrire et pique la peau légèrement pour inoculer le virus placé sur la pointe de l'instrument. La piqûre, assez superficielle pour ne pas léser les vaisseaux capillaires qui fourniraient du sang, sera faite dans une direction horizontale, et avec assez de force pour soulever l'épiderme dans une étendue d'une ou deux lignes.

Lorsque la lancette se trouve sous l'épiderme et se décharge du vaccin à la surface du derme, il convient d'imprimer à sa pointe des petits mouvemens d'oscillation pour favoriser l'inoculation de tout le virus, et de relever un peu le talon de l'instrument afin de permettre au fluide contenu dans la rainure de l'instrument de s'écouler dans la piqûre ; on retire ensuite la lame de dessous l'épiderme dans le sens inverse de son introduction.

Quelques vaccinateurs laissent plusieurs minutes la pointe de la lancette dans la piqûre. Ce repos très-favorable à l'absorption du vaccin n'est pas facile à obtenir dans la pratique, et il est préférable d'imprimer les petits mouvemens latéraux de la pointe aussitôt qu'elle pénètre sous l'épiderme. On conseille encore de retourner la lame plusieurs fois sens dessus dessous avant de la retirer : cette manœuvre est bonne parce qu'elle verse rapidement le vaccin dans la piqûre. Outre ces petites évolutions, des médecins placent le pouce sur l'épiderme soulevé par la pointe, et après la sortie de la lame, ils l'essuient plusieurs fois sur la piqûre. La plupart de ces précautions sont de véritables subtilités opératoires que les praticiens exercés dédaignent. L'examen attentif de la pointe de la lancette, avant et après l'inoculation, est un soin bien plus important et que je recommande toujours aux élèves. Si le vaccin est fluide, aussitôt la piqûre il est rapidement déposé sur le derme et saisi par les voies d'absorption ; s'il est légèrement concret ou très-visqueux, il se fige à la pointe, et l'inoculation superficielle empêche souvent la lancette de se décharger. Un sûr garant de succès dans les vaccinations est de ne prendre avec sa lancette qu'une portion modérée de virus et de revenir à chaque piqûre à la source du vaccin. Quelle que soit la dextérité d'un vaccinateur, lorsqu'il fait de suite plusieurs piqûres sans revenir puiser de fluide, il rencontre souvent dans sa pratique les insuccès signalés, sur les rapports différens entre les piqûres et le nombre des boutons.

Ce procédé opératoire est encore applicable lorsque l'on veut *inoculer le vaccin à l'état sec ;* l'instrument seul peut être changé. Les dispositions du côté du bras, lieu d'élection, étant terminées, on prend une lancette cannelée, à laquelle est adapté un ressort dont l'usage est de pousser jusque sous l'épiderme la poudre renfermée dans sa cannelure.

L'incision conviendrait mieux pour ce genre de vaccination. Le sillon labouré par la lancette est plus profond et reçoit en plus grande abondance la poudre vaccinale. Or, cette poudre mise en usage est presque toujours fournie par les pustules desséchées, et la petite quantité de virus qu'elles renferment explique le peu d'efficacité de ce genre de vaccination. Les croûtes vaccinales ne contiennent souvent aucune trace de virus, et il vaudrait mieux avoir recours au vaccin recueilli et desséché. Un atome de virus absorbé suffirait pour obtenir le développement d'une vaccine régulière.

Quel que soit le procédé dont on aura fait choix, de la piqûre ou de l'incision, avec du virus à l'état sec ou fluide, il n'est pas utile, après l'opération, de poser un appareil. La seule précaution à prendre est d'empêcher les enfans d'égratigner ou de toucher aux piqûres. Lorsque le bouton commence à poindre, on évite de laisser sur les membres des vêtemens trop rudes, qui, par leur frottement ou leur compression, pourraient déchirer les pustules et empêcher la formation de cicatrices régulières. La destruction des pustules, et bien plus encore les frottemens des vêtemens après l'inoculation, considérés par le plus grand nombre des médecins comme deux causes de destruction des bienfaits de la vaccine, sont totalement incapables, d'après les idées que nous avons sur la puissance du virus, de porter la moindre atteinte à ses effets salutaires. (Voy. *Vaccine expérimentale.*)

Le nombre des piqûres nécessaire pour préserver de la contagion variolique est fixé par l'expérience. Jenner a prouvé qu'une seule piqûre à chaque bras était capable de rendre l'organisme réfractaire au virus varioleux. Sa grande réserve pour les inoculations multipliées s'explique par les craintes chimériques qu'il se faisait sur le développement très-violent de l'irritation locale inflammatoire. Aux États-Unis d'Amérique et dans une grande partie de l'Écosse on ne fait encore qu'une seule piqûre à chaque bras. On a coutume en France, en Italie et en Allemagne de multiplier les piqûres, parce qu'elles ne réussissent pas toujours. Si les unes échouent, les autres se développent et fournissent le double avantage de préserver de la petite vérole et de devenir la source du vaccin propre à d'autres inoculations. La multiplicité des piqûres est loin d'augmenter les chances favorables de l'immunité; témoin de cette assertion tous les individus vaccinés une seule fois, et qui, au temps des premières recherches, résistaient à la contagion varioleuse; témoin encore les personnes vaccinées au moyen de plusieurs piqûres, et qui dans les épidémies de variole ne sont pas restées complètement préservées de la contagion, tandis que des individus vaccinés par une seule piqûre demeuraient inébranlables à l'action du virus. De ces faits on aurait tort de conclure que plusieurs boutons possèdent moins d'énergie qu'une seule piqûre. L'expérience prouve seulement qu'il ne faut pas mesurer l'énergie préservative de la vaccine au nombre des piqûres et des boutons qui surviennent, mais aux qualités du virus et à son action sur l'organisme. Certaines constitutions se trouvent saturées de vaccin, en quelque sorte, par une seule piqûre, tandis que d'autres résistent en partie au bienfait antivarioleux de la vaccine, bien que les boutons soient multiples, et, à la première apparition d'une constitution épidémique, elles contractent, non pas la variole, car elle ne saurait avoir de prise chez un vacciné, mais une diminution d'influence de l'agent morbifique ; elles ont une varicelle ou une varioloïde.

Lorsque les piqûres sont multiples, il est de rigueur de les éloigner les unes des autres, à la distance de huit à dix lignes. Cet intervalle est nécessaire au développement du bouton vaccinal. Quand on néglige d'écarter les piqûres, les circonférences des pustules finissent par se confondre, il survient une irritation locale intense qui s'irradie au loin sous forme d'érysipèle, avec réaction violente dans les grands appareils fonctionnels. La fièvre s'allume et le trouble de la circulation déterminé par le foyer inflammatoire local, provoque de l'inappétence, des nausées, de la céphalalgie. Quand deux ou plusieurs boutons se confondent sans développer un érysipèle, ces symptômes généraux sont très-légers ou n'existent pas, et l'irritation locale seule est plus active.

L'Asie est le théâtre de l'inoculation par piqûre depuis la plus haute antiquité. C'est à l'aide de ce procédé opératoire que l'on inoculait la variole pour préserver de la fureur de ses épidémies.

Si la variole est une affection éruptive qui recherche l'enfance avec une sorte d'avidité, le virus vaccin, par une heureuse compensation, s'imprime à cette époque d'une manière plus vigoureuse sur cette fragile organisation. Dans les constitutions épidémiques de petite vérole, il faut vacciner les enfans aussitôt les premiers soins donnés après l'accouchement. Un habile praticien a vacciné des enfans avec succès, une heure après leur naissance. On ne saurait adopter cette époque comme une règle fixe dans les temps ordinaires, parce que la peau de l'enfant nouveau né est toujours très-injectée. La moindre piqûre sur cette peau délicate et rouge brise des vaisseaux capillaires qui peuvent fournir assez de sang pour entraîner le virus inoculé. Le succès est encore fort douteux lorsque l'on vaccine des enfans très-agités, pleureurs, criards ; leur peau s'injecte fortement, et la plus petite piqûre détermine aussi un écoulement de sang. Il me paraît avantageux de vacciner dans les huit ou dix premiers jours de la naissance. Les inoculations faites ainsi à la Maternité réussissent parfaitement ; la peau a déjà subi l'influence de l'air, et par la double réaction de l'organisme et des agens physiques, l'équilibre vital s'est fortement établi.

La variole se joue quelquefois de toutes nos prévisions. Ce virus subtil traverse l'organisation d'une femme enceinte vaccinée et frappe le fœtus. Dans les écrits de la science, on trouve des exemples d'enfans qui, à leur naissance, étaient couverts de pustules varioliques. Ces faits sont tellement extraordinaires, que le doute s'élève dans l'esprit malgré l'autorité des observateurs de tels phénomènes. Était-ce bien une variole qui existait, ou plutôt, des pustules syphilitiques multipliées, comme plusieurs fois nous avons été à même de l'observer ? Je possède deux faits totalement contraires au virus qui frappe le fruit sans toucher à l'arbre qui lui donne naissance. Deux femmes enceintes, non vaccinées, furent frappées de la petite vérole à la Maternité ; l'une avait une variole confluente ; elle était discrète et légère chez l'autre femme. Elles mirent au monde des enfans qui avaient une peau lisse et parfaitement unie sans aucune trace de cicatrices. Le virus vaccinal inoculé au bras, quelques jours après la naissance, développa une vaccine régulière et légitime.

À mesure que l'on s'éloigne du premier âge, les vaccinations deviennent plus difficiles,en ce sens que chaque piqûre ne fournit pas toujours un bouton : souvent même, la réaction organique détruit, paralyse ou ne reçoit pas le vaccin. Chez beaucoup d'adultes,il faut revenir plusieurs fois à l'inoculation pour habituer les organes à l'influence du virus et voir naître une vaccine régulière. Le virus prend avec une difficulté extrême sur les vieillards. La sécheresse de la peau, la concentration du foyer vital vers les organes internes et le refroidissement graduel excentrique déterminé par la circulation capillaire moins active, explique la faiblesse d'absortion de l'enveloppe externe des personnes avancées en âge et l'obstacle que le virus éprouve à s'établir.

De même qu'il est possible, à la rigueur, de vacciner à tous les âges, de même on inocule le virus vaccinal à toutes les époques de l'année. Des opérateurs préfèrent le printemps, parce que, dans cette saison, la picote des vaches est très-active, les épidémies de variole assez fréquentes, et le virus vaccinal, selon leur opinion, plus rapide dans son action et ses succès. Attendre pour vacciner l'apparition de la constitution épidémique la plus favorable aux petites véroles me paraît un faux calcul, un faux raisonnement. Cette variole pourra fort bien annoncer son apparition en frappant des victimes qu'il était si facile de préserver !

Art. III. DE LA VACCINE.

Le vaccin, déposé par inoculation chirurgicale ou spontanée, entre le derme et l'épiderme, sur le réseau réticulaire de Malpighi , détermine , en vertu de ses propriétés spécifiques, une série de phénomènes nombreux et caractéristiques dont l'ensemble constitue la *vraie* ou la *fausse vaccine.*

MARCHE DE LA VRAIE VACCINE.

La vraie vaccine, seule, préserve de la petite vérole. Sa marche est assez régulière pour qu'il soit possible d'exposer, dans un ordre rigoureux, les signes qui permettent de la suivre à la trace , jour par jour.

La révolution vaccinale ou les diverses phases que la vaccine parcourt dans sa marche, se divisent en trois époques bien distinctes, appelées selon un vaccinateur célèbre : *période d'inertie , période d'inflammation* et *période de dessiccation.* Cette nomenclature est fautive et je ne crois pas devoir l'adopter. Dès que le virus est déposé à la surface du derme, les phénomènes d'absorption commencent et il n'est plus en notre puissance d'enlever le vaccin , soit par des lotions simples ou médicamenteuses , soit, un peu plus tard , par des moyens chirurgicaux énergiques. Or, le mot *inertie* pour avoir une signification juste et précise, doit indiquer l'absence de phénomènes appréciables. Ce double sens le rend vicieux. Quant au second temps de la marche de la vaccine, la période d'inflammation est loin de marquer le signe du développement des pustules , signe le plus important et le plus caractéristique. Il est donc préférable de reconnaître à la vraie vaccine comme à toutes les fièvres éruptives, trois périodes fondées sur les principaux traits de la maladie. Ces trois époques se désignent sous le nom de : 1° *période d'incubation*, 2° *période d'éruption* , 3° *période de dessiccation.*

Période d'incubation. L'organisme et le virus se combinent aussitôt la piqûre terminée, et ne restent pas un seul instant en face l'un de l'autre sans établir une double réaction, comme le prouvent les recherches expérimentales. Aucun phénomène sensible, durant cette infection générale des trois ou quatre premiers jours de l'inoculation, ne vient frapper nos organes des sens , à part, toutefois, le cercle rosé qui environne la piqûre au moment de la vaccination. Cette auréole rosée , considérée à tort comme une garantie de succès par quelques médecins , est un phénomène inhérent à toute piqûre et qui persiste quelques instans après l'opération (1).

Période d'éruption. Vers la fin du troisième ou quatrième jour, un peu plus tôt en été qu'en hiver, une petite élevure commence à paraître à l'endroit de la piqûre. Ce faible point, de couleur rouge clair, rosé, est plus sensible au toucher qu'à la vue.

Le cinquième jour de l'inoculation ou le deuxième de l'éruption , le point rouge qui s'élève au-dessus du niveau de la surface cutanée est plus saillant, et se présente comme un petit engorgement que l'on sent sous le doigt. Il paraît plutôt acuminé que déprimé à son centre, de sorte que, si l'on n'était pas instruit de la vaccination , il serait très-facile de se méprendre sur la nature du bouton.

Le sixième jour, la petite élevure au lieu de s'allonger en pointe se déprime à son centre , s'élargit à sa base et présente un bourrelet de couleur blanchâtre tirant sur le bleu vers sa circonférence. Ce bourrelet joue assez bien le reflet de l'argent ou de la nacre , et se trouve circonscrit par une auréole rouge d'une demi-ligne de diamètre. Il existe un léger prurit au bouton de quelques vaccinés.

Parvenus au septième et au huitième jour, les phénomènes locaux deviennent plus marqués. A cette époque, la pustule

---

(1) Le travail organique moléculaire qui pendant trois jours se fait en notre présence, et sans que nul changement, même à la dissection, ne vienne nous instruire de la modification intime que le tissu éprouve sous l'influence du virus, donne bien peu d'espoir, pour arriver en anatomie pathologique , au principe primitif moléculaire, atomistique, des altérations des organes dans les maladies en général

dans toute sa vigueur augmente en totalité ; le cercle rosé s'agrandit par irradiation en tout sens ; le bourrelet se développe, et sa teinte est azurée ou comme argentée ; la dépression centrale, plus prononcée, prend une teinte plus foncée et se trouve dominée par la saillie du bourrelet, qui renferme une plus grande quantité de matière vaccinale.

Le neuvième jour, cet appareil d'irritation locale parvient à son plus haut degré d'intensité, et la pustule est arrivée à son *maximum* de formation. Le bouton vaccinal est entouré par une belle auréole vermeille, qui s'étend au loin et constitue le changement, de ce jour, le plus remarquable. Le bourrelet argenté est très-développé, et la dépression ombilicale très-prononcée. La base de la pustule est large et repose sur des parties engorgées en proportion de la couleur rouge et de l'étendue de l'auréole.

L'inflammation de la pustule détermine un prurit ou une démangeaison souvent insupportable, qui porte le vacciné à se gratter avec force ; elle fait naître une tuméfaction aux ganglions lymphatiques axillaires, et quelquefois une légère coloration de la peau dans le sens de la direction des vaisseaux lymphatiques, depuis la pustule jusqu'à l'aisselle.

L'irritation locale retentit à cette époque dans les grands appareils fonctionnels; il survient un mouvement fébrile plus ou moins intense, caractérisé par une plus grande fréquence dans la circulation, de la chaleur à la peau, des bâillemens, des pandiculations, de la somnolence, des alternatives de rougeur et de pâleur au visage; les adultes se plaignent de céphalalgie; les enfans à la mamelle ne veulent plus téter et refusent toute nourriture. Cette fièvre vaccinale se dissipe rapidement, et n'entraîne pas de délire, de nausées et de vomissemens. Elle est si faible chez le plus grand nombre des vaccinés, qu'elle passe en silence et se dérobe à la vue du vulgaire et des observateurs peu attentifs ou ignorans sur l'époque de cette réaction générale.

Le dixième jour, la marche de la vaccine demeure stationnaire.

Le onzième jour, la régularité des fonctions se rétablit par nuances insensibles. La pustule vaccinale, dont le diamètre est de deux à cinq lignes, devient dure au toucher; elle est plus étroitement adhérente aux parties sous-jacentes; son reflet nacré et argenté paraît légèrement brun et opalin sur le bourrelet, parce que le vaccin perd sa viscosité et se concrète. Le centre du bouton possède une densité plus grande, et sa teinte jaunâtre est déterminée par le pus qui se durcit. L'auréole rouge des vaisseaux capillaires qui entoure la pustule commence à s'effacer, et nous sommes au déclin de la période d'éruption.

Période de dessiccation. Arrivée au douzième et treizième jours, la pustule s'affaisse, se durcit sous forme de croûte dure et solide à son centre, et sa couleur argentée disparaît complètement et se trouve remplacée par une teinte opaline ou légèrement brune. La zone rouge est très-pâle, et quelquefois se trouve effacée.

Le quatorzième jour, la dessiccation continue et marche du centre vers la circonférence. La teinte jaunâtre de la dépression centrale fait des progrès et empiète sur le réseau brunâtre du bourrelet qui s'affaisse de plus en plus.

A mesure que la pustule se déprime en totalité, la croûte qu'elle forme prend une couleur tantôt rouge foncée, tantôt jaunâtre, et le plus souvent brunâtre; elle laisse échapper quelques écailles foliacées de l'épiderme, soit à sa superficie, soit plutôt à sa circonférence; elle est unie, douce et résistante au toucher, et tombe d'elle-même vers le vingt-quatre ou le vingt-cinquième jour, conservant un peu sa forme ombiliquée.

De la cicatrice vaccinale. Après la chute de la croûte du bouton vaccinal, il reste une cicatrice indélébile assez profonde, gaufrée, sillonnée en divers sens par de petites lignes dans l'intervalle desquelles on observe une foule de petits points d'aspect noirâtre. Cette surface chagrinée de la cicatrice représente exactement la base du tissu aréolaire de la pustule. Au moment de la période de dessiccation, la cicatrice est fortement prononcée; elle arrive, par l'effet du temps, au niveau de la peau, sans toutefois perdre ses principaux caractères de surface régulièrement chagrinée.

Organisation ou structure intime de la pustule vaccinale. La marche de la vaccine fait connaître la pustule sous le point de vue de son développement et des changemens physiques qu'elle éprouve aux différentes périodes. L'anatomie ne s'arrête pas à ces dispositions et à ces modifications générales, elle pénètre dans l'intérieur du bouton vaccinal pour en démêler la structure intime. C'est vers le huitième ou dixième jour qu'il convient de disséquer la pustule. A cette époque, elle est complètement formée, et se trouve constituée par trois zones bien distinctes; l'une, externe, rouge: l'autre, moyenne, argentée, nacrée; la troisième, interne et jaunâtre.

La plus excentrique de toutes est formée par un réseau de vaisseaux capillaires gorgés de sang. Cette congestion locale donne à cette zone ou auréole une légère teinte érysipélateuse.

Dépouillée de la pellicule épidermique qui la recouvre, la dépression ombilicale paraît formée par une matière demi-concrète, jaunâtre, contenue dans une sorte de follicule infundibuliforme. Lorsque cette substance purulente est enlevée, il ne reste plus que le bourrelet argenté dans lequel se trouve accumulé le vaccin.

Ce bourrelet, nacré ou argenté, est tapissé à l'extérieur par une lamelle épidermique résistante, et qui adhère avec assez de force à un tissu réticulaire sous-jacent. Cette pellicule étant enlevée, on trouve un réseau aréolaire lamineux qui renferme dans ses mailles un fluide limpide très-visqueux,

en un mot le vaccin dont nous avons tracé l'histoire (*voy.* Virus, p. 174). Ces petites vacuoles ne communiquent pas
toutes entre elles, de même que les mailles du tissu cellulaire
général. Chaque petite aréole est séparée, distincte, et renferme une quantité plus ou moins grande de virus qui la distend. Il est facile de s'assurer de cette disposition anatomique
au moyen de plusieurs expériences.

Le bourrelet argenté représente un cercle que l'on peut
diviser en deux parties égales. Si l'on détruit une portion
ou un segment de ce cercle, l'autre restera tuméfié, même
après une légère compression exercée à sa surface. Or, il est
évident que si toutes les petites loges communiquaient entre elles, le segment du bourrelet qui subsiste se viderait à
ses deux extrémités divisées, comme l'on voit, dans les infiltrations séreuses du tissu cellulaire, de faibles mouchetures
déterminer le dégorgement de parties tuméfiées loin du lieu
de la piqûre. Une coupe horizontale de la pustule est une
expérience encore très-favorable pour démontrer la disposition aréolaire circonscrite des cellules. Après la section, de
petites gouttelettes de fluide visqueux, gommeux, apparaissent à la surface du bourrelet ; elles sont irrégulièrement disséminées et non pas disposées circulairement sur deux rangées concentriques, comme le veulent certains vaccinateurs.
L'œil armé du microscope ou d'une forte loupe distingue
avec facilité les parois des cellules lorsque le virus est évacué.
Elles se présentent sous la forme de petites cloisons radiées,
irrégulières, et dont le nombre indéterminé ne présente aucun
arrangement symétrique. Ces cloisons coupées au sommet du
bourrelet ont une teinte blanche, semblable au tissu cellulaire
lamineux ; si la section se rapproche de la base de la pustule,
près du derme de la peau, il s'écoule quelque peu de sang.

Ces considérations anatomiques font naître plusieurs remarques chirurgicales très-importantes. Ainsi, 1° l'on ne doit
pas puiser de virus dans la dépression ombilicale de la pus-

tule, parce qu'il n'y a que du pus impropre à l'inoculation. 2° Pour obtenir du virus en grande quantité, il faut piquer avec la lancette vers le milieu de la hauteur du bouton vaccinal, imprimer un mouvement d'oscillation latéral et vertical pour rompre les cellules et frayer une plus large voie au virus. 3° Rapprocher la piqûre du sommet pour ne pas donner issue au sang des capillaires de la base de la pustule : phénomène peu important, sans doute, sous le point de vue médicale, mais dans la pratique souvent l'objet de répugnance invincible, ou d'effroi pour les mères qui apportent leurs enfans à vacciner.

Art. IV. VACCINE VRAIE ANOMALE.

La vaccine préservative de la contagion variolique offre des irrégularités dans ses périodes et dans le développement de la pustule vaccinale.

Les périodes présentent des variations de temps très-remarquables ; tantôt elles sont plus longues, tontôt elles deviennent plus courtes.

On observe quelquefois, après vingt-quatre ou trente-six heures, la pustule surgir au-dessus du niveau de la peau ; ou bien, la période d'incubation se prolonge jusqu'au vingtième ou au trentième jour, sans aucun vestige de bouton à l'endroit de la piqûre. Dans ce dernier cas, il est arrivé que l'on a vacciné de nouveau, et tout-à-coup, après quelques jours, l'impulsion semblait être donnée aux anciennes et aux nouvelles piqûres, et la vaccine suivait son cours régulier. En général, cette période d'incubation offre plus d'anomalies à elle seule que les deux autres. Aussitôt que le bouton apparaît, la marche de la vaccine se régularise.

Les périodes d'éruption et de dessiccation présentent cependant de nombreuses et singulières déviations. On trouve des pustules déjà arrivées à la dessiccation auprès de boutons qui commencent à s'élever, et ce fait curieux existe chez un enfant piqué le même jour et avec le même virus.

Quelquefois les pustules ne sont pas ombiliquées et font naître des craintes sur la légitimité de l'éruption ; on vaccine de nouveau, peine inutile ! C'était une vraie vaccine qui s'offrait avec une apparence irrégulière.

On a vu la vaccine légitime parcourir ses périodes, puis au moment de la dessiccation, renaître de ses cendres et récommencer une nouvelle série de phénomènes réguliers.

Il n'est pas rare d'observer des piqûres trop rapprochées donner naissance à des *pustules jumelles* qui suivent la même marche, se confondent par la tangente de leurs cercles, sans faire perdre à la vaccine sa reproductibilité.

Enfin, la vaccine est dans certains cas légitime et préservative, et la révolution vaccinale ne dure que dix ou douze jours.

L'influence du virus sur l'organisme éprouve des déviations encore plus curieuses qui ne sauraient être passées sous silence. Des personnes sont réfractaires pendant quelque temps à l'inoculation du fluide vaccinal ; puis après plusieurs essais infructueux, l'organisme semble mieux disposé, et tout-à-coup, après une troisième ou une quatrième inoculation, il survient une éruption régulière.

Pendant le cours d'une vaccine vraie, il se développe, au grand étonnement de tous, des pustules bien formées à la surface de la peau, loin de l'endroit qui avait été piqué. Ces *pustules multiples* ou *surnuméraires,* proviennent de deux causes : ou bien, en vertu de l'infection générale de l'économie, des pustules se sont élevées comme on voit surgir des boutons sur tout le corps dans les maladies éruptives, et alors ce fait est immense pour démontrer l'action du virus qui se propage dans toute l'organisation : ou bien, ce qui est plus fréquent et moins remarquable, l'enfant vacciné a gratté, écorché ses pustules et transporté avec ses doigts le virus sur une partie du corps dépourvue d'épiderme, de sorte qu'il y a eu inoculation spontanée.

Les saisons exercent une influence assez marquée sur le cours d'une vaccine vraie et régulière pour en changer la marche. L'observation prouve que les temps chauds de l'été et de l'automne accélèrent sensiblement sa marche, et même, si la chaleur est très-élevée, elle neutralise et anéantit l'effet du virus vaccinal. Les saisons froides, l'humidité, ralentissent les progrès de l'influence vaccinale, et quelquefois les hivers trop rigoureux font avorter les germes déposés sur la peau. On doit donc toujours avoir égard à la saison pendant laquelle on inocule le vaccin pour se faire une juste idée des influences atmosphériques, et ne pas s'exposer à porter un diagnostic défavorable sur des vaccines légitimes et anomales.

Il existe à l'égard de la fièvre vaccinale comme pour toutes les maladies éruptives, une constitution médicale inconnue dans son essence intime, et durant laquelle les vaccinations restent infructueuses ou ne donnent naissance qu'aux phénomènes généraux sans aucun vestige d'éruption locale.

Art. V. DE LA FAUSSE VACCINE.

Lorsque les virus vaccinal et varioleux ont imprimé une première fois leur cachet sur le corps humain, cette modification réagit avec une telle puissance sur ces deux germes, que, de nouveau inoculés, ils demeurent sans effet sur l'organisation. Les variolés et les vaccinés peuvent impunément braver les épidémies et les inoculations les mieux faites avec les virus les plus actifs.

Telle est cependant la mobilité extrême dans la structure des êtres animés, que certaines organisations ne restent pas inébranlables aux influences secondaires, soit de la variole, soit de la vaccine. Le développement de pustules vaccinales, après une seconde inoculation, considéré à tort par **M.** Husson comme une fausse vaccine, paraît être, selon des recherches plus exactes, une vaccine vraie et dépourvue en partie de ses caractères saillans, à cause de la répétition du même acte sur l'organisme.

Ce vaccinateur célèbre admet deux formes différentes ou deux variétés de *fausse vaccine*, de *pseudo-vaccine*, ou en d'autres termes d'éruption vaccinale qui ne préserve pas de la petite vérole.

La première *forme* de fausse vaccine se développe sur les individus déjà vaccinés ou atteints de la petite vérole et constitue la *vaccinoïde* ou *vaccinelle* dont nous exposons textuellement la description. « Dès le premier, quelquefois le deuxième, au plus tard le troisième jour, la piqûre s'enflamme, il se forme tout de suite une vésicule, ordinairement irrégulière, quelquefois pointue, mais le plus souvent ronde comme la vraie vaccine. Ses bords sont aplatis, inégaux, ne sont pas gonflés par la matière qui toujours est peu abondante, d'un jaune limpide, et donnant cette teinte à la vésicule. L'auréole n'existe pas constamment ; elle est quelquefois aussi vive, rarement aussi étendue que celle de la vraie vaccine. Elle dure tout aussi long–temps, mais paraît de meilleure heure. Pendant tout ce travail, le vacciné éprouve une démangeaison insupportable ; les aisselles sont douloureuses, les glandes axillaires peuvent s'engorger; il n'est pas rare que le malade ait mal à la tête ou quelques accès irréguliers de fièvre. La croûte toute formée le septième ou le huitième jour, ne tombe pas plutôt que celle de la vraie vaccine ; elle présente quelquefois le même aspect avec cette seule différence qu'elle est moins large, moins épaisse, et qu'elle ne laisse pas de cicatrice, mais seulement une tache à la peau. La période inflammatoire est très-rapide, et la dessiccation l'est encore davantage. »

M. Bousquet réfute ce tableau infidèle de la pseudo-vaccine en ces termes pleins de vérité pratique.

« Je sais par expérience que le vaccin exerce quelquefois une action très-prononcée sur les variolés ; mais je l'ai vue rarement portée à ce point. Ordinairement c'est un travail fort irrégulier, très-rapide dans sa marche, lequel naît, se développe et meurt en cinq ou six jours. Il y a dans la description précitée des symptômes qui ne peuvent convenir à la fausse vaccine. Une pustule qui naît au troisième jour, dont les bords sont aplatis, d'une durée égale à celle de la vaccine la plus régulière, une pareille pustule n'a rien de faux. » Et la meilleure preuve qu'il soit possible de fournir de cette vaccine légitime, irrégulière, se trouve dans la structure même de la pustule qui renferme du vaccin de bonne qualité, avec lequel on peut, en l'inoculant, déterminer des vaccines régulières. La *vaccinelle* qu'il convient de nommer ainsi est donc une vraie vaccine, dont les caractères sont moins sensibles ; mais elle n'agit pas moins sur l'organisation pour la *saturer* de virus, et devient une source de bon vaccin lorsqu'elle apparaît. Phénomène très-rare ! .

La seconde forme ou variété décrite par **M**. Husson, se produit à volonté, au moyen d'une irritation physique sur des organisations vierges des virus vaccinal et variolique. Parmi les causes signalées par cet auteur, les unes me paraissent insuffisantes pour empêcher le développement d'une vaccine vraie, légitime ; les autres sont complètement imaginaires. Ainsi l'usage de lancettes oxydées par le vaccin, mal affilées, l'inoculation par le fil, le fluide vaccinal desséché et incomplètement délayé, sont loin d'être de véritables obstacles à l'action du virus sur l'économie. Il arrive souvent dans la pratique que toutes ces causes secondaires nuisent, non pas au développement de la vaccine régulière lorsqu'une parcelle de virus est déposée ; mais, en raison de ces instrumens et de ces moyens vicieux de vacciner, aucune partie de virus ne parvient sous l'épiderme et l'on se trouve obligé par conséquent à recommencer l'opération. Tel est le résultat de l'action d'instrumens défectueux ou de l'absence de virus dans les fils et dans la matière délayée (1). Quant à l'emploi du fluide·vaccin trop avancé et *parvenu à l'état purulent*, c'est une cause imaginaire de pseudo-vaccine, doublement fautive; le pus d'abord est incapable de donner naissance à une pustule et, de plus, le virus du bourrelet argenté ne passe jamais à l'état purulent, à moins de maladie du bouton vaccinal.

Dans certaines circonstances insolites, le virus éprouve une déviation inappréciable dans sa nature intime, il avorte et se traduit à notre observation sous la forme de pustules dégénérées que lui seul est capable de faire naître. Cette fausse vaccine se caractérise par les signes suivans :

Le premier jour ou vers la fin du deuxième jour de l'inoculation, il se développe une petite élévation pointue au-dessus du niveau de la peau et à l'endroit même de la piqûre. Cette vésicule est rouge, acuminée, et grossit avec rapidité, et les lèvres de la plaie paraissent écartées par un peu de pus. La vésicule se crève vers le sixième ou septième jour, et laisse écouler tout à coup, ou bien suinter goutte à goutte une matière opaque, épaisse, jaunâtre et purulente. Elle semble revenir sur elle-même et forme une croûte jaûne, plate, lisse, qui tombe et se renouvelle plusieurs fois de suite, et se trouve remplacée par une cicatrice lisse et plate. Il survient quelquefois un ulcère et l'irritation se propage aux tissus sousjacens et circonvoisins, qui deviennent rouges, dures, tuméfiés. La cicatrice qui subsiste est irrégulière et représente la peau maculée par des vésicatoires anciens ou des brûlures.

---

(1) Le fluide actif est absorbé dans quelques cas, et il ne reste plus de traces de vaccin dans la croûte formée alors par une matière inerte. Cette matière pulvérisée et employée est incapable de former des boutons de fausse vaccine.

La fausse vaccine diffère donc de la vraie ou légitime par sa marche, la forme de la pustule qui est sans bourrelet argenté et sans dépression ombilicale au centre , par la dessiccation qui arrive si promptement que cette révolution vaccinale est terminée dans l'espace de temps nécessaire au développement complet du bouton de la vraie vaccine.

On trouve encore dans la structure de la pustule une circonstance plus caractéristique de la vaccine dégénérée. Le bouton n'est plus formé à l'intérieur par un tissu aréolaire. Une cavité unique renferme tout le fluide, et il suffit de pratiquer une seule piqûre à la surface de la *vésicule* pour faire écouler toute la matière, qui est tantôt limpide, tantôt jaunâtre et comme purulente. Ce caractère tiré de l'organisation interne de la pustule, facile à constater sans nuire aux bienfaits de la vaccine quand elle est préservative, est sans contredit le signe pathognomonique bien supérieur à tous les autres signes tirés de la forme, du volume de la pustule, de la marche et des périodes , pour reconnaître la vaccine dégénérée.

Les causes occasionnelles de la fausse vaccine sont complétement inconnues. Les auteurs énumèrent avec complaisance les raisons alléguées par les premiers vaccinateurs, sur l'influence fâcheuse des irritations physiques, adoptent les unes, rejettent les autres sans aucune raison plausible. Pour nous, les obstacles que le vaccin éprouve à se greffer sur l'économie sont de plusieurs genres ; tantôt, on inocule le vaccin à un sujet vacciné ou variolé, et la pustule avorte ; tantôt le virus, malgré son abondance, est trop faible et l'organisation trop puissante , et le bouton vaccinal avorte encore ; tantôt, enfin , le peu de virus renfermé dans les croûtes vaccinales est masqué dans son action par la matière inerte et pulvérisée des cellules du bourrelet desséché, et cette faible proportion de virus avorte à sa naissance sur des organisations humaines aussi puissantes. Ces causes me paraissent plus décisives pour l'explication du phénomène insolite de la déviation des forces du vaccin, parce qu'elles se trouvent plutôt dans la nature des faits. Elles ne sauraient, toutefois, satisfaire complètement l'esprit avide de pénétrer dans le secret intime des changemens moléculaires placés dans le vaccin, l'organisation ou l'atmosphère ; changemens assez énergiques pour détruire la série des phénomènes d'une vaccine régulière et assez fugaces pour échapper à l'investigation la plus minutieuse.

Art. VI. VACCINE SANS ÉRUPTION PUSTULEUSE.

La fièvre vaccinale, la plus bénigne de toutes les fièvres, se rapproche par sa marche, ses périodes bien distinctes et ses anomalies les plus bizarres, des maladies éruptives qui apparaissent sous l'influence des virus. De même que, dans la pratique, on constate l'existence des phénomènes généraux de la rougeole, de la scarlatine et de la variole (*variola sine variolis*), sans aucune trace d'éruption locale. De même, aussi, après l'inoculation du vaccin, il s'opère dans toute l'économie une révolution générale, sans nul vestige de pustules aux piqûres. Dans cette variété si étrange et inexplicable, l'absence d'éruption locale ne détruit cependant en aucune façon les propriétés de ces puissans virus. On trouvera consigné dans le rapport des vaccinations de 1825, fait avec tant d'habileté par M. le professeur Paul Dubois, les faits les plus extraordinaires sur cette variété de vaccine.

Les écrits de la science renferment beaucoup de faits authentiques sur l'existence de vaccines sans pustules, ayant toutes leurs propriétés préservatives. L'absence du développement des boutons prouve d'une manière évidente que l'éruption vaccinale n'est qu'une influence secondaire et subordonnée aux caprices de la nature. Cette mobilité d'existence des pustules prouve plus encore que la vertu du vaccin sur les êtres animés ne réside pas dans quelques boutons placés dans les points les plus excentriques des principaux rouages organiques. C'est dans la réaction générale du virus, assez puissante pour ébranler l'organisation tout entière, qu'il faut placer ses propriétés spéciales.

On ne saurait nier l'infection générale préservative à la vue du cortége de symptômes que le vaccin développe, et surtout en présence, dans les vaccines éruptives, de l'apparition de pustules surnuméraires. Mais cette révolution vaccinale, en raison de l'appareil fébrile à peine marqué et du trouble léger des principaux viscères, se dérobe à l'observation et a souvent fait croire à une vaccine avortée. Lorsque l'influence générale ne se traduit pas à l'extérieur, elle n'en reste pas moins toute puissante pour neutraliser du vaccin inoculé plusieurs fois : bien plus, ces vaccinations répétées ne déterminent pas le plus petit changement local ou général.

Il serait très-fâcheux de voir le germe améliorer et garantir le sol sans jamais porter de fruit. Que deviendrait l'existence de ce puissant moyen prophylactique ? La vaccine sans éruption laisse toujours des craintes à l'approche des grandes épidémies. On aime à posséder le stigmate du vaccin.

La cicatrice gaufrée est un témoin fidèle que l'on peut consulter sans cesse et un sûr garant d'immunité variolique, tandis que l'infection générale seule, tout aussi puissante, il est vrai, exige pour se convaincre du bénéfice de la vaccine une nouvelle inoculation : quand les faits sont isolés, on revient avec facilité à la contre-épreuve ; mais lorsqu'ils frappent soixante sujets, comme M. Treluyer, médecin de l'hôpital de Nantes, l'a constaté, ces vaccinations nouvelles, pour s'assurer de l'effet préservatif, peuvent laisser un retard dont profite la variole pour fondre chez ceux qui sont complètement demeurés insensibles à l'action du virus. Il n'est pas toujours facile de reconnaître et de distinguer parmi les sujets qui reçoivent seulement l'empreinte d'une infection générale ces organisations réfractaires au vaccin.

Dans les observations rapportées par M. Treluyer, après l'inoculation du virus il se développait un appareil fébrile, caractérisé par la céphalalgie, des frissons, du dégoût, l'accélération de la circulation, la chaleur à la peau. Ces signes d'infection générale ne s'accompagnaient pas d'éruption pustuleuse aux piqûres. La seconde vaccination restait toujours impuissante sur l'organisme saturé de virus.

Des faits authentiques si nombreux réunis dans une seule localité sont évidemment le résultat d'une constitution médicale particulière et momentanée. Ces constitutions atmosphériques, lorsqu'elles apparaissent, modifient la marche de la vaccine, empêchent les boutons de naître, ou bien semblent paralyser le virus, et toutes les vaccinations de la contrée où elles établissent leur empire demeurent infructueuses.

Des faits de ce genre, isolés et qui arrivent de loin en loin, reconnaissent plutôt pour cause une réaction puissante de l'organisation, qui, tantôt, anéantit les propriétés du vaccin, et tantôt étouffe l'éruption locale. Dans le cours des vaccinations qui me sont propres, je n'ai trouvé qu'un seul enfant réfractaire au développement des pustules. La première vaccination fut marquée par l'apparition de symptômes généraux très-intenses : tels que peau chaude et sèche, visage tour-à-tour pâle et rouge, puis frissons irréguliers, pandiculations, dégoût pour les alimens et de toute lactation, nausées et quelques vomissemens, accélération de la circulation, somnolence presque continuelle. Les piqûres restèrent rouges pendant quatre jours, puis elles pâlirent et il n'y eut aucune trace d'éruption locale. Vacciné de nouveau un mois après, cet enfant ne resta pas insensible à l'action du vaccin. Le même cortége de symptômes revint, mais il

était peu nombreux. La fièvre était moins intense, les bâillemens rares, l'appétit toujours nul comme la première fois,
la somnolence était encore continuelle, une rougeur plus
vive entoura les piqûres pendant trois jours. Je dois vacciner de nouveau cette organisation réfractaire à une éruption
locale et si sensible à l'infection générale. La bonne qualité
du vaccin ne saurait être contestée, puisque le même virus
inoculé à plusieurs enfans a fait naître chaque fois des vaccines régulières.

Art. VII. DE LA VACCINE EXPÉRIMENTALE.

Depuis la découverte de Jenner sur les propriétés du
cow-pox, on trouve dans les écrits de la science une longue
série de recherches expérimentales relatives aux propriétés
du vaccin et à ses effets sur les êtres animés. Ces expériences
multipliées nous ont déjà permis de tracer l'histoire du virus
vaccinal, de la vaccination et de la vaccine ; quelques-unes
intéressent à un si haut degré notre existence, qu'il me paraît convenable de les formuler en propositions générales.

1° Parmi les affections éruptives développées aux mamelles des vaches, le cow-pox, seul, renferme dans ses pustules
le fluide préservatif de la contagion variolique.

2° Le virus vaccinal diminue d'énergie à mesure que
l'on se rapproche de la période de dessiccation. C'est pourquoi le vaccin le plus jeune est toujours le plus actif.

3° Aussitôt que la pustule commence à paraître et sans
même qu'elle paraisse, le virus a produit toute son action
sur l'organisme. L'infection est donc générale tout d'abord
et détermine ensuite une éruption locale.

La vaccine non pustuleuse est la meilleure preuve pour
démontrer que la vertu spécifique du fluide ne réside pas dans
les boutons. On a varié beaucoup les expériences pour juger du
degré d'énergie de l'absorption du virus et de l'époque de

l'infection générale. Cette connaissance conduisait à connaître le moment où il est permis de recueillir le vaccin. Aussitôt après l'inoculation, **M.** Itard a lavé les piqûres avec de
l'eau simple ou chargée de dissolutions salines, sans arrêter la
marche de la vaccine. Plusieurs fois j'ai employé des léviga-
tions avec des liqueurs légèrement ammoniacales et chloru-
rées, aussitôt les piqûres terminées, sans entraver en aucune
façon le développement des pustules. Dans des recherches
consignées dans les *archives générales de médecine*, **M.** Bousquet a constaté que les ventouses pouvaient être appliquées
plusieurs heures de suite sur des piqûres, sans empêcher la
formation des pustules vaccinales. Mais on peut objecter que
les lotions et les ventouses sont insuffisantes pour enlever le
virus aux voies d'absorption sous épidermiques. Que répondre
aux moyens énergiques employés par Jenner et ses disciples
pour enrayer l'irritation locale lorsqu'ils la jugeaient trop
considérable, et qu'ils cautérisaient la seule et unique pustule sans nuire au bienfait préservatif de la vaccine ?

4° Il n'est donc pas rigoureusement nécessaire que la vaccine parcoure toutes ses périodes pour être salutaire, et il
est permis de l'interrompre dans sa marche pour obtenir du
virus.

5° Dès le premier jour de l'éruption, la pustule renferme
du vaccin que l'on recueille sans nuire à l'efficacité de la
vaccine. Mais il vaut mieux attendre vers le huitième ou
dixième jour, époque de l'entière formation des boutons,
parce que l'auréole argentée en contient en plus grande
abondance.

Les expériences de Sacco tendent à établir, à l'instar des
recherches de l'ancien comité central de vaccine, qu'il n'est
permis de toucher aux pustules qu'à l'époque de sa maturité vers le huitième jour, et que l'on ne saurait puiser impunément du virus aux boutons avant cette époque. C'est une
erreur réfutée avec soin par **M.** Bousquet et plusieurs autres

vaccinateurs ; car si l'infection générale est primitive, que l'éruption existe ou n'existe pas , peu importe , comme le démontrent les faits et l'expérience : quand les pustules se développent, il est bien permis de recueillir le fluide qu'elles renferment. De temps en temps même dans le cours des vaccinations il est utile, comme le conseille M. le docteur Gérardin, de retremper le virus en ouvrant les boutons dans les deux ou trois premiers jours de l'éruption. Des organisations réfractaires à du vaccin avancé deviennent très-sensibles à l'action énergique d'un jeune virus.

6° Si la propriété préservative ne réside pas dans l'éruption locale , une seule pustule est aussi puissante que plusieurs boutons pour garantir de la contagion variolique : témoin de cette vérité les expériences de Jenner qui faisait une seule piqûre au milieu des épidémies de variole ; témoin encore les vaccinateurs de plusieurs contrées qui suivent de nos jours son exemple.

Sous ce point de vue, la vaccine se rapproche encore de la variole et des exanthèmes cutanés en général. L'éruption n'est pas le phénomène le plus grave, mais bien l'infection générale. Aussi est-il permis, sans nuire aux varioleux et aux vaccinés, de cautériser les pustules par la méthode ectrotique.

7° Il n'existe aucune liaison entre l'intégrité des pustules et la puissance préservative du vaccin ; de sorte que les pustules les plus chétives de la vraie vaccine sont aussi puissantes que les boutons les plus vigoureux.

8° La vaccine est l'agent préservatif de la petite vérole.

Depuis Jenner, les succès des inoculations faites sur les organisations les plus opposées, chez tous les peuples et sous les influences atmosphériques les plus contraires , viennent à l'appui de cette vérité incontestable.

Les Hôpitaux de Paris, en **1801**, devinrent le théâtre de recherches nombreuses et variées pour constater l'efficacité du virus vaccinal. Tout était grand dans cette généreuse entreprise, et le but, et les médecins justement célèbres, et l'authenticité des expériences. Le vaccin sortit victorieux ainsi que la gloire de Jenner de tant d'épreuves terribles. Le virus inoculé ne permit jamais à la variole de frapper les organisations qui portaient son empreinte. Chaque petit vacciné bravait impunément le fléau sous toutes ses formes, soit les innoculations du virus varioleux, soit les points de contact multipliés avec les malades. On voyait les vaccinés manger et prendre les mêmes vêtemens que les variolés aux époques de la suppuration et de la dessiccation des pustules, et, au milieu de ce foyer épidémique, demeurer toujours gais, alertes, et n'éprouver aucun malaise, aucun vertige de l'influence du virus varioleux.

Lorsqu'on examine avec attention les contrées victimes d'épidémies meurtrières, on voit toujours que la vaccine s'y trouve peu cultivée. La variole au contraire n'a aucune prise dans les circonscriptions médicales placées sous l'égide de cet agent tutélaire. On trouve encore que dans les familles la variole frappe celles qui se refusent aux vaccinations. Les faits qui déposent en faveur de la vertu préservative du vaccin sont innombrables. C'est surtout dans les mouvemens épidémiques qui ravagent les campagnes et les cités qu'il est admirable de voir les vaccinés à l'abri de la variole, et le fléau exercer toute sa fureur contre ces gens réfractaires, stupides et ignorans qu'il défigure ou frappe de mort.

9° La vaccine n'a-t-elle qu'une faculté préservative temporaire?

Goldson le premier a élevé des doutes sur l'efficacité permanente de la vaccine. Jenner, pour démontrer que cette impuissance ou cette insuffisance de la vaccine était une chimère, pratiqua des inoculations à des individus qui avaient été vaccinés depuis vingt-cinq, trente-huit et cinquante ans, et ces opérations restèrent infructueuses. Ces deux idées, l'une favorable et l'autre contraire à l'action permanente du vaccin, divisent toujours les médecins. Quelques faits relatés dans certaines épidémies et quelques réussites de seconde vaccination (1) chez des variolés et des vaccinés luttent avec avantage contre la masse des faits contraires et font pencher vers la nécessité de renouveler les piqûres dans l'idée que la vaccine s'affaiblit ou se détériore avec le temps comme tous les objets de la nature.

Il existe donc des organisations avides des virus varioleux et vaccinal toujours disposées à les recevoir. Les effets secondaires de ces virus sur l'économie sont faibles et à peine sensibles. L'éruption variolique ou vaccinale qui se renouvelle ne s'accompagne plus, en effet, de la même série de symptômes ; elle est plus bénigne, expose moins les jours de la malade et prouve en faveur des secondes vaccinations.

Mais l'époque à laquelle certaines organisations deviennent aptes à contracter de nouveau la variole ou la vaccine est fort arbitraire. La mobilité des opinions des observateurs sur les faits égale et surpasse l'inconstance des faits eux-mêmes. Ces anomalies singulières se trouvent comprises dans un espace de temps très-variable, depuis un an jusqu'à vingt-cinq années. S'il est rigoureusement impossible, dans l'état actuel de la science, de fixer l'époque précise des secondes vaccinations, il est toujours convenable, dans les mouvemens épidémiques, d'inoculer le vaccin aux organisa-

(1) M. le professeur Moreau est parvenu, au moyen de nombreuses expériences, à constater le succès des secondes vaccinations chez des variolés et des vaccinés ; et, de plus, il a trouvé que le fluide de ces pustules secondaires, inoculé à des enfans, jouissait de toutes les propriétés spécifiques du vaccin primitif.

La *vaccinelle*, ou l'influence secondaire du vaccin sur certaines organisations, ne saurait être révoquée en doute ; mais elle est rare et mérite de sérieuses recherches. Un fait digne de remarque, c'est que le bouton, après sa chute, laisse une cicatrice étoilée ou radiée, et ne présente plus une surface gaufrée, caractéristique de la vraie vaccine.

tions assez malheureuses pour payer deux fois le tribut à la variole, et comme il est impossible de décider *à priori* quelles sont ces idiosyncrasies, on ne doit pas balancer à piquer les vaccinés qui se présentent. L'insuccès prouvera en faveur du premier vaccin, sans nuire à l'exercice des fonctions de l'économie. Une seconde réussite sera toujours favorable pour soustraire au fléau une organisation vaccinée qui s'en croyait à l'abri.

10° L'inoculation des virus varioleux et vaccin mélangés donne naissance aux fièvres éruptives de ces deux fluides sur le même sujet.

La variole marche à côté de la vaccine, et parcourt toutes ses périodes avec sa régularité accoutumée, et sans paraître influencée par le vaccin qui développe à son tour une série de phénomènes réguliers et légitimes, en sorte que le même sujet est tout à la fois tributaire de ces deux fièvres éruptives. Quelquefois l'agent prophylactique semble diminuer la violence des symptômes, ou faire avorter la variole ; dans d'autres circonstances, la maladie domine et anéantit sa puissance.

Ces deux affections peuvent donc, dans certains cas, marcher ensemble lorsque la variole se déclare aussitôt après la vaccination, comme il en existe des exemples dans la science, ou par suite de l'inoculation des deux virus. De ces faits il faut conclure 1° que le vaccin en possession le premier de l'organisme repousse la variole ; 2° que la variole empêche la vaccine de se développer ; 3° que l'organisme vierge de ces deux affections est susceptible de les recevoir simultanément ; 4° que l'une, bénigne, la vaccine, tient la place de l'autre, la variole, dont les effets sont quelquefois terribles ; et, en d'autres termes, que la première fièvre éruptive en possession de l'organisme jouit d'une force de répulsion sur la seconde qui tend à l'envahir. La variole exclut la vaccine, de même que la vaccine ferme tout accès à la petite vérole.

11° La vaccine n'a aucune influence sur le cours des maladies aiguës et chroniques.

Le vaccin, outre ses propriétés spécifiques incontestables, possède encore, selon quelques médecins, une action plus funeste que salutaire; funeste, parce qu'elle hâte le développement des tubercules et qu'elle donne l'impulsion à d'autres affections chroniques assoupies; funeste, parce qu'elle empêche, selon leurs idées bien comprises et partagées dans le vulgaire, la petite vérole de séparer les humeurs de l'économie; funeste enfin, parce qu'elle engendre les virus scrofuleux et rachitique. Si la vaccine trouve des adversaires en ce genre faciles à battre, il est vrai, parce que les faits pratiques et la saine physiologie détruisent de telles opinions erronées, elle le doit en partie à Jenner qui attribuait à la fièvre vaccinale une puissance assez énergique pour calmer les dentitions orageuses et, en partie, à ces ardens vaccinateurs qui lui reconnaissent une vertu immense, et qui lui donnent une force imaginaire. Il est tout aussi faux de préconiser la vaccine comme un moyen curatif de la dentition, des croûtes laiteuses, de la coqueluche, des convulsions, de l'ophthalmie, etc., qu'il est absurde de la considérer comme un obstacle aux évacuations humorales. Le seul effet de ce puissant moyen prophylactique est de prendre la place de la variole sans troubler l'exercice des fonctions.

ACCIDENS DE LA VACCINE.

La vaccine ne détermine jamais d'accidens généraux, mais quelquefois l'irritation locale est assez vive pour s'étendre au loin et former un érysipèle.

Chez les enfans lymphatiques et scrofuleux, les vaccinateurs ont observé les pustules se creuser et former de petites ulcérations très-longues à guérir. Ces ulcères, assez rares après l'inoculation du vaccin, étaient fréquentes, selon la re-

marque de Jenner, après les premières vaccinations du cow-
pox.

TRAITEMENT.

La médecine observe en silence les périodes d'une affection qui se lient et s'enchaînent sous une influence qui lui
échappe. La révolution vaccinale se fait toute seule, et sa
marche doit être respectée, tant qu'il n'y a pas urgence d'obtenir du vaccin des pustules.

L'on est obligé d'intervenir pour calmer, à l'aide de fomentations émollientes et narcotiques, une irritation locale
très-vive aux pustules. Dans ce cas, on prescrit la diète et
les infusions théiformes de mauve, de violette, de quatre
fleurs, d'orge, édulcorées avec les sirops de gomme ou de
capillaire, ou bien de groseilles.

Les épithèmes émolliens ne suffisent pas quelquefois pour
calmer le foyer d'irritation aux pustules, et il faut appliquer
des sangsues auprès des boutons, et mieux encore sur la peau
de la région axillaire, au niveau des ganglions lymphatiques
tuméfiés et douloureux. La cautérisation détruit à l'instant
même la pustule, et abat cette vive irritation inflammatoire
spécifique. Ce moyen très-violent, prodigué chez les Anglais
dans les premiers temps de la découverte, est, de nos jours,
en raison de la connaissance plus exacte des effets de l'irr.-
tation locale, complètement abandonné.

Lorsque l'inflammation se termine par la suppuration et
l'ulcération des pustules, il est prudent de vacciner de nouveau, considérant le premier virus comme avorté.

L'érysipèle se traite selon les moyens exposés page 82.
Les frictions avec l'onguent mercuriel sur les efflorescences
trop étendues et l'auréole rouge de la pustule ont fourni, en
Angleterre, de bons résultats.

On abandonne le vacciné à son régime de vie ordinaire,
rien ne doit être changé dans ses vêtemens, sa nourriture et

ses habitudes, lorsqu'il ne survient aucune complication de maladie aiguë ou chronique, et quand l'éruption locale est régulière. Il faut, à cet égard, détruire les préjugés des familles, qui retiennent enfermés très-chaudement les vaccinés.

FIN DE LA VACCINE.

TABLE DES MATIÈRES.

DE L'ANGIOTOMIE.

SAIGNÉES GÉNÉRALES.

DE L'ANGIOTOMIE CAPILLAIRE. (Saignée locale).

DE LA VACCINE.

FIN DE LA TABLE.

INTRODUCTION.

Depuis avril 1836 que l'enseignement de la botanique et de la pharmacologie à l'Ecole d'accouchement de Paris m'est confié, j'ai mis tous mes soins à méditer sur la manière la plus profitable à des élèves déjà bien occupées, de faire des leçons de ce genre; et secondé d'ailleurs par la sollicitude de M. le doyen Orfila, chargé de l'administration supérieure de la maison, qui avait à cœur d'y réorganiser cette branche d'études, trop brièvement traitée jusqu'à ce jour, je n'ai pas tardé de voir, avec vive satisfaction, par les examens du jury et le concours des élèves, en juin suivant, que j'avais pris une marche convenable, et que rien n'avait été dit qui ne fût à leur portée.

Ce sont en partie les notes et l'ordre de mes leçons que je publie ici. J'ai résumé autant que possible; j'ai puisé aussi dans ma *Phytologie pharmaceutique et médicale* (1), dont le succès m'a été bien flatteur, des matériaux capables de rendre ce travail aussi succinct qu'instructif. Tout l'abrégé de la *Botanique médicale* se trouve dans ce *Précis élémentaire*, à la rédaction duquel il ne m'a pas été permis de consacrer plus de deux cents et quelques pages.

Professant exclusivement la *pharmacologie* pendant l'hiver, j'ai été forcé de séparer cette science de la *botanique* propre-

---

(1) Ouvrage avec *Tables synoptiques*, et près de 600 fig. en taille douce, représentant les caractères des *Familles naturelles botaniques.*

ment dite , et d'en faire la 3ᵉ partie du livre, à laquelle , dans le cours des deux premières parties , l'*organographie* et es *familles* , je fais de nombreux renvois. Je regrette de n'avoir pu m'y arrêter suffisamment , mais j'obvierai à cette lacune par la publication prochaine d'un *Traité de pharmacologie et de thérapeutique.*

Il était peu rationnel de suivre la marche alphabétique dans la description des médicamens de chaque ordre, j'ai pensé qu'un arrangement par séries, selon la propriété dominante de chacun d'eux , était plus convenable, en avouant toutefois, avec les pharmacologistes célèbres de nos jours , qu'il est impossible d'établir d'une manière rigoureuse une méthode basée sur l'action thérapeutique des drogues , à cause des circonstances innombrables qui font varier les vertus des *matières médicales.* Du reste , les séries auront ceci d'avantageux , que l'on y trouvera l'indication des succédanées indigènes , de médicamens qui peuvent remplac er ceux qui sont trop rares ou trop chers.

Afin de procéder du simple au composé , j'ai d'abord parlé des *matériaux immédiats.* Je me suis un peu étendu sur ces produits , parce qu'on est plus sûr de leur action , et qu'ils doivent être préférés aux *parties* ou *organes* des *plantes.*

J'ai commencé la 3ᵉ partie par donner une idée des diverses *médications,* et ensuite j'ai mentionné les *opérations pharmaceutiques* et leurs *produits,* afin que, par cette espèce de vocabulaire, l'on puisse bien s'entendre sur la valeur des divers termes de première importance , dont les répétitions sont fréquentes dans le cours de ce travail.

Quant à la *partie botanique ,* elle résume les points essentiels de cette science, dans laquelle on pourra facilement , après ces notions préliminaires , se perfectionner avec des ouvrages spéciaux.

Les *familles* des plantes sont rangées dans ces *élémens ,* selon la *méthode de Jussieu,* qui est celle adoptée au Jardin

du roi et à celui de l'Ecole de la Faculté de Médecine, planté
tout récemment par mon savant ami **M.** le professeur **A. Ri-**
chard. J'ai eu soin de ne parler que des caractères des
familles qui ont des espèces médicinales croissant sur le sol
de la France ; j'ai de même négligé de décrire les *genres* et
espèces utiles qui sont *exotiques*, et que par conséquent l'on
ne peut rencontrer sinon dans des pays étrangers. Quant aux
plantes *indigènes*, j'en mentionne seulement le caractère spécifique distinctif essentiel.

A la suite de chaque citation ou description de plante
utile, j'en énumère les produits médicinaux, et, autant que
cela se peut, leurs propriétés générales, sans néanmoins
entrer dans aucun détail pharmacologique à leur égard,
renvoyant pour cette étude à la troisième partie, où les deux
dernières tables indiqueront facilement la place de l'article
qui concerne chacun d'eux.

Dans la *classification des plantes médicinales*, j'ai suivi
rigoureusement l'ordre que je viens d'établir au Jardin botanique de l'Ecole d'accouchement. Ce jardin, disposé avant
moi d'une manière systématique et défectueuse (méthode de
Tournefort modifiée), vient d'être replanté, et j'ai veillé à ce
que sa nouvelle disposition fût en harmonie avec les progrès
de la science. Cette disposition aidera singulièrement pour
les études d'été ; la nature sous les yeux, on pourra y suivre les descriptions et mieux saisir les divers caractères ainsi
que le *génie de la méthode naturelle*.

Les tables qui terminent l'ouvrage guideront beaucoup
dans la recherche des articles variés et nombreux, dont les
trois parties de ce *Précis élémentaire* sont composées.

Je fais des vœux pour pouvoir, par ce travail, que mes
leçons développeront, être utile à l'instruction des personnes
studieuses ; j'aurai ainsi contribué à payer avec bonheur un
nouveau tribut à la science et à l'humanité !

Janvier 1837.

PRÉCIS ÉLÉMENTAIRE

DE

BOTANIQUE MÉDICALE

ET DE PHARMACOLOGIE.

PREMIÈRE PARTIE.

ORGANOGRAPHIE.

VÉGÉTAUX. — BOTANIQUE.

Le règne végétal est composé d'êtres vivans, provenant la plupart de *graines* ou de *cayeux* et *boutures* qui ont fait partie de végétaux provenus de graines. Ces êtres se développent, attachés au lieu qui les a vus naître ; ils sont privés de mouvement volontaire et de sentiment, car il leur manque un système nerveux ; ils perpétuent leur espèce au moyen de la génération; enfin ils se nourrissent par *intussusception* en s'appropriant les substances nutritives au moyen de pores absorbans dont est parsemée leur surface extérieure , et que divers tissus élaborent , pour les transmettre ensuite dans toutes les parties qui constituent l'*individu*.

Deux principaux systèmes d'organes composent le végétal: ceux qui appartiennent au premier président au développement et à la conservation de la plante, ce sont les *organes nourriciers :* tels sont les *racines*, les *feuilles* et la *production herbacée annuelle des tiges.*

Le second système est formé des *organes reproducteurs*
divisés en *fleurs* et *fruits*; ils ne se montrent que quand l'individu a acquis un certain degré de vigueur , c'est par eux
que s'accomplissent les actes qui assurent la conservation
de l'espèce.

L'étude des différences que présentent entr'elles les parties des végétaux dans leur structure , figure , nombre, proportion, etc. , et que l'on nomme *caractères*, constitue la
phytologie ou *botanique*, science utile qui apprend à distinguer ainsi les plantes les unes des autres , et à rapporter en
groupes naturels celles qui ont le plus d'analogies.

GRAINES [1].

La période annuelle de la végétation finit presque toujours
par la formation d'organes semblables à ceux par où les plantes prennent naissance , c'est-à-dire par la production et
maturation de *graines*. Avant d'entrer dans les détails organographiques , il importe de faire connaître sommairement
ces produits et la germination , afin d'avoir une idée de la
naissance et du développement successif de toutes les parties
d'une plante.

Les graines sont des petits corps organisés, ordinairement
arrondis ou ovalaires , variant de couleur et de consistance ,
selon les diverses espèces; elles contiennent chacune le rudiment d'une plante semblable à celle qui les a produites.
Avant la dissémination , elles sont renfermées , en plus ou
moins grand nombre, dans un *péricarpe* , enveloppe d'épais-

(1) L'étude de la graine est très-compliquée et beaucoup d'auteurs
la réservent pour la fin de l'organographie végétale ; mais j'ai pensé
que puisque ce livre n'est en quelque sorte qu'un résumé de mes
démonstrations rendues faciles au moyen de nombreuses figures en
grand, que je fais passer sous les yeux des élèves, il était plus convenable de faire prendre de suite une connaissance sommaire de la
germination , etc.

seur et de texture variable qui, avec elles, constitue ce que l'on nomme le *fruit*.

Les graines ou semences ont de grandes analogies avec les œufs des animaux, surtout ceux des oiseaux; comme ces œufs elles contiennent le *germe* ou *embryon* toujours entouré d'*enveloppes*, ou *tuniques propres protectrices* qui servent en même temps pour la circulation de divers fluides, et accompagné d'une provision de substances nutritives destinées à ses premiers besoins lors de la germination.

Lorsque les graines sont encore contenues dans le fruit, elles en reçoivent leur nourriture au moyen de petits prolongemens vasculaires, naissant de *placentas* ou *placentaires*, et qui, semblables au *cordon ombilical* du fœtus, partent de points variés de la surface interne du péricarpe (utérus végétal), pour se rendre à chaque graine. Mais lorsque leur maturité est arrivée, ces graines se détachent de la plante mère, se disséminent, tombent sur le sol, et là, lorsque les circonstances sont favorables à la germination, elles se gonflent, l'embryon presse de toutes parts les enveloppes séminales; celles-ci se déchirent et le jeune végétal ne tarde pas à se montrer au jour pour y développer les divers organes qui lui permettront de remplir le but constant de la nature, celui de perpétuer l'espèce au moyen d'une nouvelle génération et de la fructification.

L'*embryon* des graines varie beaucoup de forme et de manière d'être, mais il est toujours composé de deux systèmes d'organes, qui sont le *blastème* et le *corps cotylédonaire*.

Le *blastème* est le rudiment de la plante qui doit naître de la graine: il est allongé, dressé ou plus ou moins replié sur lui-même: on y remarque deux extrémités; l'une, souvent de forme conique, produit la racine, c'est le *corps radiculaire* ou *caudex descendant*; de l'autre extrémité naîtront tous les organes qui vont se diriger en sens inverse de la radicule et se développeront au jour. Cette seconde partie porte le nom de *caudex ascendant*, *plumule* ou *gemmule*; c'est en effet comme un petit bourgeon formé de plusieurs feuilles en miniature, plissées diversement sur elles-mêmes jusqu'après la germination. Cette gemmule est parfois immédiatement posée sur la radicule à sa base; d'autres fois il y a un prolongement vasculaire partant de la radicule qui leur est intermédiaire, c'est un petit support appellé *tigelle*; en s'allongeant il produira la tige dans la plupart des cas.

Le *corps cotylédonaire*, souvent principal organe nutritif de l'embryon, se remarque entre la gemmule et la radicule vers le *collet*, la tigelle existant ou non. Il est composé d'un tissu cellulaire régulier que des linéamens vasculaires parcourent. Il y a continuité de tissu entre lui et les parties que nous venons d'énumérer; ce corps de figure variable, mais souvent réniforme, est composé d'un seul *lobe* ou *cotylédon*; d'autres fois, il y en a deux, comme on peut le voir parfaitement dans le *haricot*, les *pois*, où l'on aperçoit le *blastème* placé entr'eux; enfin il peut y avoir un plus grand nombre de cotylédons. Lorsque celui-ci est unique, l'embryon est dit *monocotylédoné*: dans les cas suivans on l'appelle *dicotylédoné*, c'est-à-dire lorsqu'il y en a deux ou davantage.

Cette disposition, toujours constante dans le nombre des cotylédons, est liée avec la manière d'être des diverses plantes, surtout avec la structure de leurs tissus et la disposition particulière de leurs organes, ainsi qu'on le verra en étudiant chacun d'eux successivement.

GERMINATION.

Après nous être arrêté un instant à ce qui concerne la tructure de la graine, examinons ce qui se passe lors de sa *germination*.

Tout étant dans une disposition favorable pour l'accomplissement de cet acte important, l'*air*, la *lumière*, l'*humidité*, la *nature du sol*, convenablement modifiés, agissent sur la graine; ses enveloppes se ramollissent, le corps cotylédonaire se gonfle, une liqueur émulsive s'y forme, des vaisseaux appelé*, mammaires*, qui serpentent dans le tissu des cotylédons, la charient jusque dans le *blastème* ; celui-ci, recevant une première nourriture en attendant que la *radicule* soit assez vigoureuse pour elle-même pomper dans le sol les sucs nutritifs nécessaires au jeune plant, ne tarde pas à grandir, à se débarrasser avec les cotylédons des tuniques séminales et à se montrer à la lumière ; la *radicule* toutefois devance la *gemmule* dans son développement, car souvent elle a pris un accroissement considérable, elle s'est déjà couverte d'un *chevelu* et de *spongioles*, qui pompent de toutes parts dans le sol, avant que ce qui doit constituer le *caudex ascendant*, la *gemmule*, ait fait voir par un léger accroissement qu'elle partageait l'impulsion vitale que la germination a transmise à tout ce nouvel être.

Il est bon de faire observer ici que dans beaucoup de cas, selon les espèces, et surtout lorsque les cotylédons sont petits, il y a une substance particulière contenue dans la graine que l'on peut comparer au *vitellus* ou jaune d'œuf. Les botanistes l'appellent *périsperme* ou *endosperme* : cette substance est de la même nature que les cotylédons. La fécule s'y change aussi en une liqueur sucrée lors de la germination : elle est destinée à suppléer en quelque sorte au défaut de vigueur de ces cotylédons ; mais l'*endosperme* en diffère essentiellement, parce qu'il n'a aucune communication directe de tissu avec l'embryon : son principe nutritif, au lieu d'être transporté dans le blastème au moyen de vaisseaux, est simplement absorbé par toute la surface de l'embryon : lorsqu'il existe, on dit la graine *périspermée*.

Le caudex descendant ou corps radiculaire devient *la racine*; celle-ci est le premier organe nutritif qui entre en fonction après la germination. Nous commencerons par elle l'organographie, afin de suivre successivement dans l'étude de toutes les parties des plantes le même ordre que la nature met dans leur développement; mais avant il est nécessaire de connaître aussi la structure anatomique des tissus végétaux.

TISSU ORGANIQUE DES PLANTES.

Ce qui fait la base de l'organisation d'une plante est formé d'un tissu membraneux, plus ou moins transparent, cellulaire et continu, criblé d'une quantité de pores ou de fentes transversales qui établissent la communication entre les diverses parties du végétal, et facilitent l'ascension des sucs séveux.

Dans le principe, ce tissu membraneux n'était lui-même qu'un mucilage organisé, semblable au *cambium*, dont on peut examiner la nature au printemps, par exemple, entre l'écorce et le bois des arbres dicotylédons tels que les *tilleuls*.

Dans le plus grand nombre des cas, le tissu membraneux est tantôt entièrement formé de petites cellules qui aboutissent les unes aux autres, il est alors nommé *tissu cellulaire*; tantôt il se représente sous forme de petits tubes ou vaisseaux, variant de grandeur et de forme, et dont l'ensemble constitue le tissu *tubulaire* ou *vasculaire* : ce dernier tissu est produit par le tissu cellulaire lui-même, qui varie et se modifie ainsi, suivant la manière dont il est disposé et les fonctions qu'il est destiné à remplir.

Le *tissu cellulaire* proprement dit a été comparé, par Grew, à l'écume d'une liqueur en fermentation: il est formé de cellules dont divers procédés permettent l'isolement. Comme elles sont contiguës, et que les unes mettent obstacle à la dilatation des autres par les résistances qu'elles s'opposent mutuellement, elles ont toutes la forme hexaèdre : cette forme peut varier néanmoins, suivant les difficultés qu'éprouvent ces cellules dans leur développement de la part des parties déjà durcies du végétal.

Le tissu cellulaire régulier renferme, dans divers végétaux, des sucs qui s'y élaborent ; ces sucs n'ont qu'une marche très-lente, et même ils paraissent y être souvent dans un état de repos.

Le *tissu vasculaire* est formé de différens vaisseaux dont les fonctions varient, et qui sont composés de cellules extrêmement longues, roulées sur elles-mêmes, de manière à former des canaux et des ramifications en réseau, pour distribuer dans toutes les parties des plantes l'air, la sève et les sucs nutritifs nécessaires à la végétation. Les vaisseaux qui composent ce tissu sont ou ovales, ou cylindriques, ou anguleux ; ils s'anastomosent souvent entr'eux, et leurs extrémités disparaissent en changeant en tissu cellulaire. Ils sont aussi percés dans toute leur longueur d'un grand nombre d'ouvertures qui servent à faciliter les divers fluides qui circulent dans leur intérieur, à se répandre de tous côtés dans les parties latérales. Cette circulation de fluides ne doit aucunement être comparée à celle du sang des animaux, car elle n'est qu'un effet physique dû à l'ascension de la sève vers les parties qui sont le plus en contact avec l'air. Ce fluide la pompe au fur et à mesure, et la sève lui arrive avec d'autant plus de vitesse qu'il est plus sec et plus électrisé.

M. le professeur Mirbel a distingué six principales modifications de vaisseaux, qui proviennent du tissu vasculaire des plantes ; elles se confondent les unes avec les autres, et souvent, dans la longueur des vaisseaux, on les remarque tour-à-tour. Ces vaisseaux sont les suivans :

1° *Vaisseaux moniliformes* ou en chapelets. Ce sont des tubes qui présentent des resserremens de distance en distance ; des diaphragmes partagent leur cavité ; ils sont poreux et comme criblés : c'est par leur moyen que la sève passe dans les gros vaisseaux des tiges ; partout où la sève a un cours actif, l'on trouve ces sortes de vaisseaux.

2° *Vaisseaux poreux.* Ils sont criblés de pores d'autant plus fins que les bois sont plus durs ; ils sont rangés par séries transversales partout où la sève circule avec quelque liberté , comme dans les racines , les grosses nervures des feuilles , etc.

3° *Les fausses trachées* sont les principaux conduits de la sève; ils diffèrent des vaisseaux poreux en ce que leurs pores sont élargis ou bien remplacés par des fentes transversales.

4° *Les trachées* , aussi nommées *vaisseaux spiraux*, paraissent formées par une ou plusieurs lames , souvent élastiques, transparentes, capillaires et sétacées, contournées sur elles-mêmes en tire-bourre ou en spires serrées , et dont les tours de la spirale se touchent sans contracter d'adhérence et de manière à ne former qu'un tube continu en apparence : le sucs séveux s'y trouvent souvent mêlés à l'air.

5° *Vaisseaux mixtes.* Ceux-ci réunissent les caractères des quatre espèces de vaisseaux que nous venons de citer, c'est-à-dire qu'ils sont, dans différens points de leur étendue, tour-à-tour *trachées, fausses trachées, vaisseaux poreux et vaisseaux en chapelet.* Ce cas prouve combien l'organisation végétale est simple, puisqu'elle n'est en entier composée que d'un tissu membraneux ainsi diversement modifié.

6° *Les vaisseaux propres* ou *réservoirs des sucs propres,* ainsi nommés parce qu'ils sont remplis de sucs particuliers à chaque végétal ou à chaque partie du même végétal, sont des organes sécréteurs qui, comme de véritables réservoirs isolés, séparent et retiennent les différentes humeurs d'une nature particulière, et qui ne doivent pas être mêlées au suc commun. Les vaisseaux propres ne sont jamais pourvus de pores ni de fentes; on les divise en *simples* et *composés*; c'est toujours au-dessous des premières couches corticales qu'ils sont situés ; on les reconnaît en coupant une tige perpendiculairement à son axe, par les gouttes de liqueur distinctes de la sève, et diversement colorées, qui suintent de leurs extrémités ouvertes. Dans la chélidoine, le suc de ces vaisseaux est jaune ; dans les euphorbes, il est blanchâtre ou lactescent; dans les conifères, ils contiennent de l'oléo -résine, etc.

Une septième espèce de vaisseau est admise depuis quelques années, ce sont les *tubes simples* ; ils servent au mouvement circulatoire de la sève, aucun pore ne se remarque à leurs parois; du reste ils sont souvent anastomosés entre eux, et ils se ramifient.

Les diverses modifications que subissent ces vaisseaux, leur position les uns à l'égard des autres, l'arrangement et la combinaison entre ces vaisseaux et le tissu cellulaire, constituent tous les organes d'une plante.

Les plantes *dicotylédones* offrent une quantité de tissu vasculaire beaucoup plus grande que celles dont les graines germent avec un *cotylédon*; aussi appelle-t-on les premières *vasculaires*, tandis que les plantes *monocotylédones*, dans lesquelles le tissu vasculaire est dans des proportions égales au tissu cellulaire, sont appelées *cellulo-vasculaires*. On appelle *plantes cellulaires* celles qui naissent sans *cotylédons* ; tels sont les *champignons*, *algues*, etc.

ORGANES NOURRICIERS DES PLANTES.

I. RACINES.

La racine, radicule développée, est cet organe qui occupe l'extrémité inférieure de la plante qu'il soutient et fixe au sol, et à laquelle il fournit les sucs qu'il puise par ses ramifications déliées, appelées *chevelu*. La racine tend toujours à descendre vers le centre de la terre, et par conséquent elle croît en sens inverse des autres parties de la plante, en cherchant l'ombre et l'humidité.

On appelle les racines, *souterraines*, *flottantes* ou *para-*

sites, selon qu'elles sont plongées dans la terre, dans l'eau, ou qu'elles pénètrent le tissu d'autres végétaux aux dépens desquels elles vivent.

Il est des racines qui ne servent qu'à fixer le végétal au sol ; on les appelle *aériennes* : les feuilles, dans ce cas, suffisent seules aux besoins nutritifs de l'individu.

Trois parties plus ou moins distinctes se remarquent dans la plupart des racines appartenant à des plantes à embryon dicotylédoné, c'est-à-dire le *collet*, le *corps* et les *radicelles*.

1° Le *collet*, bourrelet qui est placé à son extrémité supérieure ; on le remarque surtout dans les racines charnues et pivotantes : dans cette partie passent les sucs que la racine a pompés pour se porter après élaboration dans tous les tissus du végétal.

2° Le *corps*, partie qui constitue presque la totalité de cet organe dans le navet, le panais, etc. Le corps n'absorbe pour ainsi dire point, et la fonction absorbante est uniquement réservée au *chevelu* ou *fibres radicellaires* qui y sont attachées.

3° Les *radicelles*, filamens qui sont garnis à leur extrémité d'un renflement cellulaire appelé *spongeole*; les *radicelles* font partie essentielle des racines, elles existent constamment, au lieu que le collet et le corps ne sont pas toujours bien apparens. D'après la manière d'être des racines qui sont toujours de même nature dans les espèces semblables, on les distingue ordinairement en *pivotantes*, *fibreuses*, *tubérifères*, *bulbifères* et *progressives*.

Les *racines pivotantes* s'enfoncent perpendiculairement en terre, et servent en quelque sorte de soutien ou de pivot naturel à la plante. Chez elles on remarque un *collet* et un *corps* conique bien développé, tandis que les *radicelles* sont en petit nombre, et disséminées principalement vers le bas du corps : exemple, la *carotte*, le *radis*.

Les *racines fibreuses* sont, pour ainsi dire, entièrement formées du chevelu ; le corps n'est, chez la plupart, qu'à l'état rudimentaire ; le collet se confond avec le bas de la tige.

La plupart des plantes à embryon monocotylédon ont de semblables racines : exemple, les *céréales*, les plantes à ognons, etc.

Les *racines tubérifères* sont composées de fibres plus ou moins épaisses et allongées, qui présentent d'espace en espace des renflemens cellulaires contenant une matière amilacée, et que parcourent des vaisseaux pour se rendre à la superficie, où ils donnent naissance à des *turions*, espèce de petits boutons qui doivent se développer l'année suivante en autant de tiges : exemple, la *pomme de terre*, le *topinambour*.

Les *racines bulbifères* présentent chacune un collet, large plateau duquel partent inférieurement une grande quantité de radicelles, tandis qu'à sa partie supérieure il porte un bulbe, comme on peut le voir dans l'*ognon*, les bulbes de lis, de tulipe, etc.

Les *racines progressives* sont des espèces de tiges souterraines (*rhizomes*, Rich.), qui s'allongent antérieurement et se détruisent postérieurement ; les radicelles naissent de leur surface inférieure : exemple, l'*iris*, le *nénuphar*.

Ces diverses racines se confondent entr'elles par des nuances intermédiaires ; on en trouve aussi quelquefois plusieurs espèces sur un même végétal, comme dans le *topinambour*, par exemple.

La durée des racines varie ; elles sont appelées *annuelles* ⊙ quand elles meurent tous les ans avec la plante ; *bisannuelles* ♂ quand elles appartiennent à des plantes qui se développent la première année de leur végétation, mais fleurissent et meurent la seconde année après qu'elles ont été semées ;

on les appelle *vivaces* ♃ lorsqu'elles restent vivantes en terre pendant plusieurs hivers, tandis que leurs tiges et feuilles meurent à chaque fin d'automne pour renaître au printemps sur les mêmes racines vivaces par boutons ou turions. Enfin, on appelle *ligneuses* ♄ les racines qui appartiennent aux végétaux ligneux (1).

Il est essentiel de connaître le temps où l'on doit se procurer les racines pour qu'elles soient dans leur plus grande vigueur ou à leur maturité, qui est l'époque à laquelle leurs principes ont le plus de propriétés, afin de pouvoir les conserver après leur dessiccation pour les faire entrer dans les compositions officinales, et de pouvoir suppléer à ces mêmes substances fraîches dans des saisons où il est difficile de se les procurer. Quant aux racines que l'on doit employer récentes, telles que celles des *crucifères*, comme on est obligé de les recueillir lors des besoins qui quelquefois sont pressans, elles ne sont pas assujéties à des règles fixes ; on doit seulement observer de les laisser en terre plutôt que de les conserver entourées de sable, dans des caves, pendant l'hiver, comme on le fait ordinairement, et à tort, pour le *raifort*, etc.; car elles deviennent, dans ce cas, inertes, à cause de la végétation qui continue au moyen de la température douce qui y règne.

Choix et récolte des racines.

On doit choisir les racines les plus nourries ainsi que celles qui ont les qualités qui leur sont propres les plus prononcées, telles que leur odeur, saveur, couleur, etc. Les racines appartenant à des plantes qui se sont développées dans des lieux qui leur sont naturels doivent aussi être préférées.

Quoiqu'un temps sec soit préférable pour la récolte des

______

(1) *Voyez* les figures qui servent à désigner ces diverses espèces de racines.

racines, on ne doit cependant que rarement avoir égard aux
intempéries atmosphériques; la saison dans laquelle on les
récolte est ce qu'il y a de plus essentiel à observer.

Des auteurs donnent le printemps pour la saison la plus
favorable, et d'autres l'automne.

Racines annuelles. En considérant les *plantes annuelles*,
nous remarquons que leurs racines ont pris tout leur développement et toute leur nourriture quand le végétal est
prêt à sécher et quand les semences commencent à se détacher de leur placentaire pour se disséminer. C'est le vrai moment de les récolter; car, avant cette époque, elles sont trop
tendres et trop aqueuses, et leur suc propre n'est pas assez
élaboré ; plus tard elles deviennent ligneuses, et finissent
par se désorganiser avec le reste du végétal.

Les *racines bisannuelles* ne doivent se récolter que la seconde année de la végétation et immédiatement après la
fructification, pour la même raison ; car la sève ayant toujours servi au développement des autres parties, et n'ayant
fait que passer par la racine sans s'y fixer, puis la racine
elle-même ayant eu besoin de tout ce temps pour prendre son
entier accroissement, ses principes constituans n'ont pu
profiter que quand une fois les racines, dépouillées de feuilles et de tiges végétantes, se sont reposées ; ce repos tour-
nant, pour un certain moment, à l'avantage de cet organe,
auparavant épuisé ou trop jeune, et semblable, comme le
dit Boerhaave, aux jeunes animaux dont les fibres, ayant
peu de vigueur, ne peuvent qu'avec peine élaborer les sucs
nourriciers et les assimiler à leur propre substance.

Racines vivaces. — Les auteurs sont encore partagés sur
la récolte des racines vivaces, quoiqu'ils conseillent de ne la
faire qu'à la troisième année au moins ; celles qui sont mucilagineuses demandent cependant d'être cueillies dans leur
jeunesse ; plusieurs préfèrent le printemps et le moment
auquel les paquets de feuilles commencent à se développer

et à sortir de terre; ils disent pour leurs raisons qu'alors elles sont plus charnues et plus succulentes, au lieu que celles d'automne sont dures et ligneuses, s'étant épuisées pendant l'été à fournir des sucs végétatifs aux différentes parties de la plante. D'autres, dont Dioscoride et Gallien sont du nombre, recommandent d'arracher les racines en automne et au commencement de l'hiver.

Il paraît, d'après ces opinions, qu'il est difficile d'établir des règles générales sur cette matière. Baumé préfère l'automne ou le commencement de l'hiver, et il dit que les racines, au printemps, sont abreuvées d'une grande quantité de suc aqueux qui n'a subi aucune élaboration, et par conséquent que leur substance est molle et presque sans vertu ; en effet, ces racines diminuent en se séchant de presque moitié plus que les racines d'automne. Nous sommes aussi d'avis de récolter les racines vivaces à la fin de l'automne ou au commencement de l'hiver, plutôt que dans tout autre temps, parce que, comme le dit M. Mirbel, les rayons du soleil sont alors sans force, les nuits deviennent froides, les feuilles s'imbibent de l'humidité de l'atmosphère et transpirent peu, les sucs cantonnent dans les parties inférieures du végétal et les nourrissent ; ce n'est que quand le froid devient considérable que la végétation s'arrête pour ne reprendre qu'au retour de la belle saison.

L'on peut régler la récolte des racines d'après leur nature ainsi qu'il suit :

1° Les racines inodores, mucilagineuses, d'une saveur douce, visqueuse, extracto-gommeuse, quelquefois astringente, se récoltent vers la fin du printemps. (Exemple, la consoude, la guimauve.)

2° Les racines inodores, extracto-résineuses, d'une saveur plus ou moins amère, astringente, se récoltent en automne et quelquefois au printemps. (Exemple, la bardane, la gentiane.)

3° Les racines odorantes, d'une saveur fraîche et piquante, telles que celles des crucifères, se récoltent en tout temps, mais pas la première année de leur végétation ; elles doivent être employées fraîches.

4° Celles qui sont odorantes, extracto-résineuses, ou oléagineuses, qui ont une saveur pénétrante, chaude, aromatique, doivent être récoltées un peu avant la floraison. (Exemple, les racines des ombellifères.)

Quant aux racines ligneuses, elles peuvent se récolter avant que la sève se mette en mouvement. Ces sortes de racines ne sont que très-peu d'usage en médecine, et l'on n'en compte que quelques exotiques.

La récolte des racines achevée, on doit pourvoir à leur dessiccation, c'est-à-dire les priver de l'humidité surabondante, naturelle ou accidentelle qu'elles renferment, et qui les altérerait plus ou moins promptement, afin de les conserver pendant un certain temps. Ces substances séchées ressemblent, pour ainsi dire, à une espèce d'extrait ; car, en leur enlevant le fluide aqueux, les principes qu'elles contiennent se rapprochent, se combinent même plus intimement, et se trouvent en plus grande quantité sous le même volume, ou du moins sous le même poids, toutes fois cependant que la dessication s'est faite selon les règles prescrites : ceci est si vrai, que la racine, après sa dessiccation, est ordinairement plus sapide, souvent même plus odorante qu'à l'état récent.

RACINES MÉDICINALES.

Racines *mucilagineuses* (émollientes) :

    Guimauve, consoude.

— *farineuses* :

    Chiendent, canne de Provence.

— *sucrées :*

Réglisse, carotte, betterave.

— *dites sudorifiques :*

Squine, salsepareille, sassafras.

— *diurétiques :*

Asperge, bryone.

— *dites dépuratives :*

Bardane, patience.

— *aromatiques* (stimulantes).

Angélique, calamus, serpentaire de Virginie, valériane, polygala, raifort.

— *amères* (toniques) :

Gentiane, quassia, chicorée sauvage.

— *purgatives :*

Rhubarbe, jalap, hellébore.

— *acerbes astringentes :*

Ratanhia, bistorte, tormentille.

— *agissant particulièrement sur le système nerveux :*

Ipécacuanha, asaret, belladone.

II. TIGES.

La tige est le support principal des parties du végétal qui s'élèvent au-dessus de terre; elle part immédiatement de la racine, dont elle paraît être la continuité, quoiqu'elle soit d'une structure très-différente, et les feuilles sont attachées à elle ou à ses ramifications.

On comprend sous le nom général de *tige :*

1° *Le tronc;* c'est la tige des arbres dicotylédons : elle s'amincit insensiblement et se ramifie à son sommet. On divise le tissu des tiges des dicotylédones ligneux en trois parties anatomiques : 1° l'externe ou écorce ; 2° la moyenne ou bois qui comprend l'aubier et les couches ligneuses avec leurs rayons médullaires ; 3° la centrale, laquelle est formée de l'étui médullaire et de la moelle. Ces tiges croissent en hauteur et en épaisseur, par le renouvellement annuel du tissu herbacé qui se surajoute aux anciennes couches : tels sont les arbres de nos forêts.

2° *Le stipe* ; c'est la tige des arbres monocotylédons : ces tiges ont rarement une écorce distincte ; elles n'offrent pas de bois disposé en couches concentriques ; elles n'ont point de rayons médullaires, et leur moelle, au lieu d'être resserrée dans un canal, au centre de la tige, s'étend presque jusqu'à la circonférence : des faisceaux vasculaires y sont distribués avec plus ou moins de symétrie, et parcourent la tige dans sa longueur. L'accroissement de ces tiges se fait seulement en longueur, par le développement annuel d'un bourgeon central et terminal ; tels sont les *palmiers* : le stipe est d'un diamètre à peu près égal dans toute sa longueur, et se termine par un faisceau de feuilles provenant du dernier bourgeon annuel.

3° *Le chaume* ; c'est la tige des graminées : elle est ordinairement creuse, et toujours pourvue de distance en distance de nœuds qui portent chacun une feuille, dont le pétiole forme une gaîne ; un épi de fleurs le termine.

4° *La tige proprement dite*, dénomination vague : on s'en sert pour désigner les tiges des dicotylédones annuels.

Lorsque le végétal est privé de tige, les feuilles, les fleurs et les fruits naissent du sommet de la racine. Les plantes sont dites dans ce cas *acaules*, et le support de leurs fleurs est appelé *hampe* ; mais lorsque la tige existe, c'est toujours elle ou ses ramifications qui portent les feuilles, les fleurs et les fruits.

Les herbes ont en général des tiges molles, aqueuses, et de courte durée, qui fleurissent une fois et meurent ensuite.

Les arbres, les arbrisseaux, les arbustes, ont des tiges solides ligneuses.

Les observations pour la récolte des tiges ne sont pas si étendues que celles régardant les racines. Les tiges qui sont annuelles, et par conséquent herbacées, se récoltent avant la fin de la floraison: exemple, l'*angélique*. La plus grande partie est ordinairement récoltée avec les feuilles, et se sèche avec elles. D'autres fois on n'en prend que les sommités. Nous verrons, à l'article qui traite des feuilles, les précautions que l'on doit prendre à leur égard. Quant aux tiges solides et vivaces dont on a besoin du bois proprement dit, elles doivent être choisies saines et d'un âge moyen; la meilleure époque pour leur récolte est la fin de l'hiver, c'est-à-dire avant les premiers mouvemens de la sève et le développement des bourgeons.

III. ÉCORCES.

La récolte des écorces n'appartient qu'aux plantes ligneuses; elle se fait au printemps, lorsque la végétation est dans toute son activité; alors les écorces sont plus faciles à séparer du corps ligneux. Cette opération doit se faire par un temps sec et beau; elle est appelée *excortication*, par les pharmaciens. On excortise les tiges et les branches en les incisant circulairement et longitudinalement à de certaines distances; l'écorce s'en sépare en se soulevant avec facilité.

On ne prend quelquefois que le liber ou les dernières couches corticales pour l'usage pharmaceutique, comme cela se fait pour l'*orme pyramidal*, *le sureau*, *la cannelle*, etc.; d'autres fois on prend l'écorce dans son entier. En ce cas, on doit avoir soin d'enlever, en raclant, les couches extérieures désorganisées : on détache en même temps les cryptogames qui y sont attachés, et qui, comme l'épiderme, ont des propriétés inertes. On doit aussi ôter le mucus de l'intérieur des écorces, en les frottant avec un linge rude. En général, on doit préférer les écorces des jeunes tiges et rameaux à celles des branches et du tronc, parce qu'elles ont les qualités qu'on y recherche plus prononcées.

Bois et écorces pharmaceutiques.

Les écorces et les bois médicinaux les plus usités sont les écorces de *cannelle*, de *cascarille*, de *chêne*, de *racine de grenadier*, de *garou*, de *marronnier*, de *quinquina*, de *sureau*, le bois de *gayac*, et de *douce amère*.

IV. BOUTONS.

Les boutons sont des protubérances plus ou moins volumineuses, et d'une forme variée, qui naissent immédiatement sur les racines ou à la surface des tiges et des rameaux, et qui recèlent le rudiment de divers organes, tels que feuilles, fleurs et leurs supports, qui n'attendent que des circonstances favorables pour se montrer au jour. Ils sont produits par l'extrémité du faisceau vasculaire dévié. On distingue quatre sortes de boutons : 1° *le bulbe ou ognon*, 2° *le turion*, 3° *le bulbille*, 4° *le bouton proprement dit*. Il n'y a presque pas de plantes qui n'aient de l'une de ces quatre espèces : toutes servent à préserver les organes qu'elles renferment des injures de l'air. Le bulbe et le turion ne se développent que sur les racines; tandis que le bulbille et le bouton proprement dit sont produits et reposent immédiatement sur les tiges.

Le *bulbe* ou ognon est un bouton volumineux qui naît immédiatement de la racine, et qui repose sur un plateau formé par son collet. Les écailles ou lames dont ils se composent, et qui ne sont que des feuilles avortées, sont le plus souvent épaisses, charnues, mucilagineuses : tantôt elles s'engaînent et s'enveloppent complètement les unes les autres (*bulbe tunique*) ; tantôt les écailles sont distinctes, et, au lieu d'être embrassantes, elles sont imbriquées (*bulbe squammeux*) ; quelquefois le bulbe est entièrement solide et comme *tubéreux*.

Les *turions* sont des petits boutons qui sortent des *racines vivaces* au temps de l'activité de la végétation, et qui produisent des tiges annuelles par leur développement : ils ne diffèrent des bulbes que par leur petitesse et parce qu'ils sont isolés ; telles sont les *pointes d'asperges*. Les turions développés se nomment *rejetons*.

Les *bulbilles* sont des espèces de bulbes forts petits, qui naissent sur des plantes, à cause d'eux appelées *vivipares* : ils s'organisent tantôt dans les aisselles des feuilles, tantôt à la place des fleurs ou dans les péricarpes, où ils tiennent lieu de graines ; et lorsqu'ils sont parvenus à un certain terme d'accroissement, ils se détachent de la plante mère, pour végéter à la manière des bulbes, en s'enracinant en terre.

Les *boutons proprement dits* sont des productions le plus souvent coniques et écailleuses que l'on nomme d'abord *yeux ;* dans le temps de l'ascension de la sève, on les voit poindre à l'extrémité des branches et à l'aisselle des feuilles des végétaux ligneux des climats froids et tempérés, où la végétation est suspendue pendant un certain temps. Les écailles que l'on voit à leur surface souvent enduites d'un suc résineux, visqueux et odorant, recouvrent et abritent le rudiment de la jeune pousse encore tendre et délicat contre le froid et l'humidité des hivers.

Au printemps suivant le bouton développé prend le nom de *bourgeon* : à cette époque les écailles extérieures, dures, sèches et membraneuses, forcées de s'écarter pour faire place aux feuilles, fleurs et leurs supports, se renversent et tombent, tandis que les intérieures, dont l'ensemble forme la *pérule*, verdâtres et jouissant d'une certaine vitalité, continuent de végéter pendant un laps de temps, et servent souvent encore, sous le nom de *stipules*, de soutien et de protecteurs aux organes qui viennent de naître.

RÉCOLTE.

C'est à l'arrière-saison que se récoltent les bulbes, ou au printemps, un peu avant le développement des organes qu'ils contiennent; car à cette époque les sucs nutritifs affluent considérablement dans leur tissu, et ils sont alors dans leur maturité. Par la même raison que nous avons donnée pour les racines vivaces, les bulbes doivent avoir plusieurs années de végétation avant d'être arrachés de terre.

La plupart des bulbes, tant pour l'économie domestique que pour la médecine, sont employés frais ou conservés dans du vinaigre: tels sont ceux des diverses espèces d'*aulx*, le *poireau*, l'*ognon*, l'*échalotte*, etc. Le bulbe ou *ognon de scille* est de même usité dans l'état de fraîcheur, surtout dans les pays maritimes où il croît en abondance; mais on le dessèche aussi. A cet effet l'on coupe des *squammes* par petites lanières, en sens inverse de la direction des fibres, pour détruire toute faculté végétative à ces fibres; l'air ne tarde pas alors à s'emparer de toute leur humidité, au lieu qu'autrement la dessiccation est pour ainsi dire impossible.

C'est aussi au printemps que les *boutons proprement dits*, tels que ceux de peuplier, de sapin ont leur suc visqueux et balsamique plus accumulé vers la surface, plus élaboré et d'une odeur plus suave par l'influence des rayons solaires.

Les boutons récoltés par un temps sec, et sans être trop développés, se font sécher en les mettant sur des claies d'osier ou sur une toile étendue dans un grenier aéré. Mais ils sont le plus souvent employés à l'état frais pour diverses préparations officinales.

V. FEUILLES.

Les feuilles sont des expansions le plus souvent membraneuses, ordinairement planes, verdâtres, horizontales, naissant du collet de la racine ou produites par l'épanouissement d'un faisceau de fibres qui se sépare de la direction verticale des autres, soit de la tige ou des branches et rameaux.

La feuille est en général composée d'une *lame*, expansion mince, qui termine la partie du végétal exposée à l'air, et en augmente la surface, et d'un *pétiole*, petit support qui unit la lame au végétal, et que l'on nomme vulgairement queue de la feuille : quand ce pétiole n'existe pas, on dit la feuille *sessile*.

Pour former la lame de la feuille, le tissu cellulaire se dilate et s'étend, les filets vasculaires qui existaient réunis dans le pétiole se séparent, s'isolent et se ramifient : ces filets offrent un ou plusieurs troncs principaux (1), d'où s'échappent communément de nombreuses ramifications, disposées en un réseau dont les mailles sont remplies par le tissu cellulaire.

Les feuilles, après leur développement, deviennent organes de la nutrition des plantes, et on leur attribue généralement des fonctions analogues à celles des poumons ou des branchies.

(1) Ces ramifications et anastomoses des nervures des feuilles ne se voient que dans les plantes dicotylédones ; dans les monocotylédones, au contraire, les nervures des feuilles sont simples ; elles marchent isolées, presque toujours parallèlement dans le corps de la lame, et convergent à leur sommet.

On reconnaît ordinairement deux faces à la lame d'une feuille : ces faces sont plus ou moins dissemblables ; l'une est toujours tournée vers la terre, et l'autre vers le ciel. La *face inférieure* est velue, sa couleur est d'un vert tendre, et le tissu vasculaire y est très-saillant : c'est là que viennent aboutir les orifices des vaisseaux séveux, cette surface étant destinée à pomper les vapeurs que l'atmosphère environnante tient en suspension et celles qui s'exhalent de la terre, afin de réparer les pertes continuelles que fait le végétal, et auxquelles l'absorption des racines ne pourrait suffire ; la *face supérieure*, au contraire, exposée à la lumière, est généralement lisse, ferme, luisante, d'un vert plus foncé, moins velue, et son épiderme offre peu de pores corticaux ; les nervures aussi n'y produisent aucune saillie remarquable. Cette surface transpire et sécrète certaines humeurs : elle décompose à la lumière le gaz acide carbonique.

FIGURE ET COMPOSITION DES DIVERSES FEUILLES.

On peut tirer des feuilles les caractères qui servent beaucoup pour distinguer les espèces les unes des autres ; ces caractères sont pris des considérations de situation, disposition, figure, forme, incision, composition, etc.

Situation.

Sous ce rapport on les dit :

Séminales. Placées immédiatement au-dessous de la plumule : ce sont les cotylédons transformés en feuilles par la germination.

Radicales. Qui partent immédiatement du collet de la racine.

Caulinaires. Qui naissent de la tige, des branches et rameaux.

Interaxillaires. Attachées sous la branche ou le rameau.

Florales. Celles qui sont placées à la base des fleurs.

Disposition.

Verticillées. Plus de deux feuilles naissant en rayons à la même hauteur, du pourtour de la tige ou du rameau.

Ternées, quaternées, quinées, etc. Verticille composé de trois, quatre ou cinq feuilles.

Opposées. Naissant deux à deux à la même hauteur, de deux points diamétralement opposés.

Alternes. Une à une en échelons autour de la tige.

Éparses. Dispersées sans aucun ordre régulier.

Fasciculées. Faisceaux partant plusieurs ensemble d'un même point.

Attache.

Sessiles. Lorsque les feuilles sont privées de pétiole.

Décurrentes. Lorsque les feuilles étant sessiles, leur lame se prolonge intérieurement sur la tige.

Amplexicaules. Embrassant la tige par leur base élargie.

Perfoliées. Lorsque leur lame est traversée par la tige.

Conjointes. Feuilles opposées ou verticillées, sessiles et soudées entre elles par la partie inférieure.

Engaînantes. Lorsque leur base enveloppe la tige comme une gaîne.

Direction.

Dressées. Formant avec la partie supérieure de la tige un angle très-aigu.

Ouvertes. Formant avec la partie supérieure de la tige un angle d'environ 45 degrés.

Réfléchies. Portant leur sommet vers la terre en décrivant une courbe.

Pendantes. S'abaissant perpendiculairement vers la terre.

Nageantes, submergées, etc. Plus ou moins plongées dans l'eau.

Substance.

Herbacées. Vertes et molles.

Coriaces, raides, charnues, succulentes, creuses, etc.

Figure.

Orbiculaires. Dont le contour approche de la forme d'un cercle.

Ovales. Une fois et demie à deux fois plus longues que larges, avec contour arrondi et bout inférieur plus large que le supérieur.

Lancéolées. Plus longues que larges, et se rétrécissant insensiblement en pointe du milieu aux deux bouts.

Spatulées. Rétrécies à la base, larges et arrondies au sommet.

Linéaires. Longues, n'ayant guère plus d'une ligne de large, et à bords parallèles dans toute leur longueur.

Forme.

Cylindriques, comprimées, fistuleuses, triangulaires, etc.

Base.

Cordiforme. En *rei* ou *reinaire* en *croissant, inégale,* en *fer de fléche.*

Sommet.

On les dit *aiguës, piquantes, obtuses* et *sinuées* du sommet.

Contour.

Très-entières. Dont le bord est continu sans aucune incision, quelque peu profonde qu'elle puisse être.

Crénelées, dentelées, dentées, sinuées, ciliées.

Incisions.

Incisées. Toute feuille qui a des découpures plus profondes que celles qui forment les dents et crénelures.

Lobées. Feuilles incisées dont les incisions qui pénètrent à peu près jusqu'à la moitié de la lame forment des découpures élargies en *lobes.* On compte le nombre de ces lobes : *bilobées, quadrilobées , multilobées.*

Fendues. Incisées comme les lobées, mais dont les lobes sont étroits. On les dit *bifides , trifides , etc.;* puis *pennatifides,* c'est-à-dire latéralement divisées en lobes plus ou moins profonds, mais étroits.

Partagées. Feuilles incisées dont les incisions pénètrent à peu près jusqu'à la côte moyenne, quand elles se dirigent transversalement, et au-delà des deux tiers de la lame, quand elles se dirigent longitudinalement.

Composition.

Lorsqu'un pétiole est simple, et qu'il ne porte qu'une lame entière ou partagée, mais jamais divisée jusqu'à la côte moyenne, cette feuille est dite *simple* ; mais il y a *composition* lorsque la feuille offre plusieurs feuilles partielles ou *folioles* sur un pétiole commun.

Feuilles composées. C'est le premier degré de composition ; le pétiole commun n'est point composé , il porte plusieurs folioles.

Feuilles composées digitées. Les folioles terminent le pétiole commun comme autant de digitations, au lieu d'être disposées sur les deux côtés. On compte le nombre des folioles : *bifoliolées, trifoliolées, multifoliolées,* etc.

Feuilles composées pennées. Les folioles sont disposées des deux côtés du pétiole commun.

On les dit *alternati-pennées,* lorsque les folioles sont alternes sur le pétiole commun; — *pari-pennées,* quand elles sont pennées sans impaire terminale; — *impari-pennées,* terminées par une foliole solitaire; — *interrupté-pennées,* quand les folioles sont alternativement grandes et petites.

Feuilles décomposées. Deuxième degré de composition. Le pétiole commun est divisé en pétioles secondaires ; et ici il y a des modifications selon que les pétioles secondaires sur les côtés desquels les folioles sont attachées partent du sommet du pétiole commun (*digitées-pennées*), ou partent des côtés du pétiole commun (*bipennées*), etc.

Feuilles surdécomposées. Troisième et dernier degré de composition. Le pétiole commun est divisé en pétioles secondaires ; les pétioles secondaires sont divisés en pétioles tertiaires (1).

Enfin, après avoir ainsi examiné les divers aspects des feuilles, on peut, à la rigueur, obtenir d'autres caractères, quoique moins importans, de leur *nervation, superficie, villosité, coloration,* etc., etc.

RÉCOLTE DES FEUILLES.

L'âge adulte du végétal est celui préféré pour la récolte des feuilles et des tiges herbacées, qui sont presque toujours employées avec les feuilles. Celles cependant dont on recherche le principe mucilagineux et qui ont des propriétés émollientes, comme les feuilles de *mauve,* de *guimauve,* etc., doivent être prises plutôt avant qu'après cet âge, parce que ce principe y est alors plus développé ; celles au contraire qui sont odorantes, etc., peuvent sans inconvénient rester sur le végétal jusqu'à la floraison. L'âge adulte est celui qui précède immédiatement la floraison de la plante ; les feuilles, à cet âge, sont suffisamment développées.

La récolte des feuilles doit se faire par un beau temps sec et serein ; mais non pas à toute heure du jour, et quand le

(1) Chaque petit support d'une foliole de feuille composée porte le nom de *petiolule.* Et quant aux *folioles* en particulier, on peut en tirer les mêmes caractères que l'on obtient d'une feuille simple en examinant sa *base, sommet, contour,* etc.

soleil est à son plus haut degré d'élévation : le moment le plus favorable est quelque temps après le lever du soleil, qui, en réchauffant l'atmosphère, fait évaporer l'humidité condensée sur les plantes par la fraîcheur de la nuit. Par règle généralement donnée pour toutes les parties d'un végétal, on choisit toujours les feuilles dont les couleurs sont les plus prononcées, qui sont les plus vigoureuses et les plus saines, et que les insectes ont laissées intactes : après les avoir secouées, pour en séparer la terre et la poussière, les feuilles seront étendues par lits peu épais sur des claies d'osier, ou sur de grandes toiles que l'on changera souvent, et que l'on placera dans un lieu sec et aéré, pour les soumettre à la dessiccation.

On doit avoir pour la dessiccation des feuilles le même soin que pour celle des racines ; elle est d'autant plus parfaite qu'elle est plus prompte, parce que dans ce cas on évite toute décomposition.

Feuilles usitées en médecine.

Feuilles mucilagineuses (émollientes) :

  Bourrache, guimauve, mauve, tilleul.

 — *astringentes* :

  Aigremoine, pervenche, ronce.

 — *amères* (*toniques*) :

  Absinthe, beccabunga, chicorée, fumeterre, petit-chêne ou germendrée, trèfle d'eau.

 — *laxatives* et *purgatives* :

  Oseille, mercuriale, saponaire, les sennés, les feuilles de gratiole, de baguenaudier.

 — *à principe aromatique* (*excitantes*) :

  Hysope, les menthes, les sauges et autres labiées, la rue, sabine, laurier.

 — *à principe volatil âcre* (*anit-scorbutiques*) :

  Cochléaria, cresson de fontaine, etc.

Feuilles ayant une action plus ou moins narcotiques :
Ciguë, pomme-épineuse, belladone, digitale, d'oranger, de jusquiame, de laurier-cerise, de morelle, de tabac, laitue cultivée et vireuse.

VI. ORGANES ACCESSOIRES DU SYSTÈME NUTRITIF.

Les organes accessoires des végétaux, ainsi nommés parce que leur existence n'est pas toujours constante et qu'ils ne remplissent pas des fonctions de première importance dans le végétal, servent, soit à accrocher, lorsque ces plantes sont faibles : telles sont les *vrilles*, les *griffes;* soit à en protéger certaines parties : tels sont les *épines*, les *aiguillons*, les *stipules*. Il en est qui servent de réservoirs à différens sucs propres : telles sont les *glandes;* il en est d'autres encore qui sécrètent des sucs, et qui servent à l'absorption et à la transpiration : tels sont les *poils*, etc.

Les *vrilles*, qui sont des organes avortés, tels que des pétioles, des pédoncules, et même des rameaux, sont des filets plus ou moins flexibles, souvent roulés en hélice : les vrilles servent, en saisissant les corps voisins, et en s'y entortillant, à soutenir certaines plantes qui n'ont pas assez de force pour s'élever sans elles. Exemple : potiron, vigne.

Les *griffes* ou *cirrhes* sont des espèces de racines courtes et ligneuses, qui naissent sur certaines tiges; elles enfoncent leurs extrémités, terminées par des suçoirs, dans les corps environnans, surtout dans les écorces des arbres qui peuvent leur fournir quelque substance nutritive. Exemple : lierre.

Les *stipules* sont des produits membraneux, écailleux ou foliacés, situés à la base des feuilles seulement des dicotylédones, et qui avant leur épanouissement faisaient partie de la *pérule*. Les stipules sont parfois destinées à soutenir les feuilles après leur développement, et à les protéger avant la foliation.

Les *épines* sont des espèces de piquans qui tirent leur origine de l'intérieur des tiges ou rameaux, c'est-à-dire du prolongement du tissu vasculaire de l'aubier, et par conséquent elles restent toujours adhérentes au végétal, et ne peuvent en être séparées sans un déchirement très-marqué de son tissu. La nature des épines est très-variée : souvent elles ne paraissent être que des rameaux avortés, et qui se développent parfois, plusieurs années après leur apparition, en un bouton qui donne naissance à des feuilles, branches, etc. Quelquefois ce sont des pétioles qui après la chute de la lame se métamorphosent ainsi.

Les *aiguillons* sont aussi une sorte de piquans ; mais ils ont pour caractères de pouvoir se détacher sans déchirer même le tissu le plus extérieur du végétal, de n'adhérer qu'à l'épiderme, et d'être formés d'un simple tissu cellulaire ou prolongement de l'écorce.

ORGANES REPRODUCTEURS.

Rien ne paraît plus inconcevable que la succession et le renouvellement perpétuel des espèces sur les végétaux aussi bien que sur les animaux. Cette faculté de produire son semblable qui réside dans les êtres organisés, et cette vertu procréatrice qui s'exerce continuellement sans se détruire, est un mystère dont il semble, comme le dit Buffon, qu'il ne nous est pas permis de sonder la profondeur.

Dans les végétaux, les organes de la génération ne paraissent qu'à une certaine époque de leur vie : ce sont eux qui constituent la fleur [1].

(1) Je répète ici ce que j'ai fait observer aux diverses élèves de l'an dernier lors de mes leçons sur les fleurs : le langage de la science est pur et sévère, il est impossible de le modifier; et l'on aurait tort de prendre pour indécentes et déplacées des phrases scientifiques partout usitées lorsqu'il s'agit de physiologie.

La *fleur* est une production délicate et passagère, dont des organes mâles appelés *étamines*, ou des organes femelles appelés *pistils*, ou ces deux sexes réunis en plus ou moins grand nombre sur un support commun, constituent l'ensemble : ces sexes sont quelquefois nus ; mais le plus souvent ils sont accompagnés d'une ou de plusieurs enveloppes particulières.

Il est bien prouvé que des étamines ou des pistils peuvent seuls former une fleur, et cela arrive assez souvent, soit par l'avortement du sexe regardé comme absent, soit par l'organisation primitive du végétal. Ainsi il y a des plantes qui ont toutes leurs fleurs *hermaphrodites*, c'est-à-dire que les deux sexes y sont réunis ; tandis qu'il y en a d'autres qui sont *monoïques*, c'est-à-dire que les deux sexes, quoique réunis sur le même individu, sont cependant séparés dans des enveloppes particulières. Parmi ces dernières, les unes sont dites *dioïques*, quand les sexes sont séparés sur deux individus ; les autres sont dites *trioïques* ou *polygames*, quand, chez elles, l'espèce comprend des pieds mâles, des pieds femelles et des pieds hermaphrodites, ou un seul pied contenant ces trois sortes de fleurs.

Une fleur n'est *complète* pour le botaniste que quand elle contient les deux sexes accompagnés d'un double *périanthe*, c'est-à-dire de deux enveloppes, dont l'intérieure, qui est souvent colorée, prend le nom de *corolle*, et l'extérieure, presque toujours verte, est nommée *calice*. La fleur est dite *incomplète*, lorsqu'elle n'offre pas à la fois ces organes protecteurs, et les deux organes essentiellement générateurs.

Étudions ces parties chacune en particulier.

I. PISTIL.

Le pistil, l'un des deux organes les plus importans et les plus essentiels de la fleur, est dans la plante ce qu'est l'organe femelle chez les animaux ; il occupe la partie centrale de la fleur où il repose immédiatement sur une base appelée *récep- tacle* : ordinairement il est sessile ; quand les étamines exis- tent, elles l'entourent ; il en est toujours facilement distingué par sa forme et son organisation.

Le pistil est généralement composé de trois parties : l'*ovaire*, le *style* et le *stigmate*.

L'*ovaire* est situé à la partie inférieure du pistil ; il est souvent renflé et plus volumineux que les autres parties : sa forme est presque toujours arrondie ou comprimée ; sa base reçoit les vaisseaux nourriciers de la plante mère : ces vais- seaux y pénètrent en suivant des routes diverses, et ils com- muniquent avec les *ovules* ou *germes*. Les germes contenus dans l'ovaire se changent en *semences* après la fécondation.

L'ovaire est surmonté du *style*, espèce de prolongement qui sert de support à une sorte de bouton ou mamelon, qui est le *stigmate*.

En coupant transversalement un ovaire, on remarque dans son intérieur une ou plusieurs *loges*, séparées par des *cloi- sons*, et contenant des ovules en nombre variable. Ces ovules y sont attachés immédiatement, ou bien au moyen de *cor- dons ombilicaux*, à la surface des cloisons des loges ou à un corps charnu allongé, souvent ovoïde et central, appelé *placentaire*. Ce placentaire est lui-même la réunion de plu- sieurs *placentas*, points d'attache de chaque ovule en parti- culier, et par lesquels leur sont communiqués les matériaux de la nutrition.

Nous avons dit que l'ovaire repose immédiatement sur une base appelée réceptacle : cependant il arrive aussi que dans les fleurs de certaines plantes le pistil est porté sur un support particulier, qui est tantôt un rétrécissement de sa partie inférieure (*podogyne*), tantôt un prolongement et développement particulier, le plus souvent charnu, du réceptacle (*gynophore*).

Le gynophore se distingue du podogyne en ce qu'il est articulé avec les pistils qu'il supporte, et qui sont toujours en nombre multiple. Le fruit du *fraisier* en offre un exemple.

Le réceptacle ou le support se remarquent quand les ovaires sont entièrement *libres* dans une fleur, c'est-à-dire quand ils ne sont pas soudés avec les enveloppes florales et qu'on peut les détacher sans rien déchirer de ces enveloppes : ces parties ne sont au contraire pas apparentes dans les fleurs où l'ovaire est *adhérent* avec le calice, ou situé au-dessous des enveloppes florales.

L'ovaire fécondé devient *fruit*.

Le *style* est presque toujours filiforme et plein. Le nombre des styles n'est pas toujours semblable à celui des ovaires dans une même fleur : ainsi plusieurs styles peuvent exister sur un seul ovaire. Cet organe n'est pas essentiel au pistil, car beaucoup en sont privés, et le stigmate, alors *sessile*, repose immédiatement sur l'ovaire.

Le *stigmate*, partie sans laquelle la fécondation n'aurait pas lieu, est d'habitude placé au sommet de l'ovaire, ou du style, quand celui-ci existe ; c'est une espèce de mamelon de forme parfois bizarre, composé de tissu cellulaire très-poreux et dépourvu d'épiderme. Il est comme excorié et hérissé de petites papilles humectées d'une liqueur gluante et tenace au moment de l'épanouissement de la fleur.

Quelquefois plusieurs stigmates existent sur un style unique ; d'autres fois, au lieu d'être placé à la partie supérieure du style, il est situé de côté. De même il n'est pas toujours placé au *sommet géométrique* de l'ovaire. S'il est quelquefois difficile de l'apercevoir, cela n'empêche pas qu'il existe toujours ; car il n'y a pas de pistil sans stigmate ; et sans son contact avec le *pollen*, poussière fécondante des étamines dont il transmet l'influence aux ovules, il n'y a pas de fécondation.

II. ÉTAMINES.

Les étamines sont les organes mâles des végétaux ; elles remplissent les mêmes fonctions que ces organes chez les animaux, c'est-à-dire que ce sont elles qui fécondent l'ovaire, vivifient l'embryon, et qui le rendent capable de perpétuer l'espèce.

Ces organes, entourant ordinairement le pistil, sont attachés à la paroi de l'enveloppe florale la plus intérieure, au réceptacle, ou même sur le pistil dans quelques fleurs.

Les étamines sont composées de deux parties principales : l'*anthère* et le *pollen* ; cependant il en existe le plus souvent une troisième, appelée *filet*, qui n'est qu'accessoire : il sert de support à l'anthère.

L'*anthère* est une petite tête ou sachet membraneux, à une ou plusieurs loges ; elle est portée au sommet du filet quand il existe, et elle contient le pollen avant la fécondation ; celui-ci s'en échappe à l'époque de la maturité, par des valves, des fentes, ou par des trous, etc.

Les loges de l'anthère sont réunies par un corps particulier, appelé *connectif*, et chaque loge est marquée à sa superficie par une suture qui correspond à une cloison longitudinale et mitoyenne qui existe dans son intérieur : cette suture regarde généralement le centre de la fleur.

Cette définition, quoique propre au plus grand nombre des anthères, ne doit pas être regardée comme générale ; car il y en a qui sont si étrangement construites, qu'il faudrait les décrire toutes pour en avoir une idée exacte, quoique leur caractère essentiel et commun soit de contenir la poussière fécondante.

Le *pollen* est une substance pulvérulente de diverses couleurs, mais affectant communément la couleur jaune. Chaque globule de cette poussière est attaché dans l'anthère par un filament très-délié; quelquefois ces globules sont rassemblés dans la cavité des loges, sans filament apparent, en une espèce de masse (*masse pollénique*).

Les globules de pollen, qui paraissent être des petits utricules, contiennent une liqueur subtile et huileuse, comparée à la liqueur séminale des animaux; elle en offre presque les mêmes principes chimiques, d'après la remarque de Fourcroy.

C'est par le moyen du pollen qu'on peut expliquer la fécondation. Le stigmate est humide à l'époque de la déhiscence des anthères; celles-ci s'ouvrent avec élasticité; le pollen tombe sur le stigmate; il s'y rompt, et le fluide fécondateur est ainsi absorbé et porté jusqu'aux germes de l'ovaire.

Le *filet* qui supporte l'anthère est ordinairement étroit et terminé en pointe; il n'existe pas toujours : sa présence n'est pas absolument nécessaire. Quand le filet existe, c'est lui qui transmet la nourriture à l'anthère. Le filet qui porte plusieurs anthères prend le nom d'*androphore*. Ce caractère a été pris par Linné, pour former quelques classes de son système, telles que la *monadelphie*, la *diadelphie*, etc.

On a remarqué qu'ordinairement le nombre des étamines, quand il ne dépasse pas douze, est toujours constant; mais, passé ce nombre, il est très-variable.

On doit surtout faire attention à l'insertion des étamines: elle n'est pas la même dans les plantes de différentes familles; mais elle est ordinairement semblable dansc elles d'une même famille.

Les étamines sont insérées, soit autour du pistil, soit au-dessus, soit au-dessous. Ces trois divisions forment, dans la méthode naturelle de M. de Jussieu, la *périgynie*, l'*épigynie* et l'*hypogynie*.

Les enveloppes florales sont au nombre de deux : l'intérieure est appelée *corolle*, l'extérieure *calice*. Quand il n'en existe qu'une, elle prend le nom de *périanthe* ou *périgone*.

III. COROLLE.

La corolle est, des enveloppes florales, la plus voisine des organes sexuels. Selon les auteurs qui s'occupent des rapports naturels, elle fait suite au liber situé sous l'écorce ; il s'en faut de beaucoup cependant qu'elle en ait la consistance et l'aspect. La beauté et la fraîcheur des couleurs dont elle est peinte la distinguent du calice, qui est ordinairement verdâtre : elle n'existe jamais que lorsqu'il y a en même temps un calice.

La corolle est rarement persistante après la floraison ; plus souvent elle est caduque, c'est-à-dire qu'elle tombe peu après s'être épanouie : elle est composée d'une seule pièce ou de plusieurs, qui prennent le nom de *pétales* ; de là, *corolle monopétale* et *corolle polypétale*.

La *corolle monopétale* est formée d'une seule pièce ; elle ne se détache que dans son entier, et quoique quelquefois elle paraisse polypétale, quand elle est divisée presque jusqu'à la base, en voulant séparer les divisions, on ne tarde pas à s'apercevoir qu'elles se déchirent, et qu'elles sont attachées ensemble à la base par un point continu.

On distingue dans une corolle monopétale : 1° le *tube*, partie inférieure, plus ou moins allongée, et dans laquelle sont placés les sexes. 2° Le *limbe*, qui termine supérieurement la corolle : le limbe est mince, plus ou moins évasé, et même quelquefois réfléchi, et comme épanoui en lame. 3° La *gorge*, partie intermédiaire des deux autres, et qui se confond avec elles. Souvent on ne la voit dessinée que par une simple ligne circulaire qui sépare le tube du limbe.

Les trois parties que nous venons de voir varient de formes ; c'est surtout le limbe qui présente différentes figures caractéristiques, auxquelles Tournefort eut égard pour créer les principales classes de sa méthode.

La corolle monopétale est *régulière* ou *irrégulière*.

La *corolle régulière* est celle dont toutes les parties présentent un ensemble très-symétrique. On range parmi les corolles monopétales régulières l'*hypocratériforme* (en soucoupe), l'*infundibuliforme* (en entonnoir), la *campanulée* (en cloche), la *rotacée* (en roue), l'*étoilée* (en étoile), et l'*urcéolée* (étranglée et en forme d'outre).

Le *corolle* est *irrégulière*, par la différence qui existe entre la grandeur, la forme, l'ensemble de ses divisions ou de ses parties. Parmi les corolles monopétales irrégulières, on compte les *labiées* (à deux lèvres), les *personnées* (en masque ou en gueule), les *ligulées* (en languette) et les *anomales*, c'est-à-dire celles que l'on ne sait à quoi comparer.

La *corolle polypétale* est composée d'un nombre plus ou moins grand de segmens distincts et isolés qu'on nomme *pétales* : ils peuvent tomber séparément ; on peut les arracher sans déchirer ceux qui les avoisinent.

On distingue dans chaque pétale : 1° L'*onglet*: c'est sa partie inférieure qui est rétrécie, et par laquelle le pétale tient à la fleur; il est plus ou moins allongé. 2° La *lame*, portion évasée et plane qui termine l'onglet; elle est de forme variée : elle pourrait être comparée à la lame d'une feuille, et l'onglet au pétiole; comme elle, la lame est entière ou divisée, régulière ou irrégulière.

L'ensemble des onglets représente le tube de la corolle monopétale, et les lames représentent le limbe.

Les pétales sont réfléchis, infléchis ou étalés, et peuvent, comme une corolle monopétale, avoir un arrangement symétrique entre eux, et alors la *corolle polypétale* est *régulière*; ou bien ils peuvent être irrégulièrement disposés, comme dans celles que l'on nomme corolles *irrégulières*.

La corolle polypétale régulière peut être *cruciforme* (en

croix), *caryophyllée* (en œillet) ou *rosacée* comme la rose simple.

La corolle polypétale irrégulière représente une forme *papillonacée* ou *anomale* ; dans le cas contraire elle est dite *anomale*.

IV. CALICE.

Le calice est l'enveloppe la plus extérieure du périanthe double ; il est le prolongement du tissu herbacé de l'écorce du support de la fleur; aussi est-il de la nature des feuilles : cet organe présente ordinairement la couleur verte.

Le calice a une consistance plus ferme que celle de la corolle, de laquelle il diffère encore par sa longue durée quand il n'est pas caduc : la corolle est attachée le plus souvent à sa surface interne, quand il ne renferme pas un réceptacle qui la supporte.

L'ovaire est aussi toujours attaché par sa partie inférieure à la base du calice, et même souvent il est soudé en partie ou en entier avec cet organe (*ovaire infère*). Quand l'ovaire est libre ou *supère*, le calice est entièrement dégagé.

Le calice présente plusieurs modifications dans sa structure, semblables à celles que nous avons examinées dans la corolle ; il peut être comme elle de forme *irrégulière* ou *régulière*, *entier* ou *divisé*. Les parties du calice divisé jusqu'à sa base portent le nom de *sépales* : on peut leur appliquer les mêmes remarques faites pour les pétales.

On distingue, aux calices d'une seule pièce ou *monosépales*, le *limbe*, le *tube* et l'*orifice du tube* ou *gorge*. Toutes les fois que l'ovaire est infère, les parties du calice que l'on prendrait pour des sépales ne sont que les divisions de son limbe ; car l'adhérence de l'ovaire nécessite toujours l'état monosépale du calice, et celui-ci l'accompagnant jusqu'à la maturité des graines, devient partie constituante du fruit :

les étamines, dans ce cas, sont portées, ainsi que la corolle, à la base de son limbe.

Le calice *polysépale*, au contraire, toujours inséré sous l'ovaire, et libre, tombe peu de temps après la floraison ou fécondation des graines, s'il n'est pas *persistant*.

Calicule. On donne le nom de calicule au calice extérieur des fleurs qui ont un double calice, comme cela arrive, par exemple, dans les *ketmies*, les *mauves*.

V. PÉRIANTHE SIMPLE.

Nous avons dit que lorsque l'enveloppe florale est unique, elle prend le nom de *périanthe*. Ce périanthe est dit *pétaloïde*, quand il a la structure délicate et le coloris de la corolle; *calicinal*, quand sa consistance est celle du calice : quelquefois il a ces deux apparences, c'est-à-dire qu'intérieurement il est coloré et de la consistance des corolles, tandis qu'extérieurement il est herbacé. Cette circonstance a fait présumer que dans ce cas les deux enveloppes d'une fleur *dipérianthée* étaient naturellement soudées ensemble.

Le périanthe simple est, comme la corolle et le calice, régulier ou irrégulier, monosépale ou polysépale; il peut aussi être adhérent avec l'ovaire, ou entièrement détaché de cet organe.

On dit le périanthe *glumacé*, quand il est d'un tissu dur et sec comme les glumes des *graminées*.

Observons que toute fleur privée d'enveloppes florales propres est dite *nue* ou *apétale*.

Il ne faut pas confondre ces enveloppes propres avec certains organes et enveloppes florales accessoires que nous allons citer.

ORGANES ACCESSOIRES DES FLEURS.

Tout ce qui n'est pas dans une fleur *pistil*, *étamine*, co-

rolle ou *calice*, est appelé *organe accessoire*. Tels sont les *nectaires* et les *enveloppes accessoires*.

Les *nectaires* sont des corps ordinairement charnus, souvent lisses et colorés, de figure et de position variables, dont la substance est formée d'un tissu cellulaire très-fin, que traverse un faisceau vasculaire ramifié, qui, dans certaines espèces, va de là communiquer à l'ovaire. Les nectaires se trouvent attachés au fond du périanthe, soit sur l'ovaire, les étamines, les pétales, soit le plus souvent sur le réceptacle : ils laissent transsuder une suc plus ou moins sucré. Linné désignait généralement sous le nom de nectaire tous les organes particuliers de la fleur ou des excroissances à eux propres, les sexes et leurs enveloppes principales exceptés. C'est ainsi que parmi les nectaires il met tous les *cornets*, les *éperons*, les *bosses*, etc., de certaines corolles ; le pétale inférieur, appelé *labelle* ou *tablier* du périanthe de la plupart des orchidées, les *couronnes* des narcisses, les *appendices* qui se trouvent à la gorge de la corolle de presque toutes les borraginées, des ményanthes, sur les filets de quelques étamines et des ovaires, etc.

En effet, les nectaires sont contenus dans quelques-unes de ces productions particulières ; mais celles-ci sont cependant loin d'être elles-mêmes les nectaires proprement dits.

Toutes les enveloppes de la fleur qui se distinguent du périanthe sont dites accessoires ; elles ont une plus ou moins grande analogie avec les feuilles, et elles prennent différens noms, suivant leur nature et leur insertion. C'est ainsi qu'il y a les *bractées proprement dites*, les *bractéoles*, les *spathes*, les *involucres*, les *involucelles*, les *cupules*, etc.

Les *bractées* proprement dites diffèrent des autres feuilles par leur dimension plus petite, leur couleur, et aussi par leur forme et leur consistance ; elles sont placées ordinairement sous une ou plusieurs fleurs groupées et très-rapprochées d'elles, comme dans les plantes *labiées*.

Les *bractéoles* : lorsque des petites bractées accompagnent des fleurs déjà entourées de bractées plus grandes, elles prennent le nom de *bractéoles* ; on ne les trouve jamais qu'à la base de chaque fleur en particulier.

Le *spathe* est une coiffe ou gaîne pétaloïde, ou membraneuse, ou foliacée, ou même ligneuse, close avant l'épanouissement des fleurs qu'elle contient, et s'ouvrant en se déroulant, ou souvent en se déchirant à cette époque, pour les laisser paraître au jour, exemples : les *arums*, les *palmiers*.

L'*involucre* est composé d'un plus ou moins grand nomble de bractées rangées avec symétrie autour d'un axe commun plus ou moins éloigné d'une réunion de fleurs, dont il protège les organes essentiels, avant et après la floraison : ce nom est principalement réservé à la partie appelée *calice commun* par Linné, dans les fleurs composées et disposées en *calathide* ; cependant on le donne aussi à la *collerette* ou assemblage de bractées qui se trouvent à l'endroit où se divise la tige des fleurs en ombelles pour former des pédoncules rayonnans.

Les *involucelles* ou *collerettes partielles* sont de même des réunions de bractées disposées comme celles des collerettes ; mais elles entourent l'axe où se soudivisent les pédoncules pour former des pédicelles, et constituer les ombellules des fleurs de la famille qui tire son nom de cette disposition florale.

La *cupule* est une enveloppe écailleuse d'une seule pièce, qui n'est jamais parfaitement close ; elle renferme des fleurs femelles, et accompagne les fruits dont elle enveloppe la base ou qu'elle revêt entièrement ; et dans ce dernier cas, au moment de la maturité, elle les laisse échapper par des ouvertures souvent irrégulières, exemples : dans le *chêne*, l'*églantier*, le *chataignier*.

Nous renvoyons aux ouvrages de physiologie végétale

pour l'étude d'autres organes accessoires des fleurs, tels que les bractées ou écailles des *cypéracées* et *graminées*, etc.

Les fleurs naissent immédiatement de la racine, mais plus souvent des tiges et de ses ramifications. Elles sont insérées sous ces divers organes, et même quelquefois sous les feuilles, d'une manière sessile, ou bien au moyen d'un support. Ce support, lorsque les fleurs sont radicales, s'appelle *hampe*, et *pédoncule* quand elles naissent sur l'un des points du caudex ascendant. Si un pédoncule porte plusieurs fleurs, il se nomme *pédoncule général*, et les petits supports partiels de fleurs ou subdivisions qui en naissent prennent le nom de *pédicelles* et même de *pédicellules*.

Les pédoncules généraux offrent une disposition particulière pour chaque genre de plantes ; ils présentent des ramifications, soit latéralement, soit d'une manière terminale.

INFLORESCENCES.

Les fleurs affectent les mêmes dispositions que les pédoncules auxquels elles adhèrent, et c'est cette disposition plus ou moins variable qu'on nomme *inflorescence*. On s'est plu avec raison à donner à ces dispositions particulières des noms propres à les reconnaître. C'est ainsi que les fleurs réunies en groupes variés, ou dont l'inflorescence est composée, sont dites *en épi, en chaton, en spadix, en grappe, en thyrse, en panicule, en verticille, en ombelle, en cyme, en corymbe, en faisceau, en capitule, en calathide*, etc.

Ces prétendues formes, inventées pour la commodité des recherches, ne sont, comme le dit M. De Candolle, que des modifications de deux types principaux (les fleurs en épi et celles en ombelle) auxquels toutes peuvent se rapporter, ces différences ne provenant que par le rapprochement ou l'écartement des supports de ces fleurs, ainsi que de la plus ou moins grande dimension des pédoncules les uns à l'égard des autres.

Voici les caractères des principales inflorescences *composées* (1).

1. *Inflorescences latérales.*

Épi. Fleurs hermaphrodites, sessiles ou presque sessiles, disposées immédiatement sur un axe commun raide et dressé Exemple : *orge*, *blé*.

Chaton. Un axe commun articulé porte des écailles ou bractées florifères, mais les fleurs sont unisexées. Les écailles sur lesquelles les organes de la production sont insérés leur servent en quelque sorte de périanthe. Exemples: *noyers*, *saules*, etc.

Spadix. Ici le pédoncule commun ou axe porte des fleurs unisexuées, tout-à-fait sans enveloppes florales particulières ni écailles qui en tiennent lieu. Exemple : *pied de veau, poivrier.*

Grappe. Un axe commun porte des fleurs sur des pédicelles ordinairement uniflores. Il est flexible, pendant et parfois ramifié irrégulièrement. Exemple : *fleurs de groseillers.*

Panicule. Un axe commun porte des fleurs sur des pédoncules diversement ramifiés, et s'écartant, à angle presque droit, du support commun. Ces pédoncules secondaires vont en diminuant jusqu'au sommet, de manière à offrir une figure d'ensemble conique. Exemples: *avoine, fleurs femelles du blé de Turquie.*

Thyrse. Panicule serré de forme ovale. Ex. : *vigne, lilas.*

Verticille. Les fleurs sont attachées en anneau autour de leur support. Le verticille est dit *vrai*, quand, selon la rigueur de la définition, les fleurs partent de tout le pourtour des axes qui les portent. Le verticille est *faux*, quand les pédoncules partent seulement des deux côtés opposés, et

(1) Il y a des inflorescences simples, ainsi les fleurs *solitaires*, les *géminées* (deux ensemble à côté l'une de l'autre); les *ternées* (ensemble trois à trois); les *agrégées* (ramassées en paquet).

que les fleurs latérales de chaque faisceau se portent à droite et à gauche et semblent former un anneau autour de la tige ou de la branche. La plupart des plantes labiées sont avec inflorescence en *faux verticille.*

2°. *Inflorescences terminales.*

Ombelle. Les fleurs sont portées sur des pédoncules partant du même point, en rayons d'une longueur égale. L'ombelle est *simple,* quand les pédoncules ne se subdivisent pas : M. Richard l'appelle *sertule.* L'ombelle est au contraire *composée,* quand les pédoncules ombellés se subdivisent chacun à leur sommet en une petite ombelle ou *ombellule.*

Corymbe. Le pédoncule commun porte des pédoncules secondaires qui, partant de points différens, élèvent les fleurs à peu près à la même hauteur. Exemple, *la tanaisie.*

Cyme. Le pédoncule commun porte des pédoncules secondaires qui partent du même point, et ceux – ci portent des pédoncules tertiaires qui partent de points différens et élèvent les fleurs à peu près à la même hauteur. Exemples : *sureau, centaurée.*

Faisceau. Groupe de fleurs droites, serrées, sur des pédicelles courtement ramifiés et se levant parallèlement à la même hauteur, comme dans divers *œillets.*

Capitule. Fleurs ramassées et serrées en boule sans calice commun.

Calathide. Formé d'un nombre plus ou moins considérable de petites fleurs réunies sur un réceptacle commun, ou *clinanthe,* entouré d'un involucre ou calice commun et qui est la terminaison du pédoncule. L'*artichaut,* les *chardons* et toutes les plantes à fleurs, dites *synathérées* ou composées, ont un calathide pour inflorescence. Ce mot vient du grec, et signifie *petit panier.* Le réceptacle commun y porte le nom de *phoranthe.*

Conservation des fleurs.

Il faut autant que possible pouvoir conserver les parties
florales avec deux qualités essentielles, l'odeur et la couleur,
d'où dépendent sans contredit toutes les autres, ou du moins
avec lesquelles les autres sont entièrement liées et combinées.

On prend les sommités fleuries des plantes, c'est-à-dire
les fleurs, leurs supports et leurs organes accessoires, quand
les fleurs en particulier sont petites : telles sont celles
de millepertuis, des caillelait, de la petite centaurée, etc.,
où l'on ne prend que les fleurs proprement dites (exemples, celle de mauve, de violette). Quand les propriétés
des diverses parties d'une fleur sont dissemblables, comme cela arrive aux roses, au bouillon-blanc, au safran,
on ne récolte alors que les parties utiles. Il est des fleurs
qui doivent être récoltées en boutons, comme la camomille, les roses de Provins ; d'autres se récoltent au moment de leur épanouissement. Les sépales des fleurs liliacées, etc., dont on veut obtenir l'arôme qui est très-fugace,
sont dans ce cas ; d'autres fleurs encore, et c'est la presque totalité, sont prises immédiatement après leur épanouissement et le développement de toutes leurs parties. Il
y a aussi des fleurs qui sont recueillies à la fin de l'inflorescence, quand leurs propriétés principales résident dans leur
calice, partie la dernière à prendre l'accroissement nécessaire et à élaborer les principes odorans : la sauge, la lavande,
le romarin, et en général la plupart des labiées sont de ce
nombre.

Les fleurs ne doivent pas être cueillies en tout temps et
à toute heure du jour ; mais le moment le plus favorable
pour cela est quand l'atmosphère se trouve dans un état de
sécheresse, et surtout le matin, après que les premiers
rayons du soleil ont dissipé la rosée.

C'est, comme nous l'avons déjà dit, à la couleur, à l'odeur et même à la texture que l'on doit avoir égard pour la dessiccation des fleurs. En effet, on ne dessèche pas au soleil celles dont la couleur est facilement altérable, ni celles dont les huiles essentielles seraient bientôt volatilisées par la chaleur. Ainsi, l'on doit presque toujours éviter l'action immédiate d'une chaleur trop élevée et d'une vive lumière.

FLEURS MÉDICINALES.

Fleurs *émollientes* ou *mucilagineuses* :

> Tussilage, violette, pied-de-chat, bouillon-blanc, coquelicot, guimauve et mauve.
>
> (Les fleurs d'ortie blanche, de caillelait, de nénuphar etc., seraient rangées dans cette classe ; l'analyse chimique constate que leur réputation est tout-à-fait usurpée.)

— *amères avec un peu d'arôme* :

> Camomille romaine, millepertuis, tanaisie, absinthe, matricaire.

— *franchement amères (toniques)* :

> Centaurée (petite), houblon.

— *aromatiques (stimulantes)* :

> Tilleul, sureau, mélilot, œillet rouge, lavande, et les sommités fleuries des plantes à feuilles aromatiques déjà citées.

plus ou moins stimulantes avec narcotisme :

> Pêcher, oranger, arnica, digitale, safran.

VI. FRUIT.

Dès que l'ovaire a reçu l'influence du pollen, dès que les embryons sont vivifiés, les tégumens floraux cessent de recevoir de la nourriture, leur couleur s'altère, s'affaiblit ; ces organes perdent de leur fraîcheur, se dessèchent, meurent, et se séparent de la plante : l'ovaire le plus souvent seul existe et continue de se nourrir et de se développer, ainsi que les ovules qu'il contient.

Le mode de développement de l'ovaire est appelé *fructification*, et l'ovaire fécondé prend le nom de *fruit*, soit, comme le dit J.-J. Rousseau, qu'il se mange ou ne se mange pas, soit que la semence soit déjà mûre, soit qu'elle ne le soit pas.

Le fruit a ordinairement une forme régulière et arrondie ; cependant sa régularité est souvent altérée par certains organes qui, après la floraison, continuent de persister autour de lui, ou bien par des développemens particuliers de l'ovaire.

La calice persistant, mais libre, accompagne quelquefois le fruit jusqu'à sa maturité ; d'autres fois il est adhérent avec lui, et constitue la partie la plus extérieure du péricarpe ; mais le plus souvent le fruit est libre et entièrement nu.

L'organisation intérieure du fruit change beaucoup dans certaines espèces, au fur et à mesure qu'il avance vers la maturité : ceci a lieu surtout par l'avortement des graines, et même de quelques loges.

On dit le fruit *entier*, quand il n'est aucunement divisé ; quand ses contours sont échancrés et divisés symétriquement en un certain nombre de parties continues, il est dit *divisé*. Ces échancrures, ces lignes saillantes, indiquent ordinairement le nombre des loges dont le fruit est pourvu. Quand les parties du fruit sont articulées et peuvent se séparer à sa maturité, il est dit *composé* ou *divisible*.

On distingue toujours dans le fruit *le péricarpe et les graines*.

Le *péricarpe* est formé par les parois de l'ovaire, accru et modifié par l'âge ; quelquefois il est mince et membraneux, au point qu'il paraît ne pas exister, comme dans les plantes labiées ; quelquefois au contraire il est charnu, et prend un volume considérable; dans ce cas, les graines se distinguent facilement du reste du fruit.

Quand plusieurs styles existent sur l'ovaire, et que ces styles persistent lors de la fructification, on dit les fruits *mono, di* ou *polycéphales*, selon le nombre de ces styles.

Le péricarpe est tantôt charnu, tantôt ligneux. M. le professeur Mirbel donne le nom de *pannexterne* à la partie extérieure du péricarpe, et *panninterne* à la partie intérieure. La première, qui forme l'écorce du fruit, est souvent ligneuse ou coriace, tandis que la seconde est charnue et pulpeuse (exemple, le melon); cependant le contraire a quelquefois lieu, et la panninterne est sèche et solide, tandis que la pannexterne est charnue et pulpeuse, comme dans l'abricot. Il arrive qu'on ne peut distinguer ces deux parties dans le péricarpe, surtout quand il est très-peu développé et d'une consistance sèche. Il en est de même des trois parties que M. Richard reconnaît dans l'épaisseur du péricarpe.

Les trois parties désignées par ce professeur sont l'*épicarpe*, ou enveloppe extérieure, espèce d'épiderme qui recouvre le péricarpe et détermine sa forme; le *sarcocarpe*, qui est la substance parenchimateuse extrêmement développée dans les fruits charnus, non apparente dans d'autres, et qui est intermédiaire entre l'épicarpe et l'*endocarpe*, troisième partie, ordinairement mince et membraneuse, qui recouvre immédiatement les graines, et qui définit la cavité séminifère.

On peut très-bien se figurer ces trois parties dans la *pomme* ou dans un *fruit à noyau*; l'endocarpe, dans ce dernier exemple, est le noyau.

On dit le péricarpe *déhiscent*, quand il s'ouvre pour laisser échapper les graines mûres; quand, au contraire, il ne s'ouvre pas, mais se flétrit, se dessèche, et renferme les graines jusqu'à leur germination, il est dit *indéhiscent* : c'est ce qui arrive le plus souvent aux fruits monospermes.

M. De Candolle appelle *pseudosperme* le fruit indéhiscent, surtout quand il renferme une seule ou un très-petit nombre de graines.

La plupart des péricarpes s'ouvrent d'eux-mêmes à la maturité des fruits, et ils sont ordinairement formés de plusieurs pièces distinctes, jointes à leurs bords internes par une espèce de suture : ces pièces se nomment *panneaux* ou *valves*. On dit le fruit *univalve, bivalve, uni, bi,* ou *triloculaire,* etc., selon le nombre de ses valves et de ses loges.

Les *valves* sont ordinairement disposées autour de l'axe central du fruit, sur un même plan horizontal, et elles sont séparées par des membranes appelées *cloisons,* simples lames de tissu cellulaire, qui s'étendent le plus souvent longitudinalement de la base au sommet de l'ovaire et du fruit, et y forment plusieurs cavités appelées *loges.*

Les *cloisons* sont tantôt formées par des appendices propres aux valves ou à l'endocarpe, ou des bords des valves qui rentrent dans l'intérieur du fruit, ou encore de simples élargissemens d'un placentaire occupant le centre ; tantôt elles sont distinctes des valves, comme dans les *crucifères,* par exemple, où elles sont formées par des développemens membraneux particuliers, qui font en même temps l'office de placentaires ; alors on les appelle *fausses cloisons.*

L'ouverture ou *déhiscence* du fruit à sa maturité se fait de différentes manières, suivant la structure particulière des espèces ; les graines s'en échappent, soit par l'écartement naturel des valves, soit avec élasticité, quelquefois c'est par des trous pratiqués à la partie supérieure, inférieure ou latérale, du péricarpe ; d'autrefois par un opercule qui s'en détache, ou bien encore par une coupe horizontale, comme celle d'une boîte à savonette, etc.

CARPOLOGIE.

On donne le nom de *carpologie* aux classifications que les

auteurs ont faites pour les fruits ; nous allons en faire connaître une qui, quoique ancienne, est assez usitée dans les livres de matière médicale : au moyen de cette classification, qui est de Linné, on range les fruits dans des genres dont les caractères sont très-faciles à reconnaître. Cet illustre naturaliste divise les fruits ou péricarpes en huit genres, dont cinq présentent une nature sèche, et sont déhiscens, et trois sont de nature succulente ou charnue : ceux-ci ne s'ouvrent pas.

1° *Fruits déhiscens.*

La *capsule* (*capsula membranacea, valvis dehiscens varie in variis. Syst. veget Lin.*) a son péricarpe creux, membraneux, monosperme, ou plus souvent polysperme ; il provient d'un ovaire libre : il est sec dans sa maturité, et s'ouvre régulièrement, soit par la séparation des valves et cloisons, soit par des trous situés à sa base ou à son sommet, fermés le plus souvent par des dents ou productions particulières avant la maturité de la capsule, qui s'écartent pour donner passage aux graines, comme on peut le voir dans le mufle de veau, certains pavots, etc.

La *silique* (*siliqua membranacea, bivalvis, sutura utraque seminifera. L.*) est un fruit propre aux crucifères ; c'est un péricarpe plus long que large, régulier, monosépale, sec, à deux valves appliquées l'une contre l'autre, et réunies à leur bord par deux sutures longitudinales et opposées. Les semences sont insérées sur l'une et l'autre suture en deux séries opposées dans chaque loge ; et la cavité intérieure de la silique est ordinairement séparée par une fausse cloison longitudinale, distincte des valves, et parallèle. Quelques auteurs appellent *médiastin* la cloison qui partage cette espèce de fruit en deux loges. La silique est quelquefois articulée transversalement ; quelquefois elle ne s'ouvre pas, et la cloison s'oblitère, etc., comme dans les *radis*.

On appelle *silicule*, une silique dont la longueur ne dépasse pas au moins trois fois la largeur ; elle est ordinairement arrondie, et contient rarement plus de trois à quatre semences.

La *gousse* ou *légume* (*legumen membranaceum, bivalve, sutura altera seminifera L.*), fruit irrégulier, propre aux plantes de la famille des *légumineuses*, diffère de la silique, en ce que jamais ses deux valves ne sont séparées par une cloison, et que les graines sont rangées le long de la suture longitudinale inférieure seulement. Cette suture, où le placentaire est adhérent, se divise, au moment de la déhiscence, en deux nervures fixées chacune à l'une des valves. Les graines attachées alternativement à ces deux nervures placentariennes se séparent ainsi avec la valve à laquelle elles appartiennent (exemples : pois, fèves). Quelques-uns de ces caractères généraux s'effacent parfois, ou présentent dans certaines gousses des modifications, comme nous pouvons le voir dans celles des *casses*, par exemple, qui restent fermées, et dont la cavité est partagée par des diaphragmes ou fausses cloisons transversales. D'autres gousses sont coupées de distance en distance par des nœuds qui forment autant de loges, et tombent en se désarticulant sans s'ouvrir. La gousse de l'*astragale* paraît biloculaire, à cause des bords des valves qui sont refoulés jusqu'à la suture opposée.

Le nombre des graines des gousses est très-variable.

Le *follicule* ou coque (*folliculus membranaceus, univalvis, atere dehiscens, a seminibus distinctis L.*) est un péricarpe sec, allongé, membraneux, quelquefois ligneux, et même, dans quelques espèces, charnu et pulpeux, univalve, s'ouvrant par une fente longitudinale placée du côté interne, quand plusieurs follicules sont réunis. Les semences du follicule ne sont pas attachées immédiatement au péricarpe, mais à un placentaire posé contre la suture.

Les follicules ne sont jamais solitaires, sinon par avortement : dans la famille des apocynées, à laquelle ce fruit est propre, on en trouve ordinairement deux ensemble. Il y a des plantes qui en ont trois ou quatre et plus, réunis sur un même axe du réceptacle comme dans les *renonculacées*, ce sont des *camares*, ils figurent deux s réunies §.

Le *cône* ou *strobile* (*strobilus imbricatus amenti coarcti L.*), qui est plutôt une réunion ou rapprochement en une seule masse de capsules monospermes et indéhiscentes, placées sous des écailles qui servaient de bractées à la floraison, est dit un péricarpe multivave, consistant en un axe commun, autour duquel sont implantées des écailles ligneuses ou coriaces, imbriquées, ou se recouvrant les unes les autres par gradation, et sous chacune desquelles les ovaires accrus se trouvent, attachés à leur base.

Au moment de la floraison, le cône n'est qu'une espèce de chaton ; le nom de *conifères* a été donné aux plantes d'une famille formée d'un groupe de végétaux ligneux, comme les pins, les mélèzes, les cèdres, etc., qui ont des fruits de ce genre.

2° *Fruits indéhiscens.*

Les trois espèces de fruits de Linné, qui sont indéhiscentes et charnues ou succulentes, sont le *drupe*, la *pomme* et la *baie*.

Le *drupe* (*drupa pericarpium farctum evalve nucem continens Phil. Bot.*) est un fruit dont le péricarpe est formé d'une enveloppe charnue et pulpeuse, et qui renferme un seul noyau dans son intérieur : ce noyau est formé, comme nous le savons, par l'endocarpe ou panninterne endurci et devenu ligneux ou osseux ; exemples : la pêche, la cerise, la noix.

Lorsque le drupe contient plusieurs noyaux, ils prennent le nom d'osselets ou *nucules*. Le noyau du drupe, quoique ordinairement formé de deux valves, ne fait que s'entr'ouvrir à la germination, pour laisser passer la p'antule.

La *pomme* (*pommum pulposum, capsula includente semen. Syst. veget.*) est un fruit charnu ou succulent, cou-

rouné par les lobes du limbe du calice devenu partie constituante du péricarpe, et contenant des graines à enveloppes
coriaces, appelées *pépins*, logées dans des valves ligneuses
ou cartilagineuses ; la pomme est partagée dans son intérieur en cinq loges, le plus souvent.

Le calice y forme l'épicarpe, et se confond avec le sarcocarpe. On peut facilement faire la distinction de *pommes à
nucules* et *pommes à pépins* ; suivant que l'endocarpe est
épais et ligneux, comme dans le fruit du néflier, de l'alisier ;
ou suivant qu'il est cartilagineux et élastique, comme dans
le fruit du pommier, du poirier.

Certaines pommes ont au-dessous de l'œil ou *couronne*
une concrétion pierreuse, que Duhamel nomme *rocher*; des
traînées de concrétions semblables disséminées dans la partie
charnue sont nommées *carrières*. Toutes paraissent provenir
du suc séveux concrété.

La *baie* (*bacca pericarpium evalve, semina ceteroquin
nuda continens. Phil. Bot.*), fruit charnu, mou étant mûr,
d'une forme ovale ou arrondie, ne s'ouvrant pas naturellement, dépourvu de noyau, et n'offrant pas de loges distinctes ; les graines y sont éparses dans une pulpe succulente,
mais néanmoins attachées à deux placentaires latéraux qui
longent, opposés l'un à l'autre, l'endocarpe dans toute sa largeur ; exemple : groseilles.

On appelle *grains* les baies petites, et le plus souvent
ramassées en grappe, cyme, ou en corymbe, etc.

Cette classification est insuffisante pour cadrer avec les
progrès de la botanique. Aussi, pour avoir une idée d'autres
classifications plus étendues des fruits, doit-on consulter les
ouvrages de MM. De Candolle, Mirbel, Richard, etc., etc.

Il est néanmoins utile pour ce livre élémentaire de parler
de quelques espèces de fruits des *classifications carpologi-
ques* modernes, afin de faire acquérir par ces notions toute

la facilité possible pour l'étude des familles où la structure des fruits forme souvent le caractère essentiel.

Dans les carpologies récentes on divise les fruits en *simples*, *multiples*, et *composés* ou *agrégés*.

Les fruits simples sont ceux qui proviennent d'un ovaire qui a toujours été solitaire dans la fleur ; la pêche, la cerise, sont dans ce cas.

Les fruits multiples proviennent de la réunion, avec ou sans adhérence, de plusieurs ovaires qui ont toujours appartenu à la même fleur ; comme les framboises, les fraises.

Les fruits composés sont bien le résultat de la réunion de plusieurs ovaires encore accompagnés ou non d'enveloppes florales ; mais ces ovaires dépendent chacun d'une fleur séparée. C'est l'accroissement seul des parties florales qui les a forcés à se toucher et parfois à se souder ensemble. Exemples : mures, fruits des arbres verts.

Parmi les *fruits simples* les uns sont secs indéhiscens, les autres sont secs déhiscens ; enfin il y en a qui sont charnus.

Examinons les principaux types de ces trois divisions :

1º *Fruits simples secs indéhiscens.*

Le *cariopse*, ce fruit est très-petit monosperme et le péricarpe est soudé avec la graine, comme dans le blé et autres *graminées*.

L'*akène*. Ici le fruit est de même petit et monosperme ; mais on reconnaît parfaitement, en l'ouvrant, qu'il n'y a point de soudure entre la paroi interne du péricarpe et la graine. Les fruits des plantes à fleurs composées, comme le *tournesol*, sont dans ce cas.

Le *diakène*, est le résultat de la réunion de deux akènes, comme on le voit dans les *ombellifères*, tels que le *fenouil*.

Le fruit gymnobasique. (4 Graines nues de Linné). C'est le pistil développé des plantes *labiées* et *borraginées ;* quatre petits ovaires ont le style placé entre eux et inséré au réceptacle, à cause de la ressemblance de ces quatre ovaires développés avec des akènes, ce fruit porte aussi le nom de *tetrakène*.

Le *samare* est un fruit composé avec très-peu de graines et ayant des ailes ou appendices comme dans l'*orme*, l'*érable*.

La *carcérule* est un fruit polysperme, pluriloculaire sec et indéhiscent. Le fruit du *tilleul* est dans ce cas.

2° *Fruits secs déhiscens.*

Ici se trouvent la *silique*, la *silicule*, la *gousse*, la *capsule* dont il a déjà été question ; on peut y ajouter :

La *pyxide* ou *boîte à savonnette*, qui s'ouvre au moyen d'une valve se levant du bas en haut et dont la suture coupe le fruit dans le sens horizontal ; comme on le voit dans le *mouron rouge*, la *jusquiame*.

L'*élaterie* ou *coque*, formé de plusieurs coques rangées symétriquement autour d'un axe central et qui sont des valves à bord rentrant se séparant souvent avec élasticité ; les *euphorbes*, la *mercuriale*, le *ricin*, ont un pareil fruit.

3° *Fruits simples charnus.*

Ce sont le *drupe*, la *pomme*, la *baie*, dont il a été question tout-à-l'heure ; puis les suivans :

La *noix*, espèce de drupe dont le sarcocarpe est moins épais et qui offre une apparence coriace, il se nomme *brou;* comme la *noix*, le fruit de l'*amandier*.

La *nuculaine*, fruit charnu renfermant plusieurs petits noyaux appelés nucules : le *sureau*, la *vigne* ont, de pareils fruits.

Enfin il y a encore la *péponide*, fruit des mélons et potirons; la *balauste*, fruit des *myrtes*, des *grenadiers*; l'*hespéride*, fruit des *orangers*, *citronniers*, etc. L'espace que je puis consacrer à ces détails ne me permet pas d'en donner la description.

4° *Fruits multiples.* Ils se réunissent presque tous dans le genre *syncarpe*. Les ovaires d'une même fleur qui forment ces fruits sont quelquefois en partie soudés ensemble même avant la fécondation. Exemple, magnolia.

M. Richard appelle *mélonide* un fruit charnu provenant de plusieurs ovaires pariétaux réunis et soudés en partie ou en totalité avec le tube du calice, qui, souvent très-épais, est parfois confondu avec leurs vrais péricarpes. La mélonide à nucules a ses graines renfermées dans des petits noyaux qui sont des portions de l'endocarpe. Exemple : nèfles. La mélonide à pepins a l'endocarpe cartilagineux. Exemples : *coing*, *poire*, etc.

5° *Fruits agrégés*.

Parmi les *fruits agrégés* ou *composés* il y a le *cône* déjà vu, la *soroze* qui est la réunion de plusieurs fruits soudés par leurs enveloppes florales comme les *mures*, l'*ananas*, et le *sycone* qui est un involucre monophylle, charnu, contenant un grand nombre de petits drupes provenant d'autant de fleurs femelles. Exemple : figue.

RÉCOLTE DES FRUITS.

La récolte des fruits varie infiniment; tel fruit est pris à peine développé, tel autre étant encore vert ou mûr à moitié, beaucoup sont cueillis à leur parfaite maturité, suivant l'usage qu'on désire en faire; car nous devons savoir que différens principes qui résident dans les fruits, varient suivant leur âge, et leur degré de maturité. Ces changemens chimiques se font clairement remarquer, surtout dans les fruits à péricarpe charnu, où l'on peut les suivre dès leur naissance.

Les fruits charnus, tels que les pommes, les citrons, etc.; sont cueillis avant leur maturité, quand ils sont destinés à être envoyés au loin, parce que sans cela leur décomposition aurait lieu : dans ce cas, ils mûrissent en route.

Lorsqu'on veut récolter les fruits, on fait attention de ne choisir que ceux qui ne sont pas endommagés, qui sont le mieux favorisés par la nature, et dont la maturité n'a pas été trop précoce; on en fait la récolte pendant un beau jour; et si l'on veut conserver un certain temps ces fruits, on les prend un peu avant qu'ils soient mûrs.

Quelquefois on ne se sert que de l'épicarpe de quelques fruits; c'est ce qui arrive aux *citrons*, aux *oranges*, dont la surface est entièrement recouverte de glandes vésiculaires qui contiennent des huiles essentielles; aux *grenades*, qui contiennent un principe astringent dont on veut seul faire usage : dans ce cas, on enlève l'écorce ou zeste de ces fruits avec des instrumens qui ne peuvent être attaqués par ces principes, et une chaleur modérée à l'air libre suffit pour les faire sécher, dans le cas où il convient de les conserver.

D'autres fois c'est la partie intérieure du fruit que l'on veut obtenir, tel que l'endocarpe endurci avec les graines, par exemple, ainsi que cela arrive pour les *amandes*, les *noix*, etc. Comme à une certaine époque, la partie charnue ou le brou s'en sépare, on les laisse en repos en attendant, et puis on détache cette partie inutile; on frotte les noyaux avec des linges, pour en ôter les impuretés, et on les expose au soleil.

Le plus souvent on conserve les fruits dans leur état d'in-tégrité.

FRUITS MÉDICINAUX.

Fruits farineux :

    Orge mondé et perlé, riz, froment, avoine, (gruau), maïs, etc.

— *sucrés avec plus ou moins d'acide :*

    Jujubes, raisins, dattes, pêches, framboises, groseilles, etc.

— *huileux :* Olives (exemple unique d'huile fixe dans un péricarpe.)

Fruits huileux aromatiques :

>   Laurier, genièvre, vanille, poivre, etc.

—   *à huile volatile* :

>   Anis vert, anis étoilé ou badiane, coriandre,
>   angélique, fenouil, etc.

—   *acides avec huile essentielle* :

>   Oranges, citrons.

—   *laxatifs et purgatifs* :

>   Pommes, pruneaux, casse, tamarin, senné, co-
>   loquinte, nerprun.

—   *astringens* :

>   Poires, brou de noix, grenades, roses.

—   *stupéfians* :

>   Pavot, belladone, divers fruits des apocynées, etc.

LA GRAINE.

Nous avons dit quelque chose regardant cette importante partie du fruit au commencement de ce livre, nous y renvoyons pour les détails organographiques, et nous regrettons beaucoup que le but de cet ouvrage, tout à fait élémentaire, ne nous ait pas permis de parler plus longuement des modifications que les diverses espèces de graines présentent dans les différentes parties qui les constituent ; il est bon de prévenir que cette étude, quoique minutieuse et compliquée, est intéressante, et qu'elle guide beaucoup lorsqu'il s'agit de recherches regardant les groupes de végétaux appelés *familles*.

RÉCOLTE DE GRAINES OU SEMENCES.

Les graines ou semences doivent être récoltées à la maturité parfaite, c'est-à-dire peu avant leur dissémination et par un temps sec et serein. On doit les choisir bien nourries, entières et saines, non germées, et n'étant surtout pas attaquées par les insectes.

On faisait anciennement une distinction ridicule de *semences froides majeures et mineures, et chaudes majeures et mineures*. On divise mieux les semences en purement *huileuses* ou *émulsives*, en *huileuses âcres* et en *huileuses aromatiques ou à huiles essentielles*, en *farineuses*, en *mucilagineuses* et en *sèches* ou *ligneuses*. Cependant cela souffre encore des exceptions; car il y a des semences qui sont huileuses en même temps que farineuses ou mucilagineuses, etc. Mais on les désigne suivant que tel ou tel principe y est dominant.

Semences huileuses ou émulsives. Les semences ou graines huileuses émulsives sont celles qui contiennent dans leurs cotylédons une huile grasse, que l'on peut en obtenir par expression, et qui produit une émulsion ou lait, quand on les triture avec addition d'eau; telles sont les graines qui appartiennent aux fruits à noyaux et à presque toutes les plantes de la famille des crucifères : mais dans ces dernières, quelquefois, il y a de plus un principe volatil, pénétrant, très-âcre au goût et à l'odorat, comme on peut le remarquer dans celles de cresson, de moutarde, etc.

Elles doivent être conservées dans un lieu frais et dans leurs péricarpes ou dans des pots de terre vernissés, lorsqu'elles en sont séparées. On doit s'en servir fraîches, quand l'existence de ce principe est nécessaire : c'est ainsi que l'on agit pour les graines de moutarde, etc. Rarement on peut conserver les semences huileuses plus de deux ans, et même au bout d'une année leur faculté germinative n'existe souvent plus, et leurs propriétés disparaissent.

Semences huileuses aromatiques. Les semences aromatiques ou à huile essentielle doivent être choisies les plus odorantes possible et d'une saveur forte et piquante.

quand les semences sont petites, on les récolte avec leur péricarpe, qui en contient parfois une grande quantité, telles sont, par exemple, celles d'anis, de fenouil, d'angélique.

Semences farineuses. Les semences farineuses, comme celles du châtaignier, de froment, des graminées en général, qui, par trituration ou mouture, se réduisent en une farine ordinairement blanche, se conservent beaucoup plus longtemps que les semences huileuses.

Semences mucilagineuses. Les semences qui deviennent glutineuses quand on les trempe dans l'eau tiède ou quand on les garde quelque temps dans la bouche, sont appelées mucilagineuses; telles sont celles des coings, de plusieurs plantes malvacées, etc.: elles doivent être soumises à une chaleur d'étuve de 30 à 36°, jusqu'à parfaite dessiccation.

GRAINES USITÉES EN MÉDECINE (1).

Graines mucilagineuses ou farineuses. De coing, de psyllium; pour la fécule: les divers légumineuses, telles que le fœnugrec, les pois.

Graines farineuses et huileuses fixes. Amandes douces et amères, lin, colza, œillette, ricin, noix, hêtre, chenevis.

Graines huileuses aromatiques. Muscades et macis, cacao, café, moutarde.

PHÉNOMÈNES DE LA VÉGÉTATION, SERVANT A EXPLIQUER LA FORMATION DES PRODUITS IMMÉDIATS.

Nous venons de voir succinctement les traits généraux des divers organes qui constituent le plus ordinairement l'en-

______

(1) NOTA. Nous ne mentionnons ici que les graines privées de leur péricarpe, quant aux petits fruits improprement nommés *graines* tels que l'*orge*, l'*anis*, ils sont rangés dans leur place naturelle, avec les autres fruits: le péricarpe y est pour ainsi dire confondu avec la graine. Tels sont les *cariopses*, les *akènes*.

semble d'un végétal. Jetons maintenant un coup-d'œil sur les principaux phénomènes qui se passent pendant la végétation ; cet examen servira à expliquer la formation des divers matériaux immédiats et des modifications qu'ils subissent.

Avant la germination , la substance de l'embryon n'offre , en grande partie, qu'un tissu cellulaire délicat, et des traces mucilagineuses, premiers linéamens du tissu que la nutrition doit rendre un jour plus apparens.

Le premier effet de la germination, nous le savons, est le gonflement total ou partiel de l'embryon , d'où résulte une rupture dans les enveloppes séminales. Dès-lors la radicule se développe en se nourrissant d'abord de ce que lui offrent les cotylédons ou le périsperme , et ensuite en puisant dans la terre les matériaux nécessaires à son accroissement ; bientôt le caudex ascendant se montre, la plumule grandit au fur et à mesure que la radicule lui transmet une suffisante nourriture : les cotylédons se fanent et disparaissent.

Ne croyons pas que ce premier développement se fasse au moyen d'un pur effet physique , c'est-à-dire par un simple gonflement résultant de l'imbibition de l'humidité du sol ; bien loin de là : le végétal étant dès sa naissance un véritable appareil chimique, où à chaque instant se forment de nouveaux composés et des transformations continuelles, ce premier développement a été dû en partie à la production de nouveaux principes, à laquelle ont présidé tour-à-tour l'eau, l'air, la chaleur et la lumière.

L'eau , l'un des principaux élémens de la végétation , pénètre le tissu de l'embryon , pour le disposer à recevoir les substances nutritives; elle y apporte des fluides gazeux, des molécules solides, dont elle est le dissolvant ; d'un autre côté, ses élémens se désunissant par des procédés naturels, deviennent des agens des diverses combinaisons.

L'oxigène de l'air à son tour débarrasse les graines de leur carbone surabondant, qui se dégage sous forme d'acide carbonique ; alors les quantités respectives de l'oxigène, de l'hydrogène et du carbone qui composent la fécule du périsperme ou des cotylédons, n'étant plus les mêmes, cette matière passe à l'état de sucre, et devient soluble d'insoluble qu'elle était : réduite en une liqueur émulsive, elle pénètre par les vaisseaux des cotylédons, et présente au blastème la nourriture dont il a besoin pour se développer. La plumule, ainsi favorisée, grandit et se présente à la lumière.

L'un des effets de la *lumière* sur les plantes, est de décomposer le gaz acide carbonique, d'expulser l'oxygène, et de fixer le carbone, d'où résulte l'endurcissement des parties ; aussi la jeune tige ne tarde pas à prendre de la consistance, et dans son enveloppe herbacée, espèce de tissu cellulaire plus ou moins régulier, dont les poches sont remplies d'une matière résineuse presque toujours verte dans les jeunes pousses, s'opère une nouvelle décomposition du gaz acide carbonique absorbé dans l'air, et la formation de nouveaux produits.

Cette enveloppe herbacée n'est pas la seule partie active de la végétation commençante ; car en même temps qu'elle a été formée, des vaisseaux se sont développés dans l'intérieur de la tigelle : ces vaisseaux, trachées, fausses trachées, etc., transportent avec une force incroyable l'humidité de la terre, pompée par les racines et transformée en sève, jusqu'aux extrémités de la jeune herbe : celle-ci s'allonge, ses bourgeons se développent, et les feuilles s'épanouissent.

La sève se répand aussi du centre à la circonférence, par des pores et des fentes, et arrive jusqu'au tissu herbacé.

Lors de la foliation, une nouvelle période de combinaisons chimiques commence. Les feuilles augmentent la succion opérée par les racines, et de plus, elles pompent dans l'air de nouveaux matériaux, en même temps qu'elles élaborent les sucs, et excrètent des produits devenus inutiles.

Les feuilles, que l'on a nommées avec raison des *racines*

aériennes, soumises à l'influence des rayons solaires, décomposent le gaz acide carbonique qu'elles reçoivent des racines, ou qu'elles enlèvent à l'atmosphère, retiennent tout le carbone, et rejettent presque tout l'oxigène. Alors le carbone du gaz acide décomposé s'unit aux élémens de l'eau, et forme avec eux de l'amidon, du sucre, de la gomme, des acides, du ligneux, des huiles, des résines, de la matière verte, et d'autres substances combustibles.

D'autres organes de l'absorption, de l'exhalation et de secrétions viennent se joindre aux feuilles : je veux parler des glandes et des poils destinés à séparer certaines liqueurs de la masse générale des fluides ; les glandes se montrent sur diverses parties des plantes ; celles appelées *miliaires* couvrent en général les parties vertes des végétaux ; les *vésiculaires* sont logées dans le tissu de l'enveloppe herbacée, et remplies d'huile essentielle ; les *globulaires* forment une poussière brillante sur plusieurs parties des labiées, par exemple ; les *utriculaires*, remplies d'une lymphe incolore, existent dans l'épiderme ; les *lenticulaires* forment de petites saillies rondes à la surface des tiges de beaucoup de dicotylédones : ce sont des lacunes remplies de sucs huileux ou résineux ; les *cyathiformes*, disques charnus, creusés d'une faussette à leur centre, distillent souvent une liqueur visqueuse ; enfin les *glandes florales* ou *nectaires* sécrètent ordinairement des sucs mielleux. Quant aux poils, selon les circonstances, ils absorbent ou rejettent les fluides ; quelques-uns sont percés à leur extrémité, et livrent passage à des sucs. L'existence de ces glandes, des poils, et l'accomplissement de certaines fonctions dont nous venons de parler, servent à prouver qu'en même temps qu'il y a succion dans les diverses parties du végétal, il y a déperdition ; c'est-à-dire que les plantes laissent échapper ou même rejettent une partie des fluides et des gaz qu'elles contiennent.

Il y a trois sortes de déperditions, savoir : 1° la déperdition liquide ou les *déjections*; 2° la déperdition gazeuse ou l'*expiration*; 3° la déperdition vaporeuse ou la *transpiration*.

Les produits des *déjections* sont des sucs plus ou moins épais ou fluides rejetés à l'extérieur par la force de la végétation : ces sucs sont de la nature des résines, des huiles, de la manne, du sucre, de la cire, des gommes, etc.

L'*expiration* se compose de gaz acide carbonique et d'oxigène, dégagés par des causes différentes que nous examinerons tout-à-l'heure.

La *transpiration* est le moyen de déperdition le plus efficace ; elle est formée d'eau réduite en vapeurs, et d'une petite quantité de principes immédiats solubles dans l'eau, ou susceptibles de se vaporiser par la chaleur : cette transpiration se fait principalement par les feuilles.

Dans ces considérations générales, il n'a été seulement question que des organes de la nutrition : ce n'est en effet qu'à ceux-ci et à leur structure particulière que l'on doit attribuer la cause immédiate de la structure physique et de la composition chimique des produits. S'il en était autrement, on ne verrait pas diverses plantes nées dans un sol parfaitement semblable, produire des matières très-différentes; tandis que des végétaux analogues, nés dans des sols différens, y forment des produits semblables. On ne verrait pas non plus certaines parties d'un végétal renfermer des sucs diversement élaborés et doués de propriétés particulières.

Ayant reconnu que les végétaux d'une même espèce offrent toujours des produits semblables, on pourrait se demander si les individus de cette même espèce de plantes offrent dans toutes les circonstances de leur développement la quantité semblable de ces produits; et si leur habitation, leur exposition, leur degré d'énergie, leur âge et les saisons ne sont pas autant de circonstances qui peuvent modifier les diverses combinaisons qui s'y opèrent d'habitude, les perfectionner ou les offrir dans un état imparfait d'élaboration ?..

Ces réflexions tiennent de trop près aux bases des principes pharmacologiques pour que nous ne nous y arrêtions pas, afin d'examiner en particulier chacune des circonstances qui peuvent apporter des changemens dans la nature intime des fonctions végétales et de leurs composés.

1°. *Lumière.* Déjà nous avons eu occasion de voir l'effet de cet agent physique sur le développement du végétal, en opérant la décomposition du gaz acide carbonique et le dégagement de l'oxigène.

Les végétaux privés de l'influence solaire, au lieu d'exhaler de l'oxigène, en enlèvent à l'atmosphère, et le remplacent par un volume égal de gaz acide carbonique : dans ces circonstances, les composés saccharins se produisent, et les végétaux s'allongent plus qu'ils ne se fortifient. C'est ce qui fait que les plantes qui végètent à l'ombre sont faibles, décolorées, et ne contiennent presque pas de carbone ; elles restent toute leur vie dans l'état de débilité d'une jeune pousse au moment où elle sort de la graine ou du bouton : les membranes restent minces et diaphanes ; il ne se forme que peu ou point d'huile, de résine, de ligneux, etc.

Comparons les plantes situées entre les tropiques, où l'action de la lumière est la plus vive, et qui frappent d'admiration le voyageur européen, et celles qui couvrent notre sol septentrional : ces dernières, au lieu de présenter une végétation riche et variée, n'en présentent qu'une pauvre et monotone. Nous ne remarquons pas dans nos végétaux ces couleurs tranchées et éclatantes, ces odeurs et saveurs pénétrantes, aromatiques qui font le prix des productions végétales qui nous arrivent des pays méridionaux. Nous ne voyons pas dans nos contrées ces herbes magnifiques qui, sous l'équateur, sont aussi hautes que les arbres de nos vergers, et dont les feuilles et les fleurs ont en comparaison des dimensions considérables.

Que ces exemples suffisent pour ne plus douter qu'une

vive lumière rend les couleurs des végétaux d'autant plus foncées qu'ils y sont plus exposés ; que leur tissu acquiert plus de densité ; que leurs sucs ont des propriétés plus énergiques ; que leurs odeurs sont plus intenses, et leurs huiles essentielles plus abondantes quand ils reçoivent l'influence des rayons lumineux. Ce qui explique clairement pourquoi les aromates, le camphre, les baumes, les médicamens précieux et actifs, nous viennent presque tous des climats brûlans.

2º *Calorique*. Le calorique agit toujours à l'unisson avec la lumière ; fluides qui, suivant M. Monge, ne sont, pour ainsi dire, que deux états ou modifications du même corps, le feu lui-même. La chaleur est un stimulant des forces vitales dans tous les êtres organisés. Les lieux froids ne sont que rarement favorables à la végétation. On remarque que les végétaux qui croissent dans des terres sèches, arides, montueuses et éventées par des vents froids, sont plus velus et plus grêles que ceux qui viennent dans des lieux humides et chauds ; ils ne sont que noueux et rabougris quand le froid est presque continuellement permanent, et leurs principes constituans offrent un caractère simplement mucilagineux. Quoique l'on puisse citer des arbres qui ont résisté à 60 et 80 degrés de chaleur (1), et d'autres qui supportent un froid assez vif, et continuent de végéter à 32 degrés au-dessous de 0 : tels le sapin, le pin, le bouleau ; des faits semblables paraissent très-rares, et ces excès de température sont toujours nuisibles à la généralité des plantes.

3º *Humidité*. L'eau, le plus utile des matériaux qui entrent dans la composition des végétaux, est le premier mobile de leur accroissement. Nous pouvons remarquer combien les terrains marécageux, les prairies humides, sont recouverts d'une riche végétation, surtout quand l'eau qui les

____

(1) L'*agnus castus* trouvé par Forster au pied d'un volcan, etc.

arrose contient de la chaleur, de l'air, et d'autres principes alimentaires qu'elle entraîne avec elle. C'est l'eau qui allonge, gonfle et distend les canaux, en y passant sans cesse, en y portant les différentes substances propres à en augmenter les matériaux, et en entrant elle-même dans leur composition. Après une sécheresse, un contact des rayons brûlans du soleil, on voit les plantes, très-altérées, fanées, et menaçant de passer à une mort certaine, se redresser, s'épanouir et pousser avec plus de vigueur que jamais, si une pluie survient, ou si l'on satisfait leur soif en les arrosant.

Il faut néanmoins observer ici que, malgré que l'eau soit indispensable à la végétation, chaque espèce de plante n'exige pas une quantité semblable de ce liquide : telle plante se plaît dans des lieux secs; telle autre demande à être entourée d'une grande humidité ; et si l'on change le mode d'être d'un végétal, soit en le privant, soit en l'abreuvant mal-à-propos et pendant long-temps de l'eau, ses fonctions seront perverties, et il en résultera des combinaisons nouvelles et des produits doués d'une toute autre vertu que celle qu'il avait d'habitude. C'est ainsi que le *céleri* devient vénéneux, quand il croît dans des lieux aquatiques.

4.° *Sol et culture.* Le sol a de même beaucoup d'influence sur la végétation, les végétaux et leurs produits. Les plantes qui croissent naturellement dans un sol calcaire ne sont pas les mêmes que nourrit un sol argileux, etc. Des individus d'une même espèce acquièrent des qualités particulières quand on les fait croître plutôt dans telle terre que dans telle autre, ainsi que l'a prouvé M. Théodore de Saussure. Cela se remarque facilement pour les vins, qui, quoiqu'étant des liqueurs fermentées, ne laissent pas de participer de la nature du sol où la vigne a poussé, et l'on reconnaît dans ce qu'on nomme bouquet la différence d'un terrain sablonneux, siliceux et sec, d'avec celui qui est trop humide ou trop gras.

On ne peut pas trop faire attention au terrain qui convient

aux végétaux dont on veut faire usage, pour les avoir avec toutes leurs qualités, puisqu'il ne sert pas seulement de soutien aux plantes et de réceptacle aux matières alimentaires, et puisqu'il a été reconnu que les plantes ne prospèrent que quand le sol possède des substances minérales qui conviennent à leur nature.

Les anciens praticiens conseillaient avec raison de ne récolter les plantes soumises à la culture, qu'à défaut d'autres; en effet, par exemple, la rhubarbe que nous cultivons ne donne des résultats thérapeutiques analogues à ceux de la rhubarbe de Moscovie, que de moitié; et l'on ne tarde pas à voir dégénérer toutes les qualités qui sont relatives à un végétal d'un pays chaud, quand il est cultivé dans une serre. Les plantes cultivées en pleine terre ne demandent pas une restriction rigoureuse à cette règle, si elles sont du même climat : même les *labiées*, les *crucifères* augmentent de propriétés quand elles sont soumises à une culture convenable.

5° *Habitation des plantes*. Si une plante choisit telle ou telle station géographique, ce n'est pas toujours pour y chercher une nature donnée de terrain, mais parce qu'elle y trouve une exposition convenable : l'élévation des lieux, l'exposition, l'inclinaison et la nature du sol, la proximité des forêts, des montagnes et de la mer, la direction des vents, font varier la température, et sont autant d'élémens dont il faut tenir compte pour expliquer la végétation de chaque canton en particulier. Certaines plantes se plaisent dans les hautes montagnes, d'autres dans les marais, ou bien dans les prés humides; telle plante vient dans un terrain aride ou sur les murs, telle autre se trouve au bord des ruisseaux; enfin il y en a qui se plaisent au fond ou sur les bords des eaux de la mer, des lacs ou des rivières. Certaines espèces, certains genres, certaines familles même, habitent une contrée exclusivement à toute autre. Le poids de l'air, à mesure qu'on s'élève au-dessus du niveau de la mer, est aussi une cause à signaler dans cette observation, et, par exemple, les quinquinas, qui montent jusqu'à 2,900 mètres, ne se rencontrent pas en-deçà de 300 mètres; certaines espèces même vivent à une hauteur intermédiaire qu'elles ne dépassent pas. Il est donc important de préférer pour la récolte des plantes usuelles le lieu qui leur est naturel, et où elles développent avec le plus d'avantages leurs principes constituans.

6° *Age*. Les végétaux ne vivent pas tous pendant un même laps de temps; quelques-uns n'ont qu'une existence fort éphémère : tels sont certains cryptogames; d'autres meurent de vieillesse long-temps avant une année révolue : ce sont les *herbes* ; on les dit à cause de cela *annuelles*, et on les désigne par le signe du Soleil ☉. Ce n'est pas l'hiver qui les fait périr, mais bien l'époque où elles ont assuré la propagation de l'espèce par la production de la graine.

Il est des plantes qui vivent plus d'une année; on les a distinguées en *bisannuelles*, *vivaces* et *ligneuses*.

Les *plantes bisannuelles*, désignées par le signe de Mars ♂, ne fleurissent pas la première année; des feuilles radicales se montrent seules durant ce temps, et se dessèchent quand l'hiver survient; mais au retour du printemps, de nouvelles feuilles se développent, les tiges apparaissent, la floraison et la fructification ont lieu, et, peu après, ces plantes meurent de même que les herbes annuelles.

Les plantes *vivaces* sont désignées par le signe de Jupiter ♃ : leurs parties exposées à l'air et à la lumière se détruisent chaque année, après la fructification; mais les racines se conservent en terre, et donnent l'année suivante de nouvelles tiges qui portent encore des fleurs et des fruits.

Les végétaux appelés *ligneux*, et pour la désignation desquels on se sert du signe de Saturne ♄, se conservent avec leurs tiges pendant l'hiver : ces tiges, dès la seconde année, prennent le caractère du bois; leur mort n'arrive en général qu'après que la floraison s'est renouvelée pendant un nombre d'années assez considérable : ces plantes se régénèrent par le développement progressif de parties semblables et continues.

Cette distinction, toute physiologique, est plus importante pour la pharmacologie qu'on ne pourrait le supposer au premier abord; car l'acte de la végétation modifie sans cesse les matériaux, au point que, dans une saison, il y a abondance de certains produits, tandis que dans l'autre les organes qui les contenaient s'en trouvent, pour ainsi dire, dépourvus. Ces remarques ont déjà trouvé leur application chaque fois que dans ce travail il a été question de la récolte de produits ou organes végétaux.

Nous venons de dire que certaines époques de l'année, et aussi les divers degrés de développement des végétaux, influent sur la composition intime de leurs matériaux organiques : ceci s'explique par l'acte même de la végétation. En effet, en examinant une jeune pousse de nos forêts, par exemple, on reconnaît que son tissu est blanchâtre, mou, aqueux et presque insipide; mais bientôt ce nouvel *instrument chimique*, comme l'appelle Fourcroy, acquiert des propriétés actives : des fluides et liquides sont introduits dans son tissu; la sève monte par ses vaisseaux; ce liquide aqueux entraîne avec lui du gaz acide carbonique, de l'oxigène, de l'azote, des sels minéraux, des matières animales et végétales qui y sont intimement combinées; il s'élabore : le cambium, les sucs propres sont formés; arrivé à l'extrémité supérieure des parties du végétal, il redescend sous l'écorce, et, passant dans les feuilles, il s'empare de nouveaux produits. Là, sous cette écorce, il entretient la partie éminemment végétante, et se rend enfin dans la racine.

Nous avons déjà vu combien la lumière, la chaleur, l'humidité, le sol, etc., peuvent modifier ces divers phénomènes et leurs produits; il nous reste à désigner les époques où les matériaux des plantes y existent en abondance et dans un état de perfection. Dans le premier âge, tous les sucs sont employés à la nourriture et à l'accroissement des organes ; mais après leur parfait développement, les sucs nutritifs, devenus inutiles ou superflus, s'épaississent, et se changent même parfois en de véritables solides. Ce n'est aussi qu'à cette époque que les sucs propres se séparent de la masse générale séveuse, et sont portés dans plusieurs réservoirs particuliers où ils séjournent : de là les produits inertes obtenus dans une jeune plante ou dans la racine d'une plante vivace, lors de la plus grande activité de la végétation ; de là aussi ces abondans et riches produits offerts par une plante annuelle au moment de sa fructification, ou par les racines vivaces au printemps, avant le développement des premières feuilles, ou dans l'arrière-saison ; de là, enfin, une saison préférée à l'autre, tel âge choisi plutôt que tel autre pour la récolte de certains organes, et pour pratiquer des incisions au collet des racines vivaces ou des écorces ligneuses, afin d'obtenir des gommes-résines, des résines, des oléo-résines, et divers autres matériaux si précieux.

Ces circonstances, nous le répétons, n'influent pas seulement sur l'abondance de ces produits, mais encore sur leur perfectionnement ; car, par la marche de la végétation, un produit se transforme en un autre : le corps muqueux se change en sucre, le sucre en élémens de la fécule, l'huile fixe en cire, etc. C'est ainsi que les *conifères*, au lieu de résine entièrement formée, nous présentent de l'huile volatile à une certaine époque de la végétation, c'est-à-dire de la résine incomplètement oxigénée ; les baies de genièvre, par exemple, renferment de l'huile essentielle avant leur maturité, de la térébenthine lorsqu'elles sont mûres, et de la résine lorsqu'elles sont desséchées sur le végétal.

PRODUITS OU MATÉRIAUX IMMÉDIATS.

On doit entendre par *matériaux* ou *produits immédiats des plantes* des produits de la végétation que l'on peut extraire de leurs divers organes, avec la certitude de les obtenir sans leur faire éprouver d'altération et de changement, et absolument tels qu'ils étaient dans les composés végétaux dont ils formaient partie intégrante. On ne peut séparer aucun corps hétérogène de ces matériaux, sans en altérer évidemment la nature.

Les matériaux immédiats sont toujours plusieurs dans un même végétal, et l'on peut les obtenir isolément les uns des autres : car ils sont situés ordinairement dans des genres d'organes différens, dont la structure particulière est souvent l'unique raison de leur nature et de leur composition spéciale.

Malgré que nous disions que tels matériaux se trouvent de préférence dans telle partie du végétal plutôt que dans telle autre, on doit cependant être loin de croire qu'ils soient toujours distincts, et placés de manière qu'en reconnaissant le siége de chacun d'eux, on puisse les obtenir mécaniquement, en les détachant ou en les puisant dans les parties où ils seraient placés. Il n'en est pas toujours ainsi ; car malgré que les uns soient sous forme solide ou pulvérulente, les autres sous forme liquide, ou contenus dans des cellules particulières, et recouverts d'une enveloppe membraneuse, il en est qui sont intimement mélangés avec d'autres produits, ou qui imprègnent les tissus. Pour les obtenir, dans ce cas, on est obligé de broyer les parties qui les contiennent, de les soumettre à une forte pression ; même, dans plusieurs circonstances, l'intermède du feu est nécessaire ; ou bien la macération dans l'eau, la distillation, le secours d'autres produits immédiats, tels que les huiles, l'alcool, etc. Tous ces procédés que l'on emploie doivent toujours être de nature à ne pouvoir altérer en aucune manière les matériaux soumis à leur action : car il est impossible de rendre aux principes immédiats, une fois altérés par les travaux chimiques, la première nature qu'ils avaient.

Le moyen mécanique est le plus simple et le plus certain pour obtenir quelques-uns des matériaux immédiats.

On distingue trois moyens ou *analyses mécaniques :*

1° Celui qui est naturel, c'est-à-dire qui se fait par véritable sécrétion et excrétion de sucs que la nature elle-même prépare dans une classe de vaisseaux propres, et qui sortent d'eux-mêmes, par la dilatation des vaisseaux, sous forme liquide, à la surface des plantes. Ces sucs étant susceptibles de s'épaissir à l'air, sont séparés avec la main ; c'est ainsi que sont recueillis les *gommes*, les *résines*, les *baumes*, etc.

2° Celui qui se fait en perçant les végétaux avec des tarières, pour en obtenir les sucs qui coulent alors abondamment, et qui, sans cela, n'auraient pu sortir que difficilement, ou même point du tout ; c'est ainsi que s'extrayent les résines de différens arbres, la manne, la sève, divers sucs propres. Mais encore faut-il connaître les organes qui recèlent ces produits extractifs ; ainsi c'est par incisions des capsules du pavot qu'il s'écoule un suc blanc qui forme l'opium ; ce sont les feuilles grasses d'aloès, les tiges d'euphorbe, le tronc d'arbres résineux, qui contiennent des sucs propres, que l'on chercherait vainement ailleurs, ou qui y seraient moins élaborés et en moindre quantité.

3° Celui qui se fait en soumettant à la presse des tissus vésiculeux, faciles à isoler, et dans lesquels se trouvent cantonnés des matériaux immédiats qui se séparent par ce moyen d'avec le parenchyme solide, formé des débris de ce qui constituait les vésicules dans lesquelles ils étaient contenus.

Voyez au commencement de la troisième partie de cette botanique médicale pour connaître les divers procédés opératoires que la pharmacie emploie aussi pour isoler et obtenir les principaux matériaux immédiats utiles en thérapeutique, et que nous allons citer ici. Dans leur énumération nous ne ferons que mentionner ces produits, en négligeant même de les classer selon l'ordre dans lequel la chimie les range aujourd'hui, c'est-à-dire d'après la prédominance de tel ou tel élément qui entre dans la composition de chacun d'eux.

Matériaux immédiats circulant avec la sève et susceptibles de se dissoudre dans l'eau :

Gomme, sucre, albumine végétale, acides végétaux, etc.

— *souvent sous la forme pulvérulente ou lamelleuse :*

L'amidon ou fécule, le gluten, la matière colorante.

Alcalis végétaux (bases salifiables organiques, azotés) :

Émetine découverte par **M.** Pelletier dans l'ipécacuanha ; la *vératrine* des ellébores ; la *strychnine* de la noix vomique, etc. ; la *quinine* découverte dans les quinquinas jaune et rouge, par **M.** Caventou ; la *morphine*, par **M.** Serturner dans l'opium.

Matériaux immédiats renfermés dans des cellules ou vaisseaux particuliers, inflammables et indissolubles dans l'eau :

Huiles fixes, huiles volatiles, camphre, résines, gommes-résines, baumes.

— *formant la partie solide indissoluble, le soutien et l'enveloppe commune de toutes les parties des végétaux :*

Les tissus, le ligneux, la subérine ou liége, etc., qui donnent par la combustion le carbone et divers autres produits utiles, tels que la potasse, la soude, l'iode, etc.

Nous renvoyons à la troisième partie pour l'étude physique et médicale des espèces de chaque genre de produits dont il est question ici.

———

C'est dans leur composition chimique que l'on trouve la véritable source des propriétés des diverses substances employées dans l'art de guérir, et tels ou tels produits immédiats, présens dans un médicament, sont toujours la cause de son action physiologique et thérapeutique.

Nous avons vu que les divers matériaux se forment par l'acte de la végétation; que tel organe en élabore ou en contient d'une nature différente de celle des matériaux produits ou élaborés par tel autre organe ; nous venons de voir aussi que les matériaux immédiats, en même temps qu'ils diffèrent dans leurs composés chimiques et leurs qualités physiques, diffèrent nécessairement par leurs propriétés médicales; d'après cela, il ne sera pas difficile de concevoir que dans une même plante il peut exister des produits différens et des vertus de diverses sortes ; il ne sera pas étonnant non plus, par ce qui précède, de rencontrer divers individus d'une même espèce de végétal, dont les uns posséderont des propriétés plus marquées que les autres, et cela parce qu'ils varieront d'âge ou parce qu'ils se seront développés dans une exposition plus en rapport avec la nature de l'espèce, ou sous des influences atmosphériques plus favorables : c'est en effet ce qui existe pour les plantes.

Les diverses parties même d'un seul organe peuvent offrir des différences dans leurs propriétés; ainsi dans les racines des dicotylédones, le corps ligneux par où monte la sève non élaborée, et le corps cortical, nourri par les sucs descendans, offriront des propriétés tout-à-fait opposées; l'un sera fade et inerte, tandis que l'autre jouira de propriétés actives;

il en est de même pour certaines parties de la tige, du fruit, etc.

Une observation aussi digne de remarque, c'est l'infinité de combinaisons qui s'opèrent entre les produits immédiats. Si un organe ne contenait qu'un seul de ces produits, par l'inspection de sa nature, on serait bientôt à même de définir sa propriété; mais il n'en est pas ainsi. Plusieurs matériaux à-la-fois se trouvent à l'état de mélange intime dans ces organes, de sorte que souvent, au lieu d'une vertu simple, on y trouve des propriétés mixtes, comme dans une préparation polypharmaque ; ainsi l'on trouvera parfois dans ces organes divers acides mêlés avec des sels, des résines; on trouvera de la fécule mêlée avec du tannin et des huiles essentielles, etc.

Cette complication, ces divers élémens mélangés dans diverses proportions, donnent nécessairement lieu à des composés doués probablement de nouvelles propriétés intermédiaires entre celles des composans ; c'est ce que nous pouvons remarquer, par exemple, dans les gommes-résines : si la gomme, d'un côté, et la résine de l'autre, ont des propriétés différentes, comme l'expérience le prouve, les gommes-résines devront avoir des propriétés très-diverses selon les proportions de ces deux élémens.

DEUXIÈME PARTIE.

CLASSIFICATIONS, FAMILLES, GENRES ET ESPÈCES.

TAXONOMIE,

ÉTUDE SOMMAIRE DES CLASSIFICATIONS.

Caractères.

Nous venons de voir que, parmi les divers organes qui composent un végétal, les uns président à la nutrition et les autres à la reproduction des espèces, et que parmi ces derniers les uns sont exclusivement destinés, soit à la génération, soit à la fructification, soit à la germination : ces organes, leurs diverses modifications, leurs fonctions, ou même, dans bien des cas, l'absence de l'un ou l'autre de ces organes, sont autant de marques distinctives ou de *caractères* dont le botaniste fait usage pour reconnaître les espèces, et parvenir à leur classification. M. de Jussieu regarde les caractères comme le seul et le véritable but des recherches des botanistes ; il les considère quant à leur nombre, quant à leur valeur, quant à leur affinité mutuelle. La présence d'un organe fournit les *caractères positifs* ; son absence, les *caractères négatifs.*

Les *caractères positifs* offrent des moyens de comparaison, montrent les ressemblances et les différences que les êtres ont entre eux. Ceux dans lesquels ces caractères ne présentent que des différences très-légères doivent être rapprochés en groupes ; ceux dans lesquels ces caractères diffèrent sensiblement doivent être éloignés les uns des autres ; c'est, comme le dit **M.** Mirbel, une suite naturelle de la marche de nos idées ; mais les caractères négatifs ne donnent lieu à aucune comparaison, ne peuvent être employés que pour séparer les êtres, et jamais pour les réunir.

On distingue dans les caractères positifs les *caractères constans* et les *caractères inconstans* : toutes les graines provenues d'une même plante ont la même structure ; toutes les plantes qui naîtront de ces graines produiront d'autres graines semblables à celles dont elles sont sorties : par conséquent les caractères tirés de la structure des graines sont *constans*. Parmi les plantes qui naîtront de ces graines, il pourra se trouver que les unes auront des corolles bleues, d'autres des corolles rouges ; que les unes seront plus petites, les autres plus grandes ; par conséquent la grandeur, la couleur, l'odeur, offriront des caractères *inconstans* : ces caractères seront de peu d'importance, puisqu'il est reconnu qu'il n'y a de connaissances solides en botanique que celles qui reposent sur des caractères *constans*.

Parmi ces caractères *constans*, les uns sont *isolés*, les autres sont *co-existans*, c'est-à-dire qu'ils s'enchaînent de telle sorte, que la présence de l'un d'eux nécessite toujours la présence d'autres. Parmi les premiers, on peut donner pour exemple les pétales d'un *silèné*; ils sont garnis d'appendices en forme de lames. Ce caractère est constant dans tous les individus ; mais il est isolé, et ne suppose pas l'existence nécessaire d'un ou de plusieurs autres traits caractéristiques. Parmi les seconds, au contraire, une suite d'autres traits caractéristiques sont entraînés après le caractère appelé *co-existant*. Ainsi le calice d'une campanule adhère à l'ovaire, et, dans ce cas, de toute nécessité l'ovaire est simple, et la corôlle et les étamines sont attachées à la surface interne du calice (*périgynie*), le réceptacle est nul, etc.

Les caractères tirés des organes de la végétation ou nutrition sont peu multipliés et presque toujours isolés ; les caractères de la reproduction sont très-nombreux, et souvent un seul devient l'indice certain de l'existence de plusieurs autres. Cette considération suffit, en général, pour établir conventionnellement la suprématie des caractères de la reproduction sur ceux de la végétation.

Ainsi les caractères *positifs*, *co—existans*, et *tirés des organes de la reproduction*, sont les guides les plus certains pour arriver à la connaissance des *familles*, *genres* et *espèces*, et à leur *classification*.

Il est évident que les caractères les plus généraux et les moins variables des plantes doivent être tirés des organes les plus essentiels et de la modification la plus importante de ces organes. La racine, la tige et les feuilles, souvent dissemblables dans des plantes évidemment analogues, ne peuvent fournir des caractères principaux. Le calice et la corolle, qui sont des organes accessoires, manquent dans plusieurs plantes. On ne peut donc s'y arrêter pour former un premier caractère. Les étamines et le pistil, formant le complément de la fleur, sont des organes essentiels ; mais ils se flétrissent après avoir rempli leurs fonctions importantes ; tandis que l'ovaire croît, se développe, et devient un fruit parfait, renfermant une ou plusieurs semences destinées à reproduire une nouvelle plante. C'est donc à la semence ou à l'embryon, qui en est la partie la plus importante, que l'on doit s'attacher pour établir les caractères principaux sur lesquels sont fondées les premières divisions des végétaux. L'embryon est composé de la *plumule*, de la *radicule* et des *lobes* ou *cotylédons* : la petitesse des deux premières ne permettant pas d'y saisir la différence d'organisation interne que M. le professeur Desfontaines a observée, on se sert d'un caractère plus apparent, qui, tenant aux précédens et les accompagnant toujours, devient un indicateur exact de leur existence. Ce caractère est celui du *nombre des lobes de l'embryon*, qui offre toujours trois grandes différences constamment uniformes. En effet, l'embryon est rarement dénué de lobes; quelquefois il n'en a qu'un seul : mais le plus souvent il est à deux lobes ou un plus grand nombre de lobes, Les différentes manières d'exister de cet organe important établissent trois grandes divisions parmi les végétaux, savoir : les *acotylédones* sans lobes cotylédonaires, les *monocotylédones* avec un seul lobe et les *dicotylédones* avec deux ou plus de deux lobes ou cotylédons.

La note ci-dessous résume les caractères bien apparens de chacun de ces groupes (1).

(1) En nous rappelant ce qui a été dit à la description de chaque organe, etc., regardant les différences qu'ils présentent, selon que la plante est *monocotylédone* ou *dicotylédone*, nous saurons que chez les *monocotylédones* les racines sont fibreuses et sans pivot principal ; que les feuilles sont, avec des fibres longitudinales parallèles, sans incisions à leur bord ; que leurs tiges sont des *chaumes* ou des *stypes*, où les tissus cellulaire et vasculaire sont en quantité égale; c'est pourquoi elles sont appelées aussi plantes *cellulo-vasculaires*; quant à leurs fleurs, elles n'ont jamais de périanthe double, et le nombre de leurs diverses parties, telles que étamines, stigmates, loges d'ovaires, etc., est presque toujours de trois ou le multiple de trois.

Pour ce qui regarde les *dicotylédones*, leurs racines sont pivotantes et assez souvent ramifiées ; leurs feuilles sont plus ou moins profondément découpées, et les nervures se ramifient pour aller se rendre en tous sens dans le tissu parenchymateux et vers le bord. Quant aux tiges, elles sont ligneuses avec les caractères du *tronc*, ou herbacées, et alors plus ou moins ramifiées; le tissu vasculaire y prédomine, ce qui fait donner le nom de *vasculaires* à ces plantes. Les organes floraux protecteurs sont souvent doubles, c'est-à-dire que le périanthe est composé de *calice* et de *corolle*, et les étamines offrent le plus souvent le nombre cinq ou un multiple de cinq, comme les parties ou divisions des enveloppes florales.

Les plantes *acotylédones* ou sans cotylédons sont celles qui

L'avantage de pouvoir distinguer une plante monocotylédone d'une dicotylédone, sans devoir attendre la germination de ses grains, est d'un grand aide pour les recherches
de classification ; les graines étant souvent trop petites pour
être examinées avec détails.

Les organes qui, après l'embryon, tiennent le premier
rang, sont les étamines et les pistils ; mais comme ces deux
organes n'ont de puissance et de valeur dans la reproduction végétale, qu'en réunissant leurs forces, de même, dans
la détermination des plantes, ils ne peuvent fournir aucun
caractère, lorsqu'ils sont pris séparément : donc, de tous les
caractères fournis par ces deux organes, le seul vraiment important est celui qui est commun aux deux. Il se tire de
leur disposition respective, caractère qui est exprimé par
l'insertion des étamines, laquelle suppose toujours la position relative du pistil. La position des étamines est sujette à
trois différences, qui dépendent de la situation de ces mêmes étamines à l'égard du pistil. Ainsi les étamines sont
portées sur le pistil (*épigynes*), ou insérées sous cet organe,
sur le réceptacle (*hypogynes*), ou attachées autour de cet organe, c'est-à-dire au calice (*périgynes*). Quant aux étamines
insérées à la corolle, comme elles sont censées avoir leur
insertion sur la partie qui sert de support à la corolle, l'une
ou l'autre des trois insertions de celle-ci indique nécessairement l'insertion *médiate* des étamines *corolliflores*.

Les autres caractères voisins des primaires, et ne partici-

sont privées d'organes sexuels apparens : Linné les appelait *cryptogames*; d'autres botanistes les appellent *cellulaires*, à cause qu'elles n'offrent dans leur composition que cette espèce de tissu : la reproduction s'y fait par des fragmens de leur propre substance, qui se séparent de la plante au moment où elle a acquis toute sa vigueur ; on
les appelle des *sporules* : ce ne sont pas des embryons, et, par conséquent, nul cotylédon ne peut exister au moment de leur développement.

pant qu'à demi à leur immutabilité, sont la corolle, considérée comme *monopétale* ou comme *polypétale*, et sa situation lorsqu'elle ne porte pas les étamines. On a observé que la corolle monopétale est presque toujours *staminifère* (portant les étamines), tandis que la polypétale ne l'est presque jamais, et que son insertion est ordinairement la même que celle des étamines. Ainsi, à quelques exceptions près, on peut déduire l'insertion des étamines de l'insertion · et du nombre des parties de la corolle.

MÉTHODE DE JUSSIEU.

Classes.

En revenant sur toutes les divisions que fournissent les caractères ci-dessus énoncés, on voit que M. de Jussieu a d'abord divisé les plantes en *acotylédones*, *monocotylédones* et *dicotylédones*.

Les *acotylédones* sont et resteront indivisibles, jusqu'à ce que leur organisation soit parfaitement connue : et l'on s'est borné à ranger les genres analogues dans différentes familles ou ordres.

Les *monocotylédones*, privées de corolle, ne peuvent avoir qu'un mode d'insertion, savoir, l'insertion absolument immédiate ; mais cette insertion étant ou *hypogyne*, ou *périgyne*, ou *épigyne*, il s'ensuit que les monocotylédones fournissent trois classes (1).

Les *dicotylédones*, qui sont dix fois plus nombreuses que les acotylédones et les monocotylédones ensemble, exigent un plus grand nombre de classes (onze), et ce nombre est fourni

(1) Depuis la formation de la méthode naturelle, on a remarqué que certaines plantes que l'on rangeait parmi les acotylédones germaient avec un cotylédon ; quelques botanistes les ont placées parmi les monocotylédones, dans la deuxième classe, en les désignant sous le nom de *monocotylédones-cryptogames.*

par la corolle considérée, 1° comme non-existante (*apéta-
lie*), 2° comme *monopétale*, 3° comme *polypétale*.

Les *dicotylédones apétales* étant les plus simples suivent
immédiatement les monocotylédones qui sont toutes apétales.
Elles sont également divisées en trois classes, en raison
de l'insertion de leurs étamines, qui est *épigyne*, *périgyne*
et *hypogyne*.

Viennent ensuite les *dicotylédones monopétales*, dont les
étamines sont presque toujours épipétales, et changent à
peine leur insertion propre; mais on leur substitue l'insertion de la corolle, qui est *hypogyne*, *périgyne* et *épigyne*. De
plus, il faut remarquer que dans l'insertion épigyne, ou les
anthères sont réunies, ou elles sont parfaitement libres. Ainsi
les dicotylédones monopétales fournissent quatre classes,
savoir : 1° celle où l'insertion de la corolle est périgyne;
2° celle où l'insertion est hypogyne; 3° celle où l'insertion
est épigyne, les anthères étant réunies; 4° celle où l'insertion est également épigyne, les anthères étant libres.

Les *dicotylédones polypétales* sont aussi considérées par
rapport aux trois points d'insertion, et elles fournissent
trois classes, savoir : les polypétales *épigynes*, les polypétales *périgynes*, et les polypétales *hopogynes*. Il faut remarquer que dans ces trois classes les étamines sont rarement
portées sur les pétales, et quand elles y sont insérées, le
point d'insertion des pétales est censé être celui des étamines.

Enfin l'ensemble de la méthode est terminé par les plantes
dicotylédones diclines, qui ne peuvent être soumises à la loi
des insertions, puisque les organes sexuels sont séparés et
résident dans différentes fleurs. Ces plantes ne doivent pas
être confondues avec celles qui ne sont unisexuelles que par
accident ou par avortement, et qui doivent être placées à
côté des hermaphrodites, dont elles sont congénères.

Ces onze classes dicotylédones, réunies à celle des acotylédones et aux trois fournies par les monocotylédones, for-

ment en tout *quinze classes* parfaitement distinctes, et dont aucune, si ce n'est dans des exceptions très-rares, n'interrompt la suite des ordres naturels.

Voici le tableau synoptique des classes de la méthode de A.-L. de Jussieu :

				Classe	
ACOTYLÉDONES					1
MONOCOTYLÉDONES.	Étamines sur le réceptacle (*hypogynes*)				2
	sur le calice (*périgynes*)				3
	sur le pistil (*épigynes*)				4
DICOTYLÉDONES.	APÉTALES.	Étamines sur le pistil (*épigynes*)			5
		sur le calice (*périgynes*)			6
		sur le réceptacle (*hypogynes*)			7
	MONOPÉTALES.	Corolle sur le receptacle (*hypogynes*)			8
		sur le calice (*périgynes*)			9
		sur le pistil (*épigynes*).	Anthères conjointes.		10
			Anthères distinctes.		11
	POLYPÉTALES.	Étamines sur le pistil (*épigynes*)			12
		sur le réceptacle (*hypogynes*)			13
		sur le calice (*périgynes*)			14
	DICLINES irrégulières (unisexuelles vraies)				15

Les insertions *hypogynes* et *épigynes* sont faciles à reconnaître; mais celle dite *périgyne* est souvent ambiguë et équivoque; elle est difficile à déterminer dans deux circonstances: 1° lorsque l'ovaire étant adhérent, les étamines sont insérées dans le point où le calice et l'ovaire commencent à se séparer, comme dans les campanulacées; 2° lorsque l'ovaire étant libre, les étamines sont insérées sur le réceptacle qui est écarté du calice, et qui entoure la base de l'ovaire, comme dans les bruyères. Il est difficile de prononcer dans le premier cas, si les étamines sont périgynes ou épigynes, et dans le second cas, si elles sont périgynes ou hypogynes : l'habitude d'observer fait vaincre ces points de doutes.

Familles, genres, espèces.

On entend par *ordre* ou *famille naturelle* un groupe ou série de genres qui se ressemblent dans un grand nombre de caractères, surtout dans ceux qui sont regardés comme les plus constans, c'est-à-dire qui, d'après les principes naturels et invariables, sont jugés plus généraux, uniformes, et conséquemment plus importans.

On donne le nom de *genre* à l'assemblage ou à la réunion des espèces qui se ressemblent dans un grand nombre de leurs parties, et surtout dans les organes de la fructification.

On entend par *espèces* les plantes parfaitement semblables dans toutes leurs parties, et qui se reproduisent toujours sous les mêmes formes. L'espèce, dit **M.** de Jussieu, doit renfermer les individus qui se ressemblent par le caractère universel.

L'espèce peut encore, d'après certaines nuances prises dans les caractères les moins importans, être divisée en *variétés*. Ces nuances sont pour la couleur, la grandeur, etc.

D'après cela, on concevra facilement que les caractères *ordiniques*, *génériques* et *spécifiques* seront différens les uns des autres ; que les premiers seront pris parmi les organes reproducteurs ; que les seconds seront pris le plus souvent parmi les organes accessoires de la fleur ; et que pour les troisièmes on aura le plus souvent recours aux organes de la nutrition.

Prenons pour exemple de ceci la famille des *labiées*, et quelques-uns de ses genres et espèces.

Cette famille offre pour caractères un ovaire simple, profondément quadrilobé ; les étamines , didynames, sont attachées à une corolle monopétale hypogyne, et le plus souvent labiée : le fruit se compose de quatre petites coques indéhiscentes monospermes ; les graines sont ascendantes périspermées. Ici se trouvent entre autres des caractères co-existans : la corolle monopétale hypogyne nécessite l'insertion médiate des étamines et la non adhérence de l'ovaire. Si l'on n'avait eu recours qu'à quelques-uns d'eux, l'on ne serait pas arrivé au même but, et la famille n'aurait pas été définie : ainsi il existe des étamines didynames et une corolle labiée dans la famille des *scrophulaires;* un ovaire simple, profondément quadrilobé dans les *borraginées* : c'est donc la réunion de plusieurs des caractères ordiniques qui forme cet ensemble qui constitue la description d'une famille.

Les genres de la famille des labiées offrent tous les mêmes caractères ordiniques ; mais ces genres diffèrent par la manière d'être de leur corolle, de leurs étamines, etc. Ainsi la corolle dans le genre *teucrium* ne présente qu'une lèvre ; le genre *salvia* a les loges des anthères écartées l'une de l'autre par un long connectif, et la loge inférieure stérile, etc.

En examinant maintenant les espèces d'un même genre, elles se ressemblent par les caractères génériques ; mais elles présentent des différences dans d'autres parties dont le caractère est le moins constant : ainsi les *sauges*, qui toutes ont les loges des anthères séparées par un connectif et la loge inférieure stérile, etc. , auront des fleurs ou jaunâtres ou bleues, ou blanches ; elles auront des bractées ou plus longues ou plus courtes que le calice ; des fleurs en épis serrés ou en grappes lâches ; des feuilles finement crénelées ou grossièrement crénelées , etc.

Cet examen nous prouve que pour parvenir à des connaissances importantes le botaniste doit saisir les rapports qui existent, soit entre les diverses parties d'un même végétal ,

soit entre les parties correspondantes des divers végétaux.
Il doit ensuite lier ces rapports par une méthode unique et
la seule naturelle qui rapproche les êtres semblables dans le
plus grand nombre de leurs parties, en calculant pour cet
effet la valeur des organes et des caractères, afin de suivre
pas à pas la marche de la nature, qui a établi entre les organes certains degrés de prééminence.

AUTRES CLASSIFICATIONS.

Cette manière d'étudier et de classer les végétaux n'a pas
toujours été employée ; et si nous consultons les Anciens, on
voit qu'ils ne s'occupaient que de la vertu des végétaux et de
leurs propriétés médicales ; ils les divisaient par saisons, ou
selon les lieux qu'ils habitaient, etc. : telles sont les méthodes
des Dodoëns, des Lobel. Il est vrai que Cæsalpin, au seizième siècle, imagina une distribution basée sur les caractères
fournis par la fructification ; mais, d'après l'aveu de tous les
botanistes, Tournefort est le premier qui ait introduit dans
la science l'ordre, la pureté et la précision. Il imagina une
méthode artificielle, qui a pour objet de conduire l'élève à la
connaissance des genres. Cette méthode peut être considérée
comme une table ingénieuse ; mais elle n'est pas une repré-
sentation fidèle des affinités des plantes, ses principales di-·
visions étant basées sur des caractères susceptibles de varier
beaucoup.

Clef de la méthode de Tournefort.

HERBES A FLEURS

- **pétalées**
  - **simples**
    - **monopétales**
      - **régulières.**
        - Corolle imitant une cloche. — 1. *Campaniformes*
        - Corolle imit. un entonnoir. — 2. *Infundibuliformes*
      - **irrégulières.**
        - Corolle imitant la forme d'un mufle de veau ou d'un masque antique... — 3. *Personées.*
        - Limbe de la corolle comme divisé en deux lèvres.... — 4. *Labiées.*
    - **polypétales**
      - **régulières.**
        - Corolle composée de quatre pétales disposés en croix. — 5. *Cruciformes.*
        - Corolle composée de 5 à 10 pétales disposés en rose. — 6. *Rosacées.*
        - Corolle composée de 5 pétales souv. inégaux, fleurs disposées en ombelle.... — 7. *Ombellifères.*
        - Cinq pétales longuement onguiculés, réunis dans un calice monosépale; limbe étalé comme dans les rosacées.......... — 8. *Caryophyllées.*
        - Corolle de 3 à 6 pétal., capsule ou baie triloculaire. — 9. *Liliacées.*
      - **irrégulières.**
        - Corolle composée de 5 pétales disposés en papillon (voyez la description de ce genre de corolle) ... — 10. *Papillonacées.*
        - Corolle polypétale irrégulière et non papillonacée. — 11. *Anomales.*
  - **composées............**
    - Tous les fleurons réguliers, avec corolle en entonnoir... ... . — 12. *Flosculeuses.*
    - Tous les fleurons irréguliers, les corolles étant en languettes.......... — 13. *Demi-flosculeuses.*
    - Les fleurons du centre réguliers, ceux de la circ. en languettes.......... — 14. *Radiées.*
- **apétales.....................**
  - Plantes dont les fleurs n'ont pas de véritable corolle... .. .. — 15. *A étamines.*
  - Plantes dépourvues d'organes sexuels et d'enveloppes florales propr. dites. — 16. *Sans fleurs.*
  - Apétales .... — 17. *Sans fleurs ni fruits.*

ARBRES A FLEURS

- **apétales.....................**
  - Arbres ou arbrisseaux dont les fleurs sont dépourvues de corolle...... . — 18. *Apétales prt. dites.*
  - Arbres apétales dont les fleurs sont disposées en chaton .... — 19. *Amentacées.*
- **pétalées**
  - **monopétales...........**
    - Corolle monopétale régulière ou irrégulière..... — 20. *Monopétales.*
  - **polypétales**
    - **régulières .** — Polypétales régulières.... — 21. *Rosacées.*
    - **irrégulières.** — .... — 22. *Papillonacées.*

N'étant pas susceptible de se prêter aux progrès de la science, la méthode de Tournefort a été abandonnée. Le reproche le mieux fondé que l'on puisse lui faire, c'est la séparation des plantes herbacées des ligneuses. En effet, les rapports les plus naturels sont par là méconnus ; et les végétaux qui ont entre eux la plus grande analogie sont souvent éloignés et rejetés à de très-grandes distances les uns des autres à cause de cette seule différence.

Quant à la méthode de Linné, connue sous le nom de *système sexuel*, malgré plusieurs défauts graves, elle sera probablement encore long-temps d'une grande utilité pour l'étude. Elle offre ce précieux avantage, que non-seulement toutes les plantes connues peuvent s'y classer, mais encore, comme le dit M. Mirbel, que toutes les plantes qui restent à connaître pourront y trouver leur place.

Clef du système de Linné.

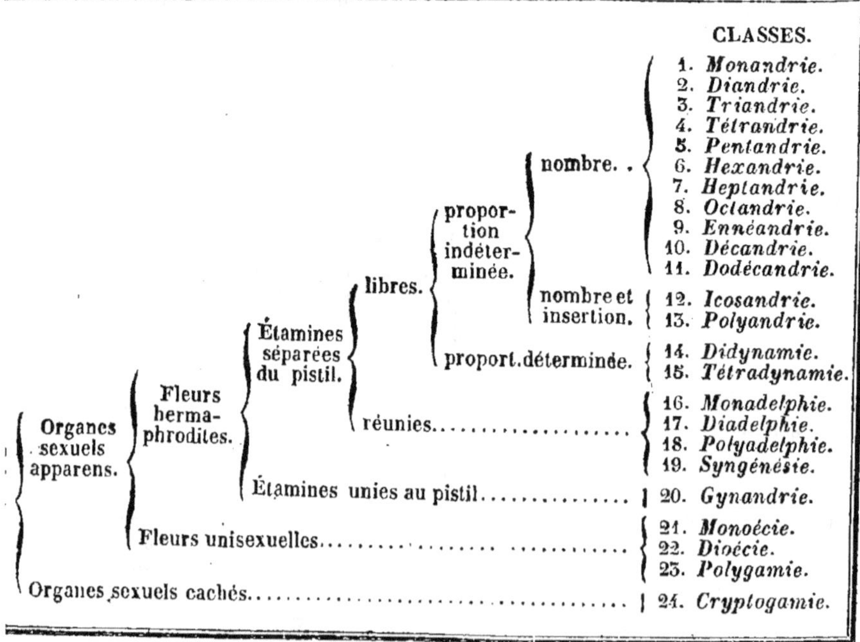

Signification des noms des Classes de Linné.

Monandrie.	Un seul mâle, c'est-à-dire une seule étamine.
Diandrie.	Deux étamines.
Triandrie.	Trois étamines.
Tétrandrie.	Quatre étamines.
Pentandrie.	Cinq étamines.
Hexandrie.	Six étamines.
Heptandrie.	Sept étamines.
Octandrie.	Huit étamines.
Ennéandrie.	Neuf étamines.
Décandrie.	Dix étamines.
Dodécandrie.	Douze à vingt étamines.
Icosandrie.	Vingt étamines ou plus attachées sur la paroi interne du calice.
Polyandrie.	Vingt étamines ou plus attachées au fond du calice sous le pistil.
Didynamie.	Quatre étamines, dont deux plus longues.
Tétradynamie.	Six étamines, dont quatre plus longues.
Monadelphie.	Les étamines réunies en un seul corps par l'union de leurs filets.
Diadelphie.	Les étamines réunies en deux corps par l'union de leurs filets.
Polyadelphie.	Les étamines réunies en plusieurs corps par l'union de leurs filets.
Syngénésie.	Les étamines réunies par leurs anthères.
Gynandrie.	Étamines et pistils réunis.
Monoécie.	Des fleurs mâles et des fleurs femelles sur un même individu.
Dioécie.	Des fleurs mâles sur un individu, des fleurs femelles sur un autre.
Polygamie.	Des fleurs hermaphrodites et des fleurs mâles ou femelles sur un même individu.
Cryptogamie.	Plantes dont les organes sexuels sont cachés.

Ce système plaît, intéresse et instruit tout à la fois. Les caractères qu'il met en évidence piquent vivement la curiosité, parce qu'ils appartiennent à des organes d'où dépendent les phénomènes les plus mystérieux et les plus importans de la vie. L'esprit saisit sans fatigue, et comme d'un regard, toutes les parties de cette vaste composition ; on se croit botaniste sitôt qu'on en conçoit bien la savante ordonnance, et de fait on commence à l'être. Cependant ce système, ne rapprochant les plantes qu'en vertu de la ressemblance d'un petit nombre de caractères, n'en pouvait donner qu'une idée incomplète ; et ce qu'il y a de plus malheureux, c'est que des genres associés par d'excellens caractères génériques, et même des espèces d'un même genre, s'y trouvent séparés et éloignés dans d'autres divisions. Ainsi donc le système sexuel paraît plus propre à soulager la mémoire qu'à enrichir l'esprit de connaissances solides.

La méthode naturelle, au contraire, semble suivre la même marche que la nature, en rapprochant les plantes qui ont de très-grands rapports fondés sur la considération de l'ensemble, et une espèce d'analogie dans le détail des différentes parties qui les composent : aussi est-elle à préférer, puisqu'elle semble nous annoncer qu'il existe une route tracée par la nature pour nous conduire à la connaissance de ses productions ; sans doute qu'elle n'offre d'abord pas les mêmes facilités aux commençans ; mais celui qui y est une fois initié ne peut se résoudre à suivre la route systématique : il sent la différence qui existe entre une science factice et la science de la nature.

BUT PROPOSÉ DANS LA SECONDE PARTIE.

Les paragraphes dont se compose ce chapitre serviront en quelque sorte d'introduction à l'étude des familles médicinales.

Disons premièrement un mot sur les classifications adoptées pour donner un arrangement méthodique aux familles.

CLASSES.

Le nombre infini des êtres créés, et les bornes étroites de nos facultés, nous rendent nécessaire un ordre général, une répartition de ces êtres en groupes, subordonnés en classes, etc. C'est dans l'étude du règne végétal, que le besoin d'une pareille disposition se fait surtout sentir ; une méthode, dit l'immortel Linné, est pour le botaniste le fil d'Ariane, sans lequel l'étude des plantes ne serait qu'un chaos.

Néanmoins, ainsi que nous l'avons démontré, les méthodes ne sont pas toutes dans un état de perfection suffisant pour classer les plantes d'après le plus grand nombre de leurs analogies organiques, et même celles qui paraissent le mieux remplir ce but ne doivent être considérées que comme des préludes botaniques, comme des répertoires placés avec intelligence ; mais elles ne seront jamais préférables à un rapprochement des familles qui serait fait selon le plus grand nombre des ressemblances qu'elles présenteraient dans tous leurs caractères. En attendant que de nouveaux travaux achèvent cet arrangement naturel, il nous a fallu choisir une méthode pour le classement des familles que nous décrivons, et nous avons préféré celle de Jussieu, parce qu'elle présente cet ensemble, jusqu'à présent le plus en rapport avec la nature ; c'est elle aussi qui est généralement suivie en France, et que les étrangers adoptent de plus en plus.

FAMILLES.

M. De Candolle a démontré d'une manière générale les analogies qui existent entre les propriétés des plantes d'une même famille. Selon lui, l'existence et la forme des deux systèmes d'organes, ceux de la nutrition et de la reproduction, sont pour ainsi dire liées ensemble, et quoique nous ne puissions encore apercevoir entre eux aucune relation , il existe des exemples assez nombreux pour être autorisé à penser que ces rapports existent réellement. Ainsi , 1° lorsqu'une propriété bien marquée a été reconnue dans un genre, nous la retrouvons à un degré plus ou moins prononcé dans d'autres plantes de la même famille, exemple : *rumex, rhubarbe*; 2° l'analogie est quelquefois si prononcée, que la famille entière participe aux mêmes vertus, exemple : *labiées* ; 3° le récit des voyageurs prouve que les plantes de même genre ou de même famille ont été employées aux mêmes usages par des peuples fort éloignés, qui ne s'étaient point communiqués entr'eux ; etc. Dans le nombre des familles, celles qui seront les plus naturelles et dont les genres offriront peu de différences présenteront aussi le moins d'irrégularité dans leurs propriétés.

Nous exprimons notre regret de n'avoir pu, dans ce travail, décrire plus de familles ; ce nombre s'en élève à 40. Seulement nous nous sommes bornés au stricte nécessaire, sachant combien il serait peu à propos d'aller sans raison compliquer de pénibles études.

Notre désir était de faire accompagner ce texte par des figures gravées, représentant tous les caractères floraux de chaque famille, pour donner une idée plus nette encore des modifications des organes, ainsi que nous l'avons fait dans nos *tables synoptiques d'histoire naturelle médicale* ; mais nous en avons été empêchés.

GENRES ET ESPÈCES.

De même que dans l'ensemble du règne végétal il existe des familles dont les propriétés sont nulles ou peu connues, dans certaines familles il existe des genres d'une importance secondaire en médecine, soit parce que l'organe médicinal n'y

a pas pris de développement, soit parce que d'autres circonstances y ont empêché la formation des matériaux actifs. **Nous**
disons ceci pour faire voir que c'est volontairement que nous
avons omis de citer et de décrire tous les genres d'une même
famille ; nous nous sommes bornés à mentionner ceux où les
propriétés sont les plus marquées ; ceux auxquels apparlien-
nent des espèces qui donnent des produits pharmaceutiques
importans et non dangereux ; ceux enfin dont les espèces
offrent le moins d'anomalies.

Ce que nous disons pour les genres d'une famille, nous
pouvons l'observer pour les espèces d'un genre : si l'une offre
des propriétés plus énergiques que l'autre, quelques espèces
aussi sont inertes ou inusitées. La même marche a donc dû
être suivie dans la citation de ces espèces, et nous n'avons
mentionné que celles qui sont les plus utiles, et qui tiennent le premier rang dans la médecine française surtout.

Tournefort désignait les plantes par une phrase caractéristique ; mais Linné simplifia le langage botanique ; il
voulut qu'une plante ne portât que deux noms, dont le premier serait le nom *générique*, ou du genre auquel la plante
appartiendrait, et le second le nom *spécifique*, réservé exclusivement à l'espèce.

Ces noms *génériques* sont presques tous tirés de noms
substantifs, les noms *spécifiques* sont la plupart adjectifs ;
ils expriment soit un caractère saillant de l'espèce, pris
parmi les organes de la végétation, soit le pays d'où la plante
est orginaire ou qu'elle préfère. Il est néanmoins des noms
spécifiques qui sont des noms propres de naturalistes, etc.

ÉTUDE

DES

FAMILLES BOTANIQUES

QUI INTÉRESSENT

LES DIVERSES BRANCHES DE LA MÉDECINE.

(Méthode naturelle.)

CLASSE I.

PLANTES ACOTYLÉDONES.

Famille des ALGUES (*Algœ*).

Plantes vivant la plupart dans l'eau douce (*conferves*), ou dans les eaux salées (*thalassiophyles*) ; d'une organisation extrêmement simple ; se présentant sous forme de filamens capillaires ou de lames minces, entières ou lobées, et dont la substance est homogène ou simplement traversée par des filamens vasculaires.

Fructification consistant en des séminules renfermées dans l'intérieur même de la plante, dans des espèces de conceptacles particuliers réunis en forme de tubercules plus ou moins allongés. Chaque conceptacle présente souvent un orifice externe, espèce d'oviducte.

Propriétés générales.

Aucune algue n'est vénéneuse ou suspecte ; plusieurs même servent d'aliment à l'homme dans divers pays ; telles sont les *ulves*, qui en outre exsudent de petites mollécules d'une matière sucrée, lorsqu'on les fait dessécher après les avoir lavées dans l'eau douce.

Quant à la propriété anthelmintique de quelques espèces, M. De Candolle pense qu'elle est due aux sédimens marins qui les imbibent.

Le *varec vermifuge*, ou mousse de Corse, est seul employé en médecine. (*Voyez* pour ce cryptogame la 3e partie.)

Fam. des CHAMPIGNONS (*Fungi*).

Plantes de consistance, de couleur et de forme variables, vivant les unes sur la terre ou dessous; les autres croissant sur les débris des animaux et des végétaux.

Fructification consistant en des séminules (*sporules*) isolées, ressemblant à une poussière fine, ou réunies dans des capsules ou réceptacles particuliers sous forme de globules arrondis ou ovales, les unes et les autres placées soit à l'extérieur du champignon, le plus souvent sur une membrane fructifère (*hymenium*), soit à l'intérieur dans un réceptacle plus ou moins membraneux ou charnu.

Sur certaines espèces on distingue tout à la fois le *chapeau*, le *collet*, le *pédicule* et le *volva*.

Propriétés générales.

Parmi les champignons, les uns sont fortement vénéneux, les autres servent à notre nourriture; d'autres enfin jouissent de propriétés toutes particulières et en apparence isolées. La difficulté de distinguer les champignons salubres des vénéneux est connue; c'est pourquoi il est bon de se tenir sur ses gardes; quant à la propriété drastique de l'espèce *boletus laricis*, elle est due à une matière résineuse qui se retrouve dans les champignons les plus vénéneux de nos climats.

L'*agaric blanc*, purgatif, et l'*agaric du chêne* qui donne l'*amadou*, intéressent la médecine.(*Voyez* la troisième partie.)

Fam. des LICHÉNÉES (*Licheneæ*).

Plantes de consistance ordinairement sèche et coriace, de couleur variable, se présentant sous la forme de croûtes membraneuses simples ou lobées, ou de branches ramifiées.

Fructification en forme d'écussons ou de tubercules situés sur la surface supérieure ou sur les bords, ou à l'extrémité des ramifications dans les lichens ramifiés.

Propriétés générales.

Il existe deux classes de propriétés dans les *lichens*, les propriétés tinctoriales et les propriétés médicinales ; celles-ci sont dues à un principe amer combiné à une forte quantité de mucilage et de matière gélatineuse qui se retrouve dans presque tous ; c'est pourquoi ils peuvent servir de nourriture à l'homme.

Le *lichen*, dit d'*Islande*, est souvent employé par les médecins comme tonique et pectoral.

Fam. des FOUGÈRES (*Filices*).

Plantes ordinairement herbacées, à tiges souterraines rampantes et vivaces ; à feuilles (*frondes*) alternes, roulées en crosse avant leur développement, simples, ou plus ou moins profondément pinnatifides, et même quelquefois composées. Organes de la fructification occupant le plus souvent la face inférieure des feuilles, consistant dans de petites sporules analogues aux graines, contenues dans des espèces de capsules crustacées ou membraneuses, entourées quelquefois d'un bourrelet élastique s'ouvrant par une fente transversale ou se déchirant irrégulièrement, et recouvertes dans certains genres, avant leur maturité, d'une enveloppe commune (*indusie.*)

Propriétés générales.

Les feuilles de fougères, surtout celles que l'on met à conserver dans nos officines, contiennent un mucilage assez épais, mélangé d'un léger principe astringent et d'un arôme faible, mais agréable.

Les souches souterraines ont une saveur amère très-développée, ce qui les rend plus ou moins stimulantes et toniques, quelquefois même purgatives.

Deux produits sont usités, le *capillaire* et la racine de *fougère mâle*, et ces substances ne jouissent plus du crédit d'autrefois.

CLASSE II.

MONOCOTYLÉDONES APÉTALES, A ÉTAMINES SOUS LE PISTIL.

Fam. des AROIDÉES (*Aroideæ*).

Spadice simple multiflore, nu ou entouré d'une spathe; fleurs le plus souvent unisexuées et sans enveloppe florale. Dans ces fleurs les étamines et les pistils sont quelquefois mélangés, d'autres fois au contraire éloignés; les mâles occupent la partie moyenne du spadice et les femelles entourent la base.

Ovaire devenant une baie arrondie souvent uniloculaire, stigmate ordinairement sessile.

Plantes sans tiges, ayant des feuilles engaînantes; racines souvent tubéreuses.

Propriétés générales.

Les racines épaisses et charnues des plantes de cette famille contiennent toutes une fécule douce et nourrissante, mélangée avec un principe stimulant, âcre, extrêmement fugace et volatil : de là deux propriétés; l'une alimentaire, l'autre excitante et même vésicante.

Genre Gouet, *Arum.*

A son espèce du nom de *gouet* (pied de veau), qui sert de vésicant chez les montagnards.

Genre Acore, *Acorus*, il nous donne le *Calamus aromaticus.*

Le *calamus* a la propriété stimulante très-prononcée ; c'est une racine trop peu usitée ; un excellent antiscorbutique ; elle agit sur les glandes salivaires comme les épices; on la fait macérer dans le vin avec des amers.

Fam. des Souchets (*Cyperoideæ*).

Cette famille très-voisine des graminées n'offre aucun intérêt pour l'art de guérir, les racines de ces plantes contiennent un principe alimentaire employé dans certaines contrées.

Fam. des Graminées (*Gramineæ*).

Fleurs en épi ou en panicule sans calice ni corolle, de simples écailles tenant lieu de ces enveloppes , lépicène (*écailles extérieures de chaque épillet ou de la fleur solitaire*), bivalve, rarement univalve ou nul; glume *(écailles propres de chaque fleur)* le plus souvent à deux valves dont l'extérieure ordinairement plus grande est aristée ou privée d'arête. Étamines communément au nombre de trois , à filamens capillaires , portant des anthères oblongues , fourchues à leurs extrémités. Ovaire simple , supère , uniloculaire , monosperme, à style le plus souvent divisé en deux ou trois parties surmontées chacune d'un stigmate plumeux. Le fruit est un cariopse ou un akène ayant l'embryon placé à la partie latérale et inférieure d'un périsperme plus grand que lui.

Tige (chaume) *ordinairement creuse et marquée de nœuds*

de distance en distance; de chaque nœud naît une feuille en-gaînante.

Propriétés générales.

Aucun gramen n'offre des propriétés vénéneuses. Leurs graines renferment toutes une substance farineuse mélangée dans plusieurs avec une matière glutineuse. Les tiges renferment, surtout avant la floraison, un mucilage doux et sucré plus ou moins abondant.

Genre Ivraie, *Lolium.*

Épillets multiflores alternes, parallèles au chaume : lépicène univalve, glume oblongue, bivalve.

L'ivraie enivrante, *Lolium temulentum*, dont le caractère spécifique est d'avoir la glume aristée et qui croît dans les moissons, contient, seule de toutes les graminées, dans ses fruits, un principe vireux et délétère que certaines circonstances développent et surtout l'humidité, mais que la chaleur fait disparaître. Les vomissemens, les vertiges, etc., résultent de l'emploi de l'*ivraie* quand elle se trouve mêlée aux graines céréales : elle est un produit délétère.

Genre Orge, *Hordeum.*

Fleurs polygames, disposées trois à trois sur chaque dent de l'axe de l'épi; fleur du centre hermaphrodite et sessile, ayant le lépicène bivalve et la glume bivalve, dont l'extérieure terminée par une arête très-longue : fleurs latérales mâles et pédiculées, ayant le lépicène à valves sétacées et la glume bivalve quand elle existe.

L'Orge commun, *Hordeum vulgare.*

Cette espèce a toutes les fleurs hermaprodites et barbues. Ses petits fruits constituant l'*orge perlé* et l'*orge mondé* servent en médecine, espèce cultivée en France ☉. Originaire de Russie.

Genre Blé ou Froment, *Triticum.*

Épillets sessiles imbriqués en épi : lépicène bivalve multiflore : valve extérieure de la glume avec ou sans arête ; valve intérieure bidentée.

Blé ou Froment cultivé, *Triticum sativum.*

Lépicène tronqué à quatre ou cinq fleurs ventrues lisses presque sans arêtes, la terminale stérile ☼.

Ses petits fruits ou cariopses connus sous le nom de *blé* ou *froment* servent, on le sait, en médecine et dans l'économie domestique ; on en obtient la fécule nommée *amidon.*

Blé rampant, *Triticum repens.*

Épillets subulés quadriflores : lépicène et glumes barbus ♃. Croît dans les lieux incultes, les haies, etc.

Ses racines ou tiges souterraines traçantes sont le *Chiendent des boutiques* qui est un délayant eu tisanne.

Genre Seigle, *Secale.*

Épillets biflores opposés à l'axe commun : lépicène à deux valves égales, garnies ou non d'arêtes : balle à deux valves dont l'extérieure très-longuement aristée.

Seigle cultivé, *Secale cereale.*

Glume dentée, épi quadrilatère ☼. Originaire de l'Asie-mineure. Lors des temps humides une excroissance noirâtre, allongée, recourbée, espèce de champignon, se développe dans la fleur ; ces excroissances, que plusieurs botanistes regardent comme une maladie de l'ovaire, servent en médecine sous le nom de *seigle ergoté.* Voyez 3ᵉ partie.

Genre Avoine, *Avena.*

Lépicène bivalve à deux ou plusieurs fleurs, toutes hermaphrodites ou quelques-unes mâles par avortement ; glume bivalve ; valve extérieure, munie d'une arête géniculée.

Avoine cultivée, *Avena sativa.*

Panicule étalé ; lépicène à deux fleurs, glume glabre ; l'arête manque souvent ☼. France. Le *gruau d'avoine* sert en thérapeutique, c'est le résultat des cariopses concassés, et dont on a enlevé l'enveloppe extérieure.

Genre Roseau, Arundo.

Fleurs en panicule. Lépicène uniflore, le plus souvent à deux valves très-aiguës. Glume bivalve, entourée à sa base par des poils persistans.

Le roseau à quenouille, *arundo donax* L, cultivé dans le midi de la France ♃, donne la *canne de Provence;* ce sont ses racines très en vogue autrefois pour faire passer le lait.

Genre Maïs, Maïs.

Fleurs mâles et fleurs femelles sur des épis séparés. Dans l'espèce maïs cultivé, *zea mäis*, fleurs mâles en épis paniculés terminales; fleurs femelles en épis denses latéraux, moins élevées que les mâles et recouvertes de gaînes de feuilles avortées. ☼ Originaire de l'Amérique méridionale, cultivée dans les provinces méridionales surtout. Plante précieuse, vulgairement appelée *blé de Turquie.* Citée ici à cause de son état monoïque : ses fruits sont alimentaires.

Deux autres genres de la famille des graminées intéressent la médecine, mais ils sont exotiques. C'est le sucre ou caramèle, *saccharum*, originaire de l'Inde et nationalisé dans les colonies européennes ♃. Puis le riz, *riza*, originaire de l'Inde, cultivé dans les provinces méridionales, dans les lieux marécageux. Voyez, pour les produits, à la troisième partie.

Fam. des PALMIERS (Palmæ).

Ce sont ces végétaux ligneux qui ont pour tige un *stype,* espèce de tronc dont nous avons parlé dans la première partie. Pour ce qui regarde les organes floraux, nous ferons observer qu'il est inutile d'en faire ici une description, à cause que les palmiers sont tous exotiques, et par conséquent dans l'impossibilité d'être étudiés, la nature sous les yeux, comme on peut le faire avec les autres familles dont il est question dans ce travail.

La tige des palmiers, lorsqu'elle est âgée, présente une fécule douce et nourrissante, que l'on connaît sous le nom de *sagou*. Leur sève est limpide, sucrée, susceptible de se changer en vin, et même en alcool par la fermentation ; les fruits, de formes diverses, sont aussi doués de propriétés variées; ainsi les uns sont huileux, les autres doux et nourrissans ; enfin le bourgeon terminal sert de nourriture. Les *dattes* sont fournies par un genre de palmiers nommé *phœnix*.

Fam. des ASPARAGINÉES (*Asparagineœ*).

Périanthe coloré pétaloïde profondément divisé en six parties, le plus souvent. Étamines en nombre égal à celui des divisions du périanthe, et insérées le plus ordinairement à leur base. Ovaire à trois loges contenant chacune un à trois ovules ; style trifide ou simple et à stigmate trilobé, ou trois styles distincts à chaque ovaire. Fruits souvent baie des globuleuses.

Racines fibreuses, tige herbacée ou sarmenteuse; feuilles alternes.

Propriétés générales.

Ces plantes en général sont regardées comme diurétiques et sudorifiques ; leurs jeunes pousses servent à la nourriture des hommes ; elles donnent toutes une odeur fétide aux urines.

L'asperge officinale, *asparagus officinalis*, que tout le monde connaît, et que l'on cultive, a ses racines qui sont regardées comme diurétiques ; ses *jeunes pousses* ou *turions* sont en vogue depuis quelque temps dans le traitement de certains états morbides de l'appareil circulatoire ; le *sirop* de *pointes d'asperges* n'est, dit-on, pas sans effets sur les maladies du cœur.

Le *muguet de mai, convalaria maialis*. Ses fleurs, *lis des vallées*, étaient employées comme antispasmodiques.

Le fragon à feuilles piquantes, *ruscus aculeatus*, vulgairement *petit houx*, est regardé pour posséder les mêmes propriétés que la salsepareille dont il va être question.

Genre Salsepareille, *Smilax.*

Originaire de la Chine, des Grandes-Indes, de l'Amérique méridionale, etc., donne deux produits médicinaux; l'un, la *salsepareille*, racine dont il est parlé dans la troisième partie de ce livre; et la racine de *squine* qui sert aux mêmes usages.

Fam. des COLCHICACÉES.

Plantes dangereuses inusitées.

Fam. des LILIACÉES (*Liliaceæ*).

Périanthe pétaloïde, tubuleux ou quelquefois globuleux, le plus souvent campanulé, à six sépales ou à six divisions plus ou moins profondes, ordinairement égales, régulières, colorées.

Six étamines, pistil à stigmate simple ou trifide, sessile ou porté sur un style simple.

Une capsule plus ou moins trigone à trois valves, à trois loges contenant chacune plusieurs graines attachées sur deux rangées à l'angle rentrant de chaque loge.

Racines souvent bulbifères, tige herbacée, feuilles alternes quelquefois verticillées.

Propriétés générales.

Les bulbes des plantes de la famille des *liliacées* contiennent deux principes distincts qu'on peut extraire séparément; savoir, une fécule et un suc gommo-résineux, qui, quand il est concentré, jouit de propriétés stimulantes très-prononcées; il existe aussi, dans les bulbes et les feuilles de certaines espèces, un principe volatil excitant, d'une odeur plus ou moins alliacée et qui disparaît par leur cuisson: toutes les *liliacées* contiennent aussi un mucilage presque identique avec la gomme arabique.

Genre Lis, *Lilium*.

Périanthe à six sépales, campanulé, régulier. Sépales ovales oblongs évasés ou mêmes roulés en dehors, marqués en dedans d'un sillon longitudinal glanduleux. Six étamines plus courtes que le pistil, à anthères versatiles; un ovaire à style cylindrique, et terminé par un stigmate obtus trigone. Capsule obtusément trigone; loges contenant chacune deux rangées de graines aplaties.

Lis blanc, *Lilium candidum*.

Corolle glabre en dedans, feuilles éparses ♃. Originaire de Syrie ét cultivé.

Ses bulbes, *ognons de lis*, sont usités.

Genre Ail, *Allium*.

Fleurs rassemblées plusieurs ensemble en tête ou en ombelle simple, et contenues, avant leur développement, dans une spathe formée de deux écailles membraneuses. Périanthe à six sépales oblongs plus ou moins ouverts. Filamens des étamines souvent élargis et ayant deux pointes latérales vers leur sommet. Ovaire ayant un style et un stigmate simples; capsules courtes.

Ail ognon, *Allium cepa*.

Feuilles radicales cylindriques fistuleuses; hampe nue, également fistuleuse, venture; étamines simples ♂.

Ses bulbes, *ognons de cuisine*, ont servi à remplacer les *bulbes d'ail* dans certaines circonstances, mais leur action est moindre.

Ail cultivé, *Allium sativum*.

Feuilles planes linéaires : ombelle bulbifère: trois étamines bidentées ♃. France.

Ses bulbes sont usitées. (*Voyez* 3e partie.)

Ail échalotte, *Allium ascalonicum*.

Feuilles et hampes cylindriques. Trois étamines bidentées. Orginaire de Palestine ♃. Les bulbes sont usitées.

Ail porreau, *Allium porrum*.

Tige avec feuilles distiques, gladiées ♂. Helvétie.

Ses bulbes, le *porreau*, ont aussi des propriétés excitantes.

Genre Scille, *Scilla*.

Les six sépales du périanthe sont étalés, un peu réunis par la base et caducs. Six étamines à filamens tubulés, élargis à leur base et terminés souvent par une trifurcation. Un ovaire arrondi, ayant un style simple supportant un stigmate légèrement trilobé. Capsule triloculaire à graines arrondies.

Scille maritime, *Scilla maritima*.

Feuilles lancéolées ; inflorescence en grappe allongée garnie de bractées réfléchies éperonnées en dessous.

Croît dans les sables maritimes du midi de la France, etc.

L'ognon qui est très-gros est un médicament actif. Voyez *scille*.

Aloës, *Ailoe*.

Aloes, Aloe. Genre exotique; les espèces médicinales donnent un suc par incision, qui séché porte le nom d'*aloès* dans nos officines. Ce sont surtout l'*alo perfoliata, spicata*, etc.

Fam. des NARCISSÉES (*Narcissœ*).

Les fleurs et les bulbes des plantes de cette famille paraissent être douées de propriétés émétiques assez prononcées, mais on en fait rarement usage.

Fam. des IRIDÉES (*Irideæ*).

Les fleurs des *iridées* sortent de spathes membraneuses sèches et persistantes après la floraison ; l'ovaire est infère , les étamines ne dépassent que rarement le nombre trois ; les fruits et les semences ont les mêmes caractères que ceux de la famille des *liliacées*.

Racines bulbifères ou rampantes ; bulbes solides et charnues, tige nue ou feuillée.

Propriétés générales.

Les *iridées* ont des propriétés peu connues : les racines de quelques *iris* exhalent une odeur de violette et agissent comme stimulans et irritans sur les membranes muqueuses; quant au *safran*, il paraît former une exception prononcée dans les propriétés des plantes de cette famille.

Genre Iris , *Iris.*

Dans ce genre le périanthe a ceci de remarquable que ses tégumens au nombre de six sont alternativement redressés et réfléchis. Les divisions réfléchies portent chacune à leur base une étamine qui est recouverte supérieurement par une lanière pétaloïde et voûtée, vrai stigmate vers le tiers supérieur de sa face en regard avec l'étamine. Le style porte ainsi trois lanières-stigmates; il est en colonne, et inséré sur un ovaire infère.

L'Iris de Florence, *Iris Florentina* d'Italie et de Provence, intéresse la médecine à cause de ses racines. Ses fleurs sont blanches ♃. Avec les racines d'iris on fait les pois à cautères.

Genre Safran, *Crocus.*

Périanthe à tube grêle , plus long que le limbe qui est partagé en six découpures ovales régulières. Style filiforme partagé supérieurement en trois parties rougeâtres , roulées , souvent crénelées, pendantes et plus longues que les étamines. Ces trois divisions du style, que beaucoup de botanistes regardent comme les vrais stigmates, constituent le médicament nommé *safran*. Fourni par l'espèce *safran cultivé, crocus sativus* ♃. Cultivé en grand dans le Gatinais, etc. et originaire d'Orient.

CLASSE IV.

MONOCOTYLÉDONES A ÉTAMINES SUR LE PISTIL.

Fam. des BALISIERS (*Cannæ*).

Cette famille composée de plantes toutes exotiques donne des produits utiles tels que les *amomes*, les *cardamomes*, fruits ; le *gengembre*, le *curcuma*, racines ; toutes substances aromatiques et stimulantes.

Fam. des ORCHIDÉES (*Orchideæ*).

Cette famille, dont la description serait peu compréhensible sans figures, intéresse la médecine à cause de la vanille aromatique, *vanilla aromatica*, qui fournit les *gousses de vanille* dans l'Amérique méridionale et les colonies. Les racines tubéreuses ou palmées des plantes du genre *orchis* renferment une fécule mucilagineuse très-nutritive ; elles sont connues dans le commerce sous le nom de *salep*.

Voyez la troisième partie pour toutes ces substances.

CLASSE V.

PL. DICOTYLÉDONES A FLEURS APÉTALES ; ÉTAMINES INSÉRÉES SUR LE PISTIL.

Fam. des ARISTOLOCHÉES (*Aristolochiæ*).

Périanthe monosépale à limbe entier ou divisé, souvent irrégulier, soudé par sa base avec l'ovaire. Étamines au nombre de six à seize, libres et distinctes ou soudées ensemble, et faisant corps avec le style et le stigmate. Ovaire infère surmonté d'un style qui, quand il est libre, est simple et terminé par un stigmate à six lobes : ce stigmate est quelquefois presque sessile. Le fruit est une capsule ou baie à six ou trois loges polyspermes. Les graines sont attachées à l'angle interne des loges ; leur embryon est attaché à l'ombilic ou à la base d'un périsperme cartilagineux.

Plantes herbacées vivaces, ou arbustes sarmenteux et grimpans. Feuilles simples et alternes, fleurs souvent solitaires axillaires.

Propriétés générales.

Les racines des plantes qui composent la famille des aristolochées sont toutes douées de vertus toniques et stimulantes ; à cause de leur amertume, elles ont aussi été prescrites avec quelque succès comme fébrifuges. M. de Candolle fait observer avec raison que le degré de leur force, qui paraît assez différent, exige des expériences nouvelles et précises.

Genre Aristoloche, *Aristolochia.*

Périanthe monosépale coloré, tubulé et ventru à sa base ; limbe élargi, le plus souvent en cornet à sa partie supérieure, et irrégulier. Six anthères presque soudées et sessiles, confondues au centre de la fleur avec le style et le stigmate. Capsule obovoïde à six côtes et à six loges contenant plusieurs graines aplaties.

Une espèce : l'*Aristoloche serpentaire* est médicinale par ses racines. Voyez *serpentaire de Virginie.*

L'*Aristoloche longue*, espèce de France, peut la remplacer.

Genre Asaret, *Asarum.*

Son espèce d'Europe est un vomitif drastique inusité de nos jours. Son nom vulgaire est *cabaret.*

CLASSE VI.

PL. DICOTYLÉDONES A FLEURS APÉTALES; ÉTAMINES ATTACHÉES AU CALICE.

Fam. des THYMÉLÉES (*Thymeleœ*).

Périanthe monosépale, souvent coroloïde, d'autres fois vert, tubuleux inférieurement, ayant le plus souvent quatre divisions à son limbe qui sert d'attache à huit ou dix étamines insérées sur deux rangs. Ovaire supère, uniloculaire, surmonté d'un seul style à stigmate ordinairement simple. Akène ou baie renfermant une graine pendante. Embryon renversé ; périsperme mince.

Sous-arbrisseaux. Feuilles simples, très-entières, alternes. Fleurs solitaires ou groupées.

Propriétés générales.

Leur écorce est singulièrement caustique et âcre. Les graines participent aussi à cette propriété, qui est surtout due à une matière oléo-résineuse qui s'y trouve en plus ou moins grande quantité. Les écorces, seules employées en médecine, produisent l'effet d'un vésicatoire, étant appliquées à l'extérieur ; prises à l'intérieur, même en petite quantité, elles pourraient servir de purgatif drastique.

Genre Garou ou Lauréole, *Daphne.*

Périanthe tubuleux, pétaliforme, à limbe partagé en quatre divisions, renfermant huit étamines presque sessiles et plus courtes que lui. Un ovaire à style court, terminé par un stigmate en tête. Baie globuleuse, monosperme.

Deux espèces médicinales :

Daphné Bois-Gentil, *Daphne Mezereum.* L.

Fleurs latérales sessiles, ternées, feuilles lancéolées, annuelles, croît en France dans les bois montueux ♃. Son *écorce dite de bois-gentil* est usitée pour les cautères.

Daphné Garou, *Daphne Gnidium*. L.

Fleurs blanches et soyeuses en dehors, roses en dedans, en espèces de corymbes au sommet des ramifications de la tige ; feuilles linéaires étroites très-entières et fort rapprochées les unes contre les autres ; ce daphné vient dans les lieux secs et incultes du midi de la France ♃. Son écorce est usitée. Voyez *Garou*, *sainbois* (écorces).

Fam. des Laurinées (*Laurineæ*).

Fleurs hermaphrodites ou unisexuelles par avortement, c'est-à-dire le second sexe se trouvant toujours à l'état rudimentaire dans ces fleurs.

Périanthe monosépale, persistant, à six divisions, rarement quatre ou huit, plus ou moins profondes. Étamines variant de trois à douze, ordinairement neuf, ayant leurs anthères adnées aux filamens, qui présentent souvent à leur base deux petits appendices pédicellés et glanduleux ; ces anthères sont le plus souvent biloculaires, et s'ouvrent au moyen de petits panneaux qui s'enlèvent de la base vers le sommet. Ovaire supère, uniloculaire, contenant un ovule pendant ; style terminé par un stigmate divisé ou simple. Drupe environné à sa base par le calice qui est persistant. Graine dépourvue de périsperme, ayant ses cotylédons très-épais.

Arbres ou arbrisseaux. Feuilles lisses et luisantes, coriaces communément, alternes, souvent persistantes. Fleurs disposées en ombelles ou en panicule.

Propriétés générales.

Famille très-importante à cause des précieux médicamens qu'elle fournit. Tous les arbres qui la composent sont plus ou moins aromatiques dans leurs différentes parties ; les feuilles et les écorces surtout participent principalement à cette propriété qui les rend excitantes et chaudes. Ces propriétés sont dues à la présence d'une huile volatile, quelquefois pure , d'autres fois unie à une huile fixe concrescible, comme cela se voit dans les baies du laurier d'Europe. Ce sont aussi les racines et les branches de certaines laurinées qui nous fournissent le camphre du commerce.

Un seul genre, Laurier , Laurus.

Fleurs hermaphrodites ou dioïques. Périanthe à six sépales ou six divisions égales. Six à douze étamines placées sur plusieurs rangs , ayant les anthères biloculaires et les filets munis à leur base de deux appendices ou glandes. Ovaire à style simple, terminé par un stigmate un peu creusé: drupe monosperme , enveloppé à sa base par le périanthe persistant.

Quatre espèces :

Laurier d'Apollon, Laurus nobilis. L.

Feuilles lancéolées , nerveuses, légèrement ondulées, persistantes , fleurs dioïques , cultivé dans le midi de la France.

Ses feuilles et fruits , dits baies de lauriers, sont usités.

Laurier Sassafras, Laurus sassafras. L.

Il a ses feuilles , les unes entières, les autres à deux ou trois lobes. Ce laurier, originaire de l'Amérique septentrionale, a ses racines usitées. Voyez Racines de sassafras.

Le laurier cannelier, Laurus cinnamomum, L. Cultivé aux Antilles , donne les écorces de cannelle.

Le Laurier camphrier, Laurus camphora, L. de l'Inde , produit le camphre.

Fam. des POLYGONÉES (Polygoneæ).

Perianthe monosépale , partagé en trois, cinq ou six divisions souvent persistantes, ou tout à fait polyphylle ; son fond est tapissé par un disque périgyne dont le bord est lobé. Étamines en nombre variable, mais défini, insérées dans le bas du périanthe. Ovaire supère, simple, uniloculaire, portant ordinairement plusieurs styles ou plusieurs stigmates sessiles. Fruit très-petit, souvent triangulaire, monosperme, enveloppé par le périanthe, qui s'accroît et devient quelquefois charnu. Graine à périsperme farineux ; embryon latéral.

Herbes. Feuilles alternes d'abord révolutées, pétiolées. Stipules engaînantes. Fleurs petites, paniculées ou en épi.

Propriétés générales.

Dans cette famille nous trouverons des propriétés diverses, selon les parties des plantes que nous examinerons ; ainsi, les racines, qui contiennent presque toutes une matière résineuse, une matière gommeuse et un principe astringent, sont purgatives ou laxatives en même temps que toniques ; les feuilles de la plupart, surtout étant jeunes, peuvent servir de nourriture à l'homme ; celles de certaines espèces sont acides ; les graines de toutes les polygonées contiennent un *périsperme* farineux et nutritif.

Genre Polygone ou renouée, *Polygonum.*

Périanthe monosépale coloré, partagé profondément en quatre ou cinq divisions persistantes. Cinq à huit étamines. Ovaire surmonté de deux à trois styles filiformes, terminés chacun par un stigmate capitulé. Akène souvent triangulaire monosperme, recouvert par le périanthe.

Polygone bistorte. *Polygonum bistorta.* L.

Tige droite, simple, feuilles ovales un peu ondulées, les inférieures pétiolées ; fleurs en épis ; fruit triangulaire ♃. Croît en France. Les racines *de bistorte* sont astringentes.

Genre Patience, *Rumex*.

Périanthe à six divisions, dont trois extérieures réfléchies, et trois intérieures rapprochées, glanduleuses sur leurs bords et persistantes. Six étamines. Ovaire chargé de trois styles capillaires, terminés chacun par un stigmate lacinié. Akène triangulaire, enveloppé par le périanthe.

Rumex oseille, *Rumex acetosa*. L.

Fleurs la plupart unisexuelles ; grands sépales du périanthe entiers, dénués de tubercules ♃. Prés. Cultivées ; les feuilles d'oseille servent en médecine.

Rumex patience, *Rumex Patientia*. L.

Fleurs hermaphrodites ; grands sépales du périanthe entiers, l'un d'eux glandulifère à la base. ♃ Lieux humides. Les *racines de patience* sont usitées. (Voy. 3e partie.)

Genre Rhubarbe, *Rheum*.

Périanthe à six divisions profondes et alternativement plus grandes et plus petites, donnant attache à neuf étamines. Ovaire surmonté de trois stigmates presque sessiles, simples. Akène membraneux sur ses trois angles.

Diverses espèces de rhubarbes telles, que le *palmatum*, L., le *compactum*, L. Le *rhapontium*, L. toutes exotiques, donnent des racines précieuses pour la médecine. Voyez *Racines de rhubarbe*. (Voy. 3e partie.)

CLASSE VII.

PL. DICOT. A FLEURS APÉTALES; ETAMINES ATTACHÉES SOUS LE PISTIL.

Fam. des PLANTAGINÉES (*Plantagineœ*).

Le périanthe extérieur (*calice*, Mirb. Rich.) est ordinairement à quatre divisions squammiformes ; le périanthe intérieur (*corolle*, Mirb. Rich.) est un tube scarieux, marcescent, resserré à sa partie supérieure, le plus souvent quadrifide. Les étamines, au nombre de quatre, sont interpositives, à filamens saillans et insérés à la base du tube. L'ovaire est supère, à style et stigmate simples. Le fruit est une capsule s'ouvrant horizontalement en travers (*pyxide*), le plus souvent divisée intérieurement en deux loges par une cloison à côté de laquelle le placenta est adné. Les graines sont à périsperme cartilagineux contenant, dans son milieu, un embryon transverse.

Herbes. Tige rameuse ou nulle. Feuilles radicales ramassées, souvent multinervées. Fleurs sessiles, disposées en épi.

Propriétés générales.

Cette famille, que beaucoup de botanistes rangent parmi les dicotylédones monopétales, et que nous plaçons ici, d'un côté, pour ne pas nous écarter de l'ordre que nous avons adopté, et de l'autre, pour donner un exemple des dicotylédones apétales à étamines hypogynes de Jussieu, ne renferme que des plantes d'une importance secondaire pour la médecine; leurs feuilles et leurs racines sont un peu amères et astringentes, et leurs graines fortement mucilagineuses.

Telles sont celles du *plantain*, dont la décoction et l'eau distillée servent comme adoucissantes et légers toniques dans certaines ophthalmies.

CLASSE VIII.

PLANTES DICOTYLÉDONES MONOPÉTALES, A COROLLE ATTACHÉE SOUS LE PISTIL.

Fam. des JASMINÉES (*Jasmineæ*).

Fleurs hermaphrodites ou unisexuées. Calice monophylle, tubuleux à quatre ou cinq dents, quelquefois très-longues. Corolle monopétale, tubuleuse, régulière, ayant à son limbe deux à cinq divisions, le plus souvent quatre. Étamines constamment au nombre de deux, tantôt saillantes, tantôt renfermées dans l'intérieur de la corolle. Ovaire supère, à deux loges bispermes, à style bifide ou simple, et terminé par un stigmate le plus souvent bifide ou bilobé. Fruit : tantôt une capsule biloculaire à quatre graines ou moins par avortement des autres ; tantôt une baie, contenant un à quatre petits noyaux. Embryon entouré le plus souvent d'un périsperme charnu.

Arbres ou arbrisseaux. Feuilles ordinairement opposées, simples ou pennées. Fleurs en thyrse, en corymbe ou en grappe.

Propriétés générales.

Les jasminées ont presque toutes des fleurs remarquables par leur odeur agréable qui tient à une huile aromatique qu'on en peut extraire et fixer sous forme de parfum. Les fruits, dans certains genres, ont un péricarpe charnu qui contient une abondante quantité d'huile fixe. Quelques écorces laissent exsuder une matière sucrée laxative en même temps qu'elles sont amères et astringentes. Les feuilles de la plupart semblent participer à cette dernière propriété.

Genre Lilac, *Syringa.*

Calice monosépale, très-court, à quatre dents. Corolle hypocratériforme. A limbe partagé en quatre divisions un peu concaves. Etamines incluses. Stigmate un peu épais et profondément bifide. Capsule à deux valves naviculaires opposées à la cloison, et contenant chacune deux graines comprimées.

Lilac commun, *Syringa vulgaris*, L.

Feuilles en cœur ; fleurs en thyrse. ♄ Introduit en France en 1562.

Ses fruits, *Capsules de syringa* ou *lilac*, ont une propriété tonique et fébrifuge d'après M. Cruveilhier.

Genre Olivier, *Oléa*.

Calice campanulé, à quatre dents. Corolle courte, infundibuliforme, quadrifide. Le plus souvent deux étamines. Ovaire à deux loges biovulées, à style court terminé par un stigmate bilobé. Drupe ovoïde charnu, contenant un noyau qui renferme une ou deux graines.

Olivier cultivé, *Oléa Europea*. L. J.

Feuilles opposées, oblongues, lancéolées, blanchâtres et soyeuses en dessous; fleurs terminales, blanches. ♄ Naturalisé dans le midi de la France, originaire d'Asie. Le fruit donne *l'huile d'olive* contenue dan son péricarpe charnu.

Genre Frêne, *Fraxinus*.

Fleurs ordinairement polygames, n'ayant quelquefois qu'un seul périanthe. Deux anthères sessiles. Capsule allongée, comprimée, mince et membraneuse sur les bords. Une loge monosperme indéhiscente, la seconde loge avortant constamment.

Frêne à fleurs, *Fraxinus ornus*. L.

Feuilles composées à folioles lancéolées, pétiolées, dentées en scie; fleurs pétalées, hermaphrodites. ♄ Italie, France. Fournit la *manne*, produit sucré laxatif.

Fam. des LABIÉES (*Labiatæ*).

Calice persistant, tubuleux, quinquéfide ou bilabié. Corolle tubuleuse, irrégulière, à limbe le plus souvent divisé en deux lèvres, ou quelquefois n'ayant qu'une seule lèvre. Quatre étamines, dont deux plus longues et deux plus courtes, insérées au tube de la corolle sous la lèvre supérieure quand elle existe; quelquefois les deux plus courtes étamines sont stériles et à l'état rudimentaire. Le pistil se compose d'un ovaire simple, profondément quadrilobé (*gymnosper-mie*. L.) : chaque lobe renfermant une seule graine. Cet ovaire est surmonté d'un style né du réceptacle entre ces lobes, et terminé par un stigmate ordinairement bifide. Il existe un nectaire gymnobasique, irrégulier, quadrilobé, au fond du calice. Le fruit se compose de quatre petites coques indéhiscentes, monospermes. *Tétrakène* (Rich.). Les graines sont ascendantes, périspermées ; l'embryon est rectiligne.

Herbes ou arbustes. Tiges, branches ou rameaux tétragones; branches et feuilles opposées; fleurs souvent avec bractées, axillaires ou verticillées.

Propriétés générales.

On peut distinguer dans toutes les parties des labiées, selon l'observation de **M.** de Jussieu, deux principes; l'un amer, l'autre aromatique, mélangés à proportions différentes selon les espèces. Cette amertume paraît résider dans un principe gommo-résineux qui s'y trouve plus ou moins abondant, et qui rend ces plantes toniques et fébrifuges, surtout quand il prédomine. Lorsqu'au contraire le principe aromatique est prédominant sur l'amer, la propriété est stimulante et excitante : ce principe aromatique est dû à une huile volatile parfois camphrée.

Genre Romarin, *Rosmarinus.*

Lèvre supérieure du calice entière, comprimée ; l'inférieure bifide. Corolle à tube renflé supérieurement, plus longue que le calice, ayant sa lèvre supérieure fendue en deux, et l'inférieure à trois divisions, dont la moyenne très-grande, un peu échancrée. Etamines saillantes à filets subulés, deux autres stériles.

Romarin officinal, *Rosmarinus officinalis.*

Feuilles linéaires à bords roulés en dessous ♄. France méridionale : Provence.

On en emploie les *feuilles* et *sommités fleuries.*

Genre Sauge, *Salvia.*

Calice subcampanulé strié, ayant la lèvre supérieure à trois dents, et l'inférieure bifide. Lèvre supérieure de la corolle concave, échancrée ; l'inférieure trilobée ; le lobe moyen entier. Filamens des étamines très-courts ; loges de l'anthère écartées l'une de l'autre par un grand *connectif.* La loge inférieure de chaque étamine est stérile.

Sauge officinale, *Salvia officinalis.* L.

Feuilles ovales, lancéolées ; fleurs un peu en épis ♄. France méridionale. Collines sèches. *Ses feuilles et fleurs* sont usitées.

Genre Hysope, *Hyssopus.*

Calice cylindrique à cinq dents presque égales. Corolle à tube égal au calice, lèvre supérieure de son limbe courte, échancrée, et l'inférieure à trois lobes, dont le moyen plus grand, échancré en cœur et crénelé. Etamines saillantes hors de la corolle.

Hysope officinale, *Hyssopus officinalis.* L.

Tige droite, feuilles lancéolées, verticillées, fleurs disposées en grappe unilatérale ♃. Collines sèches du midi. Cultivée pour ses *sommités fleuries.*

Genre Lavande, *Lavendula.*

Calice ovale cylindrique, à cinq dents, muni d'une bractée à sa base. Corolle à tube plus large que le calice, à limbe partagé en cinq lobes inégaux, formant imparfaitement deux lèvres. Etamines non saillantes.

Lavande officinale, *Lavendula vera.* De C.

Feuilles linéaires, sessiles, à bord roulé en dessous ; épis nus, interrompus ♃. Provinces méridionales. Cultivée dans les jardins pour les fleurs qui sont très-aromatiques.

La *Lavande stœchas,* du midi de l'Europe, sert aux mêmes usages stimulans que la lavande officinale (Voy. 3e partie).

Genre Menthe, *Mentha.*

Calice à cinq dents presque égales. Corolle un peu plus longue que le calice, à limbe partagé en quatre lobes presque égaux. Étamines distantes.

Menthe poivrée, *Mentha piperita.*

Fleurs en tête; feuilles ovales, petiolées; étamines plus courtes que la corolle ♃. Originaire d'Angleterre. Cultivée dans les jardins *pour ses feuilles et fleurs.*

Menthe crêpue, *Mentha crispa.*

Feuilles en cœur, sessiles, dentées, ondulées; étamines de la longueur de la corolle. ♃. France. Même usage que la menthe poivrée.

La *menthe pouliot* et celle *des jardins*, sont avec les mêmes propriétés. Voyez *feuilles de menthe.*

Genre Glechome, *Glechoma.*

Calice cylindrique, strié; à cinq dents inégales. Corolle à tube plus long que le calice, évasé supérieurement. Lèvre supérieure du limbe bifide, l'inférieure à trois lobes, dont le moyen est plus grand et échancré. Anthères rapprochées en forme de croix.

Glechome lierre terrestre, *Glechoma hederacea.*

Feuilles réniformes crénelées, tige rampante. ♃. Buissons, bois embragés. *Feuilles et fleurs usitées.*

Genre Thym, *Thymus.*

Calice tubulé, divisé en deux lèvres, dont la supérieure à trois dents et l'inférieure à deux. Gorge du calice garnie d'une rangée circulaire de poils qui en bouchent l'entrée lors de la maturation des graines. Corolle à tube de la longueur du calice; lèvre supérieure plus courte, droite, échancrée; l'inférieure trilobée et plus longue.

Thym ordinaire. *Thymus vulgaris.*

Tige droite rameuse, sous-ligneuse; feuilles ovales ou oblongues entières; fleurs en épi verticillé; grande division de la lèvre inférieure de la corolle entière ♄. Coteaux secs et rocailleux. *Sommités de thym.*

Thym serpolet, *Thymus serpillum.*

Tige rampante; feuilles planes obtuses, ciliées à la base; fleurs en tête. ♃. Pelouses exposées au soleil. Sommités de serpolet.

Genre Mélisse, *Melissa.*

Calice presque campanulé, bilabié; lèvre supérieure plane à trois dents, lèvre inférieure bifide. Corolle à deux lèvres, dont la supérieure un peu voûtée, et l'inférieure à trois lobes.

Mélisse officinale, *Melissa officinalis.*

Tige rameuse; feuilles ovales, dentées, aiguës; fleurs disposées en demi verticille; calice à gorge nue. ♃. Midi de la France, jardins. Les *feuilles* avant l'épanouissement des fleurs.

Genre Germandrée, *Teucrium.*

Calice tubuleux un peu renflé d'un côté à sa base, ayant son bord à cinq découpures. Corolle à une seule lèvre qui est inférieure, quinquéfide. A la place que devrait occuper la lèvre supérieure, il existe une fente profonde, à travers laquelle les étamines sont saillantes et redressées.

Germandrée petit-chêne, *Teucrium chamædris.*

Tige diffuse, velue; feuilles obovales incisées, crénelées; fleurs ternées. ♃. Dans les bois. *Feuilles et sommités* employées.

Fam. des PERSONÉES (*Personatæ*).

Calice monosépale, souvent persistant, ordinairement à quatre ou cinq divisions plus ou moins profondes. Corolle monopétale à limbe divisé en plusieurs lobes souvent irréguliers entre eux, et formant deux lèvres. Quatre étamines ordinairement didynames, plus rarement deux, attachées au tube de la corolle; lobes des anthères souvent divergens. Ovaire supère biloculaire, souvent environné par un disque hypogyne annulaire, comme dans la famille précédente, et surmonté d'un seul style terminé par un stigmate simple ou bilobé. Capsule à deux loges, s'ouvrant seulement par des pores pratiqués à la partie supérieure de chaque loge, ou entièrement à deux valves nues en-dedans et concaves. Graines nombreuses et menues, attachées sur les deux côtés d'un réceptacle central parallèle aux valves et servant de cloison entr'elles : ces graines sont rugueuses, leur embryon est rectiligne et reclus dans un périsperme charnu.

Plantes herbacées, rarement soufrutescentes. Feuilles souvent opposées. Tige cylindrique ou carrée.

Propriétés générales.

Les plantes qui composent cette famille présentent presque toutes une odeur faible, mais nauséabonde, une saveur un peu amère, et des propriétés plus ou moins âcres et suspectes. Plusieurs paraissent produire des effets analogues sur le corps humain : telles sont les racines des espèces qui agissent comme purgatives et vomitives, propriétés qui se retrouvent avec une âcreté et une virulence remarquable dans plusieurs *digitales*.

Genre Scrophulaire, *Scrophularia.*

Calice monosépale à cinq lobes courts et arrondis. Corolle presque globuleuse, rétrécie à son sommet, à deux lèvres, la supérieure offrant à sa base un appendice lamelliforme. Stigmate simple, acuminé, environné par le calice et s'ouvrant en deux valves ayant leurs bords rentrans.

Scrophulaire noueuse, *Scrophularia nodosa.*
Feuilles en cœur lancéolées, aiguës, dentées; tige à an-

gles obtus, ♃. France. Plante inusitée de nos jours. On croyait ses feuilles propres à résoudre les tumeurs scrofuleuses.

Genre Digitale, *Digitalis.*

Calice à cinq divisions profondes et inégales. Corolle beaucoup plus grande que le calice, tubulée à sa base, ensuite ventrue et irrégulièrement évasée, très-ouverte ; limbe oblique, offrant quatre à cinq lobes inégaux, dont l'inférieur plus grand. Stigmate un peu bilobé. Capsule ovoïde, acuminée, s'ouvrant en deux valves.

Digitale Pourprée, *Digitalis purpurea.*

Folioles calicinales, ovales, aiguës : divisions de la corolle obtuses. ♂. France, bois montueux. Ses corolles et feuilles servent en médecine.

Genre Gratiole, *Gratiola.*

Calice de cinq sépales, accompagné de deux bractées à sa base. Corolle un peu tubuleuse, à limbe imparfaitement partagé en deux lèvres, dont la supérieure échancrée, et l'inférieure à trois lobes égaux. Deux étamines fertiles et deux filamens sans anthères. Stigmate un peu oblique et concave, porté sur un style court.

Gratiole officinale, *Gratiola officinalis.*

Feuilles lancéolées, dentées en scie : fleurs solitaires axillaires. ♃. France, bords des étangs. Violent purgatif et émétique employé dans la médecine populaire sous le nom d'herbe du pauvre homme.

Fam. des SOLANÉES (*Solaneæ*).

Calice monosépale, le plus souvent persistant, plus ou moins profondément quinquéfide. Corolle monopétale régulière, rotacée, infundibuliforme ou campaniforme, ayant son limbe à cinq divisions. Etamines interpositives, le plus souvent au nombre de cinq, insérées au tube de la corolle. Ovaire simple, supère, biloculaire, entouré à sa base d'un disque jaunâtre et surmonté d'un style terminé par un stigmate simple, capitulé ou subbilobé. Fruit ordinairement biloculaire, polysperme, à placentaire central, tantôt formé d'une capsule bivalve, ayant la cloison parallèle aux valves; tantôt une espèce de baie à deux loges, ou paraissant quelquefois à un grand nombre de loges, à cause de la saillie formée dans l'intérieur par le placentaire. Graines périspermées rugueuses; embryon plus ou moins courbé ou roulé sur lui-même,

Herbes ou arbustes. Feuilles alternes, entières ou lobées, quelquefois géminées au voisinage des fleurs. Fleurs souvent extraxillaires.

Propriétés générales.

Les solanées, considérées en général, sont regardées comme narcotiques; mais cette propriété, qui se retrouve avec plus ou moins d'intensité dans plusieurs organes et dans la plupart des espèces, est loin d'être aussi délétère qu'on l'a dit. Le genre *atropa* offre pour ainsi dire seul cette action narcotique développée à un degré énergique.

Les vraies racines des solanées sont particulièrement narcotiques; les tubercules souterrains sont composés essentiellement de fécule. Les feuilles présentent une propriété excitante et narcotique à des degrés d'intensité très-divers; quant aux fruits, ils présentent des anomalies dont on ne connaît pas encore la cause : les uns sont alimentaires, les autres vénéneux, d'autres sont des médicamens.

Genre Molène, *Verbascum.*

Calice à cinq divisions profondes, étalées. Corolle en roue, à limbe plane, partagé en cinq lobes inégaux. Cinq étamines inégales, à filets le plus souvent barbus à leur base. Stigmate obtus. Capsule ovale, bivalve, biloculaire, contenant une grande quantité de petites graines chagrinées.

Molène usuelle, *Verbascum thapsus.*

Tige droite simple. Feuilles décurrentes ; fleurs en long : épi dense, terminal. ♂ France, lieux incultes. Les corolles appelées *bouillon blanc* sont usitées.

Genre Jusquiame, *Hyosciamus.*

Calice tubuleux, quinquéfide. Corolle infundibuliforme, à limbe oblique et inégal, partagé en cinq lobes obtus. Cinq étamines. Stigmate capitulé. Le fruit est une *pixide* enveloppée par le calice, dont les dents la dépassent.

Jusquiame noire, *Hyosciamus niger.*

Feuilles amplexicaules sinuées. Fleurs sessiles, unilatérales ☉. France, bords des chemins et lieux incultes. Les feuilles de *jusquiame* sont usitées.

Genre Tabac ou Nicotiane, *Nicotiana.*

Calice urcéolé, quinquéfide. Corolle infundibuliforme, à tube plus long que le calice, à limbe plane et divisé en cinq parties égales. Cinq étamines. Stigmate échancré. Capsule ovoïde bivalve, biloculaire, s'ouvrant par le sommet.

Tabac ordinaire, *Nicotiana Tabacum.*

Étamines saillantes, capsules, septifrages ☉. Originaire de l'Amérique méridionale, cultivée. Les feuilles de tabac sont usitées.

Genre Stramoine ou Dature, *Datura.*

Calice grand, tubuleux, ventru à sa base, à cinq angles, à cinq dents profondes, en partie caduc ; la base persistant seule et se renversant en-dehors. Corolle très-grande, infundibuliforme, s'élargissant insensiblement, offrant cinq plis qui se terminent supérieurement par cinq lobes très-aigus. Cinq étamines incluses. Stigmate bilobé. Capsule à quatre loges, dont deux ont leur cloison interrompue vers le sommet ; quatre valves.

Dature Stramoine, *Datura Stramonium*.

Fruits droits, hérissés de pointes ; fleurs blanches ou violâtres ⊙. France, auprès des habitations. Ses feuilles dites de *pomme épineuse*, sont employées dans les mêmes circonstances que celles de *jusquiame*.

Genre Belladone, *Atropa*.

Calice quinquéfide persistant. Corolle campanulée à tube court, à limbe ventru quinquéfide. Cinq étamines. Stigmate en tête. Fruit charnu à deux loges polyspermes.

Belladone commune, *Atropa Belladona*.

Tige ascendante, rameuse ; feuilles ovales ♃. France, dans les décombres. Les feuilles et racines sont usitées.

Genre Morelle, *Solanum*.

Calice quinquéfide. Corolle en roue à tube très-court ; à limbe plane quinquéfide. Cinq étamines à anthères oblongues conniventes, s'ouvrant par un petit trou pratiqué au sommet de chaque loge. Stigmate obtus. Une baie pulpeuse, glabre, à deux loges, entourée à sa base par le calice persistant.

C'est à ce genre qu'appartient la *pomme de terre*, qui vient du *solanum tuberosum*.

Morelle Noire, *Solanum Nigrum*, qui croît dans les champs etc., offre une propriété calmante légèrement narcotique dans toutes ses parties.

Morelle douce-amère, *Solanum Dulcamara*.

Tige sarmenteuse, feuilles inférieures ovales oblongues ; feuilles supérieures hastées et pinnatifides ♄. Le long des haies, vieux murs. Les jeunes rameaux de l'année précédente sont usités. Voyez *Douce amère*.

Fam. des BORRAGINÉES (*Borragineœ*).

Calice persistant, monosépale, plus ou moins profondément quinquéfide. Corolle régulière en roue, en soucoupe, en entonnoir ou en cloche ; à limbe divisé en cinq lobes ordinairement réguliers, offrant quelquefois à l'orifice de son tube, ou vers son milieu, cinq appendices plus ou moins saillans, le plus souvent creux, avec un orifice aboutissant à l'extérieur. Etamines au nombre de cinq, alternant avec les divisions du limbe de la corolle, ou avec ces appendices glanduleux. Ovaire supère, le plus souvent profondément quadrilobé, appliqué sur un disque hypogyne formant un bourrelet circulaire à sa base ; style simple ; stigmate quadrifide ou bifide. Le fruit est quelquefois une capsule ou une baie à quatre loges monospermes, d'autres fois, et le plus souvent, un tétrakène. Graines pendantes avec ou sans périsperme.

Tige herbacée. Feuilles alternes, ordinairement couvertes de rudes poils dont la base est mamelonnée et persistante ; extrémités florales roulées en crosse avant l'épanouissement des fleurs qui sont souvent unilatérales sur leurs pédoncules communs.

Propriétés générales.

Les borraginées sont en général mucilagineuses, douces, émollientes ; le mucilage que contiennent ces plantes n'est pas aussi abondant dans tous les organes à la fois : ainsi, quelquefois il prédomine dans les feuilles, d'autres fois dans les racines. Quelques espèces contiennent du nitrate de potasse tout formé.

Une matière colorante, d'un rouge brun, est particulière à la famille des borraginées ; elle se trouve dans l'écorce de la racine de plusieurs espèces. On s'en sert en teinture.

Genre Consoude, *Symphytum.*

Calice à cinq divisions profondes. Corolle tubuleuse un peu renflée à sa partie supérieure, à limbe droit et à cinq dents rapprochées et courtes. Cinq appendices glanduleux et connivens, fermant la gorge de la corolle. Cinq étamines à anthères oblongues.

Consoude officinale, *Symphitum officinale.*

Feuilles ovales lancéolées décurrentes. Fleurs jaunâtres ou rougeâtres en épis lâches, unilatéraux. ♃. France, prairies humides, ruisseaux, etc. Ses racines dites de grande consoude sont usitées.

Genre Bourrache, *Borrago.*

Calice étalé à cinq divisions profondes. Corolle en roue ou en cloche très-évasée, à cinq lobes planes, aigus; cinq écailles, glabres et échancrées, placées à l'entrée de la gorge. Étamines presque sessiles, à filamens surmontés d'une corne située en dehors.

Bourrache officinale, *Borrago officinalis.*

Feuilles toutes alternes. Calice étalé. Fleurs d'un bleu d'azur, solitaires, axillaires et extraxillaires. ☉. Lieux cultivés. Toute la plante est usitée.

La *pulmonaire*, la *cynoglosse*, la *buglosse* sont de cette famille: elles servaient aux mêmes usages, ayant à-peu-près les mêmes propriétés que les plantes des deux genres décrits ici.

L'*orcanette* des teinturiers dont la racine donne une si belle couleur rouge acajou est aussi une borraginée.

Fam. des CONVOLVULACÉES (*Convolvulaceæ*).

Calice ordinairement persistant, à cinq divisions profondes, rarement à quatre divisions. Corolle régulière, infundibuliforme, à limbe le plus souvent quinquéfide. Étamines au nombre de cinq, attachées au tube de la corolle et interpositives. Ovaire unique, supère, contenant un petit nombre d'ovules dressés; style simple, stigmate double ou bifide. Nectaire hypogyne adhérent. Capsule à deux, trois ou quatre loges, s'ouvrant en autant de valves; cloisons centrifuges, verticillées, obsuturales. Graines ascendantes, presque osseuses, ombiliquées à leur base, attachées dans le bas d'un placentaire central; embryon replié, contenu dans un périsperme mucilagineux. Cotylédons foliacés et chiffonnés.

Plantes herbacées ou soufrutescentes. Tiges grêles et volubiles. Feuilles alternes dépourvues de stipules.

Propriétés générales.

Le genre *convolvulus*, de cette famille, est le seul dont la médecine s'occupe. Les racines de ses diverses espèces contiennent une résine qui leur donne des propriétés différentes, selon sa quantité : ainsi, celles qui n'en fournissent qu'une faible partie, et qui, en outre, sont charnues et mucilagineuses, peuvent servir d'aliment, cette résine servant alors d'assaisonnement naturel; mais il arrive que la plupart des racines des liserons renferment une quantité considérable de cette résine, contenue dans leur suc laiteux, ce qui fait qu'elles sont éminemment âcres et amères.

Genre Liseron, *Convolvulus.*

Calice persistant, à cinq divisions profondes. Corolle campaniforme ou infundibuliforme, à limbe plissé, entier ou à cinq angles. Cinq étamines à filamens subulés. Un style filiforme terminé par un stigmate bilobé. Capsule arrondie, entourée par le calice, ordinairement à quatre loges, contenant chacune une à deux graines.

Ce genre donne deux substances exotiques actives; ce sont le *jalap* et la *scammonée.*

L'une est la racine du *liseron jalap*, *convolvulus jalapa*, du Mexique ; l'autre est une gomme-résine découlant par incision du collet des racines du *liseron scammonée*, qui habite l'Orient et la Syrie.

(*Voyez* la 3e partie pour ces deux produits.)

Fam. des GENTIANÉES (*Gentianeæ*).

Calice monosépale, persistant, partagé en plusieurs divisions. Corolle régulière tubuleuse souvent marcescente, à limbe partagé en plusieurs lobes égaux, le plus ordinairement cinq. Etamines égales en nombre aux lobes de la corolle, et le plus souvent alternes avec eux : anthères vacillantes. Un ovaire supère, uni ou biloculaire, portant un style quelquefois divisé en deux vers le haut ; stigmate simple ou lobé. Capsule à deux valves, à une loge, ou à deux loges formées par le bord rentrant des valves. Graines menues et nombreuses, éparses ou attachées sur la marge des valves. Embryon entouré d'un périsperme charnu.

Tige herbacée, rarement soufrutescente. Feuilles opposées, entières, sessiles, rarement pétiolées et composées. Fleurs terminales ou axillaires, souvent accompagnées de bractées.

Propriétés générales.

Toutes les plantes de cette famille ont une saveur amère qui réside particulièrement dans leurs racines ; elles sont conséquemment employées comme toniques, stomachiques et fébrifuges ; elles remplacent souvent avec succès le quinquina.

Malgré leur amertume, les racines des gentianes renferment une certaine quantité de matière sucrée, et sont susceptibles de fournir de l'eau-de-vie, lorsqu'après les avoir fait macérer et fermenter dans l'eau, on opère par la distillation.

Genre Gentiane, *Gentiana.*

Calice presque divisé jusqu'à sa base en cinq parties; quelquefois membraneux, fendu et déjeté. Corolle infundibuliforme, à limbe partagé en cinq lobes, rarement en quatre. Etamines en nombre égal aux lobes et alternant avec eux : anthères droites. Capsule fusiforme uniloculaire, sans style distinct, mais terminé par deux stigmates roulés en crosse vers le dehors.

Gentiane jaune, *Gentiana lutea.*

Tige droite : feuilles ovales, nervées. Fleurs jaunes, verticillées vers le sommet de la tige. La corolle est en roue et elle varie de cinq à huit divisions. ♃ Lieux montueux et terrains calcaires de la France.

La racine de *grande gentiane*, médicament précieux, appartient à cette espèce.

Genre Chironie, *Chironia.*

Calice fendu, quinquéfide. Corolle hypocratériforme, à limbe partagé en cinq découpures. Cinq étamines à anthères roulées en spirale après la fécondation. Un style, un stigmate. Capsule très-allongée, à deux valves, à deux loges une selon M. Richard), formées par le bord rentrant des valves et s'ouvrant dans toute leur longueur.

Chironie Centaurée, *Chironia Centaurium.*

Tige droite dichotome, feuilles oblongues à trois nervues. Fleurs d'un beau rouge, sessiles et formant une espèce le corymbe terminale. ☉ Bois secs de la France. Les sommités fleuries, *fleurs de petite centaurée*, sont usitées.

Genre Ményanthe, *Menyanthes.*

Calice campaniforme à cinq divisions. Corolle en cloche ou presque en roue ; limbe à cinq divisions égales et barbues à leur face intérieure. Cinq étamines saillantes à filamens portant des anthères bifides à leur base. Ovaire globuleux à style cylindrique, terminé par un stigmate bilobé. Capsule uniloculaire, contenant beaucoup de graines disposées sur plusieurs rangs le long de deux placentaires placés sur le milieu des valves.

Ményanthe Trèfle d'eau, *Menyanthes Trifoliata*.

Feuilles ternées : fleurs blanches rosées à inflorescence, en épi court. ♃ Marécages et étangs. Feuilles usitées. Voyez *trèfle d'eau* à la partie pharmacologique.

Genre *Spigelia*.

L'espèce *anthelmintique* de l'Amérique septentrionale a ses racines et feuilles employées comme vermifuge, surtout dans le nord de l'Europe.

Fam. des APOGINÉES (*Apocyneœ*).

Dans cette famille se trouvent la *pervenche*, le *laurier rose* et aussi des plantes exotiques qui fournissent les plus terribles poisons, tels que la *noix vomique*, la *fève de St-Ignace*, etc.

CLASSE IX.

PLANTES DICOTYLÉDONES MONOPÉTALES, À COROLLE ATTACHÉE AU CALICE.

Dans cette classe il y a seulement la famille des *campanulacées* qui offre quelque intérêt. Ses plantes sont lactescentes, insipides ou amères ; parfois âcres comme les *lobélies* ; la médecine en fait rarement usage.

CLASSE X.

PLANTES DICOTYLÉDONES MONOPÉTALES, A COROLLE SUR LE PISTIL, ANTHÈRES RÉUNIES.

Fam. des CHICORACÉES ou SEMIFLOSCULEUSES (*Chicoraceæ*).

Les *chicoracées* renferment toutes les *semi - flosculeuses* de Tournefort. Les involucres sont entièrement composés de fleurs hermaphrodites, à corolle ligulée (demi — fleurons). Les étamines, presque toujours au nombre de cinq, ont leurs filamens distincts et insérés à la corolle, et les anthères réunies en tube à travers lequel passe le style. Ce style est surmonté d'un stigmate bifide; les akènes sont surmontés d'une aigrette sessile ou pédicellée, ou bien ils sont dépourvus d'aigrettes.

Plantes herbacées et la plupart lactescentes ; feuilles alternes souvent pinnatifides ou roncinées.

Propriétés générales.

C'est à la quantité plus ou moins grande d'un suc laiteux un peu astringent et narcotique, et parfois simplement amer, contenu dans les chicoracées, que ces plantes doivent leurs propriétés médicales. C'est surtout dans les espèces sauvages que l'action est la plus prononcée; mais par la culture qui développe le mucilage aux dépens des autres principes, ou par l'étiolement, les chicoracées peuvent servir d'aliment ; tels sont les *salsifis*, la *scorsonère*, les *endives*, etc.

Genre Laitue, *Lactuca*.

Involucre presque cylindrique, imbriqué de folioles inégales, membraneuses sur les bords. Réceptacle glabre, plane, ponctué. Aigrette pédicellée.

Laitue vireuse , *Lactuca virosa.*

Feuilles oblongues , denticulées , horizontales , semi-amplexicaules ; les inférieures ayant les nervures de la face inférieure épineuses; fleurs en panicule étalé. ♂. France. Haies, bord des chemins. Cette plante est vraiment vireuse et d'un usage dangereux. Elle est rangée parmi les poisons.

Laitue cultivée , *Lactuca sativa.*

Feuilles inférieures arrondie : feuilles caulinaires en cœur ; tige divisée en corymbe. ☀

Son suc presque évaporé jusqu'à consistance d'extrait donne le médicament connu sous le nom de *thridace,* ou *lactucarium.* Voyez 3ᵉ partie.

Genre Dent de lion, Taraxacum.

Involucre composé de deux rangées d'écailles : celles du rang intérieur longues, dressées et lancéolées ; les extérieures très-courtes , inégales , souvent étalées ou rabattues. Réceptacle convexe et ponctué. Aigrette pédicellée à poils simples.

Dent de lion pissenlit, *Taraxacum dens leonis.*

Hampe uniflore : écailles extérieures de l'involucre réfléchies ; feuilles roncinées , glabres , à découpures lancéolées , dentées. ♃ Pelouses sèches. Ses racines et feuilles dites de *pissenlit* sont employées comme toniques et dépuratives. On en fait des sucs d'herbes.

Genre Chicorée, Cicorium.

Involucre double; l'intérieur à huit folioles dressées et longues, l'extérieur à cinq folioles courtes et réfléchies. Réceptacle nu ou garni de poils épars. Aigrettes sessiles, écailleuses et frangées, plus courtes que les akènes.

Chicorée sauvage , *Cicorium intybus.*

Fleurs sessiles, subaxillaires, géminées; feuilles roncinées, à nervures, velues en dessous. ♃ Lieux incultes, le long des chemins. Les feuilles et racines de *chicorée* sont usitées.

Fam. des FLOSCULEUSES (*Flosculosæ*).

Fleurs toutes infundibuliformes et flosculeuses (*fleurons*); tantôt toutes hermaphrodites, tantôt neutres ou femelles à la circonférence et hermaphrodites dans le centre. Fleurons neutres souvent irréguliers; les hermaphrodites, à corolle régulière, quinquéfide, à cinq étamines disposées comme il est dit à la famille précédente. Style cylindrique nu ou garni d'un bouquet circulaire de poils au-dessous de la bifurcation du stigmate.

M. de Jussieu nomme *cinarocéphales* les plantes flosculeuses dont le style est ainsi garni de poils, tandis qu'il réunit à la famille suivante, sous le nom de *corymbifères*, les composées flosculeuses dont le style est nu et non articulé, la corolle courte, et les fleurs disposées en corymbe.

Dans les flosculeuses, le réceptacle est nu et alvéolé, ou bien garni de soies ou de paillettes très-nombreuses.

Tige herbacée le plus souvent. Feuilles alternes, épineuses ou inermes.

Propriétés générales.

Les flosculeuses *cinarocéphales* possèdent, en général, dans leurs feuilles, une amertume souvent très-forte, et qui paraît tenir à un principe extractif amer; aussi agissent-elles pour la plupart à la manière des médicamens toniques, et l'on s'en sert comme stomachiques et légèrement fébrifuges. On emploie aussi quelques espèces comme diaphorétiques et purgatives. Avant le développement de l'amertume, certaines parties servent d'aliment. La plupart des fruits fournissent de l'huile. Quant aux flosculeuses *corymbifères*, elles contiennent, en outre, une huile volatile, et leurs propriétés sont en tout semblables à celles de la famille des *radiées*.

Genre Bardane, *Arctium.*

Involucre sphérique ; écailles imbriquées , subulées, épineuses et crochues à leur sommet. Réceptacle garni de petites écailles nombreuses. Fleurons tous hermaphrodites et fertiles. Akènes chargés d'une aigrette sessile, composée de poils simples , raides et inégaux.

Bardane officinale, *Arctium lappa.*

Feuilles en cœur, pétiolées sans épines ♃. Au milieu des décombres , des terrains incultes. Ses racines dites de *glouteron* ou *bardane* sont quelquefois employées.

Genre Centaurée, *Centaurea.*

Involucre ovale ou arrondi, formé d'écailles imbriquées , dont les bords sont ou scarieux, ou ciliés, ou épineux. Fleurons de la circonférence beaucoup plus grands , irréguliers et neutres. Réceptacle garni de paillettes divisées jusqu'à la base en lanières fines et soyeuses. Fruit muni d'un ombilic latéral , avec ou sans aigrette.

Centaurée chardon bénit, *Centaurea benedicta.*

Tige diffuse : feuilles semi-décurrentes , bordées de dents épineuses ; l'involucre, entouré de grandes bractées, est laineux et garni d'épines rameuses. ☉ Champs des provinces méridionales.

Cette espèce et celle nommée *chausse-trape* sont d'une amertume extrême; ce sont d'excellens fébrifuges et toniques.

Genre Tussilage, *Tussilago.*

Involucre cylindrique, composé d'écailles égales linéaires , disposées sur un seul rang. Réceptacle plane et nu. Fleurs flosculeuses ou radiées ; celles du centre , mâles ou imparfaitement hermaphrodites ; celles de la circonférence, le plus souvent femelles et fertiles. Fruit couronné d'une aigrette simple , sessile ou pédicellée.

Tussilage commun, *Tussilago farfara.*

Hampe uniflore, munie de bractées ; feuilles en cœur, anguleuses, dentées, pubescentes en dessous ; fleurs jaunes. ♃. Terrains argileux. On se sert de ses fleurs qui portent le nom de *tussilage* ou *pas d'âne.*

Genre Tanaisie, *Tanacetum.*

Involucre hémisphérique, imbriqué de petites folioles aiguës et serrées, scarieuses sur les bords. Réceptacle nu ; fleurons du centre hermaphrodites à cinq lobes, ceux de la circonférence femelles, fertiles et à trois lobes. Fruit couronné par un rebord membraneux entier.

Tanaisie vulgaire, *Tanacetum vulgare.*

Feuilles bipennatifides, incisées, dentées. Fleurs en corymbe. ♃ Lieux incultes.

Les sommités fleuries sont employées sous le nom de *tanaisie, herbe aux vers.*

Genre Armoise, *Artemisia.*

Involucre ovoïde ou cylindrique, imbriqué d'écailles serrées. Fleurons du centre hermaphrodites, à cinq dents ; fleurons de la circonférence femelles, fertiles, peu nombreux, à deux dents. Réceptacle nu ou hérissé de soies. Fruit non aigretté.

Armoise commune, *Artemisia vulgaris.*

Tige droite ; feuilles pinnatifides incisées, cotonneuses en dessous, d'un vert foncé en dessus. Fleurs sessiles : involucre cotonneux ♃. Lieux incultes.

Les feuilles et sommités fleuries, d'une action moindre que l'absinthe, la remplacent quelquefois.

Armoise, grande absinthe, *Artemisia absinthium.*

Feuilles blanchâtres ; les radicules tripennatifides ; les caulinaires pinnatifides aiguës ; les florales indivisées. Fleurs globuleuses pédonculées, penchées. ♃ Lieux pierreux et incultes. Les feuilles et sommités fleuries, *grande absinthe*, sont usitées.

Armoise de Judée, *Artemisia judaica*.

Plante de l'Arabie et des contrées boréales de l'Afrique ; elle donne la *santoline* ou *semen contra* des officines, ou *barbotine*, qui est le mélange des petits fruits et des involucres. C'est un bon vermifuge.

L'artichaut, le *carthame* ou *faux safran*, la plante dite *pied de chat*, etc., sont de cette famille.

Fam. des RADIÉES ou CORYMBIFÈRES (*Radiatæ*).

Calice commun ou involucre quelquefois monophylle, ordinairement polyphylle. Réceptacle commun nu ou garni de soies ou paillettes, en nombre égal à celui des fleurs. Fleurs, les unes tubuleuses (*fleurons*), formant le disque, et presque toujours hermaphrodites ; les autres ligulées (*demi-fleurons*), placées à la circonférence, formant la couronne ou les rayons, et le plus souvent femelles. Les étamines sont disposées comme dans les deux précédentes familles. Stigmate continu avec le style ; il est double dans les fleurs hermaphrodites et les fleurs femelles fertiles, simple ou nul dans les fleurs neutres. Akènes non aigrettés, ou supportant une aigrette aristée ou plumeuse.

Tiges ordinairement herbacées, presque toujours rameuses. Feuilles souvent alternes, rarement opposées. Fleurs en corymbe souvent très-ouvert.

Propriétés générales.

Ainsi que le fait observer M. de Candolle, dans toutes les radiées, ou plutôt dans les corymbifères de M. de Jussieu, c'est-à-dire les flosculeuses corymbifères unies à cette famille, il existe en plus ou moins grande quantité et en diverses proportions un principe résineux uni à un principe extractif plus ou moins amer. Ces deux principes, mélangés et modifiés de différentes manières, constituent les propriétés diverses qui se rencontrent dans ces plantes : ainsi, que le principe amer et astringent prédomine, alors nous retrouvons les propriétés toniques et fébrifuges ; que la quantité de résine augmente, et nous trouverons une augmentation dans les propriétés stimulantes de ces plantes ; que ces mêmes principes y soient unis à de l'huile volatile, alors nous avons des plantes qui, à la fois amères et aromatiques, sont toniques, excitantes, sudorifiques, et même âcres et irritantes quand l'huile volatile est très-abondante.

Genre Matricaire, *Matricaria.*

Involucre hémisphérique, imbriqué d'écailles aiguës. Réceptacle convexe sans paillettes. Fleurons nombreux hermaphrodites, donnant des fruits sans aigrettes. Demi-fleurons toujours femelles.

Matricaire officinale, *Matricaria parthenium.*

Tige droite : feuilles composées, planes, à folioles ovales incisées : pédoncules rameux. ♃ Lieux cultivés. Les sommités fleuries, *matricaire,* servent dans diverses affections de l'utérus, etc. C'est un stimulant.

Genre Arnique, *Arnica.*

Involucre un peu évasé, composé de deux rangs de folioles égales. Réceptacle plane. Fleurons hermaphrodites ; demi-fleurons femelles, ayant trois dents au limbe de la corolle. Fruits allongés, couronnés par une aigrette sessile de poils simples (plumeux dans l'*arnica montana*).

L'espèce *arnique des montagnes, arnica montana*, qui croît dans les Vosges, les Pyrénées, etc., fournit les fleurs qui sont connues sous le nom de *tabac des Vosges*, d'*arnique. Voyez* 3e partie.)

Genre Inule, *Inula.*

Involucre imbriqué d'écailles étalées , inégales et souvent appendiculées. Fleurons hermaphrodites, ayant souvent leurs anthères prolongées , à la base, d'appendices filiformes. Demi-fleurons femelles. Fruit couronné d'une aigrette simple et sessile, entourée parfois à l'extérieur par une membrane entière ou dentelée.

Inule aulnée, *Inula helenium.*

Tige droite : feuilles amplexicaules un peu dentées, ovales, rugueuses cotonneuses en dessous , écailles de l'involucre ovales : aigrette simple. ♃ Lieux humides, les prés. Les racines d'*aunée* sont usitées ; elles sont amères, aromatiques , toniques et stimulantes.

Genre Camomille, *Anthemis.*

Involucre hémisphérique imbriqué d'écailles linéaires, serrées et scarieuses sur les bords. Fleurons hermaphrodites. Demi-fleurons femelles et fertiles. Fruit couronné par une membrane entière ou dentée.

Camomille noble, *Anthemis nobilis.*

Tige couchée, rameuse : feuilles deux fois ailées, à découpures tripartites, linéaires, un peu velues. ♃ Cultivée, celle dont les fleurs se doublent est préférée ; ces fleurs portent en pharmacie le nom de *têtes de camomille romaine.*

Camomille pyèrthre, *Anthemis pyrethrum.*

Feuilles trois fois ailées, à découpures linéaires charnues : tige tombante : rameaux axillaires uniflores. ♃ Midi de la France. La racine de *pyèrthre*, dite racine *salivaire*, est parfois employée particulièrement lors de certaines névralgies dentaires et comme dentifrice.

Dans cette famille se trouvent aussi l'*achillée millefeuille*, le *topinambour*, le *tournesol*, les *divers seneçons*, les *aster,* etc. Mais chez ces plantes il n'y a rien de médicinal.

CLASSE XI.

PLANTES DICOTYLÉDONES MONOPÉTALES, COROLLE SUR LE PISTIL, ANTHÈRES DISTINCTES.

Fam. des DIPSACÉES (*Dipsaceæ*).

Les plantes de cette famille se distinguent des composées ou *synanthérées* que nous venons de voir, par leur calice double outre le calice commun, par leurs étamines dont les anthères ne sont pas soudées en tube ; leurs feuilles sont constamment opposées. Les propriétés médicales des plantes de cette famille sont peu remarquables : il y en a qui sont légèrement astringentes et amères. Telles sont les diverses *scabieuses*.

Fam. des VALÉRIANÉES (*Valerianeæ*).

Calice monosépale adhérent avec l'ovaire ; son limbe est denté ou roulé en dedans, en forme de bourrelet circulaire qui, à la maturité du fruit, se déroule en aigrette plumeuse. Corolle monopétale tubuleuse, quelquefois bossue ou éperonnée à sa base, ayant son limbe à cinq lobes souvent inégaux. Étamines variant d'une à cinq ; quelquefois se trouvant parfois à l'état rudimentaire dans le limbe de la corolle. Ovaire infère, uniloculaire, portant un style à un ou trois stigmates. Le fruit est un akène le plus souvent, par avortement de deux loges : il est couronné par le limbe du calice. L'embryon est droit et dépourvu de périsperme.

Plantes herbacées. Feuilles opposées. Fleurs nues, ordinairement en cyme.

Propriétés générales.

Les racines de la plupart des valérianées vivaces sont améres, un peu âcres et désagréablement aromatiques. Elles contiennent plus ou moins d'huile volatile, de la résine et de l'extrait mucilagineux. Elles sont en général toniques. On les emploie de préférence comme antispasmodiques, et quelquefois comme fébrifuges et vermifuges. Les feuilles, surtout celles des plantes annuelles, n'ayant qu'une légère amertume, servent d'aliment dans leur jeunesse.

Genre Valériane, *Valeriana.*

Calice très-petit, ayant son limbe qui se déroule en une aigrette plumeuse. Corolle tubuleuse, bossue ou prolongée en éperon à sa base, ayant son limbe partagé en cinq lobes inégaux. Une à quatre étamines, le plus souvent trois, attachées en haut du tube. Un à trois stigmates. Akène couronné par l'aigrette.

Valériane officinale, *Valeriana officinalis.*

Feuilles toutes pennées à pennules aiguës et dentées. Fleurs rougeâtres en grand corymbe convexe. ♃ Bois un peu ombragés.

Ses racines sont un excellent médicament stimulant.

Fam. des RUBIACÉES (*Rubiaceæ*).

Calice monosépale adhérent avec l'ovaire infère, à limbe divisé en quatre ou cinq dents, plus rarement entier. Corolle monopétale, ordinairement régulière et tubuleuse, à limbe divisé en quatre ou cinq lobes. Quatre ou cinq étamines, rarement davantage, insérées sur le tube de la corolle et alternes avec ses divisions. Ovaire tantôt didyme à deux loges monospermes (les herbacées sont dans ce cas), tantôt à deux loges polyspermes ; d'autres fois enfin, à plus de deux loges monospermes ou polyspermes. Cet ovaire est parfois garni à son sommet d'un disque jaunâtre ; il est surmonté d'un seul style, rarement de deux, et terminé, le plus souvent, par deux stigmates. Le fruit est quelquefois une capsule ou une baie, offrant les mêmes variétés que l'ovaire dans le nombre des loges et des graines; d'autres fois il est didyme et formé de deux petites coques monospermes, sèches ou un peu charnues. L'embryon est entouré par un grand périsperme corné.

Les rubiacées herbacées ont leurs feuilles verticillées; les frutescentes ont les feuilles opposées très-entières, réunies ou par des stipules intermédiaires, ou par une gaîne ciliée.

Propriétés générales.

Les plantes de première utilité médicale appartiennent à cette famille; presque toutes sont caractérisées par la propriété tonique et astringente.

Si nous examinons les racines, nous trouvons, en outre, que quelques-unes, particulièrement celles appartenant à la même section que la *garance*, sont susceptibles de donner un principe colorant de nuances variées; nous trouvons aussi que plusieurs, produites par des genres exotiques, sont louées d'une vertu émétique.

Les écorces des rubiacées contiennent un principe amer et un principe astringent. En thérapeutique, on donne la préférence à celles fournies par le vrai genre *cinchona*; d'un côté, parce que leur action est plus constante et plus énergique; de l'autre, parce que l'analyse y démontre l'existence de principes dans lesquels résident essentiellement les propriétés actives.

La plupart des graines à périsperme corné offrent la saveur et l'arome du café; on peut soupçonner, par conséquent, qu'elles participent plus ou moins aux propriétés de cette précieuse graine.

Les plantes les plus précieuses sont exotiques. Trois genres indigènes méritent d'être cités, et encore leurs produits sont d'une importance secondaire, ce sont le genre *asperule*, *cailletait* et la *garance* , *rubia tinctorum*, qui sert dans les teintures. Quant aux autres rubiacées , nous les citerons, aussi sans donner leurs caractères, pour être fidèles à notre plan de ne pas augmenter ce volume au moyen de descriptions de plantes de contrées éloignées , et que nous ne verrons peut-être jamais.

Genre Quinquina , *Cinchona.*

Il nous donne les diverses écorces de kinkina ou de quina qui nous arrivent du Pérou ; tels sont les *quinquina gris* , *orangé, jaune, rouge,* etc. Voyez la troisième partie pour ces précieuses écorces.

Genre Cephælis, *Cephælis.*

Une espèce, le *cephælis annelé* , qui croît dans les forêts épaisses et ombragées du Brésil ♄, donne l'*ipécacuanha gris* ou *brun*, racines d'un usage si grand.

Genre Psychotrie, *Psychotria.*

A son espèce, *emetica* , qui donne l'*ipécacuanha noir* qui est moins employé que la racine précédente. La plante croît au Pérou.

Genre Caféier , *Coffea.*

Le caféier d'Arabie , *Coffea Arabica* ♄, originaire de la haute Éthiopie et cultivé en Arabie et dans les Antilles françaises, est la plante qui fournit les diverses espèces de *café*, dont on distingue celui de *Moka* (le plus estimé), le café *Cayenne, Martinique, Bourbon* et *St-Domingue.*

Tout le monde connaît la propriété de ces graines, et l'action de leur principe aromatique sur l'encéphale.

Fam. des CAPRIFOLIACÉES (*Caprifoliaceæ*).

Elle n'intéresse la médecine qu'à cause du *sureau* qui

fournit ses fleurs possédant une propriété sudorifique ; ses baies dont on fait des robs ; ses écorces qui sont astringentes, etc., et ses feuilles qui sont drastiques. Il n'y a guère que ses fleurs et fruits employés ; néanmoins dans les campagnes isolées de toute ressource, le sureau, *sambucus nigra,* pourrait à lui seul fournir des matériaux thérapeutiques, qui entre les mains prudentes ne seraient pas sans de nombreux résultats utiles.

CLASSE XII.

PLANTES DICOTYLÉDONES POLYPÉTALES A ÉTAMINES SUR LE PISTIL.

Fam. des OMBELLIFÈRES (*Ombelliferæ*).

Fleurs portées sur des pédoncules insérés en un point commun et divergens ensuite comme les rayons d'un parasol : dans quelques genres, fleurs sessiles, réunies en tête sur un réceptacle commun.

A la base de chaque assemblage de fleurs on trouve souvent plusieurs petites folioles disposées symétriquement, qui constituent un *involucre*, ou un *involucelle*, suivant qu'elles environnent la base des ombelles ou celle des ombellules.

Chaque fleur, considérée isolément, présente un calice adhérent, dont le bord est tantôt entier ou à peine visible, tantôt à cinq dents. Corolle à cinq pétales égaux ou inégaux, échancrés en forme de cœur, ou infléchis par le sommet, insérés sur le pistil ou sur une glande dont l'ovaire est recouvert. Cinq étamines alternes avec les pétales, et insérées avec eux ; ovaire simple, adhérent, surmonté à son sommet d'un disque glanduleux, formant deux mamelons qui se confondent avec la base des deux styles de l'ovaire, lesquels sont terminés chacun par un stigmate très-petit ; ces styles sont ordinairement persistans et divergens après la floraison.

Le fruit est composé de deux akènes (*diakène*) appliqués l'un contre l'autre, se séparant d'eux-mêmes à leur maturité, et attachés par le haut au sommet d'un axe ou *columelle* central souvent bipartible. Chaque graine a un embryon très-petit, situé au sommet d'un périsperme ligneux et dirigé de haut en bas.

Tige herbacée, fistuleuse, rarement frustescente, portant des feuilles alternes engaînantes, ordinairement découpées plus ou moins profondément.

Propriétés générales.

Cette famille mérite une attention des plus scrupuleuses, à cause de son importance dans la thérapeutique et des anomalies qu'elle présente.

La cause de ces prétendues anomalies des ombellifères s'explique, dit M. De Candolle, en admettant que leur sève à moitié élaborée est narcotique, tandis qu'au contraire elle devient aromatique et stimulante lorsqu'elle est transformée en véritable suc propre; ainsi les racines, recevant la sève descendante chargée d'une certaine quantité de suc propre, sont en général un mucilage aqueux plus ou moins fade ou sucré, et plus ou moins aromatisé; l'herbe, contenant une quantité considérable de sève non élaborée, surtout dans les ombellifères vivant dans des lieux aquatiques, où la formation du suc propre, de l'huile et de la résine, n'a pour ainsi dire pas lieu, a son suc toujours narcotique et dangereux; l'écorce, dans laquelle séjourne la sève descendante formée presqu'en totalité de suc propre plus ou moins résineux, surtout dans les ombellifères des lieux secs, donne, par incision ou autrement, des médicamens toniques, stimulans ou aromatiques. Les fruits, enfin, nullement dangereux parce qu'il n'y existe point de sève (du moins à leur maturité), présentent aussi des propriétés aromatiques et stimulantes qui sont dues à l'huile volatile toujours logée dans leur péricarpe. S'il existe des exceptions à cette théorie, il n'est pas moins vrai que l'on doit se défier des ombellifères qui croissent dans les lieux ombragés et humides.

Genre Boucage, *Pimpinella.*

Point d'involucre ni d'involucelles; calice entier. Pétales presque égaux, cordiformes, et légèrement courbés à leur sommet. Stigmates un peu globuleux. Fruit ovoïde, oblong, strié, glabre ou pubescent. (Fleurs blanches.)

Boucage anis, *Pimpinella anisum.*

Feuilles radicales, trifides et incisées ☉. Originaire du levant de l'égypte, cultivé en France aux environs de Tours. Ses fruits, dits *graines d'anis*, sont usités ; ils sont stimulans ainsi que leur huile essentielle.

Genre Carvi, *Carum.*

Involucre d'une à trois folioles linéaires ; point d'involucelles. Calice entier. Pétales en carène, inégaux, fléchis et échancrés à leur sommet. Fruit ovoïde et comme prismatique, offrant trois côtes sur chaque moitié. (Fleurs blanches.)

Carvi cultivé, *Carum carvi.*

Tige droite, feuilles bipennées à folioles pennatifides, les inférieures lancéolées, les supérieures linéaires ♂. Prairies et lieux montueux. Les petits fruits, *semences de carvi,* sont usités dans les mêmes cas que l'*anis.*

Genre Ache, *Apium.*

Involucre et involucelles nuls ou composés d'une à trois folioles. Calice entier. Pétales arrondis, égaux, terminés à leur sommet par une petite pointe recourbée en-dessus. Fruit ovoïde ou globuleux, marqué de nervures saillantes. (Fleurs d'un jaune pâle.)

Ache persil, *Apiumpetroselinu m.*

Feuilles décomposées en lobes pinnatifides et comme cunéiformes, glabres, mais non luisantes; ombelles pédonculées ♂. Plante que l'on trouve à l'état sauvage dans les lieux stériles ; elle est cultivée surtout pour son utilité comme condiment.

Ache odorante ou céleri, *Apium graveolens.*

Folioles caulinaires cunéiformes : la plupart des ombelles sessiles ♂. Marais et bords des ruisseaux. La racine, surtout de la plante cultivée, est usitée : c'est un aliment légèrement stimulant, un antiscorbutique.

Genre Aneth, *Anethum.*

Point d'involucre ni d'involucelles. Calice entier. Pétales entiers, roulés en dedans. Fruit allongé, un peu comprimé sur les bords, et marqué de cinq côtes sur la face externe de chaque akène. (Fleurs jaunes.)

Aneth fenouil , *Anethum fœniculum.*

Tige droite : feuilles décomposées , à folioles capillaires : fleurs jaunes : fruit oblong profondément strié ♃. Contrées chaudes de l'Europe , provinces méridionales.

Ses racines et fruits sont usités. (*Voyez Fenouil,* 3e partie.)

Genre Coriandre, *Coriandrum.*

Point d'involucre. Involucelle de plusieurs folioles disposées d'un seul côté. Calice à cinq dents. Pétales courbés en cœur, égaux dans le centre de l'ombelle , inégaux sur les bords , les extérieurs étant plus grands , bifides. Fruit globuleux, couronné par les dents du calice. (Fleurs blanches.)

Coriandre usuelle, *Coriandrum sativum.*

Fleurs centrales stériles : fruits globuleux ⊙. France en culture , mais originaire d'Italie. Ses fruits , *graines de coriandre,* sont usités.

Genre Éthuse, *Æthusa.*

Involucre nul. Involucelles de quatre à cinq folioles rabattues et pendantes d'un seul côté. Calice entier. Pétales inégaux, courbés en cœur. Fruit presque globuleux, offrant cinq stries sans crénelures sur chacune de ses moitiés.(Fleurs blanches. Feuilles trois fois divisées.)

Ethuse petite ciguë, *Æthusa cynapium.*

Feuilles décomposées et tripennées, à folioles incisées, pennatifides, comme vernissées. On l'appelle *petite ciguë*, *faux persil*, *ciguë des jardins* : cette plante aussi *délétère* que la *ciguë* est encore plus dangereuse et plus à redouter à cause de sa ressemblance avec le *persil*. Mais les caractères génériques et ceux des feuilles surtout l'en font bien distinguer. Sa tige est glauque et d'un rouge purpurin à sa partie inférieure ⊙. Lieux cultivés, jardins, décombres.

Genre Angélique, *Angelica.*

Involucre de quelques folioles ou nul. Involucelles polyphylles. Calice presque à cinq dents. Pétales lancéolés un peu recourbés en-dessus. Fruit ovoïde, membraneux sur les bords, marqué de stries saillantes et chargé de deux styles divergens. (Fleurs blanches.)

Angélique officinale ou de Bohême, *Angelica archangelica.*

Feuilles deux fois ailées, à folioles ovales oblongues, inégalement dentées en scie; les unes simples, les autres lobées. Involucre de 1 à 5 folioles ♂. Provinces méridionales, lieux montueux et boisés.

Ses racines, fruits et tiges, servent dans la médecine et l'économie domestique, comme excitans et aromatiques.

Genre Ciguë, *Conium.*

Involucre de trois à cinq folioles réfléchies. Involucelles de trois folioles unilatérales. Calice entier. Pétales presque égaux, courbés en cœur. Fruit globuleux, didyme marqué sur chaque moitié de cinq côtes obtuses et *crénelées*. (Fleurs blanches.)

Ciguë maculée, *Conium maculatum*.

Tige rameuse maculée, à sa partie inférieure surtout, de taches pourpres ; ses feuilles sont fort grandes, décomposées ; ses folioles sont étroites, incisées et aiguës ; ses fleurs blanches forment de grandes ombelles à la partie supérieure des branches : quant aux fruits, leurs dix côtes sont obtuses et *crénelées* ♂. Lieux incultes et pierreux, près des habitations. C'est un poison violent surtout à l'état frais.

Les feuilles de *ciguë* récoltées dans les pays chauds servent en médecine. (*Voyez* 3e partie, *Grande ciguë*.)

Genre Carotte, *Daucus*.

Involucre et involucelles composés d'un grand nombre de folioles découpées latéralement et pinnatifides. Calice entier. Pétales cordiformes, plus grandes à l'extérieur. Fruit ovale, hérissé de toutes parts de poils raides et d'aiguillons. (Fleurs blanches.)

Carotte commune, *Daucus carotta*.

Tige velue : feuilles deux ou trois fois ailées, à folioles incisées par des découpures linéaires et aigëes ♂. Prés et paturages. Cultivée abondamment pour ses racines qui sont un excellent nutritif, un mucilagineux et calmant.

D'autres genres intéressent la médecine, mais leurs espèces utiles sont exotiques ; telles sont les *panais opopanax* de Grèce, d'Orient, etc., qui donnent la *gomme-résine opopanax*. Le *selinon galbanum* d'Afrique et d'Éthyopie, qui donne la gomme-résine *galbanum*. Le *selinon gommifère* d'Asie, d'Afrique, etc., qui donne la *gomme-résine ammoniaque*. La *férule assa-fœtida* de Perse, de laquelle découle aussi par incisions le suc gommo-résineux, appelé *assa-*

fœtida. (*Voyez* à la 3e partie pour la pharmacologie de ces divers produits médicinaux immédiats).

CLASSE XIII.

PLANTES DICOTYLÉDONES, POLYPÉTALES A ÉTAMINES ATTACHÉES SOUS LE PISTIL.

Fam. des RÉNONCULACÉES (*Ranunculaceæ*).

Calice polysépale, presque toujours coloré et corolliforme, parfois irrégulier, rarement persistant. Corolle manquant quelquefois, ou se composant de cinq, six à vingt pétales planes ou creux, souvent irréguliers ou de forme anomale et insérés au-dessous des pistils. Étamines avec la même insertion, ordinairement en nombre indéterminé, ayant leurs anthères attachées aux filets par leur face extérieure. Pistils insérés sur un réceptacle commun en nombre défini ou indéfini; les ovaires sont tantôt réunis en forme de tête au centre de la fleur, à une seule loge contenant une seule graine, tantôt solitaires ou groupés, et quelquefois soudés ensemble, présentant chacun une loge à plusieurs graines; le style, toujours latéral, est surmonté d'un stigmate simple. Les fruits sont, ou des baies (ce qui est extrêmement rare), ou de petits akènes comprimés, disposés en capitules, ou bien des capsules agrégrées, distinctes ou soudées, quelquefois solitaires, uniloculaires, polyspermes, s'ouvrant par leur bord ou face interne. Graines périspermées ; embryon très-petit basilaire, à radicule adverse.

Plantes herbacées, rarement sous-frutescentes. Feuilles le plus souvent alternes, simples ou composées.

Propriétés générales.

Les plantes appartenant à cette famille sont en général âcres et caustiques, à cause d'un principe particulier tellement volatil, que leur infusion dans l'eau, la cuisson ou la dessiccation à l'air, suffisent pour le détruire. Ce principe délétère est si énergique dans quelques renonculacées fraîches qu'elles sont réellement vénéneuses, aussi bien pour l'homme que pour les bestiaux. En médecine, on a cherché à tirer parti de cette propriété caustique; ainsi, l'on peut employer à l'extérieur les feuilles de la plupart des espèces comme rubéfiantes et vésicantes, et cet effet irritant est plus durable, quoique moins fort que celui des cantharides. A l'intérieur, plusieurs de ces plantes sont employées, tantôt comme stimulans âcres, tantôt comme des sudorifiques puissans; et sous ce rapport, les racines surtout intéressent l'art de guérir ; du reste il faut s'en méfier beaucoup.

Dans le tégument des graines, le principe caustique est mélangé, le plus souvent, avec un principe aromatique : aussi ces graines possèdent-elles la propriété stimulante.

Genre Clématite, *Clematis*.

Périanthe simple, régulier, corollacé, de quatre sépales, rarement cinq. Etamines nombreuses. Style long et soyeux.

Fruits (*camares*) indéhiscens, monospermes, chargés d'une longue arête, le plus souvent plumeuse.

Clématite viorne ou blanche, *Clematis vitalba*.

Feuilles ailées à folioles cordiformes grimpantes. Bois sablonneux ♃. C'est une plante des plus dangereuses tant à l'extérieur où elle produit une vésication avec aspect ulcéré, qu'à l'intérieur, où elle agit comme stupéfiant sur le système nerveux, tout en provoquant une violente inflammation de l'estomac. M. le professeur Orfila range la *clématite* parmi les *poisons âcres*.

Genre Renoncule, *Ranunculus*.

Calice de cinq sépales caducs. Corolle de cinq pétales réguliers, planes, munis chacun d'une écaille ou appendice laminé à la base de leur onglet qui est très-court. (Les espèces à fleurs blanches ont au contraire une fossette glanduli-fère.) Etamines ordinairement nombreuses. Fruits ramassés en tête, très-petits, comprimés, monospermes, et terminés en pointe courte.

Renoncule âcre, *Ranunculus acris.*

Tige cylindrique, glauque, divisée en rameaux non striés. Fleurs jaunes ayant leur calice poilu et étalé. C'est une variété à fleurs doubles de cette espèce que l'on cultive sous le nom de *bouton d'or* ♃. Bois, lieux humides. Cette espèce, comme la *renoncule scélérate*, la *renoncule bulbeuse*, etc., sont des poisons âcres à l'état frais.

Genre Hellébore, *Helleborus.*

Calice de cinq sépales coriaces, persistans et planes. Corolle composée de cinq à douze pétales creux, pédicellés et en forme de cornets, plus petits que le calice. Etamines nombreuses. Trois à six capsules ou camares comprimées, polyspermes.

Hellébore noir, *Helleborus niger.*

Hampe rougeâtre à une ou deux fleurs. Calice persistant. Feuilles radicales, pédiaires, divisées en sept ou neuf lobes lancéolés, aigus, dentés, glabres. Lieux frais et ombragés des montagnes du midi, surtout ♃. Ses racines sont un médicament violent et peu usité de nos jours à cause de son acreté.

Genre Dauphinelle, *Delphinium.*

Calice de cinq sépales corollacés, inégaux, dont le supérieur terminé postérieurement en éperon. Corolle d'un à quatre pétales irréguliers ; les deux supérieurs se terminant inférieurement en un appendice subulé qui est caché dans l'éperon du sépale supérieur. Quinze à trente étamines. Un à trois ovaires devenant des capsules oblongues à graines anguleuses.

Dauphinelle staphisaigre , *Delphinium staphisagria.*

Fleurs trigynes , capsule triple velue ⊚ originaire de l'Europe méridionale. Cultivée, ses graines *staphisaigre*, graines d'*herbe aux poux*, poison actif. Dans la médecine moderne, les semences ne sont employées que pour détruire la vermine , étant mêlées en poudre avec un corps gras (dangereux).

Genre Aconit, *Aconitum.*

Calice de cinq sépales colorés , inégaux , le supérieur ayant la forme d'un casque ou d'un capuchon. Corolle de cinq pétales , dont les trois inférieurs très-petits ou avortés , et deux supérieurs en forme de crosse ou de cornet recourbé , portés sur un long onglet , et renfermés dans l'intérieur du sépale supérieur. Etamines nombreuses , à filamens dilatés à leur base. Capsules droites , variant jusqu'au nombre cinq.

Aconit napel , *Aconitum napellus.*

Fleurs trigynes , bleues , feuilles tripartites , multifides , à découpures linéaires aiguës ♃. Pâturages près des montagnes, dans le Jura, la Suisse. Les feuilles , surtout à l'état récent , jouissent des propriétés les plus vénéneuses ; toutes ses parties et surtout les racines et les feuilles , sont d'une extrême âcreté ; elles déterminent particulièrement une sorte d'aliénation mentale suivie d'une mort prompte.

D'autres genres de cette famille sont remarquables , telles sont les *anémones,* les *nigelles* , la *pivoine* ; mais ils sont aujourd'hui inusités.

Fam. des PAPAVÉRACÉES (*Papaveraceæ*).

Calice ordinairement à deux sépales concaves et caducs. Corolle de quatre pétales , le plus souvent nulle; cette corolle est aussi très-caduque ; elle est plissée et comme chiffonnée avant son épanouissement. Son insertion est hypogyne. Les étamines sont libres, le plus souvent indéfinies ou à plus de vingt, ayant la même insertion. Ovaire simple, uniloculaire, souvent privé de style, portant un stigmate simple rayonné ou simplement lobé. Le fruit est une capsule polysperme s'ouvrant au moyen de valves ou par de simples trous qui se forment sous les lobes du stigmate. L'intérieur du fruit, à une seule loge, est muni de placentaires qui partent de la circonférence, et forment des saillies plus ou moins nombreuses constituant autant de fausses cloisons. Les graines contiennent un petit embryon renfermé dans la partie inférieure d'un périsperme charnu.

Végétaux herbacés souvent annuels, à feuilles alternes. Fleurs grandes, en général solitaires et terminales.

Propriétés générales.

Les *papavéracées* contiennent un suc coloré, blanc ou jaunâtre, d'une odeur vireuse et d'une saveur plus ou moins âcre. Ce suc est doué de propriétés délétères fort énergiques; il rend l'usage de ces plantes suspect, et même souvent dangereux.

Les graines des papavéracées sont de nature *oléagineuse.*

Deux genres de cette famille intéressent la médecine; quant au genre *fumeterre*, dont les plantes sont très-amères et fort employées dans les affections scorbutiques et scrofuleuses, il n'est plus rangé parmi les papavéracées; mais il forme la famille des *fumariacées*, dont il est inutile de parler ici quoique, la *fumeterre des champs* soit une plante tonique dépurative très-employée.

Genre Pavot, *Papaver.*

Calice à deux sépales ovales. Corolle à quatre pétales réguliers, plus grands que le calice. Étamines très-nombreuses. Stigmate sessile pelté en plateau marqué de lignes disposées comme des rayons. Capsule oblongue ou ovale, arrondie, uniloculaire, divisée intérieurement par autant de placentas longitudinaux et lamelliformes qu'il y a de rayons au stigmate, et s'ouvrant sous ce dernier en autant de pores ou de trous. Graines nombreuses non narcotiques.

Pavot à opium, *Papaver somniferum.*

Feuilles amplexicaules, glabres, incisées. Calice glabre, ainsi que la capsule qui est ovale ou globuleuse ☉. Originaire de Perse et d'Orient, cultivé en France. Cette espèce donne à la médecine un produit appelé *opium.* Les capsules ainsi que les graines dites d'*œillette* sont usitées. (Voyez ces mots, troisième partie.)

Pavot coquelicot, *Papaver rhas.*

Tige velue, multiflore. Feuilles pennatifides incisées. Capsule glabre turbinée ☉. France, champs, moissons. Cette espèce est médicinale à cause de ses pétales, appelés *fleurs de coquelicot.*

Genre Chélidoine, Chelidonium.

Mêmes caractères pour le calice, la corolle et les étamines. Ovaire cylindrique terminé par un stigmate bifide ou trifide. Capsule siliquiforme s'ouvrant en deux ou trois valves et contenant plusieurs graines qui sont recouvertes chacune séparément d'une crête glandulaire (*arille*).

Chelidoine officinale, *Chelidonium majus.*

Pédoncules en ombelle. Feuilles profondément pennatifides à lobes obtus ♃. France, lieux arides près des murs. Rangé parmi les poisons irritans par M. le professeur Orfila. Le suc est un purgatif et émétique toujours dangereux; on s'en sert à l'extérieur pour détruire les verrues.

Fam. des CRUCIFÈRES (Cruciferæ).

Calice tétrasépale, souvent caduc; deux des sépales sont

quelquefois bossus à leur base. Corolle hypogyne à quatre pétales disposés en croix, et munis d'un onglet de la longueur du calice. Six étamines tétradynames ; les quatre plus grandes sont rapprochées en deux paires opposées. On trouve sur le réceptacle, à la base des étamines, ordinairement quatre glandes ; deux de celles-ci servent de point d'insertion aux étamines les plus courtes, les deux autres se trouvent entre les étamines les plus grandes. Ovaire le plus souvent biloculaire, pluriovulé, terminé par un style court, au sommet duquel est un stigmate simple ou à deux lobes, le stigmate est parfois sessile. Fruit allongé et *siliqueux*, ou court et *siliculeux*, ordinairement à deux valves et à deux loges polyspermes, séparées par une cloison médiane ; rarement il est uniloculaire et indéhiscent. Quelquefois les loges sont comme articulées les unes au-dessus des autres, et se séparent sans s'ouvrir à l'endroit de chaque étranglement des valves simulant une articulation. Les graines bisériées sont attachées à deux placentaires suturaux ; leur embryon, pelotonné ou recourbé, est dépourvu de périsperme.

Tiges herbacées, à feuilles alternes. Fleurs en corymbe, en panicule ou en épi.

Propriétés générales.

L'uniformité dans les caractères organiques, chimiques et médicinaux des crucifères, est reconnue depuis longtemps. Plusieurs principes constans, mais en proportions diverses, existent dans toutes les espèces. La chimie y fait découvrir : 1° Une huile volatile, d'une odeur plus ou moins forte et aromatique, également répandue dans toutes les parties du végétal. C'est particulièrement cette huile très-énergique et fort âcre qui rend les crucifères, où elle est concentrée, rubéfiantes à l'extérieur, et éminemment stimulantes et toniques, étant administrées à l'intérieur, ce qui fait qu'elles sont d'excellens antiscorbutiques, diaphorétiques ou diurétiques, suivant que la stimulation s'exerce sur l'un ou sur l'autre des appareils de l'économie. 2º Une huile fixe qui ne se trouve que dans les semences ; elle ne participe point des qualités âcres de l'autre. 3º De la fécule, du sucre et du mucilage. La présence de ces derniers principes dans les tiges et les racines les rend alimentaires, surtout quand l'huile volatile n'y existe qu'en faible dose. On trouve en outre dans les crucifères une matière azotée, du soufre, et quelquefois de l'ammoniaque.

On doit toujours employer les crucifères à l'état frais.

Genre Raifort, *Raphanus.*

Sépales du calice connivens. Étamines accompagnées de quatre glandes placées à la base de l'ovaire. Siliques coniques, indéhiscentes, paraissant à plusieurs loges articulées l'une au-dessus de l'autre, à cause du tissu cellulaire dense qui sépare les graines.

Raifort cultivé, *Raphanus sativus.*

Feuilles lyrées ; silique pointue, torileuse, spongieuse à l'intérieur ; originaire de la Chine, de l'Asie méridionale, naturalisée et cultivée en Europe depuis des siècles. Ses racines appelées *radis* présentent trois variétés : le *radis* proprement dit, dont la racine est napiforme et d'une teinte rosée extérieurement ; la *petite rave*, dont la racine est fusiforme, et le *gros radis noir*, raifort des Parisiens Ces trois variétés à l'état frais sont des antiscorbutiques ; elles servent d'aliment : le radis noir est excessivement piquant, et doit être considéré comme un très-puissant stimulant, dont on ne doit user qu'avec modération.

Genre Moutarde, *Synapis.*

Sépales étalés. Pétales dressés. Quatre glandes à la base de l'ovaire. Siliques terminées par une sorte de bec, plane ou carré, formé par le prolongement saillant de la cloison, souvent plus longue que les valves elles-mêmes.

Moutarde usuelle, *Synapis nigra*.

Feuilles glabres, ainsi que les siliques qui sont pressées contre l'axe qui les porte ☼. Lieux un peu humides, décombres. Cultivée pour ses graines, *moutarde du commerce, sénevé noir*.

Genre Chou, *Brassica*.

Calice connivent, gibbeux à la base ; quatre glandes autour de la base de l'ovaire ; silique un peu comprimée, déhiscente, presque conique, à valves plus courtes que la cloison.

Trois espèces sont utiles :

1º. Le chou cultivé, *Brassica oleracea*.

Plante potagère alimentaire et excitante ; la variété *rouge* a été fort recommandée dans les inflammations chroniques des poumons ; la variété *choufleur* est aussi connue sur les tables.

2º. Le chou navet, *Brassica napus*, autre aliment.

3º. Enfin le chou colza, *Brassica arvensis*, qui donne, surtout dans les provinces du nord de la France, l'*huile de colza*, retirée de ses graines extrêmement oléagineuses.

Genre Sisymbre, *Sisymbrium*.

Sépales demi-ouverts ou entièrement fermés. Style trèscourt ou presque nul, à stigmate obtus. Silique plus ou moins allongée, cylindrique, terminée en pointe, s'ouvrant en deux valves sans élasticité, et contenant des graines globuleuses.

Sisymbre cresson de fontaine, *Sisymbrium nasturtium*.

Feuilles ailées à folioles presque en cœur, plus courtes que leur pétiole ♃. Bords des ruisseaux d'eau courante.

Toute la plante , à l'état frais , est usitée tant comme médicament antiscorbutique stimulant , que comme aliment.

Genre Cranson, *Cochlearia.*

Sépales entr'ouverts et concaves. Corolle étalée. Anthères obtuses et comprimées. Silicules en cœur , à deux valves très-convexes, ayant leur grand diamètre opposé à la cloison. Une à six graines dans chacune des deux loges.

Cranson officinal , *Cochlearia officinalis.*

Feuilles radicales en cœur arrondi ; feuilles caulinaires oblongues, légèrement sinueuses ; silicule globuleuse ♂. Rivages de la mer ; cultivé dans les jardins. Les feuilles de *cochlearia* , dont nous parlons dans la troisième partie, sont un médicament stimulant et anti-scorbutique très-actif.

Cranson de Bretagne ou grand raifort, *Cochlearia armoracia.*

Feuilles radicales lancéolées, crénelées. Feuilles caulinaires incisées ♃. Bord des ruisseaux dans la Bretagne, etc. Ses racines fraîches sont le plus puissant des antiscorbutiques. Voy. racines de *raifort sauvage.*

Fam. des HYPÉRICÉES (*Hypericeæ*).

Cette famille est très-naturelle. C'est parmi ses plantes que l'on trouve surtout divers exemples d'étamines réunies par leurs filets en faisceaux formant la *triadelphie, polyadelphie.*

Le peu d'espace n'en permet pas la description. Quelques espèces de *millepertuis* étaient anciennement employées comme médicamens excitans , anthelmintiques et fébrifuges.

Fam. des MALVACÉES (*Malvaceæ*).

Calice inadhérent, le plus souvent double, l'intérieur monosépale plus ou moins profondément quinquéfide ; l'extérieur, appelé *calicule,* variable par le nombre de ses segmens. Cinq pétales égaux, distincts et hypogynes ou connés par leur base avec le tube staminifère, ce qui fait que la corolle tombe fréquemment d'une seule pièce, emportant avec elle cet androphore. Etamines hypogynes, ordinairement nombreuses, à filets tantôt soudés, dans presque toute leur étendue, en un tube cylindrique pressé contre le style qui le traverse, tantôt soudées simplement à leur base en un anneau ou godet ; dans ce dernier cas, ou elles sont toutes *anthérifères*, ou quelques-unes stériles sont mêlées parmi celles qui sont fertiles ; anthères réniformes. situées au sommet ou à la surface du tube susdit. Ovaire formé d'un grand nombre de côtes saillantes qui correspondent chacune à une loge, d'autres fois globuleux, et à cinq loges uni ou pluriovulées ; cet ovaire est surmonté d'un style divisé plus ou moins profondément à sa partie supérieure, en cinq à vingt parties, qui portent chacune un stigmate. Fruit ordinairement composé de cinq à vingt petites capsules indéhiscentes, serrées et verticillées autour de la base du style ; quelquefois ce fruit est entier et à cinq loges polyspermes. Graines munies d'un périsperme mince (Mir.). Cotylédons en général froncés et recroquevillés.

Tige ligneuse ou herbacée. Feuilles alternes stipulées. Fleurs axillaires ou terminales.

Propriétés générales.

Toutes les parties des plantes de cette famille sont composées d'un mucilage abondant et nutritif; elles sont adoucissantes et émollientes, tant à l'intérieur qu'à l'extérieur.

Malgré cette grande uniformité dans les propriétés générales, on remarque cependant quelques légères anomalies : ainsi les pétales de plusieurs malvacées possèdent une astringence bien marquée; de ce nombre l'*alcea* seule croît en Europe : les graines du *théobroma* fournissent une espèce de cire butireuse un peu amère; elles font la base du chocolat.

L'industrie tire un parti multiplié des fibres de l'écorce

intérieure de ces plantes, ainsi que des filamens longs et soyeux qui entourent les graines, dans le *cotonnier* et le *bombax*, par exemple.

Genre Mauve, *Malva.*

Calice extérieur de trois petites folioles étroites, l'intérieur monosépale semi-quinquéfide. Cinq pétales échancrés en cœur au sommet, et réunis par leur base. Etamines nombreuses monadelphes. Plusieurs stigmates. Huit capsules ou davantage, monospermes, indéhiscentes, réunies en cercle à la base et autour du style.

Mauve sauvage, *Malva sylvestris.*

Tiges dressées rameuses velues, d'un pied et plus de hauteur, portant des feuilles alternes pétiolées, réniformes, arrondies à cinq ou sept lobes peu profonds, fleurs purpurines, trois ou cinq à l'aisselle des feuilles supérieures. ♃ Le long des haies, dans les bois. Cette espèce, et la *petite mauve* dont les fleurs sont d'un *rose pâle*, sont indistinctement employées l'une pour l'autre en médecine, sous le nom de *fleurs de mauve*, comme émollientes, etc.

Genre Guimauve, *Althœa.*

Calice extérieur, offrant de cinq à neuf lobes aigus ; calice intérieur quinquéfide. Pétales échancrés ou entiers, aussi réunis à leur base. Le reste des caractères du genre précédent existe dans ce genre.

Guimauve officinale, *Althœa officinalis.*

Tige droite : feuilles simples cotonneuses. ♃. Champs cultivés. Les *racines de guimauve* sont usitées.

Cacaoïer, *theobroma*, genre exotique, a une espèce, le *cacaoïer ordinaire*, originaire du nouveau monde, et croissant aux Antilles, au Mexique, ainsi que dans les colonies françaises où il est cultivé, qui donne le *cacao*, graines de son fruit. C'est avec elles que l'on prépare le *chocolat* et le *beurre de cacao*, corps gras si adoucissant.

Fam. des CARYOPHYLLÉES (*Caryophylleæ*).

Fleurs presque toujours hermaphrodites. Calice le plus souvent persistant, monosépale, tubuleux, à cinq dents ou à cinq divisions paraissant des sépales ; il est garni parfois d'un calicule. Corolle hypogyne formée de cinq pétales alternes avec les divisions calicinales ; lames dentées, ou plus ou moins profondément échancrées ; onglets parfois appendiculés, le plus souvent très-longs, d'autres fois presque nuls. Étamines définies, moindres en nombre que les pétales, ou égales en nombre et interpositives, ou en nombre double, moitié oppositives épipétales, moitié interpositives, et attachées avec l'ovaire sur le réceptacle ou sur un disque gynophore. Ovaire libre, à une ou plusieurs loges, ordinairement surmonté de plusieurs styles munis chacun de leur stigmate, qui est inverse. Le fruit est le plus souvent capsulaire, à une ou plusieurs loges polyspermes, avec un placenta central ; ces loges s'ouvrent en plusieurs valves, ou seulement par l'écartement des dents placées à sa partie supérieure. Graines réniformes ; embryon roulé autour d'un périsperme farineux.

Tiges le plus souvent herbacées, cylindriques, articulées à la naissance des feuilles qui sont opposées, sessiles. Fleurs souvent fasciculées, terminales.

Propriétés générales.

La nombreuse famille des *caryophyllées* ou *dianthées*, presque entièrement indigène de l'Europe, n'offre aucune propriété remarquable : ses espèces sont toutes insipides, si nous en exceptons la *saponaire* qui a une saveur amère, les fleurs de l'*œillet* qui sont légèrement aromatiques, et les espèces du genre *linum* que **M.** De Candolle a pris pour type d'une nouvelle famille (les *linées*) ; celles – ci ont leurs graines qui renferment un mucilage abondant : les fibres des tiges sont d'une grande tenacité ; on sait combien elles sont utiles.

Genre OEillet, *Dianthus.*

Calice tubuleux, à cinq dents, muni à sa base d'un calice formé de plusieurs écailles opposées ou imbriquées en croix. Corolle à cinq pétales onguiculés, à limbe souvent denté. Deux styles. Capsule cylindrique à une loge polysperme s'ouvrant par le sommet.

OEillet des jardins, *Dianthus caryophyllus.*

Fleurs isolées : quatre écailles ovales et très-courtes au bas du calice; feuilles linéaires glauques. ♃. Cultivé, ses pétales récens sont quelquefois employés. (*Voyez* fleurs d'*œillets*, 3ᵉ partie.)

Genre Saponaire, *Saponaria.*

Calice tubuleux, à cinq dents, nu à sa base. Cinq pétales onguiculés, appendiculés. Dix étamines. Deux styles. Capsule à une loge polysperme, s'ouvrant au sommet par plusieurs dents.

Saponaire officinale, *Saponaria officinalis.*

Calice cylindrique, glabre : feuilles ovales lancéolées. ♃. Champs cultivés, environs de Paris. Ses sommités fleuries surtout, ses feuilles et racines sont d'un usage fréquent. (*Voyez* feuilles de *saponaire.*)

CLASSE XIV.

PLANTES DICOTYLÉDONES POLYPÉTALES, A ÉTAMINES ATTACHÉES AU CALICE.

Fam. des MYRTÉES (*Myrti*).

Le Genre Grenadier, *Punica,* intéresse la médecine à

cause des *racines, des fleurs (balaustes), et des écorces ou péricarpes des fruits du* grenadier commun, *punica granatum*, arbrisseau rabougri sous le climat de Paris, mais arbre de vingt pieds d'élévation dans sa patrie, qui paraît être les côtes septentrionales de l'Afrique. Le grenadier est cultivé dans le Midi.

Genre Giroflier, *Caryophyllus*.

A son espèce *aromaticus*, exotique comme toutes les autres, qui donne ce que l'on appelle vulgairement *clous de girofle*, ce sont ses fleurs non épanouies qui nous arrivent, comme aromate recherché, des Antilles et des îles de France et de Bourbon. ♄.

Genre Myrte, *Myrtus*.

Le myrte commun, l'un des arbrisseaux les plus élégans et les plus agréables de nos contrées, dont toutes les parties répandent une odeur douce et aromatique, était autrefois employé avec raison comme tonique et légèrement astringent.

Une autre espèce, *myrte giroflée*, qui croît dans l'Amérique méridionale, a son écorce employée comme aromate sous le nom de *cannelle giroflée*. En France elle est inusitée.

Enfin il y a aussi le *myrtus pimenta* de l'Amérique méridionale, de la Jamaïque particulièrement, qui fournit l'aromate et condiment connu sous le nom de *toute épice, poivre de la Jamaïque, piment anglais*. Ce sont ses fruits, petites baies globuleuses, qui ont une saveur de poivre prononcée.

Fam. des ROSACÉES (*Rosaceæ*).

Calice ordinairement persistant, monosépale étalé ou tubuleux, parfois étranglé supérieurement, libre ou adhérent; limbe à divisions égales en nombre ou doubles de celui des pétales; il est quelquefois accompagné d'un calicule soudé en partie avec lui. Corolle roselée, communément composée de cinq pétales attachés vers la base des divisions calicinales, et alternes avec elles , ou placés devant les plus petites, quand les découpures du calice sont en nombre double de celui des pétales : ces derniers manquent quelquefois tout à fait. Etamines le plus souvent en nombre indéterminé, insérées sur le calice au — dessous des pétales ; anthères petites, arrondies. Pistils très-variables en nombre ; ovaire à un seul ou à un petit nombre d'ovules, tantôt adhérent (dans la section des pomacées seulement) et unique , à plusieurs styles et stigmates ; tantôt libre, solitaire ; tantôt, enfin, plusieurs libres dans une même fleur ; styles le plus souvent latéraux. Nectaires s'étendant comme un enduit sur le réceptacle , jusqu'à la ligne d'insertion des étamines. Fruit, tantôt une pomme (*melonide*, Rich.) à plusieurs loges, tantôt formé de la réunion de plusieurs petits akènes, ou de petites capsules ; tantôt un drupe. Embryon dépourvu de périsperme.

Les rosacées sont des herbes , arbrisseaux ou arbres à feuilles alternes simples ou composées et stipulées.

Propriétés générales.

Il serait impossible ici d'entrer dans tous les détails concernant les usages économiques et les propriétés médicinales de cette intéressante famille.

Un principe astringent et âpre s'observe dans les rosacées ; cependant il n'existe pas dans quelques -- unes à toutes les époques de leur développement. Ce principe, particulièrement dû au tannin, est répandu dans les divers organes de ces plantes , mais principalement dans leur écorce : aussi peuvent-elles servir presque toutes comme toniques et fébrifuges.

Les calices participent toujours aux propriétés des écorces et des feuilles ; nous y retrouvons ce même principe : c'est ce qui fait que la partie extérieure des fruits des rosacées, à ovaire adhérent, présente cette saveur astringente qui persiste même parfois après leur maturité parfaite ; tandis que les rosacées à ovaire libre ont ordinairement, en tout temps, toutes les parties de leur fruit un peu acides et sucrées.

Les pétales sont aussi remarquables par leur saveur astringente, surtout ceux d'un rouge foncé, et il y existe de plus une grande quantité d'huile volatile odorante ; de sorte qu'une propriété stimulante s'y joint à leur action tonique.

Par les progrès de la maturation, il se développe, dans les fruits charnus, une abondante quantité de matériaux sucrés et muqueux. Tous les végétaux du groupe des *drupacées*, ou fruits à noyaux, contiennent de l'*acide prussique* ou *hydrocyanique* : le noyau est l'organe qui en renferme le plus. Une huile volatile accompagne souvent cet acide. Les cotylédons renferment en outre une huile fixe, abondante, et très-douce lorsqu'elle est pure.

La famille des *rosacées* a été divisée en six sections, d'après le mode d'organisation des fruits. Ces sections pourront être regardées comme de vraies familles : telles sont les *drupacées*, ou arbres à noyaux ; les *pommacées*, dont les fruits sont à pépins ; les *fragariacées*, dont le réceptacle, saillant et conique, porte un grand nombre de petits fruits secs ou drupacés ; les *rosées*, dont les ovaires indéfinis sont enfermés dans un calice étranglé à son sommet. Il y a aussi les *spiréacées*, et les *sanguisorbées* ; mais la nature de cet ouvrage ne permet pas d'entrer dans aucun détail à cet égard.

Voici les genres de la famille des rosacées qui offrent le plus d'intérêt pour la médecine.

Genre Cerisier, *Cerasus.*

Calice caduc, campanulé, à cinq divisions courtes et obtuses. Cinq pétales. Vingt à trente étamines. Un style, un stigmate. Drupe charnu, arrondi, glabre et non recouvert d'un vernis glauque, légèrement sillonné d'un côté, contenant un noyau lisse, arrondi, anguleux latéralement, à une graine, rarement deux.

Cerisier laurier-cerise, *Cerasus lauro-cerasus.*

Fleurs blanches en grappe pendant de l'aisselle des feuilles supérieures. Feuilles oblongues, aiguës, dentées vers leur partie inférieure, très-glabres, luisantes et persistantes. ♄. Originaire des bords de la mer Noire, réussissant dans les provinces méridionales surtout. Ses feuilles fraîches sont usitées. C'est aussi un poison violent. (Voyez Feuilles de *laurier cerise.*)

Genre Amandier, *Amygdalus.*

Mêmes caractères floraux que ceux du genre précédent. Fruit revêtu d'une enveloppe pubescente, ayant la chair peu épaisse et presque sèche. Noyau creusé d'un grand nombre de sillons irréguliers.

Amandier cultivé, *Amygdalus communis.*

Se distingue, par son noyau poreux, de l'amandier pêcher qui a son noyau couvert de sillons anastomosés. Il est originaire de la Barbarie. On cultive cet arbre dans le midi de la France pour ses *amandes douces* et *amères.* Deux variétés. (Voyez troisième partie.)

Genre Pommier, *Malus.*

Calice turbiné à sa base, ayant à son limbe cinq découpures lancéolées et roulées en-dehors. Corolle de cinq pétales, velus inférieurement. Vingt étamines ou environ, à filets redressés en faisceau. Cinq styles réunis à leur base. Fruit (*melonide*) arrondi, ombiliqué à sa base et à son sommet, à cinq loges cartilagineuses, contenant chacune deux pépins.

Pommier cultivé, *Malus communis.*

Feuilles denticulées, cotonneuses en-dessous. Les fruits des innombrables variétés de pommier sont utiles, on le sait, tant en décoction rafraîchissante qu'en produit fermenté, en gelée laxative, etc.

Genre Coignassier , *Cydonia*.

Calice à cinq divisions. Corolle de cinq pétales glabres. Etamines au nombre de vingt environ , ayant leurs filets libres et divergens. Cinq styles distincts à leur base. Fruit (melonide) turbiné ou ovale , ombiliqué à son sommet , ayant intérieurement la même organisation que celui du genre pommier ; loges renfermant plus de deux graines.

Coignassier cultivé , *Cydonia vulgaris*.

Feuilles entières. Fleurs terminales , solitaires , sessiles. Originaire de l'île de Crète , cultivé dans les jardins. Les *coings*, ses fruits , ont leur chair astringente ; leurs graines donnent un mucilage adoucissant très-abondant.

Genre Fraisier , *Fragaria*.

Calice , pétales et étamines comme dans les *potentilles*. Akènes légèrement charnus , portés sur un gynophore bacciforme succulent , coloré et caduc , qui prend beaucoup d'accroissement lors de la maturation.

Fraisier commun , *Fragaria vesca*.

On se sert des racines de cette jolie plante vivace, qui croît naturellement dans nos bois et que nous avons transplantée dans nos jardins. Quant aux *fraises*, fruit si exquis par sa saveur douce et sucrée et son arome fin et délicat, elles figurent avec distinction sur nos tables ; mais leur ancienne réputation pour la guérison des maladies est usurpée.

Genre Benoite, *Geum*.

Fleurs offrant les mêmes caractères que les *potentilles*. Akènes portés sur un réceptacle oblong, velu, et terminés par une longue pointe recourbée en crochet à son sommet , ou velue et plumeuse.

Benoite officinale , *Geum urbanum*.

Cette espèce, qui se distingue des autres par sa fleur droite et l'arête de ses capsules nue, a ses racines dites de *benoite* ou de *giroflée*, qui sont toniques et excitantes ; les médecins allemands les regardent comme un succédané de quinquina.

Genre Rose, *Rosa*.

Calice monosépale persistant, ayant son tube ventru inférieurement, et resserré à son orifice ; limbe à cinq divisions caduques. Cinq pétales insérés à l'orifice du calice. Étamines nombreuses ayant la même insertion. Pistils en grand nombre, insérés à la paroi interne du calice, qui est, ainsi qu'eux. hérissé de poils rudes. Ces pistils forment autant de petits akènes osseux renfermés dans le tube du calice qui devient charnu.

Rosier de France, *Rosa gallica*.

Cette espèce, originaire de Barbarie, et cultivée, a ses pétales qui servent en médecine, étant recueillis avant l'épanouissement des fleurs. (Voyez roses de Provins.) Le rosier de chien, *Rosa canina*, autre espèce à fleurs simples, qui croît dans les haies, a ses fruits dits d'*églantier* ou *cynorrhodon*, qui jouissent aussi de propriétés astringentes.

D'autres plantes de cette famille qui peuvent se remplacer les unes par les autres, telles que l'*aigremoine*, l'*argentine*, la *tormentille*, la *ronce*, etc., sont aussi employées comme toniques et astringentes.

Fam. des LÉGUMINEUSES (*Leguminosæ*).

Nous avons vu pour la description des familles précédentes des caractères pris parmi plusieurs organes floraux ; ici, au contraire, la structure du fruit, toujours un *légume* ou *gousse*, est le seul caractère constant ; les autres offrent des différences même assez tranchées.

Cette famille est sous-divisée en sections, telles que les *cassiées*, les *mimosées*, les *papillonacées*. La section des papillonacées est seule indigène ; les plantes des autres sections habitant les pays équinoxiaux, ou d'une température supérieure à celle de la France, nous ne devons nous occuper ici que de la section des légumineuses indigènes.

Section des PAPILLONACÉES.

Calice monosépale, tubuleux, quinquéfide ou quinquédenté à son sommet. Corolle irrégulière, papillonacée, à cinq pétales qui ont reçu des noms particuliers : l'extérieur, à onglet court et à limbe grand, étalé et régulier, est nommé *étendard* ; les deux latéraux sont les *ailes*, semblables et de forme irrégulière ; ils sont appliqués contre la *carène*. L'on appelle *carène* deux autres pétales ordinairement soudés ensemble par leur bord inférieur, tandis que l'autre est libre ; c'est entre ces deux pétales que se trouvent placés les organes sexuels. Etamines au nombre de dix, ordinairement diadelphes, rarement monadelphes ou libres, entourant le pistil. Lorsqu'il y a une étamine libre, et neuf soudées ensemble, l'ovaire, engaîné par l'androphore, devenant fruit, se fait jour latéralement à travers, en écartant les bords de la fente du tube que bouchait le filet de l'étamine libre, avant la fécondation.

Herbes, arbrisseaux ou arbres. Feuilles alternes, composées, articulées, stipulées : divers modes d'inflorescence.

Propriétés générales.

La famille des *légumineuses*, par le grand nombre de médicamens et de substances nutritives qu'elle fournit, mérite un intérêt tout particulier ; en effet, nous y trouvons 1° des médicamens purgatifs que l'on extrait du plus grand nombre des organes ; 2° des substances toniques et astringentes, fournies particulièrement par les fruits et les écorces ; 3° des résines et des baumes qui découlent de leur tronc, etc. ; 4° des agens aromatiques et excitans diversement disséminés ; 5° des produits sucrés dans les racines ; 6° des principes colorés, tels que l'indigo, le jaune des genêts ; 7° des huiles grasses contenues dans les cotylédons de certaines espèces ; 8° enfin, de la gomme et d'autres matières nutritives. Par l'énumération des produits des légumineuses, il est aisé de voir que cette famille offre des différences tranchées dans ses propriétés.

Genre Réglisse, *Glycyrrhiza*.

Calice tubuleux à deux lèvres ; la supérieure à quatre dents inégales ; l'inférieure simple et linéaire. Carène formée de deux pétales distincts. Gousse oblongue, comprimée, contenant de trois à six graines.

Réglisse usuelle, *Glycyrrhiza glabra*.

Tige droite ; folioles ovales un peu glutineuses en dessous ; stipules nulles ; fleurs en grappes ; gousses glabres. ♃ Contrées méridionales de la France, cultivé pour ses *racines*.

Genre Haricot, *Phaseolus*.

Calice bilabié ; étendard réfléchi ; carène, étamines et styles contournés en spirale. Ses diverses espèces sont alimentaires.

Genre Astragale, *Astragalus*.

Suture inférieure du légume rentrant en-dedans en forme de cloison, et produisant ainsi un fruit presque à deux loges.

De l'espèce *astragale adragant* ou de *Crète*, arbuste du mont Ida, etc., suinte à travers l'écorce, la *gomme adragant* d'un usage journalier dans les officines.

D'autres genres à espèces indigènes doivent être étudiés, tels sont entre autres les genres *genêt*, *bugrane*, ou *arrête-bœuf*, *trèfle*, *melilot*, *luzerne*, *trigonelle*, *lupin*, *baguenaudier*, *pois*, *fève*, *lentille*, *pois chiche*, *sainfoin*. Le temps ne nous permet pas d'en parler.

Quant aux *genres exotiques* qui donnent des médicamens, nous ne faisons de même que les citer : ce sont particulièrement le genre *acacia* du bord du Nil et des Indes orientales: La *gomme arabique* et le *cachou* en proviennent.

Le genre *tamarinier* dont l'espèce de l'*Inde* est cultivée en Amérique donne le fruit connu sous le nom de *tamarin*.

Le genre *cassia* qui donne les divers *sennés* et la *casse*.

Le genre *ptérocarpe* dont l'espèce *sang-dragon* fournit la résine rouge de ce nom.

Le genre *copahu* qui, au moyen d'incisions pratiquées à l'écorce de l'espèce *officinale*, fournit la résine liquide connue sous le nom de *baume de copahu*.

Ce genre *myroxylum*, duquel on obtient les *baumes* de tolu et du *Pérou*. (*Voyez* la 3e partie pour l'étude de ces divers médicamens précieux.)

CLASSE XV.

PLANTES DICOTYLÉDONES APÉTALES, A FLEURS UNISEXUELLES OU DICLINES.

Fam. des EUPHORBIACÉES (*Euphorbiaceæ*).

Fleurs unisexuées, monoïques ou dioïques, le plus souvent réunies dans un involucre commun, d'autres fois solitaires ou réunies en grappes. Périanthe nul ou simple, inadhérent, de trois à cinq divisions. Étamines en nombre très-variable, libres ou soudées ensemble par leur base en un seul ou en plusieurs androphores ; les filets sont souvent articulés dans leur milieu, les anthères sont didymes. Dans les fleurs femelles, le pistil est sessile ou pédicellé. Ovaire plus ou moins globuleux, le plus souvent à trois côtes et à trois loges uniovulées; presque toujours trois styles bifurqués terminent l'ovaire supérieurement. Le fruit se compose d'autant de coques bivalves mono ou dispermes, qu'il y a de loges et de côtes à l'ovaire.

Graines caronculées. Embryon mince et plane, contenu dans l'intérieur d'un périsperme charnu.

Plantes herbacées ou ligneuses. Feuilles alternes, éparses, opposées ou verticillées. Suc laiteux.

Propriétés générales.

Les plantes de cette famille sont essentiellement âcres, caustiques et vénéneuses ; leurs propriétés sont dues au suc propre, ordinairement très-abondant et composé d'un principe volatil intimement uni à de la résine qui en imprègne presque toutes les parties : ces parties sont, par conséquent, selon les espèces, tantôt émétiques, tantôt de violens purgatifs drastiques, étant prises même à petite dose. Appliqué à la peau, ce suc détermine l'inflammation et des accidens plus ou moins graves ; ses émanations mêmes, ainsi que cela se voit dans le *mancénillier*, sont fatales. La chaleur fait volatiliser le principe délétère ; on en prive par ce moyen la fécule nourrissante des racines de *manioc* ou de *cassave*.

Dans les graines, l'embryon participe à l'âcreté des autres parties ; mais, ainsi que l'a fait observer M. de Jussieu, le périsperme charnu qui l'entoure n'y a aucune part ; il offre au contraire une huile grasse et agréable au goût.

Le suc des euphorbiacées renferme les élémens du caoutchouc (gomme élastique).

Genre Euphorbe, *Euphorbia.*

Fleurs unisexuées, monoïques, quelquefois solitaires, plus souvent disposées en une sorte d'ombelle terminale. Involucre monophylle (*calice* d'autres botanistes), à huit ou dix divisions, dont quatre ou cinq plus intérieures, droites, ovales, pointues, et quatre ou cinq autres alternes avec les premières plus extérieures, un peu colorées, étalées, charnues, entières ou en forme de croissant (*pétales* L.). Le centre de l'involucre donne attache à *une fleur femelle* ordinairement pédicellée, dont l'ovaire, à trois côtes, est surmonté de trois styles souvent soudés en un seul à leur base, bifides à leur sommet. Chacune des quinze à vingt étamines situées autour de la fleur femelle doit être considérée comme *une fleur mâle* monandre; elles sont entremêlées de petites écailles ordinairement frangées. La capsule est à trois coques monospermes.

Euphorbe épurge, *Euphorbia lathyris.*

Tige droite; feuilles opposées, lancéolées, entières: ombelle quadrifide; fruits lisses; graines réticulées. ☉. Lieux cultivés, bord des chemins. Les graines appelées *épurge* donnent une huile purgative, mais d'un usage dangereux.

L'espèce *euphorbe officinale*, de l'Afrique et de l'Inde ♃ donne un suc concret appelé *gomme d'euphorbe*, purgatif drastique violent.

Genre Mercuriale, *Mercurialis.*

Fleurs le plus souvent dioïques, à périanthe tripartite, neuf à douze étamines dans les fleurs femelles; ovaire à deux bosses, à deux sillons, entouré par deux filamens stériles courts, qui naissent en bas de chaque sillon et s'appliquent sur l'ovaire qui a deux styles bifurqués.

La *mercuriale annuelle* est employée comme émolliente et laxative.

Genre Ricin, *Ricinus.*

Fleurs monoïques: les *fleurs mâles* qui occupent la partie inférieure de la grappe se composent d'un périanthe à cinq divisions très-profondes, et d'un très-grand nombre d'étamines à filamens diversement réunis en rameaux. Les *fleurs femelles* ont le périanthe à trois ou cinq divisions caduques. L'ovaire est à trois loges monospermes, surmonté d'un style très-court et de trois stigmates bifides et linéaires.

Capsule presque ronde , à trois coques hérissées de pointes , à trois loges contenant chacune une graine.

Ricin commun , *Ricinus communis.*

Feuilles peltées, palmées, à lobes dentés. Plante annuelle, bisannuelle ou vivace selon la température du pays où elle croît ; elle est originaire de l'Inde et de l'Afrique, et cultivée en Europe. L'*huile de Ricin,* ou de *Palma Christi*, est retirée du périsperme de ses graines.

Dans le genre *Croton*, exotique, il y a l'espèce *Cascarille* dont l'écorce sert en médecine, et l'espèce *Tilly* dont les semences, *petit Pignon d'Inde*, et leur huile dite de *Tilly* sont un des plus violens poisons, et à petite dose provoquent des superpurgations graves.

Fam. des CUCURBITACÉES (*Cucurbitaceœ*).

Fleurs généralement unisexuées par avortement, monoïques et axillaires ; dipérianthées, selon Linné et la plupart des botanistes modernes. Calice subcampaniforme ; limbe à cinq dents , tube soudé avec la base de la corolle (caractère qui fait que **M.** de Jussieu a regardé ces fleurs comme ayant un double calice, et que, par conséquent, il a placé les cucurbitacées parmi les *apétales*). Corolle monopétale, périgyne, régulière, à cinq lobes dépassant de beaucoup le calice. Dans les fleurs mâles, cinq étamines insérées au fond de la corolle ; le plus souvent quatre de ces étamines sont soudées deux à deux par les filets et les anthères, et une seule est libre et distincte, ce qui fait qu'il n'y a, en tout, que trois androphores. Anthères uniloculaires , très-allongées, disposées en lignes flexueuses, très-rapprochées les unes des autres. Dans les fleurs femelles, rudimens d'étamines; ovaire infère, constituant un renflement particulier au-dessous du limbe du calice; style simple, parfois trifurqué à son sommet, où se trouvent trois stigmates épais, et le plus souvent bilobés. L'ovaire semble être divisé en lo ges ; mais, ainsi que le fait observer **M. Auguste de Saint-Hilaire**, ce que l'on regarde généralement comme des cloisons, sont des lames rayonnantes qui constituent un placentaire axillaire renversé, pendant en manière de lustre, et portant les graines attachées horizontalement à chacune des bifurcations qui terminent les lames de ce placentaire. Le fruit (*péponide*, Rich.) est charnu intérieurement ; il offre les mêmes caractères que l'ovaire avant son entier développement. Embryon périspermé (Mirb.), comprimé et enveloppé d'un tégument crustacé.

Plantes herbacées, grimpantes ou couchées, souvent pourvues de vrilles axillaires. Feuilles alternes, simples, âpres.

Propriétés générales.

La différence qui existe entre les propriétés des fruits dans des espèces appartenant à un seul genre semble éloigner cette famille de la loi de l'uniformité : les uns ont une chair pulpeuse, douce, et le goût acide : *ils servent de nourriture à l'homme* ; les autres sont amers, et, pris à l'intérieur, agissent comme violens purgatifs drastiques, ou comme émétiques. M. De Candolle dit qu'on peut présumer que la diversité de ces fruits tient à une proportion diverse de résine et de mucilage aqueux.

Les autres parties des plantes *cucurbitacées* offrent plus d'analogie entre leurs propriétés ; ainsi, les feuilles ont en général une saveur amère ; la plupart des racines (les vivaces surtout) contiennent, outre une grande quantité de fécule, un suc âcre et drastique ; l'embryon des graines est doux, mucilagineux, et renferme une certaine quantité d'huile fixe.

Genre Bryone, *Bryonia.*

Fleurs monoïques ou dioïques. Dans les *fleurs mâles*, calice à cinq dents aiguës, paraissant campanulé à cause de l'adhérence qui existe dans ses deux tiers inférieurs avec la corolle. Corolle campanulée, ou presque en rosette et à cinq lobes obtus. Cinq étamines triadelphes, c'est-à-dire quatre portées par paires sur deux androphores, et la cinquième solitaire; les anthères sont en lignes flexueuses. Dans les *fleurs femelles*, calice et corolle semblables à ceux des fleurs mâles. Ovaire infère formant sous la fleur une saillie globuleuse; style surmonté de trois stigmates bifides et poilus. Baie pisiforme, lisse, renfermant ordinairement six graines.

Brione dioïque, *Brionia dioica*.

Feuilles en cœur palmées, à cinq lobes rudes au toucher, fruit rouge. ♄. Commune dans les haies et les lieux incultes. Sa racine est un médicament énergique connu sous le nom de *Vigne blanche*, bryone.

Genre Concombre ou Cucumère, Cucumis.

Fleurs monoïques. Calice et corolle campanulés, soudés ensemble par leur base. Dans les *fleurs mâles*, les trois androphores sont distincts, deux sont bifurqués et portent chacun deux anthères, tandis que le troisième n'en porte qu'une. Dans les *fleurs femelles*, les rudimens d'étamines sont trois petits filets; le style est court et surmonté de trois stigmates épais et fourchus. Le fruit est ovoïde, globuleux ou allongé, tantôt charnu, tantôt sec; ses graines sont nombreuses, ovales, comprimées et amincies sur les bords.

Cucumère cultivé, *Cucumis sativus*.

Feuilles lobées à angles droits; fruit allongé à surface inégale. ☉. Son fruit est le *Concombre* ou *Cornichon* lorsqu'il est jeune. La plante est originaire de l'Orient.

Cucumère Melon, *Cucumis Melo*.

Angles des feuilles arrondis; fruit toruleux ou véruqueux. ☉. Originaire d'Asie. Son fruit, l'un des meilleurs que produisent nos climats, est un aliment mucoso-sucré, très-peu substantiel, mais rafraîchissant et tempérant; ses graines sont émulsives.

Cucumère coloquinte, *Cucumis colocynthis.*

Feuilles multifides, fruit globuleux, glabre. ☀. Cette espèce qui croît en Orient, en Egypte, a ses fruits qui même à une dose très-faible sont des purgatifs violens; la *coloquinte* est rangée parmi les poisons âcres.

Nous ne parlerons pas ici du genre *pepon* qui donne le *potiron* et la *citrouille*, ni du genre *momordique* autrefois très-réputé à cause de la propriété purgative du fruit *l'elaterium*, ce serait trop étendre cette botanique médicale élémentaire.

Fam. des CONIFÈRES (Coniferæ).

Fleurs unisexuées, monoïques ou dioïques, ordinairement disposées en chatons. Chaton mâle formé de bractées imbriquées, courtes, élargies au sommet. Etamines variables en nombre, sessiles sur des bractées squammiformes faisant fonction de filets, ou sur l'axe du chaton; les anthères sont uniloculaires ou multiloculaires. Fleurs femelles quelquefois réunies en une sorte d'involucre qui devient charnu, mais le plus souvent disposées en chatons ovoïdes ou globuleux, dont les écailles sont grandes et imbriquées; à l'aisselle de chacune de ces écailles on trouve d'ordinaire une ou deux fleurs renversées; elles se composent : 2° d'une cupule uniflore, presque close, pistiliforme; 2° d'un périanthe adhérent, membraneux, à peine visible; 3° d'un ovaire unique, à stigmate presque toujours sessile et simple. Les fruits sont des akènes ovoïdes ou anguleux (*calybions* Mirb.), tantôt visibles, solitaires ou géminés, tantôt réunis en nombre plus ou moins considérable, et recouverts par des bractées ou pédoncules élargis et imbriqués, formant un cône. Graine pendante, périspermée. Embryon ayant deux *cotylédons* et quelquefois six à huit (*polycotylédonie*). Cotylédons frangés.

Végétaux ligneux, la plupart résineux et de haute stature. Feuilles simples, généralement étroites et subulées, tantôt solitaires, tantôt géminées ou fasciculées.

Propriétés générales.

L'affinité puissante qui unit entre eux les genres de cette famille se retrouve aussi dans la ressemblance parfaite entre leurs propriétés. Un suc oléo-résineux liquide pénètre tous les organes de ces végétaux; c'est à sa présence qu'est due l'odeur aromatique que l'on remarque au bois, aux feuilles, aux enveloppes du fruit des conifères. Ce suc, qui suinte à travers les enveloppes corticales, se concrète lorsqu'il est exposé à l'air, et devient térébenthine ou résine solide; il possède, dans ses divers degrés de transition, des propriétés stimulantes, mais qui sont d'autant plus marquées qu'il y a une plus grande quantité d'huile volatile, et par conséquent moins de résine de formée. Cela arrive ainsi dans les genévriers, par exemple.

Les graines des conifères renferment une huile fixe très-facile à rancir.

Genre Genévrier, *Juniperus.*

Fleurs monoïques ou dioïques. Les *fleurs mâles* forment de petits chatons ovoïdes, solitaires, dont les écailles, en forme de clou, portent à leur face inférieure des anthères globuleuses, sessiles. Les *fleurs femelles* sont réunies au nombre de trois dans une espèce d'involucre charnu, globuleux, tridenté à son sommet. Le fruit, globuleux et charnu, est l'involucre accru, renfermant trois petits noyaux triangulaires, qui sont les véritables fruits.

Genévrier commun, *Juniperus communis.*

Feuilles ternées, étalées, mucronées, plus longues que le fruit; fleurs dioïques, fruits globuleux, pisiformes, noirs,

recouverts d'un enduit glauque. ♄. Coteaux pierreux et stériles du midi de la France ; ses fruits, *baies de genièvre*, sont
usités.

Genévrier sabine, *Juniperus sabina*.

Feuilles opposées décurrentes, droites, appliquées contre
la tige ; endroits secs et pierreux du midi de la France, jardins; puissant stimulant et irritant. Voyez *Feuilles de sabine*,
troisième partie.

Genre Pin, *Pinus*.

Fleurs monoïques : *les mâles* sont en chatons oblongs,
ramassés en grappes dont les écailles portent deux étamines
sessiles appliquées sur toute leur face inférieure. Les femelles sont également en chatons écailleux, simples. Chaque
écaille, charnue, porte à sa base interne deux fleurs femelles renversées, qui deviennent des noix osseuses, monospermes, indéhiscentes, surmontées de deux stigmates bifides et
d'une aile membraneuse ; elles sont recouvertes par ces écailles qui sont imbriquées, épaisses, anguleuses, et ombiliquées
au sommet. Leur réunion forme le *cône*.

Pin maritime, *Pinus maritima*.

Feuilles lisses d'un vert foncé, géminées, longues d'un déci-
mètre, ayant à leur base une écaille réfléchie en dehors à son
sommet. Cônes allongés d'un jaune luisant, rétrécis insensiblement en pyramide. Cet arbre croît dans les sables maritimes des provinces méridionales au bord de la Méditerranée,
dans les landes. On retire de ce pin et des espèces voisines
diverses substances résineuses, telles que la *térébenthine de
Bordeaux*, la *poix de Bourgogne*, la *galipot*, l'*huile essentielle de térébenthine*, la *colophane* et la *poix noire*.

Pin pignon, *Pinus pinea*.

Feuilles géminées d'un vert blanchâtre, les primordiales
ciliées, solitaires : cônes gros, ovales, arrondis, obtus et rougeâtres; ses fruits sont connus sous le nom de *pignons doux* ;
elles renferment une amande émulsive et alimentaire.

Genre Sapin , *Abies.*

Ce genre se distingue du précédent , particulièrement par ses chatons mâles , axillaires , simples, et par les écailles de ses cônes , qui sont planes , minces , et non renflées à leur sommet.

Sapin commun , *Abies pectinata,* De C. : *pinus picea,* L.

Feuilles planes, blanchâtres en dessous, obtuses ou échancrées au sommet et déjetées de côté et d'autre sur deux rangées, ce qui donne aux branches l'aspect d'une feuille pennée. Les *bourgeons de sapin* sont employés en médecine. Il donne divers produits oleo-résineux semblables à ceux que fournissent les *pins.* (Voyez *térébenthine , poix-résine.*)

La pointe des cônes du sapin commun est dirigée vers le ciel.

Cet arbre croît dans les montagnes élevées; il aime les lieux pierreux, froids et découverts.

FIN DES FAMILLES BOTANIQUES
MÉDICALES.

TROISIÈME PARTIE.

PHARMACOLOGIE ET THÉRAPEUTIQUE.

INTRODUCTION.

On appelle *pharmacologie*, ou improprement *matière mé-dicale*, la science qui s'occupe de l'étude des produits médi-camenteux; toute substance qui peut servir au traitement des maladies est un *médicament* ou *agent thérapeutique*.

Ces agens médicamenteux sont très-nombreux dans la nature; les uns nous entourent, il est souvent impossible de nous soustraire à leur influence : tels sont *l'air, la cha-leur, la lumière, l'électricité*, etc. On les appelle *agens phy-siques*, d'autres peuvent être maniés, et par leur aide l'homme de l'art peut directement imprimer des change-mens notables à l'économie; telles sont entre autres les *sub-stances médicamenteuses* : c'est d'elles que nous allons nous occuper spécialement.

L'usage a consacré le nom de *médicament* aux substances simples ou composées, *non essentiellement alimentaires* qui tendent à produire des *changemens salutaires* sur les indi-vidus malades. Ce qui est bien différent des substances appe-lées *alimens* et des *poisons*.

Les *alimens* servent à réparer les pertes qu'entraîne sans cesse l'exercice de nos fonctions, elles servent encore à notre accroissement.

Les *poisons* sont des substances qui, prises intérieurement à petite dose ou appliquées de quelque manière que ce soit sur un corps vivant, détruisent la santé ou anéantissent entièrement la vie.

Malgré cette définition, il ne faut pas croire qu'il y ait une ligne bien tranchée entre ces trois divisions de propriétés des produits de la nature, car l'aliment peut dans certains cas devenir un poison et de même le médicament; d'un autre côté, le poison devient souvent une substance médicamenteuse. Ce n'est donc pas la différence dans la nature des substances que l'on administre qui distingue toujours l'aliment du poison, mais la manière dont on les administre et les diverses circonstances de leur application.

Il ne faut pas confondre le mot *médicament* avec *remède*, qui comprend tout moyen de guérir, même les opérations chirurgicales, les moyens hygiéniques.

La connaissance de l'application rationnelle des médicamens dans le traitement des maladies constitue la science nommé *thérapeutique;* de θεραπεύω je guéris. Elle a pour objet de faire connaître les moyens physiques et moraux salutaires. Il est impossible de séparer la *thérapeutique* de la *pharmacologie*; ce sont deux parties d'un même tout.

La thérapeutique est distinguée en *chirurgicale* et en *médicale*. Par celle-ci l'on a l'intention de modifier les fonctions vitales et d'imprimer des changemens notables sur tel ou tel organe, mais sans pouvoir agir directement sur la cause du mal souvent interne ou insaisissable pour le médecin.

Au moyen de la *thérapeutique médicale*, l'on cherche à produire des effets généraux qui puissent s'opposer au trouble morbide des fonctions et ramener les organes à leur rythme naturel et régulier. Tantôt en modérant l'activité circulatoire, en diminuant l'action fébrile, tantôt en provoquant plus d'énergie dans les organes et fonctions, tantôt enfin en déplaçant un point d'irritation qui frappe des organes importans pour la vie, etc.

Que les agens thérapeutiques ou *médicamens* soient gazeux, liquides ou solides, qu'ils pénètrent par les pores de la peau ou par les ouvertures naturelles, qu'ils soient appliqués sur la surface des membranes muqueuses, etc., ils ne produisent de changemens notables dans l'économie qu'en imprimant quelques modifications à nos solides ou à nos liquides : ils augmentènt l'action des uns, ils changent les propriétés des autres, etc.

Les anciens présumaient les qualités des produits médicamenteux d'après les ressemblances extérieures des êtres qui les fournissaient, comme, par exemple, la couleur de certaines de leurs parties, leur forme, dans lesquelles on trouvait de l'analogie avec celles de quelques organes du corps humain, et que pour cela on présumait bonnes à guérir les maladies de ces organes, etc. A une époque moins éloignée de nous, des théories d'un autre genre encombraient la matière médicale d'une foule de médicamens auxquels on attribuait des propriétés aujourd'hui inconnues ou difficiles à expliquer ; il y avait des *atténuans*, des *alexipharmaques*, des *vulnéraires*, etc. Cela fait voir combien la pharmacologie et la thérapeutique offrent de l'incertitude quand elles sont influencées par des systèmes, combien enfin l'homme marche au hasard quand le vague des opinions le conduit. Il est bien prouvé de nos jours que les médicamens ne renferment point en eux-mêmes de vertus curatives absolues et occultes ; ils ne se rendent utiles à la thérapeutique, nous le répétons, qu'en provoquant des mutations dans les organes et en ramenant les propriétés vitales altérées au type naturel dont elles s'étaient écartées dans les maladies.

Les phénomènes physiologiques produits par l'administration des médicamens portent le nom d'*effets*, ils sont de deux sortes, les *immédiats* ou *directs*, et les *secondaires* ou *consécutifs*.

Les *effets immédiats* sont la conséquence de l'action plus ou moins prompte mais toujours directe du moyen mis en usage indépendamment de toutes les causes qui peuvent la modifier ; ils succèdent presque instantanément à l'emploi de tel ou tel moyen physique et ils peuvent être aussi bien observés sur l'homme sain.

Les *effets secondaires* ou *consécutifs* comprennent tous les phénomènes physiologiques qui peuvent être provoqués d'une manière indirecte ou éloignée par les médicamens ; ainsi que l'observe M. le professeur Guersant, ils ne sont plus une conséquence directe et immédiate des moyens thérapeutiques qui ont été mis en usage ; ces médications beaucoup moins constantes sont souvent le résultat de plusieurs effets immédiats réunis et résultant surtout de l'état particulier de l'individu sur lequel on agit. Ces effets sont par conséquent principalement relatifs à l'altération morbide et ne peuvent être bien appréciés que sur l'homme malade. Une saignée pratiquée sur une personne affectée de *pneumonie*, l'effet immédiat est de diminuer presque instantanément le mouvement fébrile, la gêne de la respiration et la chaleur animale ; l'effet secondaire est de favoriser la résolution qui se manifeste par des phénomènes variables, suivant la disposition du sujet, l'intensité de la maladie, etc., etc.

Les deux séries de phénomènes physiologiques que nous venons d'indiquer se subdivisent ensuite en plusieurs groupes distincts par rapport aux différences remarquables qui existent entre les propriétés immédiates des agens thérapeutiques ; ces groupes ont reçu le nom de *médications* ; tels sont, par exemple, les astringens, les émolliens, etc.

Les médications sont *générales* ou *particulières* à certains organes ; celles du premier ordre agissent à peu près de la même manière sur l'ensemble de l'organisation ; elles sont *débilitantes* ou *fortifiantes.*

Les médications immédiates spéciales n'agissent que sur certains appareils seulement ; tels sont les *purgatifs* , les *narcotiques* , etc. Nous en parlerons tout à l'heure ; examinons d'abord les médications générales.

1° *Médications immédiates générales débilitantes.*

Les relâchans. Médicamens internes ou externes qui ont la propriété de diminuer la tension, l'éréthisme des tissus ; ils sont compris dans la classe des *émolliens. Eau tiède et chaude, fomentations, bains, boissons à 24 à 34° R. Substances mucilagineuses , gommeuses , albumineuses.*

Les rafraîchissans. Médicamens qui ont la propriété de calmer la soif et de tempérer la chaleur du corps ; tels sont en partie les *liquides acidules* , les *acides végétaux* surtout, étendus dans l'eau , etc.

Les débilitans. Ce nom est donné en général à toutes les causes qui tendent à affaiblir les forces et à produire la débilité, mais dont les causes sont prises hors de l'individu. *Saignées, purgatifs, diète lactée , etc., air humide, bains tièdes.*

2° *Médications immédiates générales fortifiantes.*

Les astringens. Classe de médicamens remarquable par l'espèce de resserrement fibrillaire plus ou moins visible et prompt qu'ils excitent sur tous les tissus vivans. *Froid, acides,* etc.

Les toniques. Classe de moyens thérapeutiques qui ont la propriété d'augmenter graduellement l'action vitale de nos tissus, sans déterminer une astriction fibrillaire manifeste , comme les *astringens*, ou une excitation vive et prompte, comme les *stimulans* ou *excitans*.

Les excitans augmentent l'action des organes, soit que cette action se trouve au-dessous de celle qui doit exister dans l'état normal, soit qu'elle se présente dans son état régulier ; le mot *excitant* est synonyme de *stimulant*.

Les irritans. En thérapeutique, on appelle de ce nom toute substance qui, par son action mécanique, chimique ou spécifique, produit l'injection sanguine, l'inflammation des tissus sur lesquels elle est appliquée ; tels sont les *rubéfians*, les *vésicans*.

Les diffusibles sont des substances qui, comme *l'alcool*, *l'éther*, pénètrent et excitent vivement tous les tissus d'une manière passagère, et réagissent promptement sur le cerveau : ce sont la plupart des produits de l'art à l'état alcoolique. Ils ont été long-temps confondus avec les *excitans* ; mais leur action prompte et sympathique sur le système nerveux les en distingue.

3° *Médications immédiates spéciales.*

Les vomitifs. Agens thérapeutiques qui jouissent particulièrement de la propriété de provoquer le vomissement d'une manière constante et inhérente à un principe irritant particulier ; tels *l'émétique*, *l'ipécacuanha*, etc.

Les purgatifs. Sous ce nom, l'on comprend toutes les substances dont l'effet constant, ou presque généralement constant, est de provoquer des évacuations alvines par une action qui leur est propre : les uns sont simplement *laxatifs*, les autres sont *cathartiques* ou *drastiques*, c'est-à-dire des purgatifs violens.

Les diurétiques. Substances auxquelles on attribue la propriété d'augmenter la *sécrétion* ou l'*excrétion* de l'urine ; tels *le nitre*, *la scille*, *le chiendent*.

Les sudorifiques sont des médicamens propres à provoquer la sueur en agissant directement sur la peau. Il est impossible, si on ne consulte que l'expérience, de ne pas admettre une propriété sudorifique immédiate, inhérente à certaines substances et indépendante des autres propriétés relâchantes ou excitantes qu'elles peuvent avoir d'ailleurs.

Les narcotiques. La médication narcotique est celle qui provoque en général un certain degré d'engourdissement, de stupeur et de somnolence, avec ou sans vertiges. Les médicamens de cette nature n'excitent pas d'une manière aussi constante que les diffusibles alcooliques ; tels sont les *médicamens opiacés*, divers produits des *solanées*, etc.

4° *Médications secondaires.*

Nous avons vu plus haut ce que l'on entend par *effets secondaires* ; ils se divisent aussi en plusieurs groupes ou médications, qui sont :

Les *résolutifs.* On désigne souvent sous ce nom les divers agens thérapeutiques locaux ou généraux susceptibles de favoriser la terminaison, par *résolution*, des maladies internes ou externes circonscrites. Les *émolliens*, les *irritans*, etc., peuvent tour-à-tour avoir cette propriété, selon les circonstances.

Les *sédatifs*, les *calmans.* Tous les moyens thérapeutiques quelconques médicamenteux, physiques, chirurgicaux, qui ont pour but de diminuer l'excitation générale ou partielle et la douleur, de quelque cause qu'elle dépende, sont réunis sous l'expression générale de *sédatifs*, tandis que le mot *calmant*, qui en est presque synonyme, est ordinairement borné aux agens pharmacologiques, tels que les *émolliens*, les *rafraîchissans*, les *narcotiques*, etc.

Les *antispasmodiques.* On applique le plus ordinairement cette expression à une certaine classe de médicamens *excitans* ou *diffusibles* qu'on emploie dans les convulsions intermit-

tentes des muscles de la vie organique surtout. C'est particulièrement lorsqu'il existe un défaut d'harmonie entre l'action nerveuse et contractile de ces muscles que ces effets
sont plus remarquables; ils excitent et fortifient le système
nerveux, et calment les mouvemens contractiles désordon-
nés en régularisant l'emploi des forces auxquelles ils sont
soumis ; il y a des *antispasmodiques gommo-résineux*, des
camphrés, des *aromatiques*, des *éthérés*, etc.

Les *antipériodiques*. Ces médicamens ont la propriété de
faire cesser certains phénomènes physiologiques ou pathologiques qui se reproduisent à des époques déterminées,
après des intervalles plus ou moins longs, pendant lesquels ils
disparaissent; les fièvres intermittentes, par exemple, sont
ainsi combattues par les préparations de quinquina, etc.

Les *révulsifs*. On considère comme révulsifs tous les
moyens thérapeutiques qui tendent à détourner les humeurs
d'un lieu affecté pour les attirer vers un point éloigné du
siége du mal; les révulsifs ne sont réellement que des *déri-
vatifs* à distance éloignée. Ces moyens thérapeutiques sont
extrêmement nombreux.

Les *relâchans*, les *excitans*, les *irritans*, les *vomitifs*, les
purgatifs, les *diurétiques*, les *sudorifiques*, peuvent être tour-
à-tour des moyens de révulsion ou de dérivation ; c'est dans
les lésions locales qu'ils sont indiqués, car dans les maladies
générales on ne peut savoir de quel côté il faut dériver les
humeurs.

Les *altérans*. On donne ce nom aux médicamens qui
déterminent des changemens dans les solides et les fluides
vivans. Tous les moyens qui peuvent modifier d'une manière quelconque les tissus ou les fluides peuvent produire
autant d'actions altérantes différentes qu'il peut y avoir de
médications distinctes ; ainsi il y a des *actions altérantes,
toniques, excitantes, relâchantes, rafraîchissantes*, sous
l'influence des médicamens qui jouissent des propriétés to-

niques, excitantes, etc., mais il n'existe aucune action alté-
rante générale.

La plupart des médications qu'on nomme *contro-stimu-
lantes* sont encore des médications *secondaires* ou *consécutives*, mais il ne nous est pas permis d'entrer dans de plus
longs détails à cet égard, dans ce livre où il suffit de donner
une idée sommaire des diverses définitions qui seront employées dans les différentes descriptions pharmacologiques
qui vont suivre.

Il est inutile de dire ici combien sont nombreuses les modifications que peuvent présenter les moyens thérapeutiques
dans leur action, suivant l'âge, les sexes, le climat, les pro-
fessions, les habitudes, l'idiosyncrasie et la mesure des forces de l'individu qui est affecté de maladie; mais nous devons insister un instant sur les *doses des médicamens*; et
sur la *manière de les préparer*, qui sont aussi des causes in-
fluentes sur leur action.

Doses des médicamens.

Nous savons que les conditions principales qu'on peut dé-
sirer dans un corps, pour l'employer avec confiance comme
médicament, sont les suivantes : avoir des propriétés médicamenteuses prouvées par une expérience chimique avérée ;
être constant dans sa composition, comme dans sa nature
intime; d'un emploi, autant que possible, exempt de dangers ; facile à se procurer; enfin, n'inspirant pas de dégoût.

Il est aussi généralement reconnu qu'un médicament,
donné à des doses différentes, présente une extrême diversité
dans les effets, et que telle substance stimulante et tonique,
en petite quantité, devient purgative ou sudorifique étant
prise à une dose plus forte, etc.; aussi faut-il noter avec sé-
vérité les doses extrêmes des thérapeutistes les plus recom-
mandables. Nous ne prétendons néanmoins pas donner les

doses fixées comme règle invariable de conduite; car pour
ces doses , comme pour celles qui sont intermédiaires, c'est
à la sagesse du médecin à les fixer selon les circonstances;
d'ailleurs une longue expérience pratique peut seule donner
cette aisance prudente , si nécessaire lorsqu'il s'agit de formuler.

Il est bon aussi de prendre la substance à l'état simple,
et en cela on ne fait que suivre le précepte de **M.** le professeur Alibert, qui reconnaît avec nous que les plus simples
médicamens sont les meilleurs et les plus sûrs , et qu'ils doivent toujours être préférés aux préparations polypharmaques.
En effet, donner la dose d'un médicament composé ou préparé soit en teinture, soit en sirops, etc. , serait une chose
arbitraire, puisque les ingrédiens de ces préparations varient
de quantité, selon les formulaires et les ouvrages de pharmacie que l'on consulte; et si parfois dans cet ouvrage nous
citons des compositions officinales dont ces substances font
partie , c'est que nous avons eu en vue d'offrir ainsi un cadre complet de pharmacologie élémentaire.

Signes et valeurs des doses des médicamens.

℔j une livre (500 grammes) , seize onces.
℥ j une once (32 grammes) 16 pour une livre (huit gros).
ʒ j un gros (4 grammes), 8 pour une once (trois scrupules).
℈ j un scrupule (1 gramme '), 3 pour un gros (24 grains).
gʳ j un grain équivalent au poids d'un grain de blé (24 pour
       un scrupule (72 pour un gros).
gᵗᵗ Goutte, l'équivalent d'un grain à-peu-près, en poids,
       selon sa densité.

Le chiffre romain qui suit ces signes indique le nombre
d'onces , de gros , etc., qui sont prescrits. Si à la suite du
signe ou d'un chiffre romain il y a la lettre *ß* ou *s* , cela
veut dire *une demie.* Le signe ãã veut dire *de chaque.* La

lettre M, à la fin de la formule, signifie *mêlez*. Le signe ♃,
ou un R, à la tête de l'ordonnance, veut dire *prenez*.

Ainsi la prescription faite comme il suit signifiera :

Prenez : Sirop de gomme, une once et demie ; eau de laitue
et eau de tilleul, de chaque deux onces ; eau de fleurs d'o-
ranger, une demi-once ; kermès minéral, un grain et demi ;
laudanum de Sydenham, cinq gouttes. Mêlez selon l'art.

♃.	Sirop de gomme............		℥ j ß.
	Eau de laitue............		
	— de tilleul.........	ãã	℥ ij.
	Eau de fleurs d'oranger......		℥ ß.
	Kermès minéral..........		gr. j $\frac{1}{2}$
	Laudanum de Syd..........		gtt. v.

M. S. L.

Il est à observer que quoique dans les prescriptions les
liquides soient dosés par poids comme les solides, ce n'est
pas qu'on les pèse, mais, le plus souvent, des mesures sont
affectées à cet effet, et elles varient de capacité selon la densité des liquides prescrits. Ainsi, naturellement on com-
prendra que la mesure d'une once, destinée au mesurage d'un
sirop, aura moins de capacité qu'une pareille mesure qui
servira pour les liquides purement aqueux ; enfin celle
destinée aux alcoolats sera encore plus grande, parce que
plus un liquide est léger, plus aussi il faut d'espace pour le
contenir à cause de sa densité moindre.

OPÉRATIONS PHARMACEUTIQUES ET LEURS PRODUITS.

Après nous être occupés un instant des divers termes employés le plus fréquemment dans le langage thérapeutique,
et après avoir noté la valeur des poids et de leurs fractions,
ainsi que les signes des différentes doses usitées dans les for-

mules , il importe également de bien se figurer les modes si variés de préparer les médicamens,et de connaître les produits qui en résultent, afin de ne pas être arrêtés dans l'étude des agens thérapeutiques que nous devons entreprendre par l'ignorance de la valeur des termes qui servent à les désigner. Nous allons par conséquent de même procéder , d'une manière méthodique, à l'étude sommaire des *opérations pharmaceutiques*, et à l'exposé de la nature et des caractères des *produits*.

Les *Opérations pharmaceutiques* se distinguent :

1° En préliminaires ou préparatoires ; 2° en manuelles ou mécaniques ; 3° en chimico-pharmaceutiques.

Opérations préliminaires ou préparatoires.

Elles sont d'une importance secondaire : les produits, après y avoir été soumis , sont encore tels que la nature les a donnés , seulement ces opérations servent à s'assurer de la bonne nature, de la pureté et de la conservation des substances à recueillir, soit pour s'en servir dans les saisons où il serait impossible de les trouver à l'état frais , soit pour être envoyées au loin. Tels sont la *récolte*, le *choix* ou *triage*, le *lavage*, la *dessiccation*, la *reposition* ou placement dans un lieu convenable. Il y a des règles invariables pour ces travaux préliminaires selon la nature des substances, et d'elles dépendent le plus souvent leur propriété constante et la conservation des principes d'où émanent leurs vertus.

On sait que les organes des plantes peuvent varier dans leurs propriétés, ou bien les avoir à un degré plus ou moins prononcé ; ce qui fait que l'emploi de telle partie ne donnera pas le même résultat que celui obtenu par l'usage de telle autre. La partie qui est désignée à chaque article descriptif devra être préférée : c'est elle qui est reconnue pour contenir le plus de principes médicamenteux ; tandis que les organes non mentionnés devront être rejetés comme inutiles. Dans presque toutes les familles, on remarque que les organes semblables jouissent de vertus analogues; ceci tient aux matériaux de même nature dont ils sont composés, ou qui y sont distribués par l'acte de la végétation : ainsi, les uns contiennent de l'huile grasse, les autres de l'huile essentielle, des baumes, des acides, etc. Il en est de même des différentes parties composant un organe en particulier : les unes sont rejetées et les autres conservées; c'est ainsi que, dans les racines de *bardane*, par exemple, on rejette la partie centrale entièrement ligneuse, pour ne conserver que l'écorce où s'amassent les sucs propres, etc.

L'on doit savoir aussi quels sont les *lieux*, le *terrain*, le *climat*, les *positions*, qui conviennent le plus à telle ou telle plante; cela guide beaucoup quand il s'agit de la récolte des produits; il faut toujours choisir, de préférence à tout autre, l'endroit qui sera indiqué pour chaque espèce, car c'est lui qui est le vrai lieu de prédilection où tous les produits acquièrent le plus de développement et d'élaboration; il en sera de même pour la *durée* des plantes : on devra se guider pour la récolte des produits sur cette indication et suivre ponctuellement les règles établies à cet égard, car si l'on agissait autrement, les résultats ne répondraient nullement à l'attente, et au lieu de substances actives on n'obtiendrait le plus souvent que des produits inertes ou doués d'une action différente et inattendue.

Examinons jusqu'à quel point les *sens* peuvent être utiles dans la recherche des drogues et dans les diverses opérations préliminaires qu'on leur fait subir.

Par le tact, nous sommes à même de reconnaître la pesanteur spécifique, la consistance; l'ouïe nous donne une idée de la qualité sonore, révélée par la percussion; la vue, comme les deux sens précédens, ne s'exerce que sur les apparences extérieures des objets : elle nous aide à expliquer les formes, elle nous fait connaître les couleurs et leurs innombrables variétés ; par l'odorat, nous tenons compte de l'action que les émanations des produits exercent sur les nerfs olfactifs : nous reconnaissons si leur nature est vireuse, nauséabonde, résineuse, aromatique, suave, etc. Mais le sens qui est la pierre de touche par excellence, quoiqu'il puisse induire en erreur comme les autres, est sans contredit le goût : c'est lui qui est le plus souvent utile.

L'odeur et la saveur des végétaux et de leurs produits sont ce qu'il importe à consulter davantage ; car on remarque presque toujours que plus les qualités sont prononcées dans les produits, plus ceux-ci sont doués d'une action énergique. En outre, il existe une analogie entre l'odeur et la sapidité des plantes et leurs propriétés : c'est ainsi que, dans la plupart des cas, la saveur amère indiquera une propriété tonique ; que l'odeur aromatique décèlera un médicament stimulant ; qu'une saveur fade, nullement accompagnée d'odeur, dénotera une substance émolliente. Ainsi, l'*odeur* et la *saveur* sont ce qu'il y a de plus important à connaître : il est vrai que d'autres qualités, telles que la couleur, peuvent aussi servir d'indice ; mais elle est souvent si fugace, ses nuances sont si variables, selon que le produit est à l'état sec ou récent, ou bien selon qu'il est entier ou divisé en particules fines, que cette propriété des corps, en *pharmacologie botanique*, ne doit être regardée que comme d'une importance secondaire. C'est aussi pourquoi nous avons négligé de faire mention de cette qualité, tandis que nous avons noté les autres avec tout le soin que permettait cet abrégé, dans le cours des descriptions pharmacologiques qui vont suivre. Observons cependant que quoique l'on croie généralement que l'on peut dire d'avance, par l'examen de l'odeur et de la saveur d'une plante, ou de l'une de ses parties, quels sont ses matériaux constituans et ses propriétés, il faut bien se garder de prendre ceci à la lettre : car une substance, tout en contenant du sucre, par exemple, ou un acide quelconque, peut recéler des principes très-actifs, mais insolubles dans la salive ; elle peut contenir des matières inodores et cependant douées d'une action énergique ou vénéneuse sur l'économie.

Opérations manuelles ou mécaniques.

Elles ont pour but de soumettre les produits médicamenteux naturels ou les organes récoltés à certaines manipulations qui tendent à séparer les matériaux utiles des parties inertes ou d'une propriété contraire avec lesquelles ils sont mêlés, sans toutefois agir d'une manière chimique en décomposant des principes constituans ; elles servent aussi à diviser plus ou moins ces substances, afin d'en augmenter les surfaces et de les rendre ainsi propres à être soumis avec plus d'avantages à l'action des véhicules qui sont destinés à s'emparer des matériaux actifs qui y résident, et par là favoriser leur administration et leur médication.

Ces opérations mécaniques sont les suivantes :

La section, opération destinée à diviser au moyen d'instrumens tranchans les racines, bois, etc., trop volumineux pour être soumis à des opérations pharmaceutiques du 3ᵉ ordre.

La concassation, au moyen de laquelle on pulvérise grossièrement, on concasse dans des mortiers appropriés les écorces, racines, fruits, etc., pour en détruire la cohésion : pour faire les décoctions, macérations, etc., ce moyen est souvent nécessaire.

La trituration ; elle se fait en promenant circulairement le pilon au fond du mortier sur des corps friables susceptibles de s'échauffer et de s'agglomérer par la percussion, comme les gommes, résines, etc.; elle a pour but de détruire l'agrégation des molécules de certains corps, ou d'effectuer certains mélanges et dissolutions.

La pulvérisation; par cette opération, on réduit les corps durs en poudre plus ou moins ténue, par contusion, trituration ou mouture, selon la nature des substances.

La tamisation, opération par le moyen de laquelle on fait passer, au travers des mailles d'un tamis, une poudre quelconque au moyen de légères secousses, afin d'en séparer les parties les plus solides ou trop grossières.

L'expression consiste à séparer des corps succulens les liquides qu'ils contiennent, par le moyen d'une pression quelconque ; c'est ainsi que l'on prépare les sucs d'herbes et que l'on obtient les huiles fixes, divers acides, etc.

La filtration, opération par laquelle on sépare les fluides des solides, en faisant passer les liquides troubles à travers des *filtres*, corps perméables pour eux seuls, et d'une impénétrabilité absolue pour les corps solides, quelle que soit la finesse de leurs molécules.

La pulpation : c'est ainsi qu'on appelle l'opération par laquelle on obtient la partie molle et charnue des fruits et autres parties des végétaux, en en faisant une pâte que l'on passe à travers un tamis ou un *pulpoir*.

La *décantation* : cette opération est l'action de verser d'un vase dans un autre une liqueur qui s'est éclaircie par le repos.

Opérations chimico – pharmaceutiques.

Dans ces opérations il s'établit un changement dans la nature des subtances qui leur sont soumises, tandis que dans les précédentes la forme seule a subi des modifications.

On divise ces opérations en cinq ordres.

1° Opérations par l'action du calorique seul.

Torréfaction. Elle est due à l'action d'un feu modéré sur certaines substances : on parvient ainsi à modifier leurs principes ; c'est ainsi qu'elle développe l'amertume et l'arôme du *café* : par la torréfaction, la *rhubarbe* acquiert la propriété astringente, etc.

Incinération. Opération par laquelle on réduit des parties végétales en cendres pour en tirer différens sels, etc. La *calcination* en diffère parce qu'elle n'a lieu que pour les corps bruts. C'est par elle que l'on prépare la chaux, etc.

2° *Opérations par l'action de l'eau ou d'autres liquides.*

La *précipitation.* Par son action, un corps se sépare d'un liquide qui le tenait en suspension, et se dépose sous forme floconneuse, pulvérulente ou cristalline, soit spontanément, soit en devenant un nouveau composé par l'addition d'un agent chimique.

Lixiviation. Extraction, au moyen de l'eau, des substances salines contenues dans les cendres des végétaux surtout.

Féculisation. Opération au moyen de laquelle on sépare la fécule des autres principes avec lesquels elle se trouve combinée ou mêlée dans les substances végétales qui la recèlent. Par elle en obtient l'*amidon*, la fécule des pommes de terre, etc.

3° *Opérations chimico-pharmaceutiques par l'action du calorique et de l'eau, ou d'un autre véhicule.*

La *clarification* ou *dépuration* est une opération dont le but est de débarrasser un fluide des corps, qui, sans y être dissous, y restent suspendus et lui enlèvent la limpidité : elle diffère de la *filtration*, en ce que celle-ci n'est qu'un moyen mécanique et accessoire le plus souvent de la clarification, qui a besoin, soit du calorique, soit de l'albumine, soit enfin d'un acide ou de l'alcool.

La *macération* consiste à faire tremper un solide plus ou moins pulvérisé dans un liquide quelconque, soit pour le conserver, soit pour extraire une partie des principes qu'il contient. Par cette opération l'on obtient les principes solubles à la température ordinaire dans le véhicule qu'on emploie : les liquides les plus usités pour la macération sont l'alcool, le vin, le vinaigre, l'eau et les huiles, selon la nature des principes à isoler.

La *digestion*. Elle ne diffère de l'opération précédente que par une température un peu plus élevée, 30 degrés environ.

L'*infusion*. Cette opération consiste, comme le sait tout le monde, à verser une liqueur à différens degrés de chaleur, jusqu'à celui de l'ébullition, sur des substances dont on veut extraire les parties les plus solubles, ou sur des matières dont le tissu est tendre et se laisse facilement pénétrer, mais dont les principes qui y sont contenus seraient décomposés ou volatilisés par l'action long-temps prolongée de l'eau bouillante. Il est inutile de faire observer que l'on fait infuser les substances, telles que les fleurs de *violettes*, de *sureau*, etc., dans des vases couverts, afin de conserver l'arôme qui est un des principes essentiels de ces produits délicats.

La *décoction*. Cette opération ne diffère de l'infusion que par le degré de chaleur et par sa durée. Son but est d'extraire les principes actifs et les plus fixes des corps au moyen d'un excipient approprié : elle s'opère par l'*ébullition* et ordinairement à l'air libre. Les bois, les racines, les écorces coupées et concassées, sont les corps que l'on soumet à son action, et le véhicule le plus généralement employé est l'eau. Le produit de la décoction s'appelle aussi vulgairement *décoction* : celle-ci est *légère*, *moyenne* ou *forte*, et chargée selon la durée de l'opération et la quantité des substances soumises à l'ébullition. Nous verrons plus loin que le produit de la décoction doit être nommé *décoctum*.

La *solution* est un acte par lequel on détruit l'agrégation d'un corps, en faisant agir sur lui un fluide quelconque dans lequel il se fond : le solide n'est qu'en suspension dans le liquide , et peut en être séparé par la seule évaporation. Exemple : du *sucre* , des *sels*, fondus dans l'eau.

La *dissolution* diffère de la *solution* en ce qu'il s'y opère une réaction et une combinaison entre le solide et le liquide, de sorte qu'une fois mêlés , ils ne peuvent être séparés qu'à l'aide d'un intermède ou par l'analyse : la dissolution est d'autant plus parfaite, que la liqueur conserve davantage sa transparence. Exemple : *acétate de plomb liquide.*

4° *Opérations par l'évaporation.*

L'*évaporation* est le moyen employé pour obtenir les principes fixes qui se trouvent dissous dans un liquide : elle se fait à l'air libre, et consiste à réduire le liquide en vapeurs, afin qu'il abandonne au fond du vase le résidu que l'on recherche dans un état plus ou moins rapproché ; c'est ainsi que l'on obtient les *extraits*, les *robs*, certains sirops, par *concentration* ; puis les sels par *cristallisation.*

5° *Opérations par la vaporisation.*

La *vaporisation.* L'effet de cette opération est sensiblement le même que celui de l'évaporation , c'est-à-dire qu'elle a également pour but de séparer les parties volatiles de celles qui sont fixes ; mais ces dernières sont négligées dans la vaporisation, puisqu'on n'y recueille que les principes volatils , en agissant dans des vaisseaux clos à un degré de chaleur très-élevé. Deux opérations différentes se font par la vaporisation , ce sont : la *distillation* qui est pour les liqui- les , et la *sublimation* ou *vaporisation sèche* , pour les substances qui se volatilisent et se fixent ensuite plus pures à l'état solide , aux parois supérieures des vases sublimatoi- res, comme cela se pratique pour le *camphre*, le *soufre*, etc. Les produits de la distillation sont les *eaux distillées*, les *al- cools*, les *vinaigres aromatiques*, les *huiles volatiles.* Il est à regretter que les bornes de cet ouvrage empêchent de plus amples détails.

PRODUITS PHARMACEUTIQUES, FORMES MÉDICAMENTEUSES QU'ON PEUT LEUR DONNER.

On entend par *produits pharmaceutiques* les résultats d'opérations faites d'après les règles de l'art ; on les divise en *officinaux* et *magistraux* : les premiers peuvent se conserver plusieurs mois, plusieurs années dans les *officines* tandis que les seconds se préparent à mesure qu'on les prescrit ; quelques heures , quelques jours, suffisent à leur altération. Ces produits peuvent être à l'état pulvérulent, ou bien, solide, mou, ou à l'état liquide.

Examinons d'abord les produits officinaux sous chacune de ces formes qu'ils peuvent revêtir.

1ᵉʳ Ordre. *Médicamens officinaux à l'état pulvérulent.*

POUDRES. On donne ce nom à l'état d'un corps dont les molécules ont perdu leur agrégation , et qui ont été réduites en parties plus ou moins ténues par un moyen mécanique quelconque. On divise les poudres en *simples* et en *composées* , selon qu'elles sont formées d'une seule substance , ou qu'elles sont le résultat du mélange de plusieurs corps à l'état pulvérulent.

2ᵐᵉ Ordre. *Médicamens officinaux à l'état solide.*

ESPÈCES. C'est un mélange de plusieurs produits doués d'une même vertu, séchés et coupés menus. On ne réunit, pour faire ces espèces, que les mêmes parties des végétaux ; c'est ainsi qu'il y a les *espèces* ou *fleurs pectorales*, les *feuilles amères*, *aromatiques*, etc. , qui servent à faire diverses tisanes.

TABLETTES. Ce sont des médicamens solides d'une saveur agréable, composés de poudres , de sucre et de mucilage , et

auxquels on donne la forme d'un disque. Exemple, les tablettes de soufre, celles d'ipécacuanha improprement appelées pastilles.

Les PASTILLES diffèrent des tablettes, en ce qu'elles sont
plus sucrées, et que leur base est une huile essentielle,
comme les *pastilles de menthe*.

Les MASSES EMPLASTIQUES. Médicamens externes d'une
consistance solide et tenace, se ramollissent par la chaleur,
et adhèrent alors à la peau. Ils se préparent par l'action
du feu, au moyen d'huile et d'axonge, auxquels on ajoute
de la cire, des résines, et souvent des oxides métalliques qui
s'y combinent. Ces masses emplastiques, étendues sur de
la peau, portent le nom d'*emplâtres*, et on appelle *spara-
draps* les longues bandes de toile qui en sont enduites,
comme celles du *diachylon*, etc.

Les BOUGIES emplastiques, les *bougies* élastiques et les
sondes, sont rangées dans le même ordre des produits médicamenteux.

3me Ordre. *Médicamens officinaux à l'état mou.*

ONGUENS. Produits gras, onctueux, formés d'huile et
d'autres corps gras mêlés à de la cire, à des résines et à des
substances minérales, non en combinaison, et ayant une
consistance moyenne entre les linimens et les emplâtres;
tel est l'*onguent basilicum*. Ils sont destinés plutôt à être
appliqués sur des plaies qu'à frictionner certaines parties, à
cause de la résine qui en fait la base.

CÉRATS. Ils diffèrent des onguens par l'absence des résines; l'huile et la cire les composent particulièrement:
leur consistance est plus molle que celle des onguens.

POMMADES. Médicamens graisseux, dont la cire ne fait
amais la base, et où se trouvent mélangées diverses pou-
lres, ou des sucs de fruits, avec ou sans aromates.

LES EXTRAITS. Produits officinaux obtenus, par évaporation, des sucs ou décoctions et macérations de substances végétales, jusqu'à consistance plus ou moins grande, variant du mou au sec. Ces produits fixes contiennent tous les principes immédiats des végétaux solubles dans l'eau et dans l'alcool, à l'exception de ceux qui sont volatils ; on y rencontre le mucilage, le sucre, la résine, et autres principes plus ou moins actifs, divers sels, etc.

D'après la nature des extraits on les divise en *gommeux*, *gommo-résineux*, *gommo-résineux-savonneux* et *extraits-résineux* proprement dits. Cette distinction est purement chimique ; elle n'intéresse que secondairement la médecine qui s'occupe surtout de la propriété de chacun des extraits, propriété qui varie selon les principes médicamenteux qui entrent dans leur composition. Exemple : *Extrait* de *racines de gentiane*, extrait de *réglisse*.

Les **ROBS** sont des sucs épurés, doux ou acides, de fruits mûrs et pulpeux, et principalement des baies, que l'on a évaporés en consistance d'extrait, avant qu'ils aient subi la moindre fermentation. Tel le *rob de sureau*, le *raisiné*.

La **PATE**, médicament interne, mou, flexible, agréable au goût, dont le mucilage et le sucre forment la base. Leur consistance les fait différer des tablettes. Telles sont les pâtes de *guimauve*, de *jujubes*, etc.

La **MASSE**, produit pharmaceutique d'une consistance un peu ferme, mais cédant facilement à la pression des doigts, composé d'un mélange intime de poudres, d'extraits, de sels, selon les circonstances, avec intermède mucilagineux, et auquel on a donné à coups de pilon la ductilité qui est nécessaire pour pouvoir ensuite diviser cette masse en petites parties arrondies et d'égale grandeur auxquelles on donne le nom de *pilules* ou de *bols* selon leur poids. Les bols sont peu usités à cause de leur trop grand volume.

Il serait trop long de parler ici des *conserves, électuaires, gelées* et *pulpes*, autant de produits pharmaceutiques plus ou moins sucrés, destinés soit à conserver des sucs et parenchymes de fruits, soit à favoriser l'administration de certains mélanges de poudres, qui, à la longue, étant ainsi préparées, acquièrent de nouvelles propriétés : tel est *l'électuaire thériaque*, par exemple.

Nous ne dirons de même rien des *cataplasmes* et *synapismes* bien connus, et qui, d'ailleurs, sont des médicamens externes *magistraux*.

4ᵉ ordre. — *Produits officinaux à l'état liquide.*

Les EAUX considérées pharmaceutiquement; elles peuvent être définies des médicamens liquides dont la base est l'eau ordinaire, et qui sont presque toujours chargés de tous les principes des corps susceptibles de s'y dissoudre ou de s'y suspendre sans combinaison.

On divise les eaux en *distillées* et *non distillées*.

Les *eaux distillées* sont chargées des principes volatils des substances qui s'y trouvent à l'état de suspension et dans une divisibilité extrême ; au moyen de l'opération précédemment citée, la *distillation*, l'on obtient ainsi des eaux aromatiques plus ou moins actives, telles que l'eau de *cannelle*, de *menthe*, de *roses*, etc.

L'*eau distillée* simple est l'eau ordinaire ainsi purifiée et débarrassée de principes fixes qui auraient pu, par leur présence, altérer des préparations délicates de pharmacie que l'on ne peut faire qu'au moyen de ce véhicule.

Les *eaux non distillées* participent de la propriété des matériaux, la plupart peu fixes, qui s'y trouvent mélangés ; tels sont, pour les *eaux minérales*, divers sels, et pour les *eaux médicamenteuses*, proprement dites, divers produits immédiats, etc. Les *décoctums*, les *infusums*, etc., sont aussi des eaux médicamenteuses non distillées, mais elles sont *magistrales*. Nous en parlerons plus loin.

Les MIELS OU MELLITES. Ce sont des médicamens dont le miel fait la base; ils se divisent 1° en *hydromels* (eau et miel mêlés avec fermentation); aujourd'hui ils sont peu usités; 2° en *miels dépurés médicinaux*; 3° en *oximels*.

Les *miels dépurés médicinaux* sont des miels simples joints à des sucs, des décoctums, des infusums de plantes; tels sont, par exemple, le *miel mercurial*, le *miel rosat*, le *miel scillitique*.

Les *oximels* sont des miels dans lesquels le vinaigre entre comme partie composante; l'*oximel simple* est un mélange de deux parties de miel sur une de vinaigre, qu'on fait rapprocher par l'ébullition au degré de consistance sirupeuse. L'*oximel composé* est un mélange de miel et d'un vinaigre chargé des principes de la substance médicinale qu'on veut conserver ainsi, préparé aussi par l'action du feu; tel est surtout l'*oximel scillitique* fait avec le vinaigre de scille.

SIROPS. Ce sont des médicamens liquides, destinés à l'usage interne, qui résultent de la dissolution parfaite d'à-peu-près deux parties de sucre dans une partie d'un liquide quelconque : l'eau, le vin, les acides végétaux, les sucs des plantes, l'alcool, et enfin l'éther, sont des excipiens de ces préparations; le plus souvent chacun de ces excipiens, et principalement l'eau, le vin et l'alcool, avant d'être unis au sucre, tiennent déjà en dissolution, rarement en suspension seulement, des principes immédiats du règne organique ou des substances minérales.

L'emploi absolu du sucre ou du miel est le seul caractère qui distingue les sirops des miels médicinaux. On divise les sirops par rapport à leur mode de préparation. C'est ainsi que M. Virey a établi huit sections qui sont :

1° Sirops par infusion; 2° par décoction ou avec le produit de décoctions; 3° avec les sucs exprimés des végétaux;

4° sirops avec les sucs des fruits ; 5° sirops par distillation ;
6° sirops vineux et alcooliques, c'est-à-dire où le sucre est
dissous dans le produit d'une macération de nature alcoolique;
tels sont les sirops de kina vineux, le sirop d'éther ; 7° sirops avec des acides des sels ; 8° avec des substances animales. Ces derniers sont peu usités.

Vins médicinaux. Ces produits pharmaceutiques officinaux ont pour base les vins rouges, blancs et liquoreux
que l'on charge de principes, en soumettant à leur action des
substances médicamenteuses susceptibles de leur en communiquer.

On distingue ces vins en *vins* par *macération* et *vins* par
addition de teinture, c'est-à-dire d'un alcool déjà chargé de
principes médicamenteux.

Vinaigres médicinaux. Ces produits se préparent comme
les vins dont il vient d'être question ; ils contiennent des
substances médicamenteuses. On les distingue en ceux :
1° par *macération*; 2° par *addition de substances* ; 3° par
distillation. Afin qu'ils se conservent, il faut que le vinaigre
blanc dont on se sert marque 11 à 12 degrés à l'aréomètre ;
il faut aussi se servir des substances sèches, et encore est-on
obligé quelquefois d'ajouter un peu d'esprit de vin pour empêcher leur détérioration.

Les alcoolats. On donne en général ce nom à toutes les
préparations alcooliques distillées ou non distillées. L'alcool
se charge de beaucoup de principes des substances végétales
ou animales, soumises à son action par la macération ou
par tout autre moyen.

On conserve en pharmacie le nom de *teintures*, pour exprimer le produit des macérations alcooliques, et celui *d'alcoolats distillés*, pour désigner le résultat de ces mêmes macérations distillées. La plupart des teintures ont pour caractère d'être colorées et de blanchir l'eau. Elles se préparent
dans des vaisseaux clos et à froid, afin d'empêcher l'évapo-

ration des parties volatiles ; telles sont les teintures de *quin-quina*, de *jalap*.

La plupart des alcools distillés sont odorans, étant chargés des principes volatils, les seuls qui peuvent s'élever par la distillation ; tels sont les alcoolats dits *eau de Cologne*, l'*eau de melisse spiritueuse, l'alcool de cochléaria*.

Huiles médicamenteuses ; il faut les distinguer des huiles, produits immédiats dont il sera question plus tard ce sont, de même que les *vins* et *vinaigres composés*, des produits pharmaceutiques, tenant en suspension ou en dissolution des principes plus ou moins actifs, que l'on ne pourrait administrer sans cet intermède ; telles sont l'huile camphrée, l'huile de camomille, etc., etc. Les unes se font par macération, les autres par infusion ou par décoction, quand la substance n'est pas soluble à froid ; par la combinaison de l'huile fixe, avec un alcali, on obtient le *savon médicinal* ; les *linimens*, ne sont que des espèces de savons liquides ; c'est par eux que se termine la division des *médicamens officinaux à l'état liquide*.

PRODUITS PHARMACEUTIQUES MAGISTRAUX.

Ces produits ne peuvent se conserver que peu de temps, dans un état convenable à leur administration, au bout duquel temps ils se détériorent. Ce sont presque tous des médicamens susceptibles d'être ingérés ; tels sont les *sucs*, *infusums*, *potions*, *loochs*, *mixtures*, etc.

Les *sucs* sont des médicamens liquides, qu'on obtient par l'expression des diverses parties des végétaux, après les avoir contusées ; les sucs des plantes herbacées sont particulièrement appelés *sucs d'herbes*, et doivent être préparés à mesure des besoins. Quoique ces liquides immédiats soient rangés parmi les médicamens magistraux, il y en a un grand nombre qui sont susceptibles de se conserver ; tels sont les sucs des fruits acides, etc. Les traités de pharmacie ont seuls pour but de donner sur ce sujet les détails que nous ne pouvons point mentionner dans ce résumé.

Les INFUSIONS, ou plutôt *infusums*, car il faut distinguer le produit d'avec l'opération, sont un médicament liquide, transparent, quelquefois incolore, mais plus fréquemment coloré; il est formé de l'infusion d'une ou de plusieurs substances dans un liquide approprié, qui souvent est l'eau à la température de 60 degrés. Les principes volatils ou facilement décomposables par l'ébullition sont ainsi en solution dans le liquide qui, lorsqu'il est aqueux, peut porter le nom de tisane, plutôt que les produits des décoctions.

DÉCOCTIONS OU DÉCOCTUMS (*décocté* Schwilgué). Médicament liquide, obtenu par l'ébullition d'une ou de plusieurs substances dans l'eau. Les apozèmes sont des produits semblables, mais plus chargés en principes. On sait que ce sont les principes solubles et fixes que l'on peut retirer de la décoction, opération dont nous avons parlé précédemment. Les divers bouillons sont dans cette série des médicamens magistraux.

L'ÉMULSION, médicament liquide, ayant la consistance et le plus souvent la blancheur du lait, ce qu'il doit à l'huile fixe qui s'y trouve en suspension dans l'eau, en état de division extrême, souvent à l'aide d'un mucilage; c'est avec les semences des dicotylédones que l'on prépare les émulsions, car leurs cotylédons contiennent la plupart de l'huile fixe, mais les plus usitées sont les amandes douces et amères; on en met à peu près 6 par once d'eau. Les pistaches donnent une émulsion verte. En contusant les graines huileuses avec un peu de sucre et addition progressive d'eau, et en passant ensuite le liquide par un tissu serré, l'émulsion est faite. On appelle *émulsions fausses* des produits de l'art qui se préparent avec des huiles, des résines, des gommes-résines, des baumes, le camphre, suspendus dans l'eau à l'aide d'un jaune d'œuf ou d'un corps mucilagineux.

Les LOOCHS ont tous les caractères des émulsions, ils n'en diffèrent que par leur consistance, qui est plus épaisse; leur saveur est douce et sucrée ; c'est une émulsion ordinaire, dans laquelle on a fait fondre de la gomme adragant, par exemple, et à laquelle on ajoute du sirop simple et de l'eau de fleurs d'oranger, selon les besoins. Tel est le looch blanc du Codex. On le rend plus médicamenteux, en ajoutant des poudres actives, tels que le kermès, l'ipécacuanha, etc.

Les POTIONS. Médicamens liquides colorés, jamais transparens, et destinés à être pris intérieurement par cuillerées; on y fait entrer des poudres, des résines, des sels; elles ont pour base des eaux distillées, décoctums, etc. On donne à tort le nom de potions aux *juleps*, dont les caractères sont les suivans :

JULEP. Médicament liquide de saveur agréable, qui s'administre toujours par cuillerées comme les potions, mais dans lesquels il n'entre jamais de poudres qui en troublent la transparence.

Trois espèces de juleps sont fréquemment administrées chez les femmes en couche de la Maternité ; ce sont le *gommeux*, le *calmant* et l'*antispamodique*. Voici leur formule :

Julep dit *potion gommeuse.*

℞. Poudre de gomme arabique .   ʒ ij.
   Sirop de sucre . . . .   ℥ j.
   Eau de fleurs d'oranger. . .   ℥ j.
   Infusion de fleurs pectorales .   ℥ iv.

Mêlez S. L.

Potion ou *julep calmant.*

℞. Sirop d'opium ou de diacode.   ℥ ß.
   Sirop de gomme. . . . . . .   ℨ ij.
   Eau de fleurs d'oranger . .   ℥ ß.
   Eau de tilleul . . . .
   Eau de gomme. . . . . ãã   ℥ ij.
        Mêlez.

Potion antispamodique.

Prenez potion calmante, ajoutez-y liqueur d'Hoffmann o u
éther, six à dix gouttes, selon les circonstances. Mêlez et
bouchez bien.

La MIXTURE se distingue des produits officinaux précédens, en ce qu'elle ne contient que des substances très-actives, telles que des *alcoolats*, des *essences*, des *sels* sans
véhicule aqueux, et elle se prend par gouttes. Les mixturés
ne sont pas d'un usage journalier.

Les médicamens dont il nous resterait à parler, tels que
les *gargarismes*, les *collyres*, les *injections*, les *fomentations*, etc., ne sont pas proprement des genres de médicamens ; ce ne sont que des modes d'application qui ont reçu
des noms analogues à leurs usages, ou aux lieux sur lesquels
ils s'appliquent. Ainsi, le produit d'une décoction, d'une
infusion, les teintures, etc., peuvent tour à tour servir à
des injections, à des collyres, ou à tout autre mode d'application. Il serait superflu de s'appesantir ici sur pareilles
questions.

———

Nous venons de prendre quelques notions sommaires sur
la valeur des principaux termes employés, soit en thérapeutique, soit en pharmacie, ces détails étaient d'une nécessité
rigoureuse dans ce livre, destiné surtout à être mis entre les
mains d'élèves qui ont peu de connaissances en médecine,

et qui arrivent pour passer trop peu de temps à l'école d'accouchement.

Au moyen de ce résumé, les descriptions pharmacologiques qui vont suivre seront mieux comprises ; car, étant familiarisées avec les noms des diverses médications, avec la valeur des poids et mesures, et aussi avec les noms des opérations pharmaceutiques et de leurs divers produits tant officinaux que magistraux, les élèves sages-femmes sauront marcher sans entraves dans l'étude pharmacologique qui les concerne.

Je regrette bien d'avoir été forcé de me restreindre. Il ne m'a pas été permis de dépasser un certain nombre de pages. Mais je me console en pensant que, par mes leçons, je pourrai développer tous les ans les diverses questions notées ici. Celles qui auront bonne volonté d'apprendre une branche aussi utile trouveront dans mon cours d'hiver de quoi compléter leurs notes, en attendant que je publie un ouvrage détaillé de thérapeutique auquel je travaille, dans l'intention de répandre des connaissances qu'aucune personne de l'art ne doit ignorer.

ÉTUDE DES MEDICAMENS VÉGÉTAUX.

Les produits médicamenteux du règne végétal peuvent se ranger en trois séries que nous adoptons, ce sont :

1° *Les produits* ou *principes immédiats simples;*
2° *Les produits immédiats mixtes;*
3° *Les divers organes des plantes.*

Nous savons ce qu'on entend par *produits immédiats* des plantes. Déjà nous avons parlé de cette question à la fin de la première partie de cette botanique médicale. Ces produits sont distingués, disons-nous, en *simples* et en *mixtes.*

On entend par *principes immédiats simples* des produits purs nullement mélangés avec d'autres produits immédiats ;

on ne peut en séparer aucun corps hétérogène, n'importe par quel moyen mécanique ou chimique que l'on procède, sinon qu'en les décomposant à jamais, en les brûlant, par exemple.

Les produits *immédiats mixtes*, au contraire, sont le résultat d'un mélange naturel de deux ou plusieurs principes simples que l'art nous apprend à séparer, et ils participent nécessairement des propriétés physiques, chimiques et thérapeutiques de leurs composans. C'est ainsi qu'une *gomme-résine* participe de la nature des *gommes* et des *résines*, deux principes qui constituent ce produit mixte naturel, etc.

Quant aux *organes*, il est inutile de répéter qu'ils sont le plus souvent mixtes, c'est-à-dire qu'ils renferment un nombre variable de principes simples qui s'y trouvent dans un état plus ou moins intime de combinaison.

PRINCIPES IMMÉDIATS SIMPLES (1).

GOMMES. Les produits de ce *genre* possèdent entre autres les propriétés suivantes : ils sont solides, fades, inodores, solubles dans l'eau froide et chaude, insolubles dans l'esprit de vin, les huiles ; ils forment une gelée ou mucilage plus ou moins épais, étant fondus dans un véhicule aqueux ; les gommes se rencontrent dans toutes les parties des végétaux ; le mucilage des graines de lin, de coing, etc., est une *gomme* ; elles s'écoulent spontanément de certains arbres sous la forme de gouttelettes qui se réunissent et se durcissent. Elles sont nourrissantes et adoucissantes ; elles entrent dans plusieurs préparations pharmaceutiques, particu-

(1) Nous ne parlerons pas de cette foule de principes immédiats, tels que la *quinine*, l'*émétine*, la *morphine*, la *strychnine*, et autres principes alcalins ou non alcalins, contenant ou non de l'azote : la nature de ce livre ne le permet pas ; nous les citerons seulement en parlant des organes ou produits qui recèlent ces médicamens précieux.

lièrement pour leur donner de la consistance, et aussi comme base médicamenteuse. Les deux principales espèces sont les suivantes :

Gomme arabique. Fournie par un acacia, le *mimosa nilolica*, L. Arbrisseau épineux de la famille des *légumineuses* qui croît en Egypte et en Arabie. C'est un médicament adoucissant, et l'un des remèdes les plus efficaces à opposer à l'inflammation, soit des voies digestives, soit des organes de la respiration, soit des organes génito-urinaires. La solution d'une demi-once de gomme arabique dans une livre d'eau sucrée est souvent employée dans ces cas. Les potions gommeuses, diverses pâtes adoucissantes, etc., ont cette gomme pour base, de même la potion *oléo-gommeuse* du formulaire des hôpitaux contient de la gomme sans laquelle l'huile ne pourrait pas rester suspendue dans l'eau.

La *gomme du Sénégal*, employée autant que celle d'*Arabie*, et provenant du *mimosa senegalensis*, L., puis celle dite *du pays*, (*nostras*) fournie par les abricotiers, pruniers, etc., peuvent remplacer la première.

Gomme adragant. Elle suinte à travers l'écorce d'un arbuste de la famille des *légumineuses* nommé *astragalus tragacantha*, astragale de Crète et de l'Orient. Elle est surtout employée dans la pharmacie *magistrale* comme excipient ; dans les loochs il en entre de x à xx grains. Les pastilles et les masses pilulaires en obtiennent de la consistance. Une partie de cette gomme donne, à cent parties d'eau, autant de viscosité que vingt-cinq parties de gomme arabique.

SUCRES. Ces produits offrent une saveur agréable généralement connue ; ils sont inodores étant purs, solubles dans l'eau froide et chaude, peu solubles dans l'acool et ne se dissolvant pas dans les huiles fixes ou volatiles, mais, à l'aide d'un peu d'eau, ils contractent une sorte d'union avec elles, et les rendent, sinon solubles, au moins miscibles à l'eau ; c'est ce qu'on nomme en pharmacie *oleo-saccharum*. Les sucres sont alimentaires, ils servent pour conserver plusieurs substances végétales, et sous ce rapport ils intéressent l'art médical. Ce sont des excipiens dans un grand nombre de préparations pharmaceutiques dont nous avons parlé, tels que pastilles, sirops, potions, etc.

Les sucres se distinguent par le nom du végétal d'où on les retire; on cite particulièrement :

1° Le *sucre de canne* à sucre, *saccharum officinarum*, L., de la famille des *graminées* ; c'est le suc des tiges exprimé et épaissi au moyen de l'évaporation à chaud ; le sucre alors se cristallise. Originaire de l'Inde, la *canne à sucre* est cultivée dans les colonies européennes à cause de cet abondant et utile produit.

2° Le sucre des racines de *betterave*, si abondamment obtenue aujourd'hui en France de cette plante, de la famille des *atriplicées* ; et le sucre *de raisin*.

MANNE. Produit sucré qui exsude, à l'état sirupeux, de l'écorce des branches d'un arbre de la famille des *jasminées*, appelé frêne à fleurs, *fraxinus ornus*, etc. Cette exsudation se concrète sous forme de stalactites, adhère aux écorces, et on l'enlève ; la plus pure porte le nom de *manne en larmes*, à cause qu'elle s'écoule sous forme de gouttes épaisses : il y a une espèce moins pure appelée *manne en sorte*, et celle qui est tout-à-fait impure, est dite *manne grasse*. Ces deux derniers produits sont destinés pour layemens purgatifs ; quant à la *manne en larmes*, c'est un purgatif doux qui convient aux enfans et aux valétudinaires : son odeur est fade miélée ; sa saveur douce, sucrée, légèrement nauséeuse. Une solution de ℥ j. à ℥ iij dans eau ou lait ℥ iv à ℥ vi, est le mode d'administration ; on l'associe parfois à des purgatifs plus actifs ; il y a aussi les *tablettes de manne*, usitées dans les irritations bronchiques, etc.

Fécules. Ces produits immédiats simples sont la plupart comme une poussière à particules plus ou moins arrondies et blanches, elles sont renfermées dans les loges du tissu cellulaire de beaucoup de parties des plantes, telles que les racines, tiges, moëlle, fruits et graines; la fécule est insoluble dans l'eau froide, soluble dans l'eau chaude, dans laquelle elle s'épaissit et forme un mucilage qui constitue l'*empois*. L'iode forme avec la fécule une combinaison d'un bleu magnifique. Du reste les fécules sont inodores et presque insipides; leur propriété est alimentaire; en médecine on s'en sert comme adoucissantes tant à l'extérieur qu'à l'intérieur; elles sont données en lavemens, en bains, en cataplasmes. Les fécules se rapprochent des gommes sous bien des rapports; les espèces de fécules qui intéressent particulièrement l'art de guérir sont : 1° celle des *céréales* qui porte le nom d'amidon. Les graines des *graminées* sont presque entièrement formées de fécule qu'il faut distinguer du résultat de leur mouture, la *farine*, produit encore impur où se trouvent le *gluten*, le *ferment*. C'est surtout du blé que l'on obtient l'*amidon*, dont les lavemens sont si utiles lors d'inflammation du gros intestin. 2° Celle des tubercules de la *pomme de terre*. 3° Celle dite *sagou* fournie par les palmiers malades de vieillesse.

Il y a d'autres feuilles qui étaient usitées autrefois à cause de certaines propriétés différentes de celles propres aux fécules en général; ainsi la fécule de racines de *bryone, bryonia dioica* L., participant des propriétés purgatives âcres du suc de ces racines, était donnée à des doses variées comme drastique : de même la fécule des gouets *arum*; enfin il y a la fécule de *manioc* ou *cassave*, provenant des grosses racines du médicinier, *jatropha manioc* de la famille des *euphorbiacées*, quoique imbibée à l'état frais d'un suc vénéneux, elle est aussi employée à l'état sec, après lavages, etc.; c'est le *tapioka* du commerce qui nous arrive des contrées chaudes de l'Amérique et qui sert comme aliment analeptique chez les personnes valétudinaires , etc.

ACIDES. Ces produits végétaux sont solides ou liquides, doués d'une saveur aigre , quelquefois caustiques , solubles dans l'eau , rougissant l'infusum bleu de tournesol et formant des sels par leur combinaison avec les alcalis particulièrement. On distingue les acides végétaux en trois séries : 1º Ceux qui sont produits seulement par la nature ; 2º ceux qui sont naturels et qui peuvent en même temps être obtenus artificiellement ; 3º enfin ceux qui sont toujours le produit de l'art. Ces derniers ne seront pas mentionnés ici. Les propriétés thérapeutiques des acides sont d'être la plupart des médicamens rafraîchissans, sédatifs, en boisson surtout, lors des inflammations.

Les acides *naturels* médicinaux sont les suivans :

Acide citrique. Il est pur par exemple dans le fruit du citronnier, *citrus medica* L. , de la famille des *aurantiacées.* C'est un rafraîchissant agréable; le suc de *citron* ou de *limon* étendu dans de l'eau et convenablement édulcoré forme une limonade qui convient par excellence , lors d'irritations peu intenses de l'estomac, lors d'embarras gastrique, et aussi chaque fois que l'on veut débiliter par les rafraîchissans ; un citron par litre d'eau est suffisant ; cette boisson d'été diminue la soif, etc., mais il faut l'éviter chez les personnes qui toussent. On remarque qu'elle irrite parfois la muqueuse bronchique, ou diminue l'expectoration.

Acide tartrique. Le suc des raisins verts en donne une trèsgrande quantité , combiné avec la potasse (crême de tartre). Cet acide est rafraîchissant ; on en forme aussi des limonades; c'est lui qui fait la base du sirop *tartrique* , que l'on étend , à la dose d'une à deux onces, dans eau ℔ ij.

Acide gallique. L'écorce de chêne, la noix de galle, donnent cet acide en abondance ; il communique la propriété astringente à la plupart des substances qui le contiennent.

Acide benzoïque. Il existe dans beaucoup de produits ; sa présence distingue les baumes des résines ; c'est un stimulant; le baume de tolu, du pérou, etc., lui doivent en partie leurs propriétés.

Acides végétaux naturels et qui peuvent être en même temps des produits de l'art.

Acide acétique, ou *vinaigre pur.* C'est un rafraîchissant usité en limonade ; celui qui est le résultat de la fermentation acide du vin, de la bière, etc., est employé, mais ici il est étendu d'eau et par conséquent moins actif.

Les vinaigres de vin ou autres servent comme assaisonnement ; ce sont des rafraîchissans, des résolutifs, etc. ; on en fait usage dans tous les cas où les acides minéraux affaiblis sont indiqués. L'acide acétique est aussi un astringent étant appliqué sur la surface des muqueuses. Dans certaines hémorrhagies, métrorrhagies, les injections de ce liquide étendu d'eau (*oxicrat*) sont utiles, il entre surtout dans la préparation de certains médicamens composés, tels sont les *vinaigres scillitiques,* celui dit des quatre voleurs ; il sert de dissolvant aux gommes-résines.

Acide oxalique, se trouve en grande quantité combiné avec la potasse dans plusieurs espèces d'*oseilles,* etc. ; c'est un rafraîchissant très-actif ; c'est à cause de lui que l'oseille est employée dans les bouillons aux herbes.

Acide prussique. Il peut être extrait des feuilles du *laurier-cerise,* des *amandes amères ;* c'est un poison très-énergique, un stupéfiant, mais un sédatif précieux à petite dose. C'est avec une grande prudence que l'on administre cet acide étendu dans des potions ; et les personnes chargées de veiller à l'administration des médicamens où cet acide entre doivent bien se faire expliquer par les médecins le mode d'emploi et les doses à donner aux intervalles indiqués: dans le toux d'irritation fatigantes, dans certaines maladies du cœur avec activité circulatoire, etc., etc., 1 à 6 gouttes par gradation dans potions, lavemens, sont des doses encore souvent trop actives.

HUILES VOLATILES OU ESSENCES. Ces produits que nous rangeons parmi les principes simples sont cependant regardés par des auteurs comme de véritables composés : quoi qu'il en soit, voici leurs principaux caractères : le plus souvent liquides, quelquefois cristallisées, à une basse température, plus ou moins colorées, elles sont toutes plus légères que l'eau et insolubles dans ce liquide ; elles sont très-odorantes, susceptibles de se volatiliser par la chaleur, très-inflammables, s'unissant facilement aux huiles fixes et aux corps gras ; elles sont aussi solubles dans l'esprit de vin, l'éther, etc. Elles dissolvent les corps résineux, etc. Quoique insolubles dans l'eau, elles lui communiquent un arome, et leurs molécules s'élèvent intimement mêlés dans ce liquide en vapeurs lorsqu'on les soumet ensemble à la distillation ; de là les *eaux distillées aromatiques*. Les huiles volatiles peuvent se rencontrer dans toutes les parties des végétaux ; elles siégent cependant plus spécialement dans les fleurs, les feuilles, les péricarpes de certains fruits : on les obtient presque toutes par la distillation.

Les *huiles volatiles* pures sont généralement peu employées en médecine, si l'on excepte l'huile essentielle de *térébenthine* et celle de *croton tiglium* ; les autres huiles volatiles ne servent guère qu'à aromatiser certains médicamens, ou à être étendues dans des véhicules, comme les eaux, les alcools, les huiles fixes ; elles sont en général très-stimulantes : appliquées sur les tissus, elles les rubéfient, elles peuvent même servir de cautérisans.

Les huiles essentielles le plus en usage en médecine sont les suivantes :

Huile de citron, obtenue de l'épicarpe du fruit dont nous avons déjà parlé à l'article acide citrique : en râpant la surface jaune du citron , l'huile tombe sur un plateau de verre poli et s'écoule dans un récipient.

Huile d'anis, obtenue par distillation des petits fruits du *pimpinella anisum*, de la famille des *ombellifères* : quelques gouttes de cette huile en *oléo-saccharum*, ou l'infusum, l'eau distillée d'anis, sont parfois usités.

Huile de cannelle, obtenue par distillation des écorces du *laurier cannellier*, de la famille des *laurinées*. C'est aussi un grand stimulant et excitant à l'intérieur, étendue dans une potion ou dans eau, par distillation ; ce qui fait l'eau de *cannelle orgée*.

Huile de menthe; produit de la distillation de la menthe poivrée, *mentha piperita*, de la famille des *labiées*. C'est avec elle que l'on aromatise les pastilles qui portent le nom de cette plante ; c'est aussi à cause d'elle que l'on prescrit l'eau de menthe poivrée , l'infusum de menthe, etc.

Les autres plantes *labiées* ont presque toutes une huile essentielle qui porte le nom de l'espèce qui les fournit ; elles ont la même propriété des huiles essentielles en général ; telles sont celles de *romarin* , de *lavande*, etc.

Huile ou *essence de térébenthine*. C'est le produit de la distillation de la térébenthine, qui s'écoule surtout par incisions des arbres verts de la famille des *conifères*, tels que les *pins*, les *sapins*, ainsi qu'il sera dit à l'article *oléo-résines*. Cette huile, outre son usage pour certaines préparations, sert depuis quelque temps comme excitant dans les névralgies sciatiques, à la dose ℨ i à ℨ ij à l'intérieur. On l'administre à la dose de ℥ ß à ℥ ij contre le tænia, dont elle provoque la sortie avec des déjections alvines alors extrêmement copieuses.

CAMPHRE ; produit immédiat, concret, volatil, qui a beaucoup d'analogie avec les huiles volatiles et les résines, pour ses propriétés physiques. Plusieurs plantes labiées en possèdent, telles que la *lavande*, le *thym* ; mais il nous vient de la Chine et du Japon. On l'obtient par sublimation. Les branches et le tronc du laurier camphrier, *laurus camphora*, de la famille des *laurinées*, en contiennent beaucoup ; et, en soumettant ceux-ci divisés dans des cucurbites de fer avec un peu d'eau, les vapeurs entraînent ce produit précieux, que l'on purifie ensuite en Europe.

On est très-divisé d'opinion sur les propriétés immédiates du camphre, car c'est un médicament qui, tour-à-tour, selon les circonstances, agit comme sédatif, tempérant, comme stimulant et même comme narcotique. Il agit comme excitant sur toutes les membranes muqueuses, et particulièrement sur celles qui ont une grande sensibilité. On peut écrire plusieurs volumes de tout ce qui a été dit et expérimenté avec ce médicament. Qu'il nous suffise de dire ici qu'il s'emploie en poudre, en solution dans l'huile et dans l'alcool, *eau-de-vie camphrée*. A l'extérieur, sa poudre sur les vésicatoires empêche l'action des cantharides de se porter sur le système génito-urinaire. Ce fait a surtout besoin de trouver place ici. Pour réduire le camphre en poudre, on le triture avec quelques gouttes d'esprit de vin.

PRODUITS IMMÉDIATS MIXTÉS.

RÉSINES. — **Produits** solides à froid, à cassure comme vitreuse, d'une odeur assez forte, s'enflammant vivement : elles sont insolubles dans l'eau, solubles dans l'alcool, l'éther, les huiles fixes et volatiles : en découlant des végétaux ligneux, elles sont toujours mêlées à une certaine quantité d'huile volatile qui les rend quelque temps fluides ou molles, mais bientôt elles deviennent sèches par l'évaporation de ces essences. Ce phénomène se remarque par exemple dans la *térébenthine* qui, d'abord à l'état sirupeux, devient sèche, cassante, et presque inodore. Voilà surtout pourquoi on les range parmi les produits mixtes. Outre les résines des *conifères*, ou arbres verts, tels que le *pin*, le *sapin*, qui donnent des résines usitées pour diverses préparations de pharmacie, comme le sont le *galipot*, la *colophane*, la *poix-résine*, la *poix de Bourgogne*; deux résines plus actives intéressent l'art médical, ce sont la *résine de jalap* et celle dite *sang-dragon*.

Résine de jalap. Elle se trouve en grande quantité (un dixième) dans les racines du jalap, *convolvulus jalapa*, de la famille des *liserons*, qui croît en Amérique ou au Japon. Sa saveur est âcre, désagréable : son odeur est nauséabonde. Cette résine s'obtient par macération des racines concassées dans l'esprit de vin ; elle s'y dissout, et on l'en sépare par la distillation, en vaporisant ainsi ce liquide, pour la laisser au fond du vase. C'est un puissant purgatif employé de préférence chez les individus lymphatiques et peu irritables; elle se donne à la dose de gr. iv à viij, convenablement étendue ; sa solution dans l'alcool est aussi parfois prescrite.

Résine sang-dragon. Elle découle soit naturellement, soit artificiellement, entre autres d'un arbre de la famille des *légumineuses*, appelé *pterocarpus draco*, qui croît dans l'Inde, l'Amérique méridionale. Le *sang-dragon* nous vient entouré de *roseaux*, sous forme de bâtons, comme le jus de réglisse, ou en *galettes* ; sa couleur est rouge, sa saveur un peu astringente. Ce médicament a été très en vogue comme tonique et astringent dans les hémorrhagies passives et les maladies asthéniques des intestins, soit en poudre, soit en teinture. C'est encore un dentifrice.

HUILES FIXES. Sont des produits gras, obtenus par expression, et la plupart fluides à la température ordinaire de nos climats. Ces huiles sont onctueuses, insolubles dans l'eau, plus légères qu'elle ; combustibles, mais non volatilisables comme les huiles essentielles. Elles sont formées de deux principes, la *stéarine* et l'*olaïne*, et c'est à ce dernier qu'elles doivent leur liquidité. Ces huiles sont généralement sans saveur, étant fraîches, mais en vieillissant elles se rancissent et deviennent âcres; quelques-unes s'épaississent avec le temps. Elles forment des savons par leur mélange avec les alcalis.

Les huiles fixes sont d'un emploi très-fréquent en médecine et en pharmacie : unies aux graisses, aux résines, elles sont la base des onguens, des huiles pharmaceutiques ; elles sont le dissolvant de beaucoup de principes, tels que les huiles volatiles, le camphre ; et ainsi elles sont employées surtout pour divers usages externes. Ce sont particulièrement l'huile *d'olive*, fruit de l'*olea europæa*, de la famille des *jasminées*, et l'huile d'*œillette*, que l'on obtient aussi par expression de graines de pavot blanc, *papaver somniferum*, de la famille des *papavéracées*, dont on se sert à cet effet. D'autres fois on donne la préférence à *l'huile d'amandes douces* dans des préparations plus délicates, comme les *cérats* ; ce sont les graines de *l'amygdalus dulcis*, de la famille des *rosacées*, qui fournissent cette dernière. A l'intérieur, les huiles fixes fraîches sont la plupart émollientes à petite dose (ʒ ij à ʒ ß), et elles entrent dans les préparations pectorales à une dose plus élevée (ʒ i à ʒ ij) : elles sont laxatives, mais leur action sur le tube intestinal est plutôt comme celle d'un corps étranger très-peu irritant qui sollicite l'action expulsive des organes digestifs. En lavemens, on doit les mêler avec de la gomme ou un jaune d'œuf, pour pouvoir les suspendre en forme d'émulsion, dans l'eau. C'est ce qui se fait lors de certaines coliques, les diarrhées et autres phlegmasies.

Huile de ricin, provenant des graines d'une plante de la famille des *euphorbiacées*, appelée *ricinus communis*, qui croît en Afrique et que l'on cultive en Europe : cette huile, appelée de *palma christi*, est un laxatif et un vermifuge plus sûr que les précédentes ; on ne l'emploie jamais comme émolliente. Une à deux onces dans une potion *oléo-gommeuse*, ou en lavement, suffisent pour l'effet purgatif; cependant, en vieillissant, elle acquiert beaucoup d'acreté, et elle est alors plus ou moins irritante.

Huile de tilly, retirée des semences du *croton tiglium*, L., de la famille des *euphorbiacées*, qui croît aux îles Moluques : c'est un violent poison ; elle détermine des super-purgations, même à petites doses. Cinq à six gouttes en frictions sur le ventre, provoquent des évacuations alvines abondantes.

Huile concrète ou *beurre de cacao*, obtenue par expression à chaud des graines d'une *malvacée*, le *cacaoïer*, *theobroma cacao*, avec lesquelles on fabrique le chocolat. C'est une huile fixe concrète, aromatique, employée surtout à l'extérieur : on l'applique sur les gerçures des bouts des seins, sur les crevasses de la peau : cet excellent adoucissant sert aussi à faire des suppositoires propres à calmer l'irritation des hémorrhoïdes, etc.

Gommes-résines. Ce sont des produits végétaux, qui se composent essentiellement de *gomme*, de *résine*, et de quelques autres substances : elles s'écoulent soit spontanément, soit plus fréquemment, des incisions que l'on pratique aux tiges ou au collet de la racine vivace de certains végétaux herbacés qui croissent dans les contrées chaudes du globe : les gommes-résines sont renfermées dans les vaisseaux ou tubes propres des plantes ; elles s'en écoulent sous la forme d'un liquide laiteux, opaque, qui se durcit bientôt à l'air. Leur odeur est souvent forte; leur saveur âcre, peu agréable; l'eau et l'alcool rectifié ne les dissolvent qu'incomplètement, tandis que l'alcool faible, le vin et le vinaigre, les dissolvent presque en totalité. Il en est de même du jaune d'œuf que l'on emploie souvent à cet effet.

Plusieurs *gommes-résines* sont usitées en médecine. Voici les principales :

Gomme-résine assafœtida. Elle découle par incision du collet de la racine de la plante nommée *ferule assafœtida*, etc., de la famille des *ombellifères*, qui croît en Perse. ♃. Elle nous arrive séchée en fragmens inégaux, anguleux, d'un brun marbré ; son odeur est alliacée, très-fétide et très-tenace ; sa saveur est amère, acre, persistante : l'emploi de cette substance peut être avantageux dans toutes les circonstances où l'économie animale a besoin d'être fortement stimulée ; son action se fait ressentir particulièrement sur le système nerveux, aussi est-ce un antispasmodique recommandé par Boërhaave, dans l'hystérie, l'hypocondrie, etc., et par Miller, dans la coqueluche, à faible dose ; mais pour l'employer, il faut qu'il n'y ait pas de symptômes inflammatoires. C'est aussi un vermifuge et un résolutif à l'extérieur. On en donne des pilules Ɔ ß à ℨ ß ou ℨ i à ℨ ij, en lavement dissous dans un jaune d'œuf.

AMMONIAQUE. Cette *gomme-résine* est d'origine douteuse, mais on pense qu'elle provient d'une *ombellifère*, nommée par Linné *bubon gummiferum*, croissant en Perse, en Asie, en Afrique. Ce produit est en *masses* ou en grains que l'on nomme *larmes*; sa saveur est douceâtre, puis amère et nauséeuse. C'est un médicament qui, à petites doses, est tonique, et stomachique à dose élevée; son excitation s'étend, comme l'*assafœtida*, sur tous les organes, et par ce moyen il se rétablit un équilibre dans l'accomplissement des fonctions qu'une cause débilitante avait perverties. On s'en sert dans les catarrhes pulmonaires chroniques, les leucorrhées ou aménorrhées asthéniques. C'est un bon résolutif à l'extérieur. La gomme-résine ammoniaque entre dans la composition de plusieurs emplâtres, tels que celui de ciguë, de diachylon gommé, etc. Sa dose à l'intérieur est de gr. vi et viij à ℨ ß en poudre, dans une potion, ou en dissolution dans eau-de-vie.

Les autres *gommes-résines* sont moins importantes ou moins usitées. Je ne vais que les énumérer.

OPOPONAX. Obtenu par incision du collet d'un panais, *pastinaca opoponax*, qui croît en Orient et dans les provinces méridionales : c'est aussi un stimulant; mais il est réservé pour des préparations pharmaceutiques d'usage externe.

Scammonée d'Alep, gomme-résine découlant par incisions du collet des racines d'un liseron, *convolvulus scammonea*, d'Orient et de Syrie. C'est un purgatif drastique très-violent, agissant de la même manière que la résine de jalap, et employé dans les mêmes circonstances, mais plus rarement.

On pourra étudier aussi la *gutte*, la *myrrhe*, le *bdellium*, l'*euphorbe*, le *sagapenum* : quant à l'*aloès*, il n'est plus regardé comme gomme-résine ; nous l'étudierons plus loin.

Oléo-résines ou térébenthines. Sont des produits dans lesquels la résine est mêlée avec une huile essentielle. On peut séparer ces deux matériaux par la distillation, et dans ce cas, il arrive ce qui a lieu naturellement en plein air sur les végétaux qui fournissent ces médicamens. Les oléo-résines, en s'écoulant au dehors, sont de consistance sirupeuse; elles ne tardent pas à se sécher, parce que la résine reste seule et que l'huile essentielle s'évapore ; elles ont les mêmes propriétés physiques que les résines et les huiles essentielles : leurs propriétés sont stimulantes et elles font partie d'un grand nombre de préparations pharmaceutiques d'usage externe ; tels sont la térébenthine de Venise, ou du *melèze*, celle du *pin*, puis le *copahu* qui mérite d'être mentionné avec quelques détails, étant souvent employé à l'intérieur.

Copahu. Cette *oléo-résine* improprement nommée *baume*, est obtenue du copahu officinal, *copaifera officinalis*, arbre de la famille des *légumineuses*, qui croît dans l'Amérique méridionale, etc. C'est au moyen d'incisions pratiquées aux écorces que l'on obtient ce médicament liquide, essentiellement stimulant et exerçant une action favorable dans les diverses espèces de catarrhes, lorsque tous les symptômes d'irritation ont disparu, tels que catarrhes de la vessie, ceux du canal des urines, de celui des menstrues, et aussi dans la diarrhée atonique, le délabrement de l'estomac, etc.

L'odeur du copahu est aromatique, désagréable ; sa saveur amère, tenace, acre, repoussante. La dose est de ℥ß à ℥i et ℥ij, mêlé à une eau distillée ou avec une poudre aromatique dans la blennorrhagie et dans les écoulemens atoniques, la leucorrhée ; les muqueuses reviennent par son emploi au degré d'excitabilité qu'elles doivent naturellement avoir ; en même temps, les sécrétions diminuent ou disparaissent.

Baumes. Les baumes sont caractérisés par la présence d'un acide nommé *benzoïque*, qui se trouve mélangé avec des résines ou des oléo-résines, et qui leur donne une odeur suave balsamique : elles ont les mêmes propriétés que celles-ci ; leur usage est moindre en médecine ; elles servent surtout pour des administrations externes, à la préparation d'onguens et d'emplâtres ; tels sont le *baume du Pérou*, le *storax*, le *styrax*. Quant au *baume de tolu*, fourni comme le *baume du Pérou* dans l'Amérique méridionale, le Pérou, par un arbre de la famille des *légumineuses*, nommé *myroxylum balsamiferum* (Rich.), il est employé de préférence à l'intérieur ; c'est un stimulant, dont on fait des tablettes et un sirop qui porte son nom. Ce médicament est employé surtout lors de toux opiniâtres suivies d'une expectoration muqueuse abondante, dans les catarrhes pulmonaires chroniques, etc. Par l'emploi de ces baumes on détermine une excitation vive dans les tissus.

SUCS CONCRETS, EXTRAITS BRUTS.

Opium. Suc gommo-résineux épaissi, obtenu au moyen d'incisions faites aux capsules encore vertes du pavot somnifère, *papaver somniferum,* L., etc., de la famille des *papavéracées*. Ce pavot est originaire de la Perse et d'Orient ; il est cultivé en France pour ses capsules et graines ; mais l'opium en est retiré dans des pays plus méridionaux. Celui par incision ne nous arrive pas : il est rare ; mais une autre espèce, appelée *opium brut*, résultat de l'expression de ces capsules vertes, dont on a enlevé les graines, nous arrive en masses du poids de 1 à 2 livres à l'état presque sec. *L'opium* a une odeur forte, vireuse et fatigante; sa saveur est amère, âcre, persistante, nauséeuse; beaucoup d'analyses de cette précieuse substance ont été faites; entre autres produits, deux principes y possèdent la propriété narcotique : ce sont *la narcotine* et *la morphine*. Cette dernière substance est beaucoup plus active que la narcotine; aussi l'emploie-t-on de préférence à l'état *d'acétate*, parce qu'alors ce sel est plus soluble dans l'eau.

L'opium occasionne des ampoules à la langue des personnes qui ne sont pas habituées à le mâcher; introduit dans l'estomac, il provoque une irritation et une chaleur particulière avec sécheresse à la bouche. Peu de temps après, selon sa quantité, il agit sur le système nerveux, soit en apaisant la douleur et procurant un sommeil réparateur accompagné de songes rians, soit en jetant dans une stupeur profonde ou dans un narcotisme effrayant; il peut même occasionner la mort. Les médecins font un usage journalier de ce précieux médicament, soit dans les maladies si variées, connues sous le nom général de *névroses*, soit dans ces cas désespérés, où, pour dernière ressource de l'art, il s'agit de calmer les douleurs d'un mal incurable, soit enfin dans les entérites chroniques avec diarrhée, dont il arrête souvent les symptômes en modifiant l'état morbide de la muqueuse intestinale.

L'opium, à l'état brut, est moins employé que son extrait aqueux, qui se donne à la dose de gr. $\frac{1}{4}$ à gr. j et plus, en graduant. Il entre dans une foule de préparations pharmaceutiques, telles que la thériaque, le laudanum de Sydenham, celui de Rousseau, les pilules de cynoglosse, le sirop d'opium, etc.

Quant à *l'acétate de morphine*, substance très-active, sa

dose est beaucoup plus faible lorsqu'on l'administre : ainsi un cinquième, un tiers, un demi-grain en solution dans une potion, etc., suffisent pour produire les effets que l'on obtient de 1 à 2 grains *d'opium gommeux.*

THRIDACE. Suc propre, laiteux, évaporé jusqu'à consistance d'extrait, obtenu par incision, au moment de la floraison de la laitue des jardins, *Lactuca sativa*, de la famille des *chicoracées.* Ce produit porte aussi le nom de *Lactucarium*; son odeur est vireuse, sa saveur âcre et amère; à haute dose, il agit à la manière des poisons narcotico-âcres; à petite dose, il produit le sommeil, sans jamais être précédé d'une action stimulante; ce qui, dans certains cas, en fait un médicament supérieur à l'opium : on le donne à la dose de gr. ij à x successivement jusqu'à Ɔ j et au delà, en pilules surtout.

CACHOU. Extrait préparé avec les fruits verts et la partie centrale du bois de l'acacia-cachou, *mimosa catechu,* L., arbre des Indes-Orientales, du Bengale, qui appartient à la famille des *légumineuses. Le cachou brut* a une saveur astringente et amère particulière, suivie d'un goût sucré trèsagréable; c'est un agent tonique et astringent : il excite les fonctions digestives; à petite dose, il est utile dans le cas de catarrhes chroniques, avec diarrhée, dans les leucorrhées, et dans les hémorrhagies dites passives, sans réaction fébrile. gr vi, xij, xx en pilules; on l'administre aussi en teintures, extrait, pastilles, lavemens, injections.

ALOES. Suc épaissi, obtenu par incision et expression de diverses plantes du genre aloès, et entre autres de *l'aloe perfoliata* et *spicata* L. qui croissent en Amérique et en Asie. Ces plantes sont de la famille des *liliacées.* Il y a trois variétés : la première est très-pure; c'est *l'aloès succotrin*, la deuxième, *l'hépatique* qui contient des matières étrangères, et la troisième, *l'aloes caballin* qui ne sert que dans la médecine vétérinaire, à cause de sa mauvaise nature. L'aloès succotrin a une odeur forte, particulière; sa saveur est d'une amertume qui a de l'analogie avec celle de la bile.

Médicament purgatif, tonique, dont l'action se porte spécialement sur les organes digestifs : à petite dose, il stimule l'estomac, et facilite la digestion ; à une dose plus forte (gr. viij—x), cette action s'étend aux intestins et paraît en quelque sorte se concentrer vers leur partie inférieure, où son usage, continué pendant quelque temps „ détermine une fluxion sanguine, une sorte de révulsion. Mode d'administration : Poudre, de gr. ij à iv ; et de gr. vi à xij comme purgatif.

Extrait, teinture, vin, pilules simples et composées.

Suc de reglisse, extrait de la racine du *glycyrrhiza glabra*, L., de la famille des *légumineuses*, qui croît dans les contrées méridionales de la France. Ce suc purifié et aromatisé, *jus de réglisse noir*, est un léger excitant des muqueuses, et il est en même temps nutritif. C'est à cause du principe sucré que la racine de réglisse sert pour faire des tisanes fréquemment employées. Ce suc peut servir pour sucrer certaines boissons, mais on ne s'en sert communément que dans les irritations bronchiques, surtout à la campagne.

Le *suc* dit *gomme-kino*, astringent, et le *suc gommo-résineux d'euphorbe*, purgatif très – dangereux, complètent cette série de produits *immédiats mixtes*.

Si l'espace nous le permettait, ce serait le cas de parler ici des différens sucs des plantes dont on fait des *jus d'herbes* de propriétés diverses ; nous pourrions aussi, avant d'arriver à la pharmacologie des organes, mentionner les produits fermentés, tels que les *vins*, les *alcools*, les *vinaigres*; mais il est impossible de consacrer une seule page à ces liquides qu'il importe cependant d'étudier, tant à cause qu'ils servent de véhicule dans beaucoup de cas, que parce que ce sont par eux-mêmes des médicamens précieux.

ORGANES DES VÉGÉTAUX.

RACINES (1).

Racines mucilagineuses (émollientes).

RACINE DE GUIMAUVE. Provient d'une plante indigène de la famille des *malvacées*, guimauve officinale, *althœa officinalis* L.

La racine de guimauve est très-employée comme émolliente et adoucissante, à l'extérieur surtout. On en fait des décoctions pour fomentations, cataplasmes, injections et lotions, etc. ℥ß et à ℥j dans eau ℔ij. Elle fait la base du sirop de guimauve, de la pâte et des pastilles du même nom.

R. de GRANDE CONSOUDE. Une plante de France fournit ce médicament, c'est la *consoude officinale, symphytum officinale* ou *majus*, de la famille des *borraginées* ; odeur nulle, saveur douceâtre et mucilagineuse, un peu astringente.

C'est un adoucissant employé dans les catarrhes pulmonaires, les entérites avec diarrhée.

Racines farineuses.

R. de CHIENDENT. Le froment rampant, *triticum repens*, L., de la famille des *Graminées*, donne ce produit.

C'est un médicament rafraîchissant, et délayant dans les maladies inflammatoires : le chiendent est aussi regardé comme diurétique. On le donne en décoction, à la dose de ʒij à ℥j dans eau ℔ij, que l'on sucre.

R. de CANNE DE PROVENCE, le roseau à quenouille, *arundo donax* L., de la famille des *graminées*, fournit cette espèce

______

(1) Nous rangeons les médicamens de chaque ordre d'organes, par séries, d'après leur propriété dominante.

de *rizhome*, ou tige souterraine, autrefois célèbre à cause qu'on lui attribuait la propriété de faire passer le lait ; quoiqu'elle paraisse activer un peu la transpiration cutanée et la sécrétion des urines, cette racine tombe peu à peu dans l'oubli, parce qu'on a reconnu qu'elle n'était nullement un spécifique.

POMMES DE TERRE, tubercules souterrains du *solanum tuberosum*, sont en très-grande partie formés de *fécule* que l'on emploie comme aliment et aussi comme médicament administré à l'extérieur en cataplasmes.

Racines sucrées.

RÉGLISSE. Provient de la plante appelée réglisse officinale, *glycyrrhiza glabra*, L., de la famille des *légumineuses*, qui croît dans le midi.

La réglisse, improprement appelée *bois de reglisse*, communique aux tisanes une saveur sucrée et très-agréable ; elle est regardée comme adoucissante, rafraîchissante et diurétique. Sa dose par livre d'eau est de ℥ß à ℥i. On en fait de préférence une infusion.

Les racines de *carotte* et de *betteraves* peuvent servir dans les mêmes cas.

Racines dites sudorifiques.

R. de SALSEPAREILLE vient du *smilax officinalis* de la famille des *asparaginées*, plante d'Amérique méridionale, du Pérou, de l'île de France, etc.

Des auteurs regardent la *salsepareille* comme diurétique et sudorifique ; elle est employée en décoction et en sirop dans les maladies syphilitiques ; les uns en font une décoction concentrée, les autres une simple infusion.

R. de SASSAFRAS, vient du laurier sassafras, *Laurus sassafras* L., de la famille des *laurinées* : l'arbre est originaire de l'Amérique septentrionale. L'huile essentielle que cette racine contient, la rend un stimulant et un puissant sudorifique dont on se sert dans les affections syphilitiques constitutionnelles, les rhumatismes et les inflammations chroniques de la peau. ℥ ß à ℥ i , pour infusion ou décoction dans eau ℔ ij.

La racine de *squine* entre , avec ces deux précédentes, dans les espèces dites *bois sudorifiques*.

Racines diurétiques.

R. d'ASPERGE. L'asperge officinale , *asparagus officinalis* L. , type de la famille des *asparaginées*. Dans la médecine populaire on en fait un grand usage comme diurétique en décoction (℥ ß ℥ j pour eau ℔ ß); elles entrent dans le sirop des cinq racines du codex. On en fait peu usage en thérapeutique; cependant à la campagne on pourrait remplacer par ces racines d'autres médicamens de même propriété , mais rares ou trop chers. La racine du *petit houx*, de la même famille, a des propriétés semblables ; de même la racine de *bryone* , dont nous parlons plus bas, à la série des *purgatifs*.

Racines dites dépuratives-toniques.

R. de PATIENCE. Médicament fourni par le rumex paience , *rumex patientia* L. , de la famille des *polygonées* , et par plusieurs autres espèces indigènes mélangées dans les officines. On l'emploie comme astringent , tonique , ou laxatif, selon les doses; on le regarde aussi comme antiscorbutique , et l'on en fait usage dans les maladies de la peau, sans inflammation aiguë. Les décoctions qu'on en fait sont avec ℥ i à ℥ ij par ℔ ij d'eau. Il y a l'extrait de racines de patience dont on fait des pilules données à la dose de 2 à 6 gr.

R. de BARDANE officinale , *arctium lappa* L. , de la

famille des *flosculeuses*, qui croît dans les champs ; ces racines servent dans les mêmes circonstances que celles de patience, et aux mêmes doses.

Racines aromatiques stimulantes.

R. d'ANGÉLIQUE. Plante de France de la famille des *ombellifères*, nommée *angelica archangelica* L., d'une odeur forte, aromatique et agréable, d'une saveur aromatique, chaude, d'abord douceâtre, puis amère. C'est un excellent excitant dans le cas de scorbut, de scrofules, d'hydropisies passives ; il est aussi réputé comme diurétique, sudorifique et stomachique : on en fait une infusion avec ʒ ij à ʒ ß ; la poudre est usitée à la dose Э j à ʒß, mais rarement.

R. de VALÉRIANE officinale, *valeriana officinalis* L., de France, de la famille des *valérianées* ; leur odeur est aromatique, fétide, très – pénétrante, leur saveur douceâtre, amère et chaude : la valériane augmente d'une manière marquée l'action de différens organes ; elle y développe tous les phénomènes de la médication stimulante ; un léger narcotisme en est aussi souvent produit ; son action sur le système de l'inervation le fait employer dans les divers spasmes, tels que l'hystérie, l'épilepsie. On le prescrit aussi comme sudorifique, emménagogue et vermifuge, soit en poudre, en extrait ou en eau distillée, mais surtout en teinture à la dose de ʒ ß à ʒ i.

R. de POLYGALA DE VIRGINIE, le *polygala senega* L., de l'Amérique septentrionale, et de la famille des *polygalées*, fournit cette racine ; médicament tonique irritant : on en fait usage à titre d'excitant cutané et pulmonaire, surtout chez les sujets faibles.

Le *polygala amer*, plante indigène, a ses racines qui, dans bien des circonstances, peuvent remplacer celles dites de irginie.

R. de **Serpentaire de Virginie**. L'aristoloche serpentaire, *aristolochia serpentaria* L., de la famille des *aristoloches*, produit cette racine qui nous vient de l'Amérique septentrionale, de la Caroline, etc.; elle stimule puissamment le système nerveux et musculaire, et augmente la transpiration cutanée; comme antiseptique, on l'emploie en infusion seule ou associée au kina, ʒ i à ʒ ij par eau ℔ j. L'extrait et la poudre sont aussi usités.

R. de **Raifort sauvage**, plante de France, de la famille des *crucifères*, appelée *cranson de Bretagne, cochlearia armoracia* L.: ces racines sont employées fraîches; elles ont une odeur très-pénétrante, provoquent le larmoiement quand on les écrase; leur saveur est âcre, piquante, mordante, un peu amère. Médicament excitant au suprême degré, à cause de son principe volatil; c'est le plus puissant et le plus actif des antiscorbutiques; on l'administre à l'état de teinture et d'alcoolat distillé à la dose de ʒ i à ʒ ij; son suc mêlé à divers sucs de plantes est parfois administré au printemps. Faute d'autres produits rubéfians ou vésicans, cette racine pilée avec précaution peut servir en guise de sinapisme très-âcre.

Racines amères (toniques).

R. de **Gentiane jaune**, *grande gentiane, gentiana lutea* L., type de la famille des *gentianées*. Cette plante de France a une racine qui, à cause de son principe amer, est le plus énergique des médicamens toniques indigènes: il développe l'appétit et favorise la digestion: étant pris à la dose de quelques grains; à une dose plus élevée, ses effets s'étendent sur toute l'économie, et il ranime, en doublant les forces, sans produire une excitation trop vive. Il a été mis en usage dans les fièvres intermittentes, dans le scorbut et surtout dans les différentes affections scrofuleuses, ʒ ij à ʒ ſs pour décoction dans eau ℔ j, poudre Ә ß à ʒ ß, teinture, extrait, vin à des doses variées selon les circonstances.

R. de CHICOREE SAUVAGE, *cichorium intibus* L., de la famille des *sémiflosculeuses* ou *chicoracées.*La racine de cette plante de France est pivotante, grisâtre; c'est un tonique très-actif, un stimulant des organes de la digestion: on le regarde aussi comme dépuratif, et l'on emploie son décoctum dont on prépare aussi un sirop dit de *chicorée composé.*

Racines purgatives.

R. de JALAP. Vient du *convolvulus jalappa*, L., de la famille des *liserons.* Cette plante croît dans l'Amérique septentrionale, au Mexique. Elle contient un dixième à peu prés de résine, d'où dépend particulièrement sa puissance purgative. Voyez *résine de Jalap.*

R. de BRYONE BLANCHE, *bryonia alba*, commune dans les haies et lieux incultes: cette plante appartient à la famille des *cucurbitacées.* La bryone, que le peuple appelle *navet du diable*, a son principe actif nommé *bryonine.* Selon la plupart des pharmacologistes, sa propriété est très—manifestement purgative et stimulante. Les anciens l'employaient avec succès dans les hydropisies passives; mais on l'a négligée depuis qu'on a eu plusieurs exemples d'empoisonnement.

R. de RHUBARBE de *Moscovie* et de *Chine*; ces deux rhubarbes proviennent de deux espèces de plantes du genre *rheum*, de la famille des *polygonées*, cultivées en Chine, en Sibérie, et en Europe actuellement. (Ce sont le *palmatum* et l'*undulatum*).

C'est un médicament précieux, à la fois tonique et purgatif, selon les doses. On s'en sert souvent aussi comme vermifuge et stomachique; dans ce dernier cas la dose de la rhubarbe en poudre est de x à xx grains, tandis que comme purgatif, un gros de poudre, ou bien deux gros à ℥ß pour décoction ou infusion dans ℥iv à ℔j eau, sont nécessaires chez les adultes.

On en fait aussi une teinture, un extrait, et cette substance entre dans la préparation du sirop de chicorée composé, dont on se sert comme purgatif chez les enfans à la dose de ʒ ij à ℥ß.

Racines *Acerbes astringentes.*

R. de RATANHIA. Médicament précieux qui nous vient du Pérou, et qui est donné par la *Krameria triandra* (de Ruiz et Pavon), de la famille des *polygalées.* Le ratanhia est un puissant astringent, et tonique très – énergique, son efficacité est vraiment merveilleuse dans les diarrhées chroniques et les hémorrhagies passives sans symptômes inflammatoires. On en fait aussi usage dans l'aménorrhée, la leucorrhée et la blennorrhée chroniques, soit en décoction ℥ ß à ℥j pour eau ℔j, soit en teinture, en extrait, à la dose de Ɖ j à ℥ ß. L'effet du ratanhia à l'extérieur, soit en poudre ou en lotion, est prompt et précieux aussi. Je regrette de ne pouvoir parler ici plus longuement de ce médicament, que les sages–femmes doivent connaître particulièrement.

Racine de *Grenadier.* Arbuste de l'Europe méridionale et de l'Afrique, que Linné appelle *punica granatum,* famille des *myrtées.* L'écorce de cette racine, quoique avec des propriétés assez astringentes, sert particulièrement dans les cas de *tœnia,* ver solitaire, à ℥ij par ℔ij d'eau.

On peut encore regarder aussi comme astringens, les racines de *bistorte,* puis celles de *tormentille* et autres *rosacées* indigènes. (Voyez cette *famille.*)

Racines agissant particulièrement sur le système nerveux.

R. d'IPÉCACUANHA. Deux espèces se trouvent dans le

commerce; elles proviennent des plantes de deux genres différens de la famille des *rubiacées*.

1° L'ipécacuanha strié ou noir, du *psychotria emetica*, qui est rarement employé ;

2° L'ipécacuanha gris ou brun. Vient de l'*ipecacuanha annulé, cephœlis ipecacuanha* (Rich.) qui croît dans les forêts épaisses et ombragées du Brésil. Ces racines vivaces et ligneuses, mais très-minces, ont une écorce grisâtre et comme étranglée alternativement avec des nodosités en forme d'anneaux ; c'est l'écorce qui est douée de propriétés vomitives, car on rejette le centre ligneux. Son odeur est forte, irritante et nauséeuse, sa saveur âcre, aromatique, amère.

L'*émetine* est le principe actif de l'ipécacuanhha, c'est sur le cerveau que sa principale influence s'exerce, ainsi qu'il résulte des belles expériences de M. Magendie. A la dose de qnelques grains, cette racine est employée avec succès comme tonique dans les phlegmasies chroniques des muqueuses intestinales et pulmonaires ; lorsque la quantité administrée est plus considérable, elle produit une irritation gastrique et des vomissemens, et alors elle devient un médicament évacuant et dérivatif ; enfin elle agit comme diaphorétique, lorsqu'elle est donnée à des doses fractionnées, surtout étant mêlée à des préparations opiacées. Comme vomitif sur un adulte, l'on donne de xv à xxx grains dans eau ℥ xij, à partager en trois doses. L'*émetine*, qui peut remplacer la racine d'ipécacuanha dans toutes les circonstances, se donne à la dose de gr. ij à iv. On prépare avec la racine un sirop d'ipécacuanha, des pastilles, une teinture, qui se donnent à des doses variées selon les circonstances.

R. de BELLADONE COMMUNE, *atropa belladona*, famille des *solanées*, plante de France extrêmement dangereuse. Les racines sont privotantes et ramifiées, assez grosses ; elles ont une odeur nauséabonde ; leur saveur est acre, un peu astringente et narcotique comme tout le végétal. Ces racines, trèsdélétères, produisent la dilatation de la pupille, ainsi que celle de l'orifice utérin contracté spasmodiquement. En général, les sphincters où les fibres musculaires sont annulaires, se trouvent relâchés et dilatés par cette substance; aussi, que de précieux résultats on peut en obtenir, soit lorsqu'il s'agit d'opérations dans certaines cavités, et entr'autres dans le traitement de la cataracte, de même dans les diverses manœuvres à employer lors des accouchemens laborieux. Lorsqu'il y a resserrement spasmodique à l'entrée de la matrice, c'est à l'état d'extrait qu'on emploie la *belladone*, et encore étend-on cet extrait dans une certaine quantité d'un corps gras, pour éviter les accidens cérébraux et autres. Quelques grains suffisent souvent. La teinture est employée dans les autres circonstances par gouttes, quant à sa poudre, à faible dose gr. $\frac{1}{2}$ à j. Augmentée graduellement, on s'en sert avec avantage dans le traitement de la coqueluche, surtout après la période d'irritation des organes respiratoires. Sa décoction, en cataplasme, sert dans les tumeurs squirrheuses, le cancer des mamelles, plutôt comme calmant; car, que peut l'art médical contre ces maux affreux !·

TIGES, BOIS ET ÉCORCES.

DOUCE-AMÈRE, morelle douce amère, *solanum dulc-amara* L.; famille des *solanées*. Ses jeunes rameaux de l'année précédente sont ainsi désignés; c'est un léger stimulant augmentant d'une manière sensible la perspiration cutanée : on le regarde comme diurétique, antirhumatismal; mais c'est particulièrement dans les maladies de la peau et la syphilis que l'on se sert surtout de son décoctum, ℈ i à ℥ j par eau ℔ j.

Écorces acres.

ÉCORCES DE GAROU. Ces écorces sont prises sur deux espèces de *daphné* de France : l'espèce *daphne mezereum*, bois gentil, et le *daphne gnidium*, garou ou sainbois. C'est la *daphnine*, principe vireux, qui en fait la propriété.

Le *garou* est irritant et rubéfiant actif de la peau, au point d'en détacher l'épiderme et de former des ampoules ; macéré dans du vinaigre, il est employé pour déterminer la vésication, pour entretenir des exutoires : on se sert de sa pommade, c'est-à-dire du résultat de l'ébullition de ses écorces dans de l'axonge.

Écorces astringentes toniques.

ÉCORCES DE CHÊNE. Le *quercus robur* et autres fournissent des écorces qui ont cette propriété. Sous ce rapport, la France possède un végétal qui pourrait remplacer des médicamens rares ; tels que les écorces du kina, etc. On en fait des décoctions ℥ i par eau ℔ j.

Ecorces de *marronnier*. Elles participent des propriétés de celles de chênes.

QUINQUINA ROUGE , *cinchona oblongifolia* (Mutis). Famille des *rubiacées*, croît au Pérou : la saveur de ces écorces est amère, très-astringente, quelquefois un peu aromatique. Le kina rouge est plus astringent que les autres espèces que nous allons mentionner ; mais il jouit aussi de leurs vertus fébrifuges, etc.

Écorces toniques fébrifuges.

Écorces de *quinquina gris* , *cinchona officinalis* L., *condaminea* (Humb. et Bonpl.).
— de *quinquina jaune-orangé, cinchona lancifolia* (Mutis).
— de *quinquina jaune, cinchona cordifolia* (Mutis).

Ces trois espèces croissent aussi dans les montagnes du Pérou : il serait trop long de parler des analyses chimiques des écorces de kina, médicamens si précieux, et de la découverte faite par MM. Pelletier et Caventou d'alcalis, tels que la *cinchonine* dans le *quinquina gris*, puis la *kinine*, etc. dans les autres espèces. Qu'il nous suffise de dire que les écorces de quinquina sont des toniques et des fébrifuges par excellence. Les expériences pratiques de MM. Chomel et Double ont prouvé que les alcalis organiques qui y existent, étaient le principe véritablement actif.

Lorsqu'on fait usage de l'écorce du Pérou, il y a exaltation de toutes les fonctions animales, la circulation est activée, la perspiration cutanée est plus abondante, l'appareil digestif en reçoit aussi une influence tonique toute particulière, et c'est en vertu du changement qu'elle détermine dans l'état des organes, que l'on peut se rendre compte de son action antipériodique dans toutes les maladies intermittentes, et de son action stimulante dans les affections atoniques, générales ou particulières.

On s'en sert comme fébrifuge, principalement dans les fièvres intermittentes pernicieuses. Les fièvres intermittentes ou rémittentes simples exigent rarement son emploi. Quant à son administration dans les fièvres dites adynamiques et ataxiques, elle demande de grandes précautions, indiquées dans les ouvrages spéciaux de thérapeutique.

Comme tonique, le kina est employé avec succès, particulièrement toutes les fois que les fonctions s'exécutent difficilement, à la suite des maladies lentes, dans les hémorrhagies dites *passives*, les phlegmasies chroniques des muqueuses, le scorbut, les scrofules, etc.

Voici les modes d'administration des écorces de quinquina:

Poudre, comme tonique, Əj à ℨj; comme fébrifuge, selon les circonstances, ℥ ß à ℨ j; extrait alcoolique, Ə j à ℨ ij; teinture, ℨ ij à ℥ ß; vin, ℥ ij à iv; décoctum pour lavemens, otions et boisson sucrée.

Obs. Les sels de kinine et de cinchonine, à la dose de gr. x à xij , font autant d'effet que ʒ vj à ʒ j de poudre, aussi leur donne-t-on la préférence (le *sulfate* de quinine surtout) aux autres préparations de kina.

Bois de QUASSIA. Voy. *Racines*.

Écorces à principe aromatique.

CANNELLE. Seconde écorce du laurier cannellier, *laurus cinnamomum*, famille des *laurinées*, qui croît à l'île de Ceylan, ainsi qu'aux Antilles, à Cayenne, où il est cultivé pour son odeur agréable et sa saveur chaude aromatique, et même âcre, qualités qui rendent ce médicament très-excitant. En pharmacie, il y a une eau distillée de cannelle, une teinture alcoolique ; l'écorce entre dans une foule de préparations , toutes classées parmi les fortifians et stimulans.

Bois de SASSAFRAS. Voy. *Racines*.

Bois de GAYAC. Il est peu employé ; on préfère la résine qui est très-abondante ; elle sert , ainsi que le bois , comme sudorifique, etc.

BOUTONS ET OGNONS.

SCILLE OFFICINALE, *scilla maritima*, de la famille des *liliacées*, qui croît aux bords de l'Océan et de la Méditerranée dans les sables. Ce sont les écailles intermédiaires du bulbe, ou *squammies*, préalablement desséchées, que l'on prend ; leur odeur est presque nulle, leur saveur âcre et nauséeuse. Ce médicament est souvent employé dans des circonstances bien différentes : c'est un tonique et stimulant précieux , qui porte principalement son action sur le système urinaire ; il excite et modifie aussi la muqueuse bronchique ; ce qui fait que son usage convient dans les catarrhes pulmonaires chroniques ; on le dit alors incisif et expectorant, empiriquement parlant, surtout chez les vieillards ; dans les hydropisies et les leucophlegmasies ; il est aussi fréquemment employé, surtout sa teinture, en frictions, lorsqu'il n'existe pas de symptômes inflammatoires. Sa poudre se donne à la dose de gr. ij à xij. On en fait des pilules, une teinture et un vin, dits *scillitiques* ; l'oximel de ce nom est une préparation de miel et de vinaigre scillitique, dont on fait aussi usage avec succès à la maison d'accouchement de Paris.

Bulbes d'AIL commun, *allium sativum* L. Fam. des *liliacées*.

   —   *d'ognon*, *allium cepa* L.   *idem*.

   —   *de porreau*, *allium porrum* L.   *idem*.

Ces trois *aulx* sont très-stimulans, à cause d'un principe volatil irritant qui les rend aussi rubéfians et vésicans à l'extérieur ; cependant, c'est l'ail commun auquel on donne la préférence comme étant plus actif : il est regardé comme antiscorbutique, et vermifuge, étant infusé dans du lait.

L'ognon ordinaire cuit, est un excellent topique émollient et résolutif.

SALEP est le produit de la dessiccation des tubercules radicaux très-développés et bouillis de certains *orchis*, soit exotiques, comme pour le *salep d'Orient* ou *de Perse*, soit indigènes, tels que *l'orchis morio* et *le mascula*. C'est un médicament nourrissant et analeptique, qui est donné aux convalescens et aux personnes affectées d'irritation pulmonaire ou intestinale ; on en fait une gelée avec le bouillon, l'eau, ou le lait aromatisé.

BOURGEONS *du sapin commun*, *abies pectinata* (De C.), de la famille des *Conifères*, qui croît dans les montagnes l'Auvergne, etc. L'odeur de ces bourgeons est résineuse, ainsi que la saveur qui est en même temps légèrement aromatique : leur efficacité a été vantée dans le scorbut, dans les affections chroniques des muqueuses, telles que la blennorhée, les diarrhées asthéniques ; on en fait une infusion dans de l'eau. La macération dans le vin ou la bière convient dans certains cas.

BOURGEONS DE PEUPLIER. Ils sont enduits d'une exsudation balsamique qui les rend un peu stimulans. Ils entrent dans la composition de l'*onguent populeum*.

POINTES D'ASPERGES. Ces turions ont les mêmes propriétés que les racines d'asperges dont nous avons parlé. On en fait un sirop très-vanté dans certaines affections du cœur.

FEUILLES.

Feuilles mucilagineuses (émollientes).

BOURRACHE. Voyez *Sommités fleuries*.

GUIMAUVE OFFICINALE, *althœa officinalis* L., qui croît dans les champs cultivés; de la *famille des malvacées* : sa décoction sert à faire des lotions, fomentations, injections adoucissantes ; elles entrent dans la composition des *espèces* ou *herbes émollientes*.

Feuilles de *mauve sauvage*, *malva sylvestris* L., de la même famille, qui croît dans les lieux incultes; a les mêmes propriétés que la *guimauve*.

TILLEUL. Les feuilles de tilleul, *tilia europœa*, famille des *tiliacées*, sont extrêmement mucilagineuses : on les néglige, et pourtant elles pourraient, en cas de besoin, servir à la médication émolliente, comme la *guimauve*.

Feuilles astringentes.

AIGREMOINE. Voyez *Sommités fleuries*.

PERVENCHE mineure, *vinca minor* L., de la famille des *apocynées*, qui croît dans les lieux couverts et ombragés. Leur saveur est très-amère et assez astringente. La pervenche agit comme légèrement purgative et comme diaphorétique : on en fait un usage en quelque sorte populaire, lorsqu'après l'accouchement ou au moment où l'on veut finir l'allaitement, on se propose d'établir une sorte de dérivation au sang qui afflue vers les mamelles, pour y déterminer la sécrétion du lait; une once de canne de Provence et deux onces de feuilles de petite pervenche forment une tisane fréquemment usitée.

Feuilles de *ronce*, *rubus fruticosus* L., de la famille des *rosacées*. Leur décoction sert dans la médication astringente.

Feuilles amères (toniques).

ABSINTHE. Voyez *Sommités fleuries*.

CHICORÉE sauvage, *chicorium intibus* L., de la famille des *semiflosculeuses* ou *chicoracées* : elles ont les propriétés amères et toniques de leurs racines, et elles s'emploient dans les mêmes circonstances, c'est-à-dire en décoction; leur suc se mêle avec celui du cresson, etc., pour les jus d'herbes au printemps.

Le *pissenlit, taraxacum dens leonis*, de la même famillè, est de même un tonique, ainsi que les feuilles de chausse-trape, *centaurea calcitrapa* L.

FUMETERRE OFFICINALE, *fumaria officinalis* L, type d'une nouvelle famille les *fumariacées*, croît dans les lieux cultivés, les vignes, etc., c'est un tonique fort employé dans les affections scorbutiques et scrofuleuses, dans l'atonie du tube digestif, à la suite de fièvres de long cours; la fumeterre est aussi regardée empiriquement comme antidartreux et dépuratif; on en fait un extrait à donner à la dose de Ɔ i à ʒ i : son suc d'herbes seul, ou mélangé avec d'autres, se donne à la dose de ʒ ij à iv.

GERMANDRÉE ou *petit chêne*. Voyez *Sommités fleuries*.

TRÈFLE D'EAU. Ces feuilles sont trifoliées; elles appartiennent à une plante aquatique (d'où leur nom) c'est le *menianthes trifoliata* L., qui les fournit, de la famille des *gentianées* : l'odeur du trèfle d'eau est nulle, sa saveur très-amère ; il jouit d'une propriété tonique bien manifeste; c'est surtout pour combattre les scrofules et le rachitis qu'on en fait usage. Décoctum préparé avec ℈j pour eau ℔ ij; extrait préparé avec plante desséchée, ℈j à ℨ ij. Ces feuilles entrent aussi dans la préparation des sucs d'herbes amères.

Feuilles laxatives et purgatives.

OSEILLE, *rumex acetosa* L., cultivé, de la famille des *polygonées* : la saveur de ses feuilles est acide et agréable, c'est un antiscorbutique et rafraîchissant employé dans les inflammations légères du tube digestif.

MERCURIALE. Feuilles du *mercurialis annua* L., de la famille des *euphorbiacées* : son odeur est désagréable et noséeuse; c'est un laxatif; on en fait un mellite, *miel mercurial* qui se donne en lavement à la dose de ℨ i à ℨ ij.

SAPONAIRE officinale, *saponaria officinalis*; L., de la famille des *caryophyllées*, a ses feuilles et racines dépuratives, fondantes : c'est-à-dire que ces parties agissent comme tous les toniques. Pour décoction, ℨ ß à ℨj, eau ℔ ij, suc ℨj à ℨ iij, extrait ℨ ß ; ℈j en pilules.

SENNÉ. Deux espèces existent dans le commerce, le senné d'Alexandrie ou *de la palthe, cassia acutifolia* (De C.), qui a ses folioles lancéolées, pointues, et le senné dit d'*Alep*, de *Tripoli*, d'*Italie*, *cassia obovata* (De C.), à folioles obtuses : Linné les appelait toutes deux *cassia senna*, et il en faisait des variétés. Le *senné* appartient à la section des *cassiées* de la grande famille des *légumineuses*. La saveur des sennés est amère, nauséeuse, un peu glutineuse. C'est un purgatif d'un usage vulgaire ; c'est aussi un dérivatif fort utile. On le donne de préférence en infusion aromat'sée ℨ ij à ℨ ß pour eau ℨ iv, ou ℔ ß si on veut l'administrer en lavement. On fait une teinture de senné. Le senné est parfois sophistiqué avec les feuilles de *baguenaudier* qui sont aussi très purgatives.

Feuilles à principes aromatiques (excitantes).

FEUILLES de mélisse, *melissa officinalis* L., fam. des *labiées*.
— de menthe poivrée, *mentha piperita* L. *id.*
— — pouliot, — *pulegium* L. *id.*
— de romarin , *rosmarinus officinalis* L. *id.*
— de sauge , *salvia officinalis* L. *id.*

Les feuilles et sommités fleuries de ces *labiées* et de beaucoup d'autres de cette famille, toutes indigènes, telles que le lierre terrestre, *glechoma hederacea*, l'hysope, *hyssopus officinalis*, la lavande, *lavendula spica*, l'origan vulgaire, le thym commun et le thym serpolet, sont des aromatiques excitans et toniques, dont on fait grand usage. L'*huile essentielle*, que contiennent ces plantes dans toutes leurs parties, fait qu'on les administre en infusion et en eau distillée dans beaucoup de circonstances où l'on veut stimuler l'organisme, et quelquefois modifier l'état du système nerveux. Il se prépare aussi des alcoolats avec certaines de ces plantes, tel est celui de mélisse; et l'huile essentielle sert pour faire des *oleo-saccharum*, des *pastilles*, etc.

SABINE. Génévrier sabine, *Juniperus sabina* L., de la famille des *conifères*, qui croît dans le midi de la France. Ses feuilles ont une odeur fétide fatigante et très-forte; leur saveur est amère et désagréable. C'est à la grande quantité d'huile essentielle, contenue dans les feuilles de sabine, qu'elles doivent leurs propriétés stimulante et irritante dont l'effet se fait sentir dans tout le système de l'économie. De nos jours l'on évite de se servir de ce médicament très-inconstant et des plus dangereux.

RUE, *ruta graveolens*, de la famille des *rutacées*, est aussi un stimulant et emménagogue, mais dangereux, surtout quand il y a des symptômes inflammatoires; on se sert de ses feuilles et sommités en infusion.

Feuilles à principe volatile âcre (antiscorbutiques).

COCHLEARIA OFFICINAL , *cochlearia officinalis* L., de la famille des *crucifères.* Ces feuilles, nommées aussi *herbe aux cuillers* , sont employées fraîches. Une huile essentielle âcre y est abondante ; c'est un stimulant antiscorbutique le plus fréquemment employé. Le cochléaria commun en France, fait la base des principales préparations antiscorbutiques, telles que le *vin*, la *bière*, l'*alcoolat*, le *sirop* de ce nom qui , unies aux amers , conviennent tant aux personnes faibles, rachitiques, scrofuleuses , chez les enfans surtout. On mâche les feuilles dans le scorbut de la bouche. Leur suc entre dans les jus d'herbes dépuratives et stimulantes.

CRESSON DE FONTAINE. Plante qui appartient au genre sisymbre, de la famille des *crucifères,* c'est le *sisymbrium nasturtium.* Il participe des propriétés des précédens médicamens.

Feuilles ayant une action plus ou moins narcotique.

CIGUË MACULEE , ou grande ciguë, *conium maculatum,* famille des *ombellifères.* Odeur très-fétide , urineuse ; saveur un peu aromatique, herbacée et nauséeuse. On regarde les feuilles de cette plante vénéneuse comme résolutives à l'extérieur. On les emploie avec avantage dans les engorgemens glanduleux indolens, dans les affections nerveuses , la coqueluche, etc. Mais la ciguë exige beaucoup de prudence.

PETITE CIGUË , *œthusa cynapium,* paraît jouir des mêmes vertus que la plante précédente ; mais on se sert rarement de pareils médicamens dont l'administration est suivie, à juste raison , de craintes sur leur effet bien inconstant et souvent dangereux. Nous avons parlé plus haut des caractères qui distinguent la *petite ciguë* du *cerfeuil.*

BELLADONE COMMUNE, *atropa belladona*, famille des *solanées*. L'odeur est presque nulle ; la saveur est herbacée, âcre et narcotique ; les feuilles jouissent des propriétés délétères des racines. On doit être réservé dans l'emploi de cette plante perfide , mais précieuse entre les mains prudentes , car elle est calmante et parfois résolutive.

F. de JUSQUIAME NOIRE , *hyosciamus niger* , L. , de la famille des *solanées*. Cette plante, qui croît dans les lieux incultes, est un poison narcotico-âcre ; ses feuilles en particulier sont employées en thérapeutique dans certaines affections nerveuses.

DIGITALE POURPREE, *digitalis purpurea*, L. , de la famille des *scrofulariées*, qui croît dans les bois montueux de la France , vulgairement appelée *gantelée Notre-Dame*. Cette plante offre dans toutes ses parties une odeur légèrement narcotique, et une saveur très-amère mêlée d'un peu d'âcreté. C'est un poison narcotico-âcre à forte dose, à cause de la *digitaline*. Il se manifeste une excitation générale , lorsque l'on augmente graduellement la dose des feuilles de digitale ; toutes les sécrétions sont augmentées , les mouvemens du cœur sont d'abord plus rapides et plus intenses ; mais, par son action secondaire , cette substance devient sédative chez la plupart des sujets qui en font usage, c'est-à-dire que le pouls devient plus lent et moins développé : aussi a-t-on recommandé l'usage de la digitale dans les palpitations et les anévrysmes du cœur et des gros troncs vasculaires. On l'emploie quelquefois à l'extérieur pour frictionner les parties œdémateuses. C'est ainsi que chez les femmes grosses et autres , à la Maternité particulièrement, on obtient de bons effets par ces frictions avec mélange de teinture de scille.

Voici les doses d'administration de la *digitale* :

Poudre , de gr. j à Ꙫj. Teinture, xv gouttes à ʒ ß. Infusion, ʒ j à iij pour eau liv. j. Extrait, gr. x à Ꙫj.

FEUILLES D'ORANGER, du citronnier oranger, *citrus auran-*

tium, L., famille des *aurantiacées*. Cette espèce est originaire de l'Asie orientale ; elle est cultivée dans le midi de l'Europe. Ce sont de légers diaphorétiques et antispasmodiques. Elles sont aussi calmantes : cinq à six feuilles s'infusent dans une chopine d'eau bouillante.

F. de LAURIER-CERISE, du *prunus lauro-cerasus*, L., plante de la famille des *rosacées*, qui réussit dans les provinces du midi. Ses feuilles fraîches ont une odeur presque nulle, une saveur très-prononcée, styptique, amère, semblable à celle des amandes amères. Il y existe une huile essentielle et de l'acide hydrocyanique. (Voyez ce produit, page 218.)

F. de MORELLE NOIRE, *solanum nigrum*, L., famille des *solanées*. Croît dans les lieux incultes ; son odeur est vireuse, son action est narcotico-âcre. On en fait surtout des cataplasmes et des bains, dans lesquels on met trois à quatre poignées de ces feuilles. Ce calmant est très-usité dans les diverses névralgies et douleurs dépendant de tumeurs squirrheuses, etc. Il entre aussi dans *l'onguent populeum*.

On peut ajouter à cette série les feuilles de *tabac*, autre *solanée*, et la *laitue cultivée*, qui fournit la *thridace*, dont il a été parlé aux sucs concrets.

SOMMITÉS FLEURIES.

Ce sont les fleurs, plus les pédoncules, l'extrémité de la tige ou des branches avec leurs feuilles florales, lorsqu'elles existent.

Sommités fleuries amères, aromatiques.

ABSINTHE grande. La plante se nomme *artemisia absinthium* : elle croît dans les lieux pierreux ; c'est une *synanthérée flosculeuse* ; sa saveur est d'une amertume intense. Médicament à la fois tonique et stimulant, souvent employé pour produire une excitation générale, avantageuse, lors de débilité de certains organes, tels que l'estomac, l'utérus, etc. C'est aussi un fébrifuge, et un vermifuge dans certains cas. On le donne en poudre, mais plus souvent en teinture ou vin.

L'ARMOISE COMMUNE, *artemisia vulgaris*, qui croît aux bords des chemins, et dont la saveur est peu amère, est employée dans les mêmes circonstances que l'*absinthe* ; mais son action est moins énergique ; on s'en sert communément pour exciter l'éruption des menstrues, en infusum, en sirop, eau distillée ou extrait.

MILLEPERTUIS. Ces plantes, et surtout celle appelée *hypericum perforatum*, d'une odeur aromatique, d'une saveur amère astringente, est un autre excitant anthelmintique et fébrifuge, mais peu employé.

Sommités fleuries amères.

PETITE CENTAUREE, *Chironia centaurium* (Lamk.), bois secs de la France ; c'est un amer tonique, fébrifuge, employé dans les fièvres intermittentes pernicieuses ; c'est aussi un stomachique : dose pour décoction ℥ ß à ℥ j dans eau livres ij, poudre, extrait, teinture.

GERMANDREE OU PETIT CHÊNE, *teucrium chamædris*, qui croît dans les bois. C'est une des rares plantes de la famille des labiées, où le principe amer est dominant ; car elle n'est, pour ainsi dire, pas aromatique. La germandrée est un tonique et stomachique très-employé ; on en fait un extrait, un infusum, etc.

SAPONAIRE. Voy. aux *feuilles amères*.

Sommités fleuries aromatiques.

Ce sont celles d'*hysope*, de *lavande*, de *thym*, de *serpollet*, de *romarin*, etc., dont il a été question aux *feuilles aromatiques* ; on sait que ce sont des médicamens excitans dont on peut faire *des infusums*, des eaux *distillées*, et dont on peut obtenir des *essences* ou *huiles volatiles*, employées à leur tour sous différentes formes, ainsi qu'il a été dit à l'article concernant ces produits immédiats.

FLEURS MÉDICINALES.

Fleurs émollientes ou *mucilagineuses.*

Fl. de TUSSILAGE COMMUN, *tussilago farfara*, vulgairement appelé *pas-d'ane*, de la famille des *flosculeuses*.

Fl. de PIED-DE-CHAT, *gnaphalium dioicum*, aussi de la famille des *composées*.

Fl. de BOUILLON BLANC, *verbascum thapsus*, de la famille des *solanées*.

Fl. de COQUELICOT OU PAVOT ROUGE, *papaver rhœas*, de la famille des *papavéracées*, et qui ne sont nullement narcotiques.

Fl. de GUIMAUVE, *althœa officinalis*, et fleurs de MAUVE, *malva sylvestris*, toutes deux de la famille des *malvacées*.

Ces produits des diverses plantes, dont on trouvera les principaux caractères à la deuxième partie, sont adoucissans, et peuvent tous se remplacer les uns par les autres ; on en fait des infusums que l'on édulcore, et ces espèces de tisanes conviennent dans les maladies inflammatoires, surtout celles des poumons, dans les irritations des muqueuses. Quelques pincées dans une pinte d'eau bouillante, que l'on passe après un quart d'heure d'infusion, voilà leur mode d'administration, le sirop ou le miel servent à sucrer ces tisanes.

Fleurs amères avec arome.

CAMOMILLE ROMAINE , *anthemis nobilis*, L., de la famille des *radiées* ou *corymbifères*. Saveur amère et balsamique comme l'odeur. Les fleurs ou *têtes* de camomille sont un tonique et excitant, très-employé pour augmenter les forces digestives, lors d'atonie de l'estomac. On les dit aussi fébrifuges et vermifuges comme tous les amers. 12 à 15 fleurs en infusion dans eau ℔ ß; poudre, eau distillée.

MATRICAIRE, *matricaria parthenium*, de la même famille que la camomille. Fleurs possédant aussi un principe amer et une huile volatile; elles s'emploient dans les mêmes circonstances; elles tiennent un degré intermédiaire entre la camomille et l'absinthe, ainsi que leur nom l'indique. Elles sont depuis un temps immémorial employées à titre de stimulant, lors de leucorrhée et d'aménorrhée dépendant de causes débilitantes, soit en infusum ou en lavemens.

TANAISIE, herbe aux vers, *tanacetum vulgare*, de la famille des *flosculeuses*, est un amer narcotique très-prononcé; c'est un puissant stimulant trop peu employé. On le donne comme vermifuge, ainsi que dans l'hystérie, l'aménorrhée, soit en poudre, en infusum, en lavemens. Il entre dans les espèces et poudres anthelmintiques.

PETITE CENTAURÉE. Voyez Sommités fleuries.

HOUBLON ORDINAIRE, *humulus lupulus*, L. Ce sont ses chatons écailleux long-temps après la floraison. On pourrait même les ranger avec les fruits. Leur saveur est d'une grande amertume, à cause d'un principe qui y est le plus actif, et que l'on nomme *lupuline*. Le houblon est un tonique précieux assez fréquemment employé dans les différens symptômes de scrofules, tels que le rachitis, le carreau, l'engorgement des glandes du cou, etc. C'est aussi un anti-scorbutique et un bon stomachique. La dose ordinaire est de ij à ʒ ß en infusion dans eau ℔ j; sirop, extrait.

Fleurs astringentes.

ROSES DE PROVINS. Les pétales ainsi nommés viennent

des fleurs non épanouies de la *rosa gallica*, rosier de France, famille des *rosacées*. Leur saveur est styptique, amère. C'est un tonique et astringent prescrit dans les écoulemens dépendant de causes débilitantes ; telles que certaines leucorrhées, blennorrhées, diarrhées. On en fait une conserve, un miel rosat, un vinaigre du même nom. Leur infusum sert pour les injections toniques et astringentes.

Fl. de BALAUSTE ou de GRENADIER, *punica granatum*. Sont des toniques et astringens fort énergiques en décoction. ℨ ij ℥ j dans eau ℔ ß.

Fleurs aromatiques sans amertume.

Fl. de TILLEUL, *tilia europœa*, famille des *tiliacées*. Ces fleurs, quoique bien peu actives, sont fréquemment usitées en infusion et eau distillée. On les administre souvent comme calmantes et antispasmodiques.

Fl. de SUREAU, du *sambucus nigra*, L., famille des *caprifoliacées*. Séchées, leur action paraît se porter plus spécialement sur la peau : aussi en fait-on très-souvent usage comme diaphorétiques et sudorifiques, soit à l'extérieur soit en boissons par infusion ; par exemple, dans les diverses éruptions cutanées. Elles passent aussi pour résolutives en cataplasmes, etc.

Fl. de MELILOT, *melilotus officinalis*, de la famille des *légumineuses*, section *papillonacées*. On ne les emploie aujourd'hui qu'à l'extérieur, comme émollientes et légèrement résolutives dans certaines ophthalmies.

Fl. dites CLOUS DE GIROFLE. Sont prises avant leur épanouissement sur le *caryophyllus aromaticus*, de la famille des *myrtes*. C'est un aromate recherché qui vient des Antilles, etc.

Les fleurs de *lavande*, de *romarin* et d'autres *labiées*, ont été mentionnées aux sommités fleuries des plantes aromatiques.

Fleurs stimulantes avec action spéciale sur le système nerveux.

Fl. d'ORANGER , obtenues du *citrus aurantium* cultivé dans l'Europe méridionale; ce sont de légers calmans antispasmodiques et diaphorétiques. On en prépare une eau distillée que l'on donne à la dose de ℥ ß à ℥ iij.

Fl. d'ARNICA MONTANA, arnique des montagnes (les Vosges, les Alpes), de la famille des *radiées*. Odeur déterminant l'éternuement; saveur âcre, un peu amère, médicament stimulant : outre l'exaltation que l'*arnica* détermine dans les voies digestives, et qui donne lieu à des vomissemens et déjections alvines abondantes, le cerveau en est impressionné; il en résulte de la céphalalgie, des mouvemens spasmodiques. On s'en sert, mais empiriquement, dans une foule de maladies différentes, telles que la dysenterie, les affections nerveuses. ℨ i à ℥ i en infusion pour eau ℔ j ℔ ij, poudre, électuaire.

Fl. de DIGITALE POURPREE, *gantelée Notre-Dame*, *digitalis purpurea*, L., de la famille des *personnées* ou *scrofulaires*. Les fleurs de la *digitale* sont un médicament précieux; elles ont les mêmes propriétés que les feuilles. Voyez à l'article feuilles de *digitale* pour leurs propriétés et mode d'administration.

SAFRAN. Partie supérieure du style et des trois stigmates de chaque fleur du safran cultivé, *crocus sativus*, L., de la famille des *iridiées*. Son odeur est assez agréable, pénétrante ; la saveur un peu amère, aromatique et légèrement narcotique lorsqu'il est en masse, c'est un stimulant énergique : à petite dose gr. v à Ɖ ß, il excite les diverses fonctions, et sert comme stomachique, excitant, emménagogue, et quelquefois comme antispasmodique, tandis qu'il pervertit la marche des fonctions, lorsqu'il est administré à une dose plus considérable. Le *safran* entre dans la composition du laudanum de Sydenham, de l'élixir de Garus, de plusieurs électuaires, loochs, etc.

FRUITS.

Fruits farineux.

Ce sont ceux dits *graines céréales*, (*cariopses* des diverses plantes *graminées*), à cause de la fécule qu'ils contiennent. Ils ont la même propriété que ce produit immédiat simple. Ainsi, ils sont alimentaires, adoucissans, émolliens, et on en fait des décoctions pour boissons et injections, ainsi que des cataplasmes.

Ces principaux fruits (et on pourrait en citer de semblable nature dans d'autres familles) sont les suivans :

ORGE MONDÉ ET PERLÉ, qui provient de *l'hordeum vulgare*, décrit comme que les suivans dans la 2ᵉ partie. Ainsi privés de leurs enveloppes et arrondies par leur passage sous la meule, les grains d'orge sont très employés en décoctions, comme un délayant et rafraîchissant dans les maladies inflammatoires. ℥ ß ℨ j pour ℔ ij d'eau.

FROMENT OU BLÉ, *triticum sativum* (Lamk). On fait des cataplasmes avec sa farine. C'est un émollient et adoucissant : de même les lavemens avec le décoctum fait avec le *son* (enveloppe péricarpienne).

AVOINE, fruits de *l'avena sativa*, ou GRUAU, graines concassées, et dont on a enlevé l'enveloppe extérieure, sert aussi en décoctum dans l'eau ou le lait (℥ ß à ℨ j dans ℔ j de liquide) surtout dans les maladies de poitrine.

RIZ. Provient de la plante appelée par Linné *oriza sativa*, que l'on cultive dans les lieux marécageux des provinces méridionales de l'Europe : autre adoucissant que l'on dit *astrin-*

gent, mais aucun principe de cette nature ne s'y trouve : c'est à cause de sa qualité émolliente, en apaisant l'irritation, qu'il détermine une modification des muqueuses telle que les sécrétions diminuent. On en fait des crêmes alimentaires. Pour la décoction on met ℥ ß à ℥ i par livre d'eau.

Fruits sucrés avec plus ou moins d'acide.

On sait que ces fruits sont adoucissans ou rafraîchissans, selon que le sucre ou les acides y dominent. Tels sont :

Les JUJUBES, produits par une *rhamnoïdée* nommée *ziziphus vulgaris*, originaire d'Orient. C'est un adoucissant et calmant en décoction. Les jujubes font la base de la pâte pectorale de ce nom.

RAISINS de diverses variétés, provenant du *vitis vinifera*. A l'état frais et sec, ces fruits sont usités, et l'on connaît très-bien les circonstances où l'on peut les administrer.

DATTES, fruits d'un *palmier, phénix dactylifera*, de l'Inde et de l'Egypte, sert dans les mêmes cas. C'est un pectoral et béchique en décoction.

Le TAMARIN, fruit du *tamarindus indica*, famille des *légumineuses*, des Indes Orientales, et cultivé en Amérique. Sa pulpe acide est laxative ; on en fait des boissons rafraîchissantes. ℥ j pour eau ℔ ij, à faire bouillir dans un vase de terre, crainte des accidens que le cuivre occasionnerait.

Les GROSEILLES, FRAMBOISES et PÊCHES, sont aussi des fruits acides et rafraîchissans : avec leurs sucs, on fait des boissons, des sirops, des gelées, etc.

Fruits à huile fixe.

OLIVES. Voyez pour ces fruits, à l'article *huiles fixes*.

Fr. de LAURIER, donne une huile obtenue par expression à chaud, après ébullition, des fruits du *laurus nobilis* ; elle est concrète, un peu aromatique : on l'emploie à l'extérieur comme stimulante dans les névralgies, les rhumatismes chroniques.

Fruits à huile volatile.

Voy. à l'article *huiles essentielles*, pour leurs propriétés.

Les principaux fruits de cette série sont les suivans :

ANIS VERT. Appartenant, ainsi que les deux suivans, à la famille des *ombellifères.* C'est le *pimpinella anisum* L, qui donne ces petits akènes, appelés *graines d'anis.* On en fait des infusums, un alcoolat, une huile essentielle, qui sont stimulans.

Fr. d'ANGELIQUE, *angelica archangelica*, servent comme l'anis.

Fr. de FENOUIL, *anæthum fœniculum* : mêmes propriétés que *l'anis.* On en retire une huile dont on fait aussi des *oleo-saccharum.*

Parmi ces fruits, il y a encore le *piment anglais*, de la famille *des myrtes*; *le semen-contra*, provenant *de l'armoise de Judée*, et qui est vermifuge ; *la vanille* fournie *de l'épidendrum vanilla*, famille *des orchidées* ; puis *l'amome* et *la cardamome*, et enfin *les baies de genièvre*, de la famille *des conifères*, etc.

Fruits acides avec huile essentielle.

Ce sont les CITRONS et ORANGES. Il en est parlé à l'article des *acides* et à celui des *huiles essentielles.* On en fait des limonades rafraîchissantes, très-utiles dans les maladies inflammatoires.

Fruits astringens.

Ce sont *les poires, le brou de noix*, les écorces ou péricarpes *des fruits du grenadier*, ayant les mêmes propriétés que les fleurs dont il a été parlé (voy. *balaustes*); enfin la pulpe des fruits mûrs *du rosier sauvage*, *l'églantier*, ont aussi cette propriété : on les nomme *cynorrhodons* ; mais ces fruits sont peu usités dans la médecine française ; il faut aussi citer dans cette série les fruits *du lilas ordinaire*, famille des *jasminées*, qui sont un amer astringent et fébrifuge.

Fruits laxatifs et purgatifs.

Les pommes, les pruneaux, les raisins frais, *le nerprun*, et autres fruits sucrés et mucilagineux indigènes, sont laxatifs; quant aux fruits purgatifs exotiques, ce sont les suivans:

La CASSE EN BATON, *cassia fistula*, de la famille des *légumineuses*, fournit ce fruit qui nous vient de l'Amérique méridionale ; sa pulpe sert quelquefois comme purgatif ; on en prépare des boissons laxatives.

FOLLICULES DE SENÉ, *de la palthe.* Ces fruits qui sont *des gousses*, et non des follicules, viennent de l'Égypte, etc. C'est le *cassia acutifolia* (*cassia senna*, var. a. L.), qui les fournit ; ils ont les mêmes propriétés que les feuilles de senné. Voy. aux feuilles pour leur dose et administration.

Fruits stupéfians ou narcotiques.

CAPSULES DU PAVOT, *du papaver somniferum*, famille des *papavéracées.* C'est le fruit de cette plante qui donne, dans les pays chauds, *l'opium*, dont il a été parlé aux *sucs concrets*; ceux qui sont récoltés dans les pays septentrionaux de l'Europe ont aussi les propriétés de l'opium ; mais ils en contiennent peu, et l'on ne s'en sert que pour faire des décoctions (une à trois *têtes de pavot* pour une livre d'eau), qui servent en lotions, fomentations, injections, comme calmans et astringens, c'est-à-dire diminuant la sécrétion des muqueuses. On fait aussi un sirop avec la décoction des capsules de pavot ; il porte le nom de sirop de pavot blanc.

Fr. de BELLADONE. Poison violent : on peut en obtenir une teinture et extrait, qui ont les mêmes propriétés que les racines de la même plante (voy. *racines de belladone*).

Divers fruits des plantes de la famille des *apocynées* sont aussi de pareils poisons violens.

GRAINES MEDICINALES (1).

Graines ou semences mucilagineuses.

Gr. de COINGS. A la surface des pépins de ce fruit , du *pyrus cydonia*, famille des *rosacées*, existe un mucilage extrêmement abondant , ce qui les rend très-adoucissans. On en fait un décoctum qui sert dans les inflammations des intestins avec diarrhée , soit en boisson ou en lavemens.

Gr. de LIN, du *linum usitatissimum*, L. , de la famille des *linées*, autrefois celle des *caryophillées*. Outre la *fécule* et *l'huile fixe* abondante que contiennent ces graines , un mucilage est contenu dans leurs tégumens; et, à cause de ce principe gommeux , elles servent aussi comme adoucissantes , émollientes en décoctum , soit que l'on en prépare une boisson légère, soit qu'on s'en serve en fomentations ou injections dans les diverses affections inflammatoires ou irritations des muqueuses. *L'huile de lin* sert dans différentes préparations officinales. Quant à la *farine de lin* que l'on obtient isolée après expression à chaud de l'huile , elle sert pour faire les cataplasmes émolliens.

(1) Nous répétons ici ce qui a été dit à la 1re partie , page 69 : les petits fruits, *cariopses* et *akènes*, vulgairement dits *graines*, ne doivent pas être compris dans cette série, puisqu'ils offrent tous les caractères du fruit parfait, tels sont ceux du *blé* , de l'*anis*, de la *coriandre* , etc.

Graines farineuses.

La *graine de lin*, dont nous venons de parler, est dans ce cas. Il y a ensuite celles des diverses *légumineuses*, telles que le *fœnugrec*, les *pois*, etc., dont on peut aussi faire des cataplasmes émolliens et plus ou moins résolutifs, mais on ne s'en sert guère que comme produits alimentaires.

Graines à huile fixe.

AMANDES DOUCES, graines de *l'amygdalus dulcis*, famille des *rosacées*. Les cotylédons des grandes semences de ces fruits *drupacés*, les *amandes*, donnent une huile par expression qui offre tous les caractères physiques des autres huiles fixes dont il a été question aux produits immédiats. Cependant elles ont ceci de particulier qu'elles sont plus douces et d'une nature plus délicate. Aussi les emploie-t-on de préférence pour les préparations magistrales d'usage interne. L'huile *d'amandes douces* est adoucissante, laxative. On s'en sert dans les irritations de poitrine, sous forme de *loochs*, de *potions oléagineuses*, soit que l'on mêle l'huile elle-même avec des produits gommeux et sucrés, soit qu'on écrase et mêle les amandes avec de l'eau, pour en faire avec expression une *émulsion* au *lait d'amandes* que l'on édulcore et aromatise ensuite. Ces émulsions sont calmantes et rafraîchissantes dans les inflammations des intestins ou du système génito-urinaire. Le sirop fait avec l'émulsion très-chargée d'amandes, et que l'on appelle sirop *d'orgeat*, produit les mêmes résultats thérapeutiques. On ne se sert pas des amandes amères pour ces préparations, sinon lorsqu'on veut produire un effet plus *sédatif*; alors on en fait ajouter quelques-unes (4 sur 20 douces) dans chaque émulsion pour looch, etc.

Les autres graines huileuses sont les suivantes : *colza*,

œillette, *hétre*, *chenevis*, *ricin*, *noix*. Il en a été question d'une manière générale aux huiles fixes. (Voyez à cet article.)

Graines huileuses aromatiques.

MUSCADES et MACIS. Deux aromates qùi entrent dans des préparations officinales. Ils sont produits d'un arbre nommé *myristica aromatica* , d'abord placé dans la famille des *lauriers*, et qui est originaire des Moluques.

Le *macis* est *l'arille* frangée des graines de *muscades* : tous deux sont des stimulans utiles. Il y a une huile de muscades.

CACAO. Graines du cacaotier, *theobroma cacao*, qui donnent l'huile au *beurre de cacao*, déjà mentionné à l'article *huiles fixes*. C'est avec ces graines que l'on prépare ces agréables tablettes analeptiques nommées *chocolat*.

CAFÉ. Graines du caféier d'Arabie , *coffea arabica*, L. , de la famille des *rubiacées*, originaire de la haute Ethiopie, cultivé en Arabie, à Moka, dans les Antilles françaises, etc. Le périsperme forme la presque totalité de ces graines. Par la torréfaction , il s'y développe un arome auquel elles doivent leur propriété tonique. et excitante , qui n'agit pas seulement sur le tube digestif, mais spécialement sur l'encéphale dont le café exalte les facultés intellectuelles et sensitives. Les graines de café avant l'action du feu sont un fébrifuge employé avec succès contre les fièvres intermittentes.

MOUTARDE , senevé noir. Les graines de *moutarde noire* surtout, récoltées de la plante nommée *sinapis nigra* , L. , de la famille des *crucifères*. Elles ont une odeur très–piquante lorsqu'on les pile ; leur saveur est amère , chaude , peu durable. Ces graines sont très-âcres et irritantes. On s'en sert à l'extérieur à cause de leur huile volatile , âcre, comme rubéfiant et même vésicant de la peau. Elles deviennent ainsi

à l'état frais un des moyens les plus puissans et les plus énergiques de révulsion et d'excitation cutanée. On appelle *synapismes* leurs cataplasmes ; les *pédiluves synapisés* sont les
bains de pieds dans lesquels la farine de moutarde est mêlée.
Je ne parle pas des usages internes de la moutarde : on sait
que c'est un stimulant de la digestion et un excellent antiscorbutique.

La *moutarde blanche* ne jouit pas d'autres propriétés.

STAPHISAIGRE. Graine produite du *delphinium staphisagria*, de la famille des *renonculacées*. Nous avons dit, en
parlant de ce genre de plantes, qu'elles sont dangereuses.

Graines ayant une action stupéfiante, etc.

Entre autres, il y a celle de la *noix vomique*, dont on
retire la *strychnine*, violent poison, la *fève de St-Ignace*,
aussi terrible dans ses effets ; enfin il y a *l'ivraie enivrante*,
graines d'une *graminée* dont les caractères et les effets sont
décrits plus haut. Il ne m'est pas permis d'en parler longuement ici.

Quant au *seigle ergoté*, il en est mention aux pages suivantes.

PRODUITS DE CRYPTOGAMES.

Ainsi que nous l'avons fait observer au commencement de
2ᵉ partie, en parlant des plantes *acotylédones* ou *cryptogames*, chez lesquelles les diverses parties ne ressemblent
pas à celles des plantes dont les organes de la reproduction
sont apparens, il y a parmi elles des produits médicinaux.
Ces produits n'ont pu être rangés dans les séries précédentes. Nous allons donc les énumérer brièvement ici. Peu jouissent de propriétés actives.

CORALLINE ou *mousse de Corse*, *varec vermifuge*, *fucus
helminthocortos* (De C.). Plante de la famille des *algues*, qui

croît sur les rochers de la mer Adriatique, sur les côtes de l'île de Corse. Cette petite plante nous arrive séchée et presque toujours mêlée à d'autres p'antes marines, ainsi qu'à des débris de coquilles. Sa saveur est saline, piquante. Il purge les intestins des *vers lambricoïdes* et *ascarides* qu'ils contiennent ; d'une part en augmentant le mouvement péristaltique du tube digestif, et ensuite à cause de l'action sur les *helmintes*, de principes actifs particuliers, tels que l'hydriodate de potasse que contient ce *varec*. Pour infusion aqueuse ℥ ij à ℥ ß, poudre ℈ i à ℈ ij ; gelée, chez les enfans.

Lichen d'Islande, physcie d'Islande, *lichen islandicus*, L., terre, rochers des montagnes dans les Vosges, les Alpes, l'Islande. Il contient un principe amer, légèrement âcre, mêlé à de la fécule, etc., c'est un adoucissant nutritif, légèrement tonique ; il calme la toux et facilite l'expectoration. On l'emploie dans différentes affections de poitrine, les diarrhées chroniques, l'hémoptysie, la dysenterie, mais d'une manière empirique. On en fait une gelée, des pastilles, une pâte de lichen ; sa décoction sucrée est aussi souvent employée (℈ i à ℈ ij pour ℔ ij d'eau), mais pour cela il faut avoir soin de débarrasser le lichen de son principe amer, en le faisant bouillir pendant une dixaine de minutes dans une première eau que l'on jette.

Agaric blanc. C'est le *bolet* du mélèze, *boletus laricis*. La partie interne de ce champignon sessile et parasite, d'une saveur douceâtre d'abord, puis âcre et nauséabonde, est un violent purgatif peu employé aujourd'hui en France : on en faisait une poudre, un extrait. Il faut s'en méfier.

Agaric de chêne, *amadou*. C'est encore un *bolet* et non un *agaric*. Son nom spécifique est *boletus ungulatus*, bolet amadourier. Il croît sur le tronc du chêne, du poirier. Dans sa jeunesse, ce champignon sert à faire *l'amadou*, employé comme astringent mécanique dans les hémorrhagies externes, pour arrêter l'écoulement du sang à la suite de l'application des sangsues. Il faut que ce soit son velouté interne qui se présente aux petites plaies, il les bouche.

Fougère male, l'aspidier fougère mâle, *aspidium filix mas* (Sw.), fournit des racines qui portent ce nom. Leur saveur est astringente, amère et nauséeuse. On l'associe à des drastiques pour expulser les vers, particulièrement le *tœnia* du canal intestinal; sans doute à cause de son action tonique et astringente.

Capillaire. Autre petite *fougère* qui croît dans les provinces méridionales; l'espèce *adianthum capillus veneris*, L., est le *capillaire de Montpellier*; il y aussi *l'adianthum pedatum*, le *capillaire du Canada*. Les parties foliacées de ces deux plantes sont employées comme béchiques, pectorales, en infusum, en sirop. Le capillaire augmente la transpiration cutanée, et calme les irritations des voies aériennes légères.

Seigle ergoté. Lors des années pluvieuses et dans les terrains humides, il se développe sur les épis du seigle cultivé, *secale cereale*, famille des *graminées*, des excroissances noirâtres, allongées, recourbées comme l'ergot du coq; on y remarque une rainure pareille à celle des petits fruits ou grains du seigle. Du reste, ces excroissances fongueuses sont plus longues qu'eux, cassantes, et dépassant de moitié les glumes des fleurs qui les contiennent; ce sont ces corps particuliers qu'on appelle *ergot*, *seigle ergoté*. M. De Candolle les regarde comme des vrais champignons, et il leur donne le nom de *sclerotium clavus*.

L'ergot du seigle occupe dans les fleurs ainsi avortées la place de l'ovaire, et il est très-possible que ce soit une maladie de cet organe; d'autres pensent que c'est un champignon qui se fixe ainsi au sommet de l'organe femelle des fleurs de seigle. Quoi qu'il en en soit, ce produit médicamenteux offre les propriétés suivantes : A haute dose, des accidens dangereux résultent de son emploi; tels sont l'ergotisme convulsif et l'ergotisme gangreneux. A des doses moindres, telles que 30 à 40 grains par fractions, dans eau sucrée ℥ iv, il ranime les contractions utérines, suscite les douleurs expulsives et peut favoriser l'accouchement. L'infusum, la teinture, l'extrait, sont moins employés que le produit récent de sa pulvérisation.

Les effets du seigle ergoté se maintiennent pendant une ou deux heures ; ils peuvent être reproduits par une nouvelle dose. L'intervalle entre l'administration du médicament et le développement de son action est ordinairement de 7 à 14 minutes.

Ce médicament ne doit pas être administré avant que l'orifice utérin ne soit suffisamment dilaté. Il est presque inutile de dire qu'on doit s'en abstenir dans tous les cas où les contractions de l'utérus ne suffiraient pas pour expulser le produit de la conception.

Un autre avantage de l'*ergot*, c'est qu'il semble être le préservatif des hémorrhagies qui accompagnent fréquemment les accouchemens. Aussi l'emploie-t-on dans le but d'arrêter les pertes causées par l'avortement, dans les premiers mois de la gestation ; le contenu de l'utérus est promptement expulsé, et l'hémorrhagie est bientôt supprimée. Ce sont là particulièrement les résultats des expériences suivies du docteur Prescott, qui depuis ont été répétées avec succès.

Dans ma pratique, j'ai aussi observé qu'il était préférable de faire prendre une dose assez forte de *poudre de seigle ergoté*, plutôt que de la diviser et de l'administrer en plusieurs fois, même à peu de distance les unes des autres. On réitère la dose après 15 à 20 minutes, lorsque la première est restée sans effet.

FIN.

TABLE ANALYTIQUE

DES MATIÈRES

TRAITÉES DANS LA PARTIE ORGANOGRAPHIQUE.

TABLE FRANÇAISE

DE LA DEUXIÈME PARTIE

(FAMILLES ET GENRES).

A

L

M

N

O

P

Q

R

TABLE LATINE

DES FAMILLES ET DES GENRES [*].

A

[*] Les noms en lettres *majuscules* sont ceux des familles.
Les noms en lettres *minuscules* sont ceux des genres.

D

E

F

G

H

I

J

D

E

F

G

H

I

Q

R

S

T

V

www.ingramcontent.com/pod-product-compliance
Lightning Source LLC
Chambersburg PA
CBHW051517060726
47597CB00001B/96